高等职业教育系列教材

单片机实训项目解析
（基于 Proteus 的汇编和 C 语言版）

主　编　何用辉　黄锡泉

参　编　曾思通　王红超　骆旭坤

王麟珠　杨成菊　陈茂林

王水发　翁　伟　刘思默

主　审　林　丰　谢广文

机械工业出版社

本书是根据何用辉主编的《单片机技术及应用（基于 Proteus 的汇编和 C 语言版）》编写的配套的单片机技能训练和综合应用项目实训教材，但也自成体系，可单独使用。每个训练任务及其顺序与配套的教材书相同，均按照训练目的与控制要求、硬件系统与控制流程分析、Proteus 仿真电路图创建、汇编语言程序设计与调试以及 C 语言程序设计与调试进行解析。综合应用项目基于单片机应用设计与开发的工作过程组织内容，以线控伺服车这一典型的单片机应用项目为载体，遵循学习从简单到复杂、循序渐进的认知规律，将项目分解为若干个训练任务详细讲述，使学生易学、易懂、易上手，强化学生项目组织与实施能力的培养，突出学生实践能力的提升。

本书既可作为高职高专院校自动化类、电子信息类、机电类和计算机类等专业的课程教材，也可作为应用型本科院校、函授学院以及相关培训班的教材，还可作为单片机应用开发人员的参考书。

本书配有授课电子课件，需要的教师可登录 www.cmpedu.com 免费注册，审核通过后下载，或联系编辑索取（QQ：1239258369，电话：010-88379739）。

图书在版编目（CIP）数据

单片机实训项目解析：基于 Proteus 的汇编和 C 语言版 / 何用辉，黄锡泉主编．—北京：机械工业出版社，2016.5（2022.2 重印）
高等职业教育系列教材
ISBN 978-7-111-53689-5

Ⅰ．①单…　Ⅱ．①何…　②黄…　Ⅲ．①单片微型计算机—C 语言—程序设计—高等职业教育—教材　Ⅳ．①TP368.1②TP312

中国版本图书馆 CIP 数据核字（2016）第 095604 号

机械工业出版社（北京市百万庄大街 22 号　邮政编码 100037）
策划编辑：王　颖　　责任编辑：王　颖
责任校对：张艳霞　　责任印制：郜　敏
北京盛通商印快线网络科技有限公司印刷
2022 年 2 月第 1 版・第 2 次印刷
184mm×260mm・17.25 印张・426 千字
标准书号：ISBN 978-7-111-53689-5
定价：43.00 元

电话服务
客服电话：010-88361066
010-88379833
010-68326294

网络服务
机　工　官　网：www.cmpbook.com
机　工　官　博：weibo.com/cmp1952
金　　书　　网：www.golden-book.com
机工教育服务网：www.cmpedu.com

前　言

本书是在编者从事十多年单片机应用开发和教学改革的经验基础之上，结合单片机最新应用技术和高职高专教育的最新理念，按照项目导向、任务驱动的编写模式，通过海峡两岸院校合作，共同开发编写的融合汇编语言、C 语言和 Proteus 仿真教学于一体的项目式特色改革实训教材。本书作为《单片机技术及应用（基于 Proteus 的汇编和 C 语言版）》教材配套的单片机技能训练和综合应用项目实训教材，但也自成体系，可单独使用。

本书具有以下几个突出的特点：

1）本书作为教材配套的实训教材，书中每个技能训练任务及其顺序与配套的教材书相同，均按照训练目的与控制要求、硬件系统与控制流程分析、Proteus 仿真电路图创建、汇编语言程序设计与调试以及 C 语言程序设计与调试进行由浅入深、循序渐进的解析，体现学中做、做中学的理念，注重学生职业能力的培养。

2）本书中综合应用项目基于单片机应用设计与开发的工作过程组织内容，以线控伺服车这一典型的单片机应用项目为载体，遵循从简单到复杂、循序渐进的认知规律，将项目分解为若干个训练任务详细讲述，使学生易学、易懂、易上手，强化学生项目组织与实施能力的培养，突出学生实践能力的提升。

3）本书采用 C 语言与汇编语言双语解析。由于汇编语言适合初学者对单片机原理与硬件资源的描述学习，语言灵活，但编程难掌握；而 C 语言编程容易掌握，适合程序开发，但适合对单片机原理与硬件方面具有一定基础者，一般面向产品开发。两者并存讲解既可相互独立学习又可进行分析比较，重点强化学生对单片机软、硬件知识与编程能力的培养。

4）本书内容软、硬件结合、虚拟仿真，书中所有项目、任务均以硬件实物装置展开讲解，沿用传统单片机学习与开发的经验，又结合目前流行的单片机软、硬件仿真软件 Proteus 进行项目实物装置的虚拟仿真学习与训练，适合初学者节约学习成本、提高学习兴趣和效率。

5）本书针对每个项目的培养目标，精心选择训练任务，体现精训、精练；每个任务均可直接工程化移植使用，体现技术完整性与实用性。注重学习训练的延展性，每个任务既相对独立，又与前后任务之间保持密切的联系，由点到线，由线到面，体现知识学习与能力训练的综合性和系统性。

本书为福建省教育厅高等职业教育教材建设计划支持的闽台合作、工学结合的特色改革实训教材，以福建省先进制造业软件公共服务平台为支撑，由海峡两岸院校合作开发编写。本书是机械工业出版社组织出版的“高等职业教育系列教材”之一，由福建信息职业技术学院何用辉和建国科技大学黄锡泉共同担任主编，负责全书内容的组织、统稿，参加编写的人员还有福建船政交通职业学院曾思通、王麟珠、王水发，黎明职业大学骆旭坤，厦门海洋职业技术学院王红超，建国科技大学陈茂林，闽北职业技术学院杨成菊，福建信息职业技术学院翁伟和刘思默。本书由福建信息职业技术学院林丰教授级高工和中兴大学谢广文副教授共同主审，并对本书提出宝贵意见。在本书的编写过程中，编者参考了有关书籍及论文，并引用了其中的一些资料，在此一并向这些作者表示感谢。

本书中有些电路图为了保持与软件的统一性，使用了软件中的电路符号标准及文字描述标准，电路符号与国标不符，特此说明。

限于编者的经验、水平，书中难免有不足与缺漏之处，恳请专家、读者批评指正。

编　者

目　录

项目1　单片机开发软件认知及初步使用

知识与能力目标

1）初步学会 Keil 软件的使用。
2）初步学会 Proteus 软件的使用。

 训练任务 1.1　Keil 软件认知及使用

单片机的源程序在哪里编写呢？编写的源程序又是在哪里转换成单片机能识别的机器语言程序呢？这些工作可用单片机的一些编译软件完成。单片机程序的编译调试软件比较多，如 51 汇编集成开发环境、伟福仿真软件、Keil 单片机开发系统等，其中 Keil 是当前使用最广泛的基于 MCS-51 单片机内核的软件开发平台。

Keil 由德国 Keil Software 公司推出，它是一个基于 Windows 的软件开发平台，Keil μVision3 工具软件是目前最流行的 MCS-51 系列单片机的开发软件，支持汇编语言和 C 语言的程序设计。它包括编辑、编译器、宏汇编、连接器、库管理和一个功能强大的仿真调试器，其内置的仿真器可模拟目标 MCU，包括指令集、片上外围设备及外部信号等。同时又有逻辑分析器，可监控基于 MCU I/O 引脚和外设状况变化下的程序变量。通过一个集成开发环境（μVision）将这些部分组合在一起，掌握这一软件的使用对于学习 MCS-51 系列单片机的学习和开发是十分必要的。

Keil 可以购买或从相关网站下载并安装，当 Keil 安装好后即可进行操作使用了。Keil 软件的具体使用步骤如下。其操作使用过程可参考配套教材（《单片机技术及应用（基于 Proteus 的汇编和 C 语言版）》ISBN 978-7-111-44676-7，以下所指配套教材均指这本书）附带光盘中的视频文件。

1．启动 Keil μVision3

在桌面上用鼠标双击 Keil μVision3 图标，或者单击桌面左下方的“开始”→“所有程序”→“Keil μVision3”。进入 Keil μVision3 的编辑环境，出现图 1-1 所示的窗口。

2．熟悉 Keil μVision3 界面

如图 1-2 所示，Keil μVision3 主界面窗口主要包括编辑窗口、工程窗口、输出窗口及菜单命令栏等。

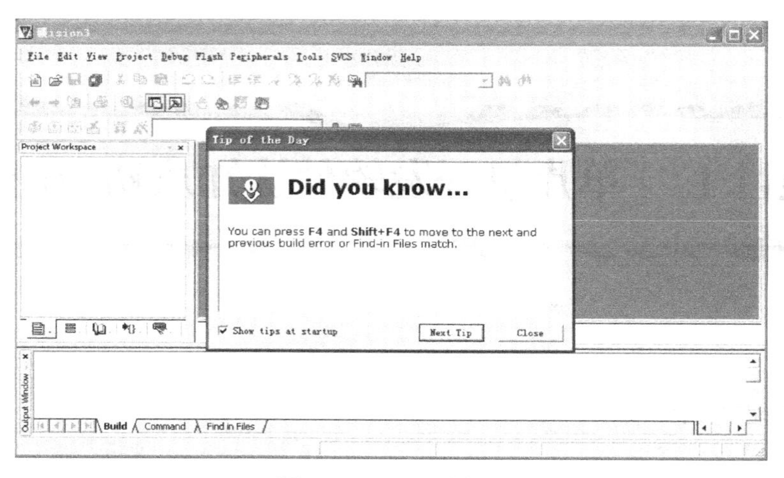

图 1-1　Keil 开始窗口

- 编辑窗口：编写程序的窗口。
- 工程窗口：管理工程项目文件的窗口。
- 输出窗口：编译时如果出错显示错误地方的窗口。
- 菜单命令栏：提供了文件操作、编辑器操作、项目保存、外部程序执行、开发工具选项、设置窗口选择及操作和在线帮助等功能。

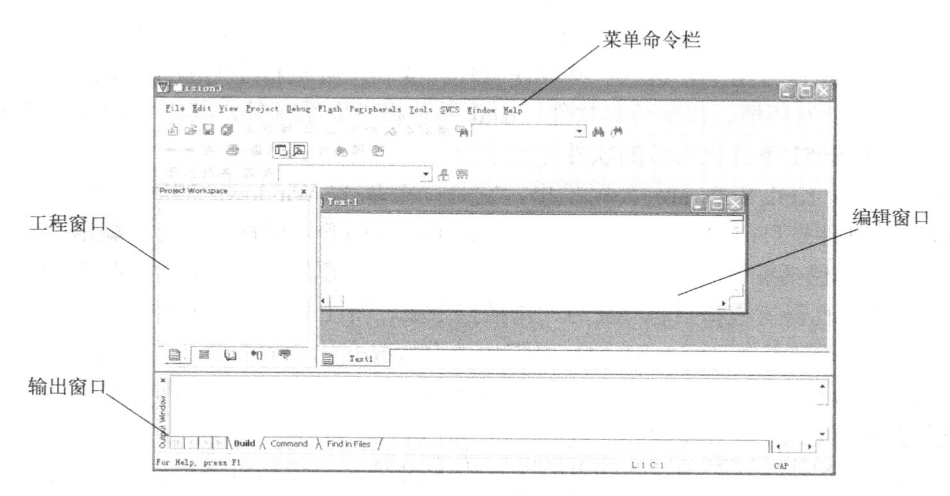

图 1-2　Keil 主界面窗口

3．新建工程

从开始菜单等快捷方式打开 Keil C 软件，准备新建本实验项目的工程文件。单击“Project”菜单下的“New Project…”命令，新建工程，弹出图 1-3 所示的对话框后选择工程路径，输入工程文件名称，新建工程文件“可控跑马灯”。

4．选择芯片型号

在图 1-3 中单击“保存”按钮后，将弹出图 1-4 所示的对话框，选择芯片型号。在“数据库目录”列表中选择“Atmel”，展开后再选择芯片型号“AT89C51”，这时在右侧会出现该芯片的简介。

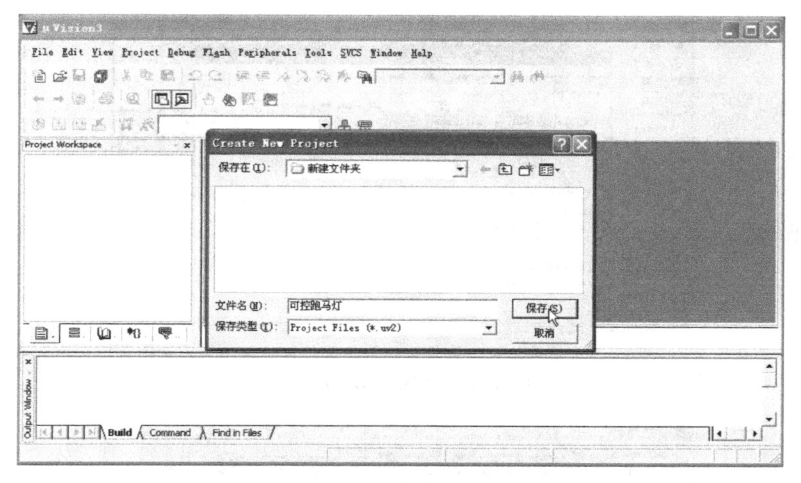

图 1-3　新建工程界面

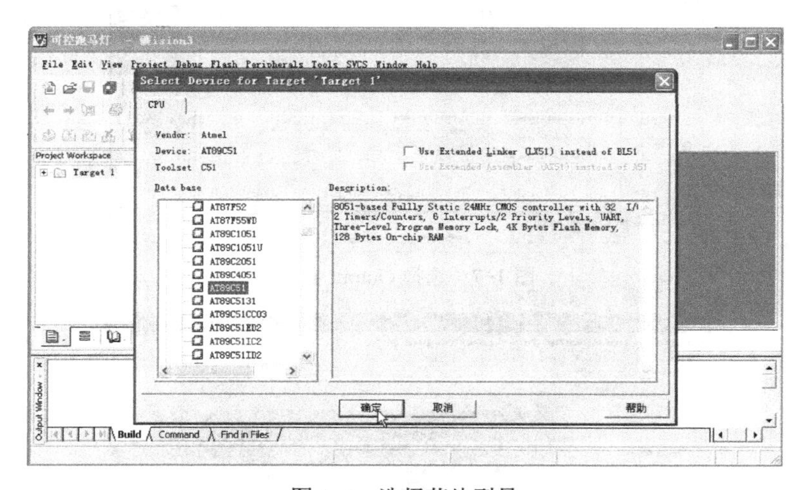

图 1-4　选择芯片型号

在上述窗口中选择确定后，会出现图 1-5 所示的窗口，询问是否将 8051 的启动代码文件复制到工程中。该文件是 Keil C 较高级的配置文件，初学者不必理会，单击“否”按钮即可，日后可以查阅相关书籍。实际上不加入工程，Keil C 在连接时也会把对应的目标代码连接到可执行文档中。

图 1-5　是否复制代码对话框

5．属性设置

选择菜单栏中的“Project”，再选择下拉菜单中的“Options for Target ‘Target 1’”，出现图 1-6 所示的窗口。单击“Target”按钮，在晶体 Xtal（MHz）栏中选择晶体的频率，默认为 24 MHz。本书实例中所用晶振频率一般为 12MHz，因此要将 24.0 改为 12.0。然后单击“Output”，在“Create HEX Fi”前打勾选中，以便当编译成功后生成.HEX 文件，窗口如图 1-7 所示。其他采用默认设置，然后单击“确定”按钮。

6．新建源程序文件

如图 1-8 所示，单击“File”菜单下的“New”命令新建文件。

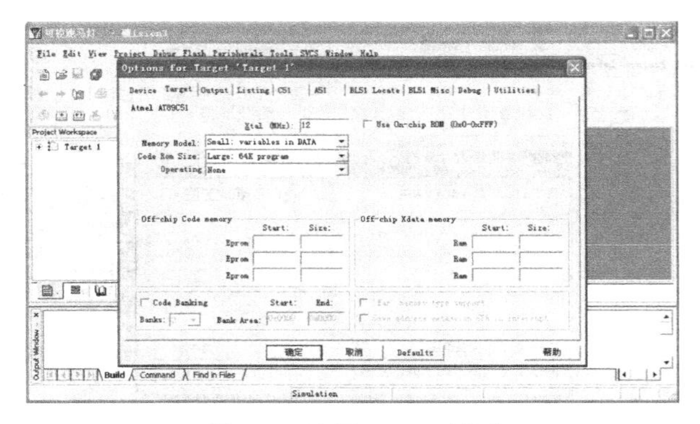

图 1-6　选择 Target 界面

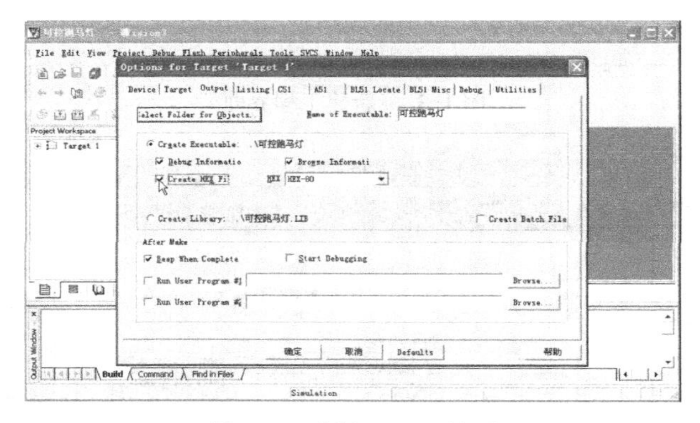

图 1-7　选择 Output 界面

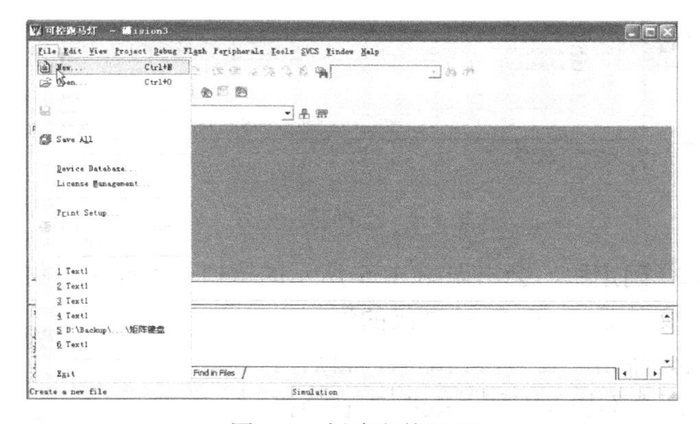

图 1-8　新建文件界面

建立新文件后，进入编辑窗口，即可编辑输入程序。由于此处还没有讲解单片机程序具体怎样编写，因此，也可以直接打开本书配套教材附带光盘，找到“\C 语言源程序文件\项目 1\C 语言程序”文件夹中的“可控跑马灯.txt”文件,将其内容直接复制到程序即可，程序编辑输入窗口如图 1-9 所示。

7. 保存源程序文件

在编辑源程序过程中，单击“File”→“Save As...”，弹出“保存文件”对话框。依次选择路径，输入文件名，保存文件“可控跑马灯.C”，保存源程序界面如图 1-10 所示。注意保存的时候要指定正确的扩展名，比如 C 语言源文件用“.C”、汇编语言源文件用

“.ASM”， 例如本实例中程序使用的就是 C 语言编写的源程序。

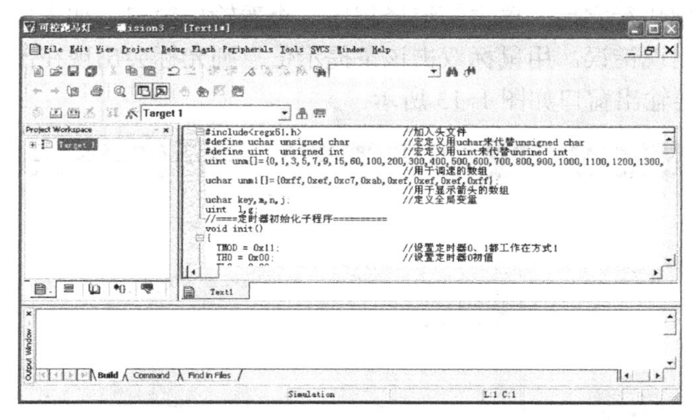

图 1-9　程序编辑输入窗口

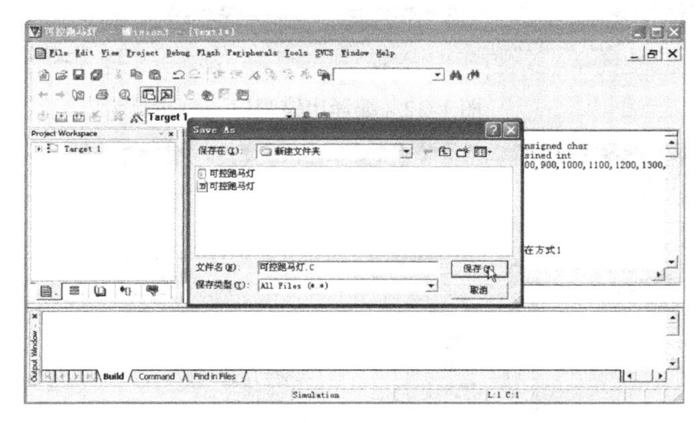

图 1-10　保存源程序界面

8．添加文件到工程

将上步中保存的文件再添加到工程项目中，用鼠标右键单击工程窗口中的“Source Group 1”选择“Add Files to Group‘Source Group 1’选项，如图 1-11 所示。此时要找到上一个步骤中所保存文件的路径，注意要找准扩展名。

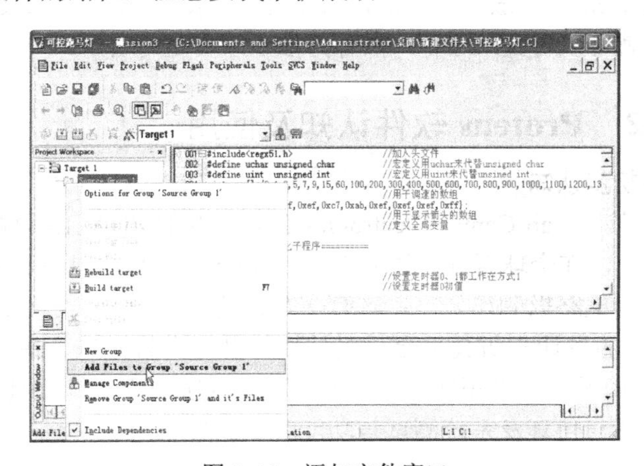

图 1-11　添加文件窗口

9. 编译程序

当以上步骤全部执行完后，单击编译程序。查看输出窗口，如出现图 1-12 所示提示信息，则表示程序出现错误。用鼠标双击该条提示信息则光标会出现在出错地方附近，修改后再次进行编译直至输出窗口如图 1-13 所示。

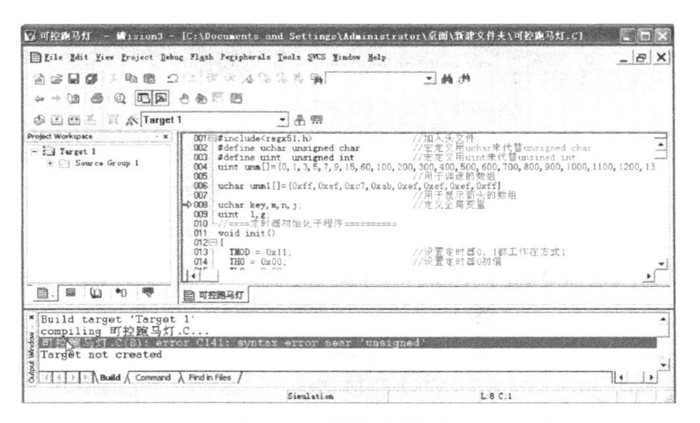

图 1-12　编译出错窗口

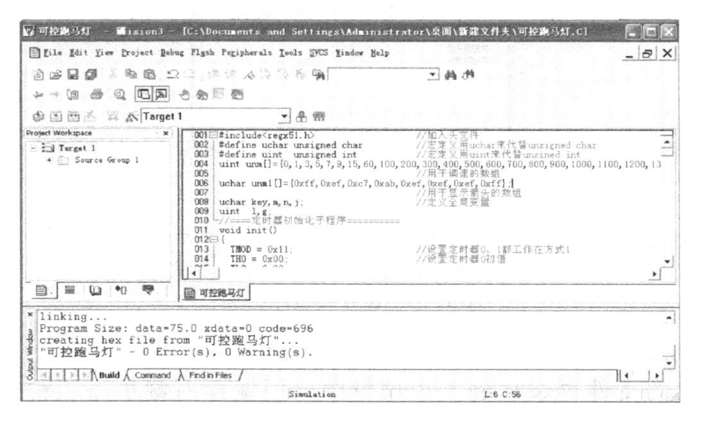

图 1-13　编译成功窗口

以上的步骤就是 Keil 的一般使用方法，若编译成功则生成 HEX 二进制文件，将其导入仿真软件或实验板，就可以仿真或运行，具体方法后续再进行讲解。

训练任务 1.2　Proteus 软件认知及使用

1. Proteus 软件初步认知

Proteus 软件是由英国 Lab Center Electronics 公司开发的 EDA 工具软件。从 1989 年问世至今已有几十年的历史，在全球得到广泛的使用。Proteus 软件除具有和其他 EDA 工具软件一样的原理编辑、印制电路板制作外，还具有交互式的仿真功能。它不仅是模拟电路、数字电路、模-数混合电路的设计与仿真平台，更是目前世界上最先进、最完整的多种型号微处理器系统的设计与仿真平台，真正实现了在计算机中完成电路原理图设计、电路分析与仿真、微处理器程序设计与仿真及系统测试与功能验证到形成印制电路板的完整电子设计、研发过程。

Proteus 软件由 ISIS（Intelligent Schematic Input System）和 ARES（Advanced Routing and Editing Software）两部分组成，其中 ISIS 主要完成原理图设计和交互仿真，ARES 主要用于 PCB 设计，生成 PCB 文件。

Proteus 软件可以购买或从相关网站下载并安装，当 Proteus 软件安装好后即可进行操作使用了，下面首先简要介绍一下 Proteus ISIS。

（1）ISIS 打开

用鼠标双击桌面上的图标或单击屏幕左下方的“开始”→“程序”→“Proteus 7 Professional”→“ISIS 7 professional”，出现图 1-14 所示的启动窗口，随后就进入了 Proteus ISIS 集成环境。

图 1-14　启动界面

（2）工作界面

Proteus 工作界面是一种标准的 Windows 界面，Proteus ISIS 的工作界面如图 1-15 所示。界面包括标题栏、菜单栏、标准工具栏、绘图工具栏、对象选择按钮、对象选择器窗口、浏览对象方位控制按钮、图形编辑窗口和浏览窗口等。

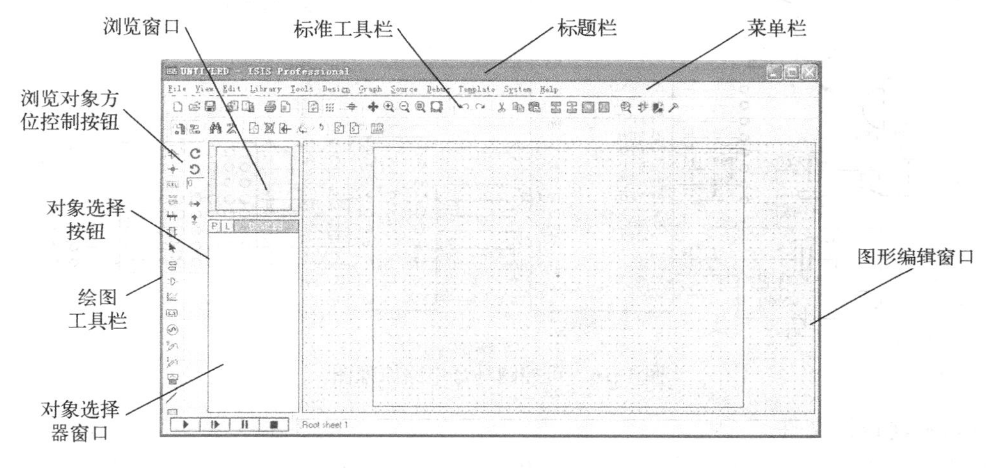

图 1-15　Proteus ISIS 的工作界面

（3）常用的工具按钮

在 Proteus ISIS 7 中提供了许多图标工具按钮，常用的图标按钮对应的操作如下。

为“选择”按钮：可以在图形编辑窗口中单击任意元器件并编辑元器件的属性。

为“元器件”按钮：在对象选择按钮中单击“P”按钮时，根据需要从库中将元器件添加到元器件列表中，也可以在列表中选择已添加的元器件。

为“连接点”按钮：可在原理图中放置连接点，也可在不用边线工具的前提下，方便地在节点之间或节点到电路中任意点或线之间的连线。

为“连线的网络标号”按钮：在绘制电路图时，使用网络标号可使连线简单化。

为“总线”按钮：总线在电路图中显示的是一条粗线，其实是由多根单线组成。在使用总线时，每个分支线都要标好相应的网络标号。

为“元器件终端”按钮：绘制电路图时，一般都要涉及电源和地端的端子，还有一些输入输出端等。单击此按钮，在弹出的窗口中提供了各种常用的端子。DEFAULT 为默认的无定义端子，INPUT 为输入端子，OUTPUT 为输出端子，BIDIR 为双向端子，POWER 为电源端子，GROUND 为接地端子，BUS 为总线端子。

A 为“文本”按钮：用于插入各种文本。

为“旋转”按钮：前一个为顺时针旋转 90°，后一个为逆时针旋转 90°。

为“翻转”按钮：用于水平翻转和垂直翻转。

这四个按钮用于仿真运行控制，依次为运行、单步运行、暂停和停止。

2. Proteus ISIS 原理图设计

下面以配套教材项目中展示的单片机应用实物装置可控跑马灯为例，可控跑马灯电路原理图如图 1-16 所示，来介绍 Proteus ISIS 原理图的绘制使用方法，其详细绘制过程参考本书配套教材附带光盘中的视频文件。

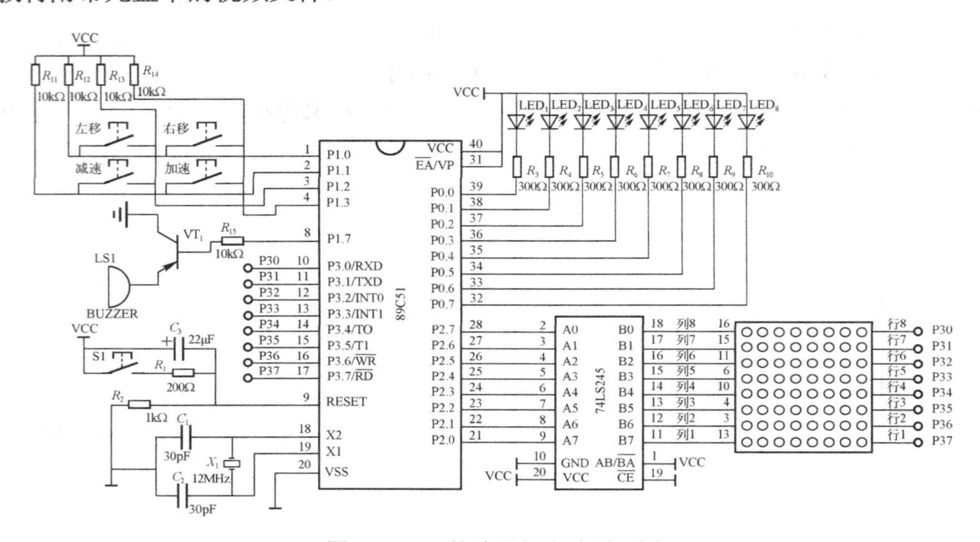

图 1-16　可控跑马灯电路原理图

（1）新建设计文件

在桌面上用鼠标双击图标，打开 ISIS 7 Professional 窗口。单击菜单命令“File”→“New Design”，弹出图 1-17 所示的图样模板选择窗口。纵向图样为 Portrait，横向图样为 Landscape，DEFAULT 为默认范本。选择“DEFAULT”，再单击“OK” 按钮，这样就新建了一个“DEFAULT”范本。在 ISIS 7 Professional 窗口中也可以直接单击图标，也可新建一个 DEFAULT 范本。

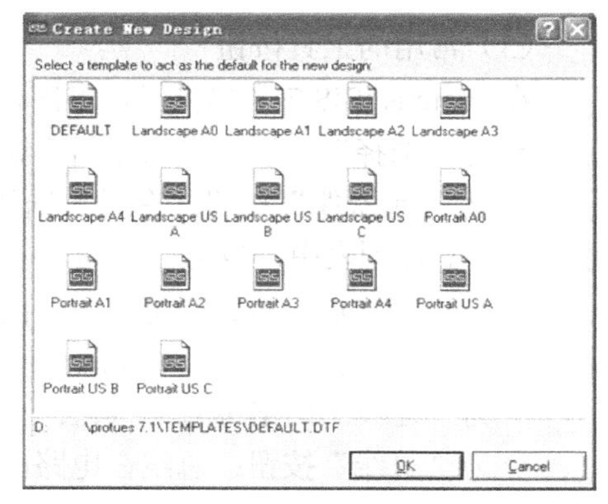

图 1-17　图样模板选择窗口

（2）保存设计文件

新建一个 DEFAULT 范本后，在 ISIS 7 Professional 窗口的标题栏上显示 DEFAULT。单击或执行命令“File”→“Save Design”。弹出图 1-18 所示保存文件界面，选择保存的目录，保存文件名为

“可控跑马灯”。该文件的扩展名为.DSN，即该文件名为可控跑马灯.DSN。

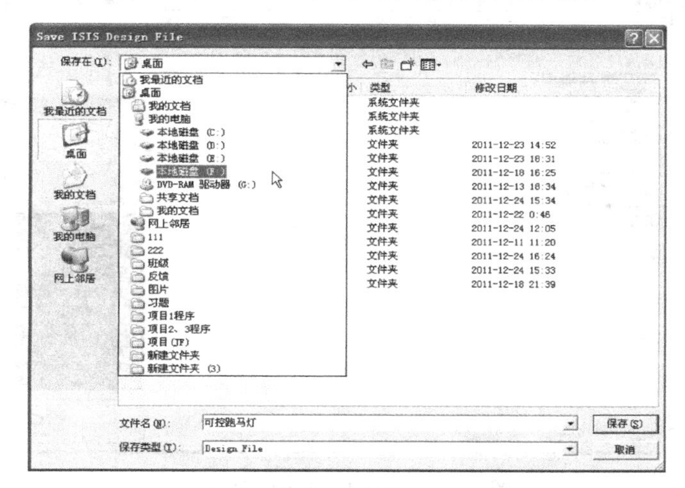

图 1-18　保存文件界面

（3）添加元器件

本例中使用的元器件如表 1-1 所示。表中备注栏内容为 Proteus 软件中对应元器件的名称，Proteus 软件中常用的元器件名称见配套教材附录所示。

表 1-1　本例中使用的元器件

名　　称	型　　号	数　　量	备注（Proteus 中元器件名称）
单片机	AT89C51	1	AT89C51
陶瓷电容	30pF	2	CAP
电解电容	22μF	1	CAP-ELEC
晶振	12MHz	1	CRYSTAL
发光二极管	黄色	8	LED-YELLOW
按钮		5	BUTTON
电阻	1kΩ	1	RES
电阻	300Ω	8	RES
电阻	10kΩ	1	RES
点阵	8*8	1	MATRIX-8X8-GREEN
电阻	200Ω	1	RES
蜂鸣器		1	BUZZER
74LS245	74LS245	1	74LS245
上拉电阻	10kΩ	1	RESPACK-8
晶体管	PNP	1	9012

单击元器件按钮，再单击对象选择按钮 P L DEVICES 中的“P”按钮，或执行菜单“Library”→“Pick Device/Symbol”，弹出图 1-19 所示的“Pick Devices”对话框。在这个窗口中，添加所需要的元器件的方法有两种。

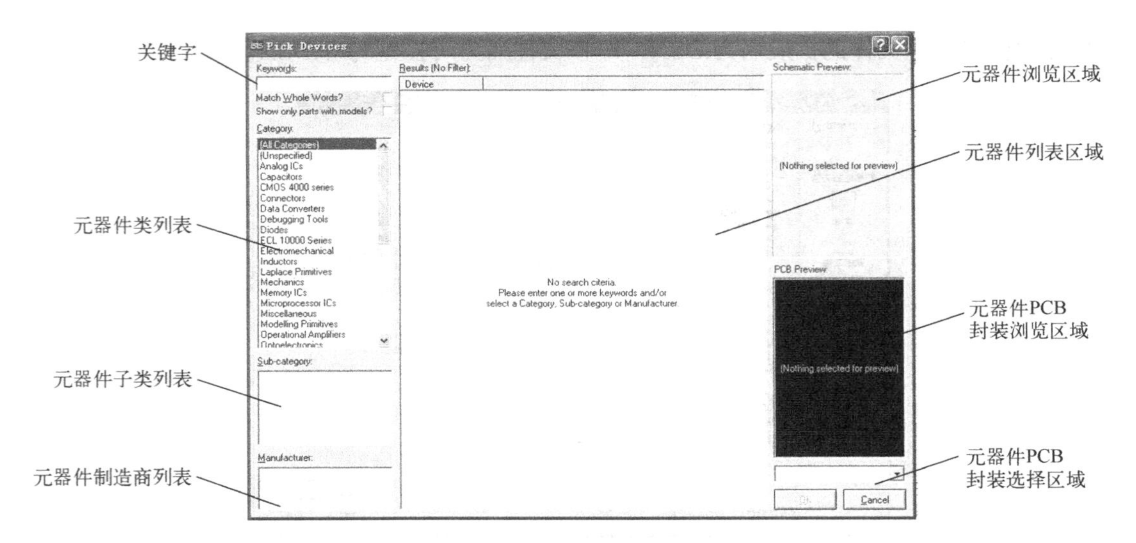

图 1-19 “Pick Devices”对话框

① 在关键词中输入所需要的元器件名称，如 89C51，则出现与关键词相匹配的元器件列表，元器件搜索窗口如图 1-20 所示，选择并用鼠标双击 89C51 所在的行，单击“OK”按钮或按〈Enter〉键，则元器件 8951 加入到 ISIS 对象选择器窗口中。参照表 1-1 给出的关键字，用同样的方法调出其他元器件。

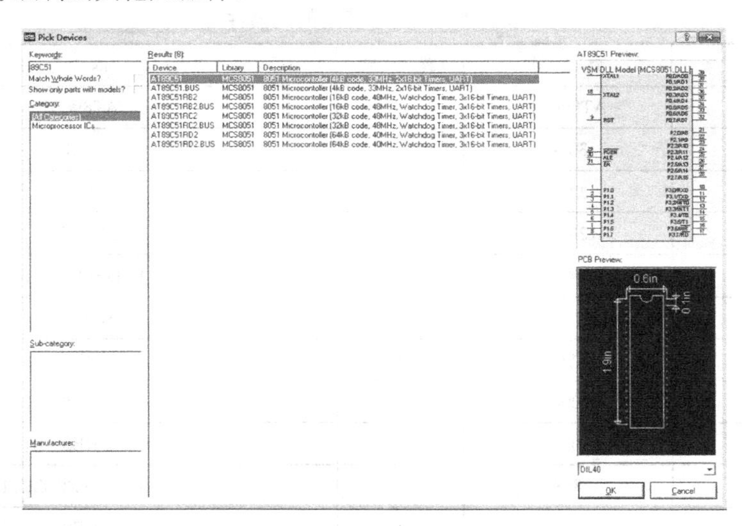

图 1-20 元器件搜索窗口

② 在元器件类列表中选择元器件所属，然后在元器件子类列表中选择所属子类；当对元器件的制造商有要求时，在制造商区域选择需要的厂商，即可在元器件列表区域得到相对应的元器件。

（4）放置元器件

单击元器件按钮，在对象选择器窗口中，选中 AT89C51 选项（由于在 Proteus 库中没有 STC89C51 这一款芯片，所以我们选用与之结构功能类似的 AT89C51 芯片），将鼠标置于图形编辑窗口，将该对象放置欲放的位置，单击鼠标，此时出现元器件的虚框，选择欲放置的位置状态图如图 1-21 所示，再次单击鼠标即完成放置，同理，其余元器件放置预放位置。电源和地在元件终端里，单击出现图 1-22 所示的 TERMINALS 窗口，“POWER”为电源，“GROUND”为地。

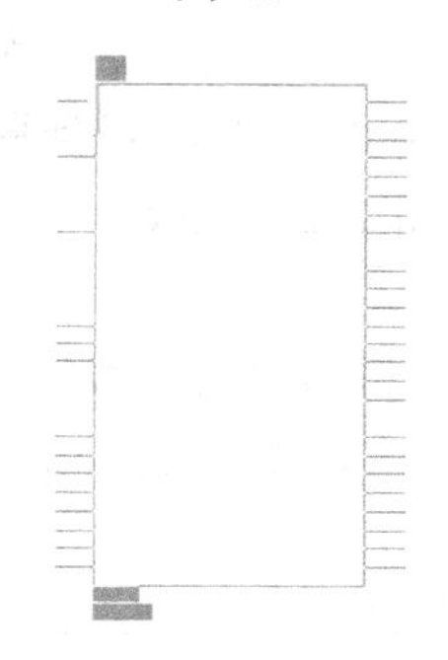

图 1-21　选择欲放置的位置状态图

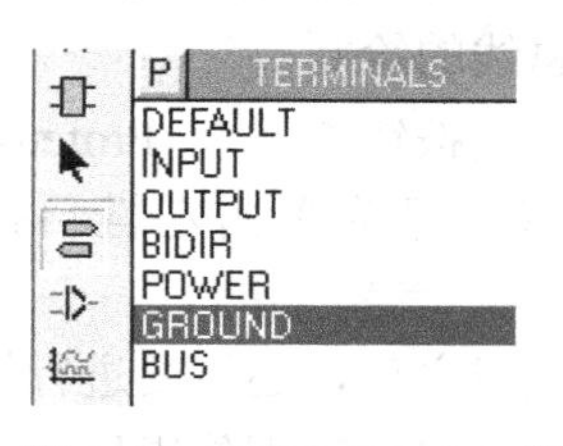

图 1-22　TERMINALS 窗口

根据图 1-16 所示原理图放置完元器件后，发现有些元器件的位置需要移动，将鼠标移到该对象上，右键单击鼠标，此时该对象被选中，颜色呈红色状态，单击并拖动鼠标，将对象移至新的位置后松开鼠标，完成移动操作。

若在放置过程中部分元器件的属性需要设置或修改，可用鼠标双击需要修改的元件，在出现的“Edit component”对话框中即可设置属性。设置元件属性如图 1-23 所示，设置电阻为 R3，阻值为 300Ω。

由于电阻 R3～R10 的型号和电阻阻值均相同，因此可以利用复制功能作图，将鼠标移至 R3 右键单击选中，在标准工具栏中，单击复制按钮，按下并拖动鼠标，即可将对象复制到新的位置，如此反复，直到右键单击鼠标结束复制。

若在放置过程中放置错的元器件或放错位置需要删除，可双击鼠标右键即可删除；也可选中元器件，单击鼠标右键在出现的右键菜单中单击 Delete Object 完成删除。

若在放置过程中有些元器件需要旋转或翻转，在对象选择器窗口选中需要操作的元器件，然后单击相应的操作按钮。元器件旋转如图 1-24 所示。

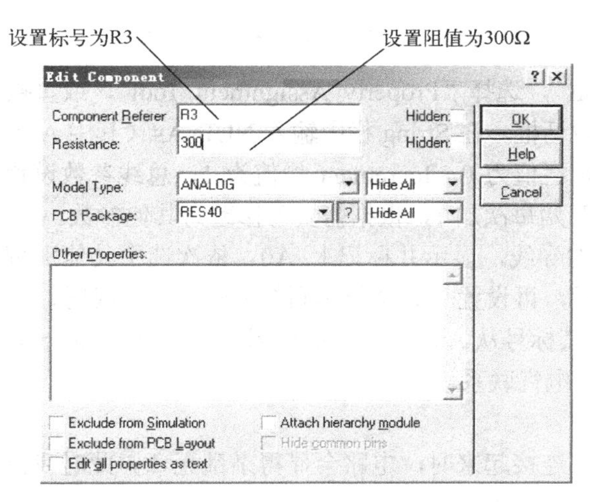

图 1-23　设置元器件属性

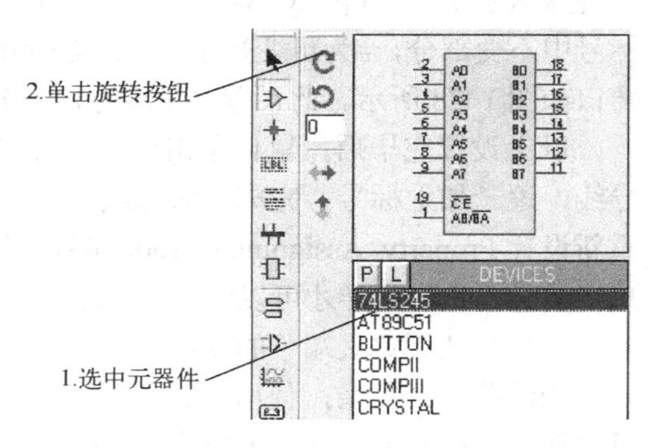

图 1-24　元器件旋转

（5）元器件之间连接

Proteus 的智慧化可以在想要画线的时候自动检测。下面将发光二极管 D1 的上端与电源连接，下端与电阻 R3 的上端连接，电阻 R3 的下端与单片机 P0.0 口连接。当鼠标的指针靠近电阻 R3 下端的连接点时，跟着鼠标的指针就会出现一个“口”号，表明检测到电气连接点，单击鼠标左键出现深绿色的连接线；再将鼠标靠近 P0.0 口端，直到鼠标指针出现打“口”号，单击鼠标左键，完成连接，元器件之间的联机如图 1-25 所示。

（6）总线的绘制

单击总线按钮，在 Proteus 中绘制出一条总线。接着将需要与总线连接的引脚用导线完成连接（通常先单击左键再按住〈Ctrl〉用斜线连接），总线与引脚的连接如图 1-26 所示。

连接完成之后，还需要进行标号处理。标号的设置分为两种，一种直接用网络标号按钮 LBL 进行标号，另一种则使用属性分配工具标号。前者适用于单个标号，后者适用于大量的网络标号。

当直接采用网络标号按钮 LBL 进行标号时，先单击 LBL 按钮，然后选中需要标号的导线。接着在弹出的 Edit Wire Label 对话框的 String 栏中输入对应的标号名称，“标号名称输入”对话框如图 1-27 所示。单击“OK”按钮，完成标号。

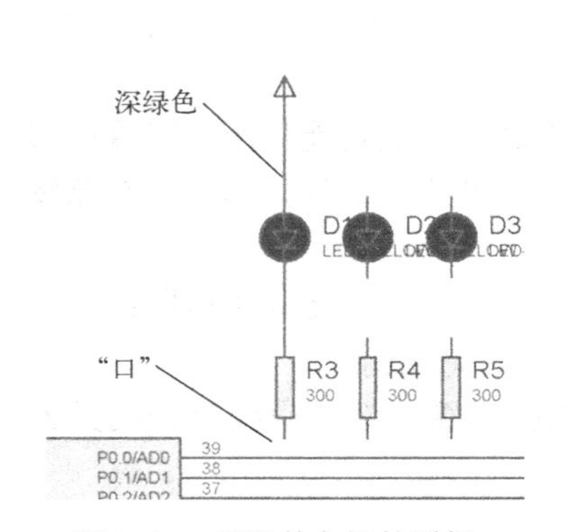

图 1-25　元器件之间的联机

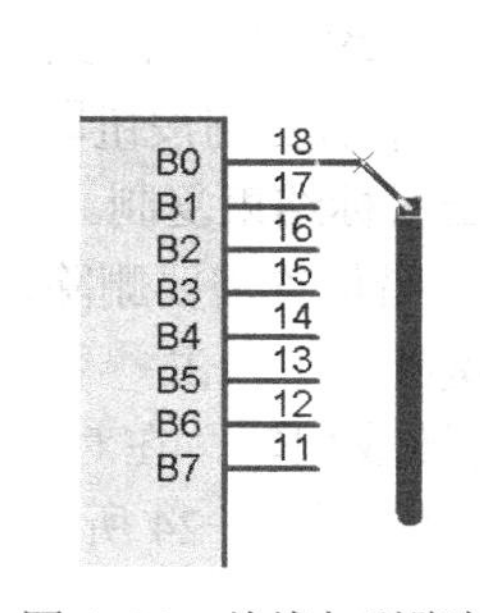

图 1-26　总线与引脚的连接

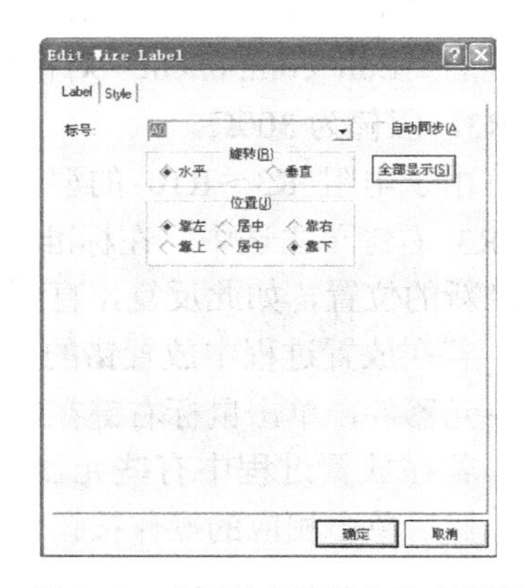

图 1-27　“标号名称输入”对话框

另一种方法为，先单击菜单栏上的“Tools”，选择“Property Assignment Tool”，或直接按键盘 A 打开“Property Assignment Tool”对话框。在 String 栏中输入 NET=A#（其中 A 为标号中不变部分，#为可变数字），设置 Count 栏值为 0，Increment 栏值为 1，总线参数设置窗口如图 1-28 所示。此设置表示编号由 A0 开始每次加 1，根据需要可修改为其他参数。

以上设置完毕后，鼠标单击所需要标号的导线，显示并标记上 A0。依次选中其他引脚导线，逐一加上标号。完成一条总线设置之后，再设置与其功能相同的另外一处总线时，须重新设置 Property Assignment Tool 编号，使其标号从 A0 开始。保证新设置的总线与前一条总线编号一致，这样才可以将两总线之间建立电气联系。

（7）默认无定义端子的使用

当线路太过复杂，使用导线将各引脚一一连接起来时，电路会显得杂乱无章。此时我们可以使用默认的无定义端子来将关联的引脚连接起来。

单击元器件终端，在弹出的“Terminals Selector”中选中 DEFAULT 默认的无定义端子，并在原理图编辑窗口中单击画出，将其与之要相连的引脚连接，并用鼠标双击该端子在弹出的窗口上标上标号，标号窗口如图 1-29 所示。

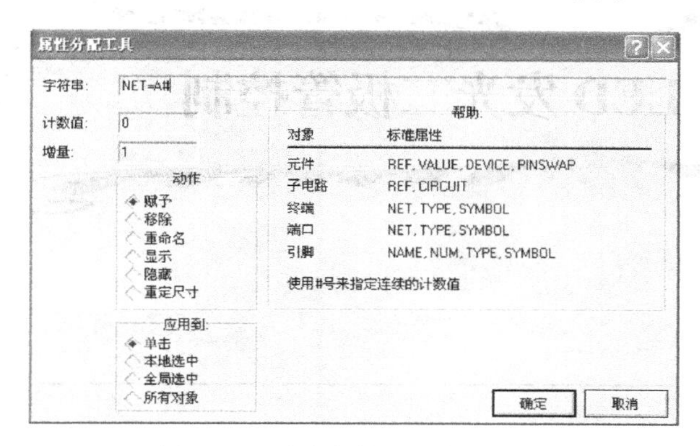

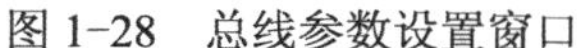

图 1-28　总线参数设置窗口

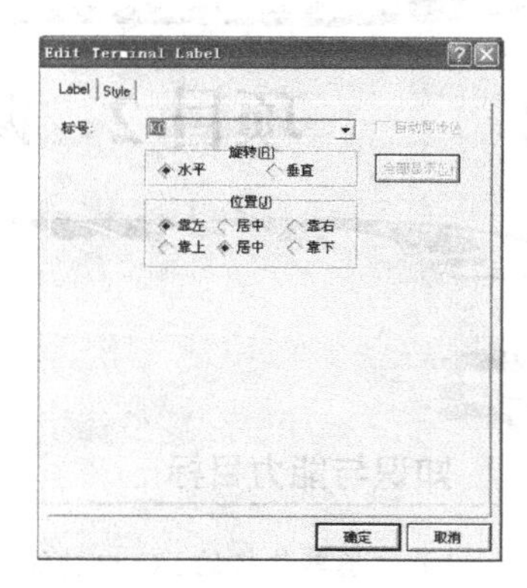

图 1-29　标号窗口

在需要与该引脚相连之处也连接上一个无定义端子，也标上相同的标号，这样引脚与该处就连通了。

同理可以完成其他元器件的联机，在此过程的任何时刻，都可以按〈ESC〉键或者右键单击鼠标来放弃画线，图 1-30 所示为可控跑马灯仿真电路图，这样本例的可控跑马灯就完成了。

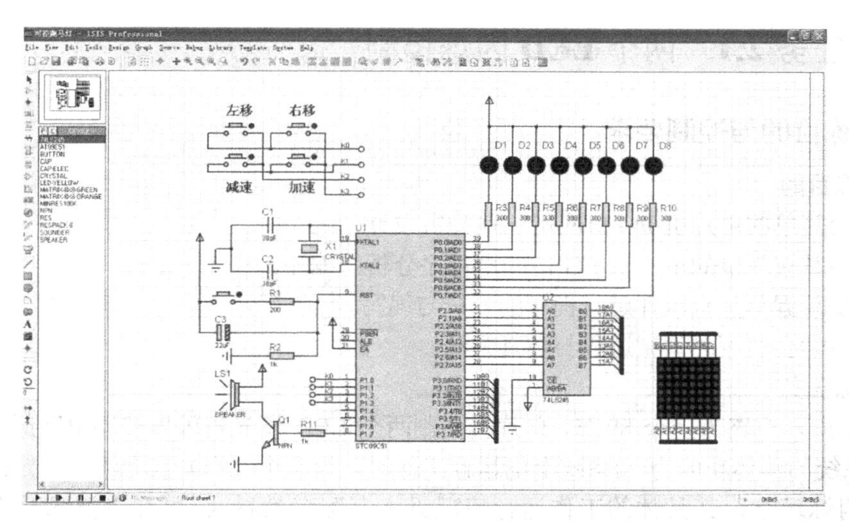

图 1-30　可控跑马灯仿真电路图

3. Proteus ISIS 仿真

打开前面画好的仿真电路原理图，单击鼠标右键将 89C51 单片机选中并单击鼠标左键，弹出“Edit Component”对话框，在此对话框的“Clock Frequency”栏中设置单片机晶振频率为 12MHz，在“Program File”栏中单击图标，选择先前用 Keil μVision3 编译生成的“可控跑马灯.HEX”文件。

在 Proteus ISIS 编辑窗口中单击 ▶ 或在“Debug”菜单中选择“Execute”，开始仿真运行，即可看到与配套教材项目中单片机应用实物装置一样的仿真运行现象。

项目 2　两个 LED 发光二极管控制

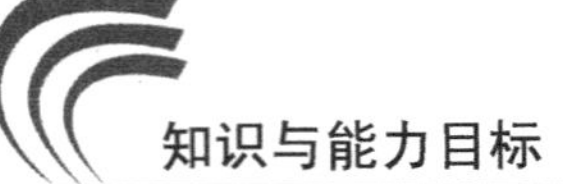

知识与能力目标

1）熟悉单片机的 I/O 口功能与特性。
2）掌握 LED 接口和开关接口电路与处理方法。
3）初步学会使用汇编语言进行简单 I/O 口控制程序的分析与设计。
4）初步学会使用 C 语言进行简单 I/O 口控制程序的分析与设计。
5）理解并掌握软件延时程序的分析与设计。
6）初步学会使用 Keil 与 Proteus 软件进行程序调试与仿真。

训练任务 2.1　两个 LED 闪烁控制

2.1.1　训练目的与控制要求

1. 训练目的

1）学会简单的单片机 I/O 口应用电路分析设计。
2）初步掌握简单的单片机 I/O 口应用程序分析与编写。
3）初步掌握单片机软件延时程序的分析与编写。
4）初步学会程序的调试过程与仿真方法。

2. 训练任务

图 2-1 所示电路为一个 89C51 单片机控制两个 LED 发光管闪烁控制电路原理图。该单片机应用系统的具体功能为:当系统上电运行工作时，该两个 LED 发光管以一定的时间间隔轮流点亮闪烁运行，其具体的工作运行情况见本书配套教材（《单片机技术及应用（基于 Proteus 的汇编和 C 语言版）》ISBN 978-7-111-44676-7 ，以下所指配套教材均指这本书）附带光盘中的仿真运行视频文件。

3. 训练要求

训练任务要求如下：
1）进行单片机应用电路分析，并完成 Proteus 仿真电路图的绘制。
2）根据任务要求进行单片机控制程序流程和程序设计思路分析，画出程序流程图。
3）依据程序流程图在 Keil 中进行源程序的编写与编译工作。

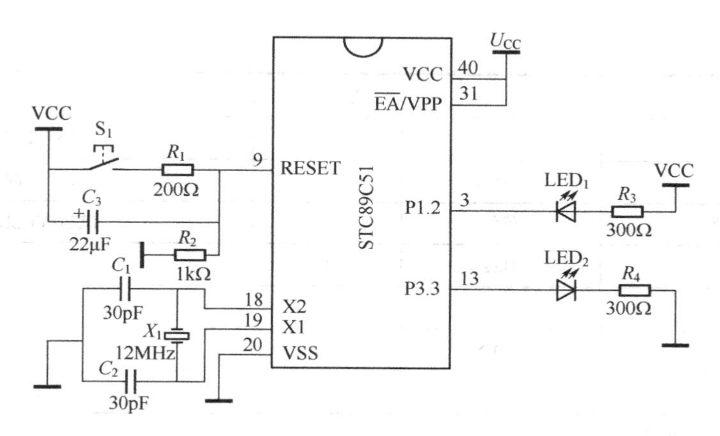

图 2-1　两个 LED 发光管闪烁控制电路原理图

4）在 Proteus 中进行程序的调试与仿真工作，最终完成实现任务要求的程序。

5）完成单片机应用系统实物装置的焊接制作，并下载程序实现正常运行。

2.1.2　硬件系统与控制流程分析

1. 任务硬件系统分析

电路原理图如图 2-1 所示，该电路是在单片机最小系统的基础之上，通过单片机 I/O 接口进行简单的电路设计而成。训练任务中两个 LED 驱动分别采用 P1.2 低电平点亮和 P3.3 高电平点亮的方式接口设计。同时，在 LED 驱动电路中均串入一个限流电阻，用于保护电路的正常工作。

2. 任务控制流程分析

根据本任务中所示的电路原理图和任务控制功能要求可知，本任务控制功能上主要是实现单片机的 P1.2 和 P3.3 两个 I/O 口输出不同状态的高低电平，从而实现 LED 发光管的交替闪烁运行。图 2-2 所示为本任务程序设计的两个 LED 闪烁控制程序流程图。

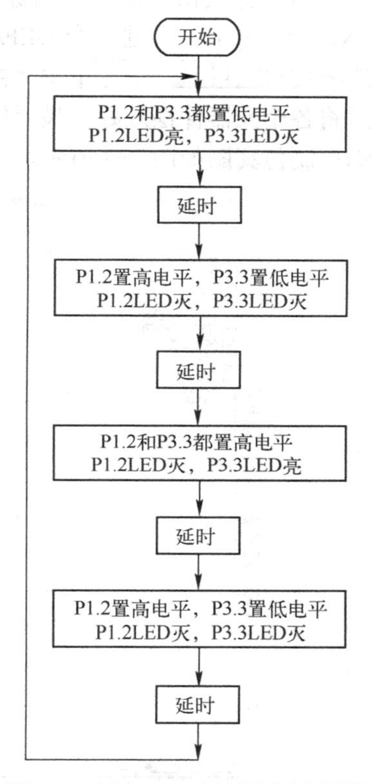

图 2-2　两个 LED 闪烁控制流程图

2.1.3　Proteus 仿真电路图创建

1. 列出元器件表

根据单片机应用电路原理图 2-1 所示，列出 Proteus 中实现该系统所需的元器件配置情况，如表 2-1 所示。

表 2-1　元器件配置表

名　　称	型　　号	数　　量	备注（Proteus 中元器件名称）
单片机	AT89C51	1	AT89C51
陶瓷电容	30pF	2	CAP

（续）

名　称	型　号	数　量	备注（Proteus 中元器件名称）
电解电容	22μF	1	CAP-ELEC
晶振	12MHz	1	CRYSTAL
发光二极管	黄色	2	LED-YELLOW
电阻	1kΩ	1	RES
电阻	300Ω	2	RES
电阻	200Ω	1	RES
按钮		1	BUTTON

2. 绘制仿真电路图

用鼠标双击桌面上的图标进入“Proteus ISIS”编辑窗口，单击菜单命令“File”→“New Design”，新建一个 DEFAULT 模板，并保存为“两个 LED 闪烁控制.DSN”。在元器件选择按钮单击“P”按钮，将表 2-1 中的元器件添加至对象选择器窗口中。然后将各个元器件摆放好，最后依照图 2-1 所示的原理图将各个器件连接起来，两个 LED 闪烁控制仿真图如图 2-3 所示。

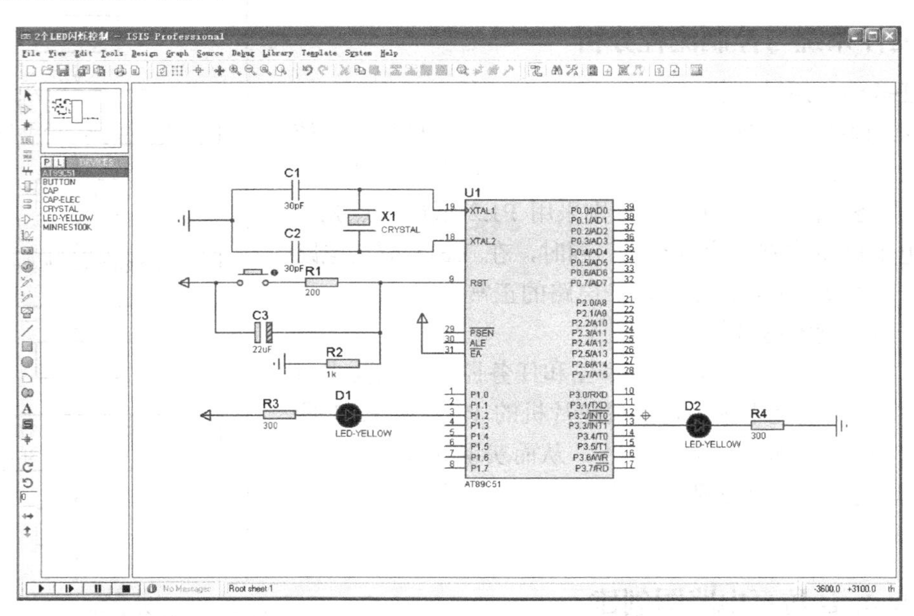

图 2-3　两个 LED 闪烁控制仿真图

2.1.4 汇编语言程序设计与调试

1. 程序设计分析

```
                程序代码                程序分析
1.        ORG       0000H       ;程序复位入口地址
2.        LJMP      MAIN        ;程序跳到地址标号为 MAIN 处执行
3.        ORG       0030H       ;主程序执行地址
```

```
4.   MAIN: MOV   R0,#0FBH    ;将立即数#0FBH 赋值给 R0
5.         MOV   R1,#0F7H    ;将立即数#0F7H 赋值给 R1
6.         MOV   R5,#0FFH    ;将立即数#0FFH 赋值给 R5
7.         MOV   P1,R0       ;将 R0 内容给 P1，即 P1 口第三位输出低电平，其余高
8.                           ;电平
9.         MOV   P3,R1       ;将 R1 内容给 P3，即 P3 口第四位输出低电平，其余高
10.                          ;电平
11.        LCALL DELAY       ;调用延时
12.        MOV   P1,R5       ;将 R5 内容给 P1，即 P1 口输出高电平
13.        MOV   P3,R1       ;将 R1 内容给 P3，即 P3 口第四位输出低电平，其余高
14.                          ;电平
15.        LCALL DELAY       ;调用延时
16.        MOV   P1,R5       ;将 R5 内容给 P1，即 P1 口输出高电平
17.        MOV   P3,R5       ;将 R5 内容给 P3，即 P3 口输出高电平
18.        LCALL DELAY       ;调用延时
19.        MOV   P1,R5       ;将 R5 内容给 P1，即 P1 口输出高电平
20.        MOV   P3,R1       ;将 R1 内容给 P3，即 P3 口第四位输出低电平，其余高
21.                          ;电平
22.        LCALL DELAY       ;调用延时
23.        SJMP  MAIN        ;程序跳转至 MAIN 处执行
24.  ;==================1000ms 延时子程序==================
25.  DELAY: MOV  R2,#167     ;给寄存器 R2 中赋值 167
26.     D1: MOV  R3,#171     ;给寄存器 R3 中赋值 171
27.     D2: MOV  R4,#16      ;给寄存器 R4 中赋值 16
28.        DJNZ  R4,$        ;判断 R4 中的内容减 1 是否为 0，否，等待，是，
29.                          ;则执行下一条指令
30.        DJNZ  R3,D2       ;判断 R3 中的内容减 1 是否为 0，否，跳至 D2 处执行，
31.        DJNZ  R2,D1       ;判断 R2 中的内容减 1 是否为 0，否，跳至 D1 处执行，
32.        RET               ;延时子程序结束返回
33.        END               ;主程序结束
```

2. Proteus 与 Keil 联调

1）在安装好 Proteus 7.1 和 Keil μVision3 软件的计算机上，首先安装插件 vdmagdi.exe（*注意：应把插件安装在 Keil μVision3 的安装目录下*），插件 vdmagdi.exe 可以购买或从相关网站下载并安装。

2）将 Keil 安装目录\C51\BIN 中的 VDM51.dll 文件复制到 Proteus 软件的安装目录 Proteus\MODELS 目录下。

3）修改 Keil 安装目录下的 Tools.ini 文件，在 C51 字段中加入 TDRV11=BIN\VDM51.DLL（"PROTEUS 6 EMULATOR"）并保存。**注意**：*不一定是使用 TDRV11，应根据原来字段选用一个不重复的数值，修改 Tools，ini 文件窗口如图 2-4 所示。*

以上步骤只在初次使用时设置一次，再次使用就不必设置了。

4）打开已绘制好的"两个 LED 闪烁控制.DSN"文件，在 Proteus 的"Debug"菜单中选中"Use Remote Debug Monitor（远程监控）",如图 2-5 所示。同时，右键选中 STC89C51 单片机，在弹出对话框的"Program File"选项中，导入在 Keil 中生成的十六进制 HEX 文件"两个 LED 闪烁控制.HEX"。

```
TOOLS - 记事本
文件(F) 编辑(E) 格式(O) 查看(V) 帮助(H)
[UV2]
ORGANIZATION="微软中国"
NAME="微软用户", "xinxi"
EMAIL="hhhh"
BOOK0=UV3\RELEASE_NOTES.HTM("uVision Release Notes",GEN)
[C51]
PATH="C:\Keil\C51\"
BOOK0=HLP\Release_Notes.htm("Release Notes",GEN)
BOOK1=HLP\C51TOOLS.chm("Complete User's Guide Selection",C)
TDRV0=BIN\MON51.DLL ("Keil Monitor-51 Driver")
TDRV1=BIN\ISD51.DLL ("Keil ISD51 In-System Debugger")
TDRV2=BIN\MON390.DLL ("MON390: Dallas Contiguous Mode")
TDRV3=BIN\LPC2EMP.DLL ("LPC900 EPM Emulator/Programmer")
TDRV4=BIN\UL2UPSD.DLL ("ST-uPSD ULINK Driver")
TDRV5=BIN\UL2XC800.DLL ("Infineon XC800 ULINK Driver")
TDRV6=BIN\MONADI.DLL ("ADI Monitor Driver")
TDRV7=BIN\DAS2XC800.DLL ("Infineon DAS Client for XC800")
TDRV8=C:\Keil\C51\BIN\VW_DLL.DLL    ("WAVE V series MCS51 Driver")
TDRV9=C:\Keil\C51\BIN\JM_LPC950.DLL ("WAVE J.Master LPC950 Driver")
TDRV10=C:\Keil\C51\BIN\JM_XC800.DLL  ("WAVE J.Master XC800  Driver")
TDRV11=BIN\VDM51.DLL ( "PROTEUS 6 EMULATOR " )
RTOS0=Dummy.DLL("Dummy")
RTOS1=RTXTINY.DLL ("RTX-51 Tiny")
RTOS2=RTX51.DLL ("RTX-51 Full")
LIC0=PEGIC-7E035-94I2Q-RQ0AI-QU45G-KMHQ9
```

图 2-4　修改 Tools.ini 文件窗口

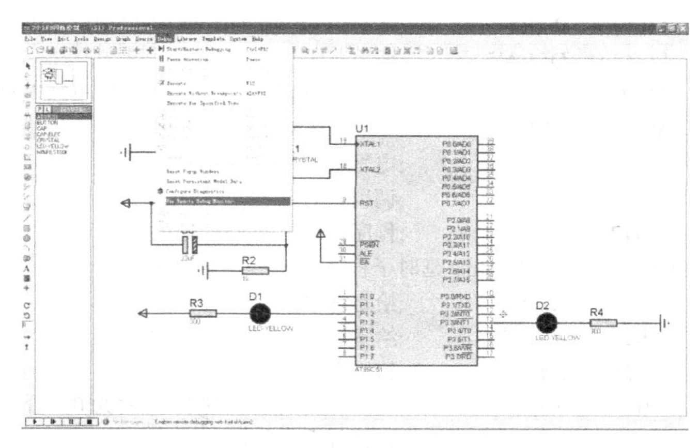

图 2-5　选择远程监控界面

5）用 Keil 打开刚才创建好的“两个 LED 闪烁控制.UV2”文件，打开窗口“Option for Target‘工程名’”。在 Debug 选项中右栏上部的下拉菜单选中 Proteus VSM Simulator，如图 2-6 所示。接着再单击进入 Settings 窗口，设置 IP 为 127.0.0.1，端口号为 8000。

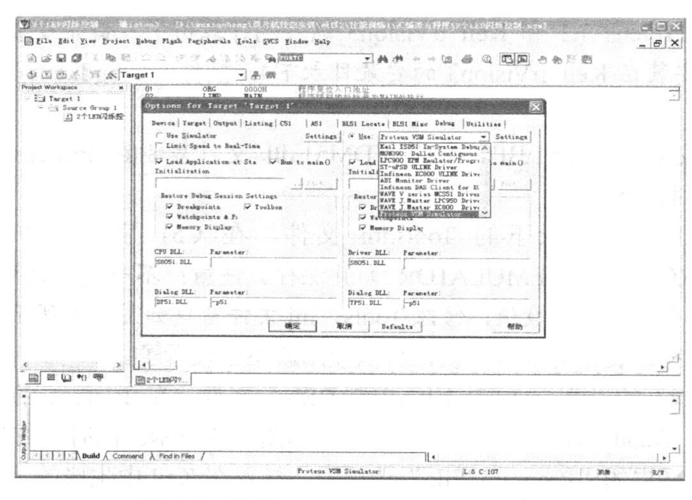

图 2-6　选择 Proteus VSM Simulator 窗口

6）在 Keil 中单击[icon]，使用单步执行来调试程序，同时在 Proteus 中查看直观的仿真结果。这样就可以像使用仿真器一样调试程序了，Proteus 与 Keil 联调界面如图 2-7 所示。

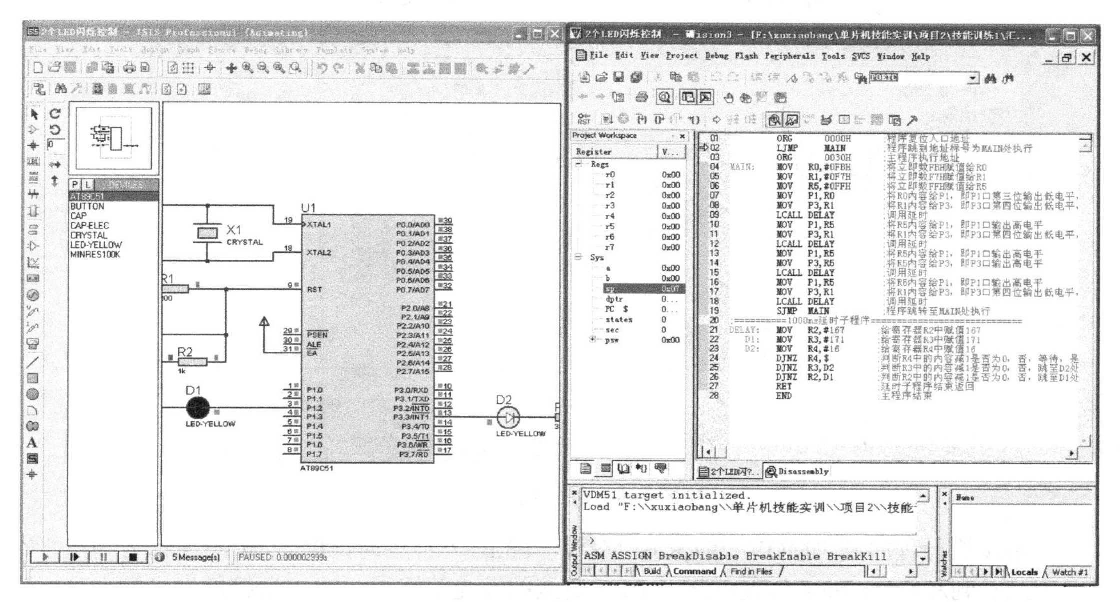

图 2-7　Proteus 与 Keil 联调界面

当单步执行程序到“MOV　P1,R0；MOV　P3,R1”程序时，P1.2 和 P3.3 都为低电平输出，由于 P1.2 为低电平点亮驱动和 P3.3 为高电平点亮驱动，所以看到左侧 Proteus 仿真电路中 P1.2 所接的发光管点亮，P3.3 所接的发光管熄灭，而右侧 Keil 中的 I/O 口状态窗口显示 P1=0XFB，P3=0XF7，第一个 LED 点亮如图 2-8 所示。

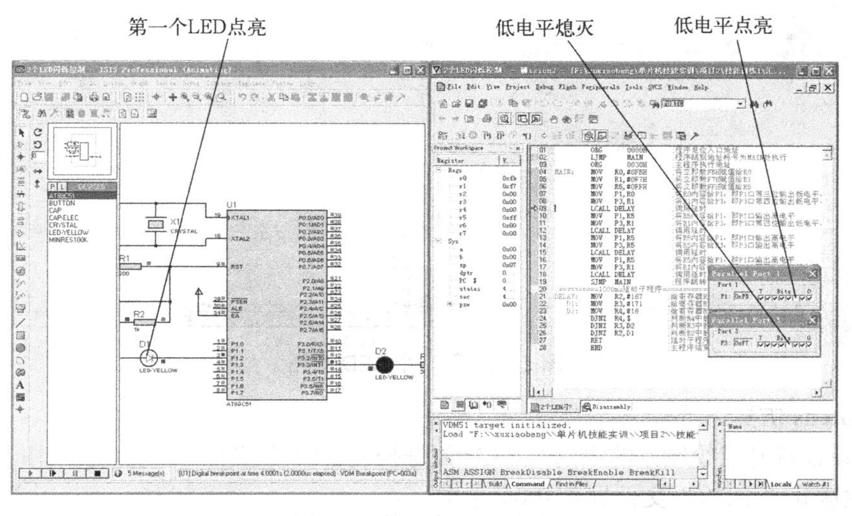

图 2-8　第一个 LED 点亮

当单步执行程序到延时子程序里时，两个 LED 发光管的亮灭情况保持不变。

当单步执行程序到“MOV　P1,R5；MOV　P3,R1”程序时，P1.2 为高电平输出，P3.3 为低电平输出，因此看到左侧 Proteus 仿真电路中 P1.2 和 P3.3 所接的发光管都熄灭，而右侧 Keil 中的 I/O 口状态窗口显示 P1=0XFF，P3=0XF7，两个 LED 熄灭如图 2-9 所示。

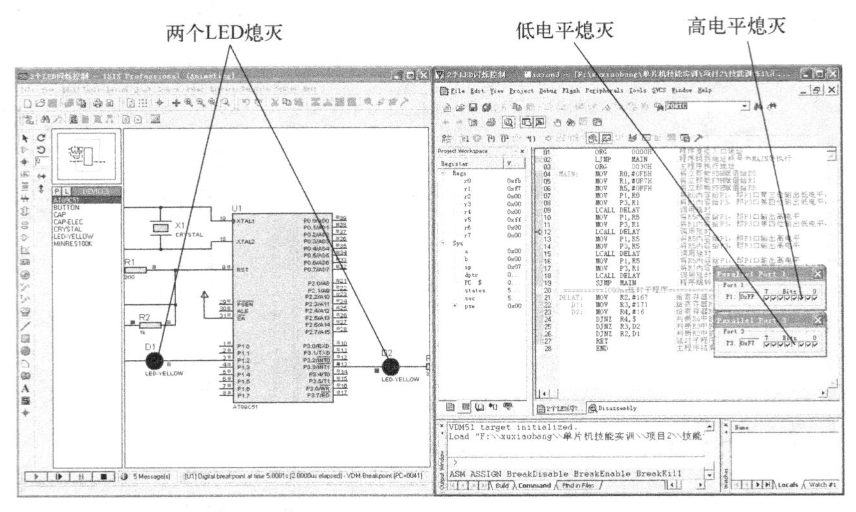

图 2-9　两个 LED 熄灭

当单步执行程序到“MOV　P1,R5；MOV　P3,R5”程序时，P1.2 和 P3.3 都为高电平输出，因此看到左侧 Proteus 仿真电路中 P1.2 所接的发光管熄灭，P3.3 所接的发光管点亮，而右侧 Keil 中的 I/O 口状态窗口显示 P1=0XFF，P3=0XFF，第二个 LED 点亮如图 2-10 所示。

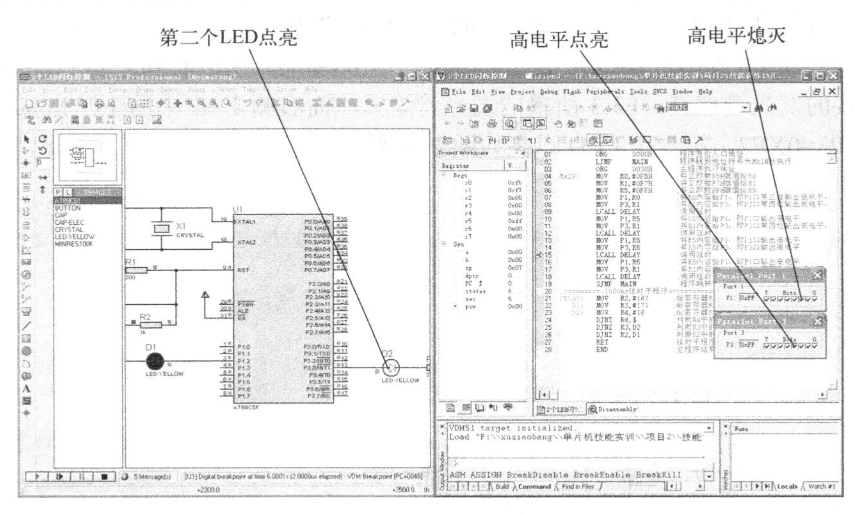

图 2-10　第二个 LED 点亮

3. Proteus 仿真运行

用 Proteus 打开已绘制好的“两个 LED 闪烁控制.DSN”文件，并将最后调试完成的程序重新编译生成新“.HEX”文件导入 Proteus 中。

在 Proteus ISIS 编辑窗口中单击 ▶ 或在“Debug”菜单中选择“Execute”启动运行。当单片机运行时，会看见两个 LED 轮流闪烁停止的画面，其运行结果如图 2-11～图 2-13 所示。

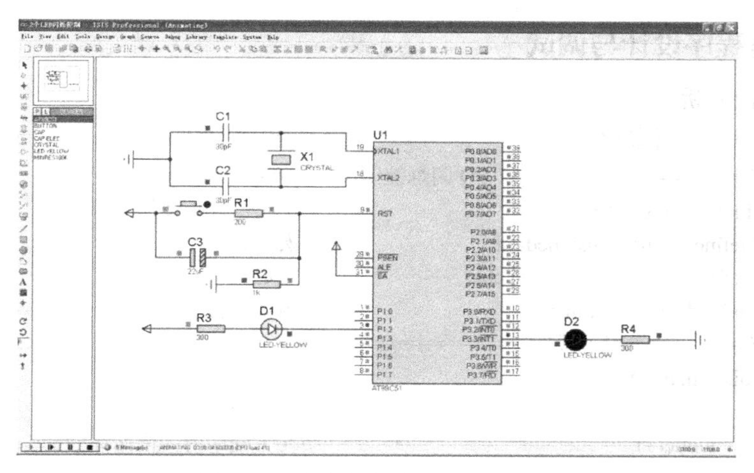

图 2-11　仿真运行结果（一）界面

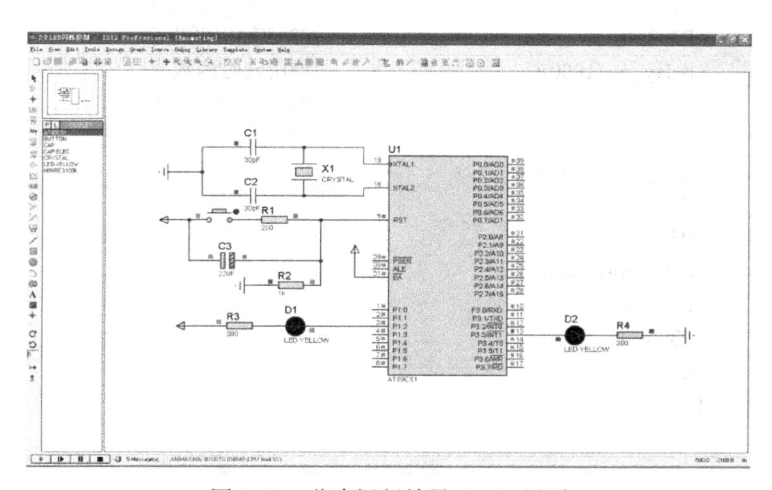

图 2-12　仿真运行结果（二）界面

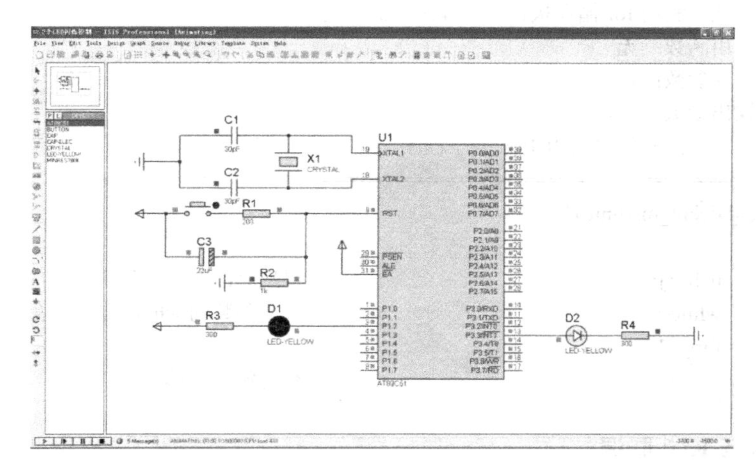

图 2-13 仿真运行结果（三）界面

2.1.5 C 语言程序设计与调试

1. 程序设计分析

程序代码　　　　　　　　　　　　　　程序分析

```
1.  //==============2 个 LED 闪烁控制================
2.  #include<regx51.h>                 //定义包含头文件
3.  #define   unit   unsigned int       //宏定义
4.  #define   uchar   unsigned char     //宏定义
5.  void   delay_ms(unit);              //函数声明
6.  //=========主函数======================
7.  void   main( )
8.  {
9.      while(1)                        //在主程序内无限循环扫描
10.     {
11.         P1_2=0;                     //P1^2 输出低电平
12.         P3_3=0;                     //P3^3 输出低电平
13.         delay_ms(1000);             //调用延时函数
14.         P1_2=1;                     //P1^2 输出高电平
15.         P3_3=0;                     //P3^3 输出低电平
16.         delay_ms(1000);             //调用延时函数
17.         P1_2=1;                     //P1^2 输出高电平
18.         P3_3=1;                     //P3^3 输出高电平
19.         delay_ms(1000);             //调用延时函数
20.         P1_2=1;                     //P1^2 输出高电平
21.         P3_3=0;                     //P3^3 输出低电平
22.         delay_ms(1000);             //调用延时函数
23.         }
24. }
25. //==============================================/
26. //函数名：delay_1ms( )
27. //功能：利用 for 循环执行空操作来达到延时
28. //调用函数：无
29. //输入参数：x
30. //输出参数：无
31. //说明：延时的时间为 1ms 的子程序
32. //==============================================/
33. void delay_ms(unit x)
34. {
35.     uchar j;                        //定义局部变量，只限于对应子程序中使用
36.     while(x--)                      //含 x 参数的 while 的循环语句
37.     for(j=120;j>0;j--)
38.         ;                           //空语句循环体
39. }
```

2. Proteus 与 Keil 联调

1）在安装好 Proteus 7.1 和 Keil μVision3 软件的计算机上，首先安装插件 vdmagdi.exe（注意：应把插件安装在 Keil μVision3 的安装目录下），插件 vdmagdi.exe 可以购买或从相关

网站下载并安装。

2）将 Keil 安装目录\C51\BIN 中的 VDM51.dll 文件复制到 Proteus 软件的安装目录 Proteus\MODELS 目录下。

3）修改 Keil 安装目录下的 Tools.ini 文件，在 C51 字段中加入 TDRV11=BIN\VDM51.DLL（“PROTEUS 6 EMULATOR”）并保存。**注意：**不一定是使用 TDRV11，应根据原来字段选用一个不重复的数值，修改 Tools ini 文件窗口如图 2-14 所示。

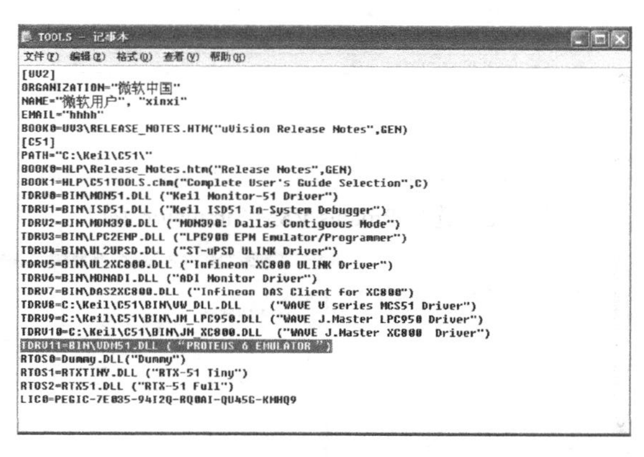

图 2-14　修改 Tools.ini 文件窗口

以上步骤只在初次使用时设置一次，再次使用就不必设置了。

4）打开已绘制好的“两个 LED 闪烁控制.DSN”文件，在 Proteus 的“Debug”菜单中选中“Use Remote Debug Monitor（远程监控）”,如图 2-15 所示。同时，右键选中 STC89C51 单片机，在弹出对话框的“Program File”选项中，导入在 Keil 中生成的十六进制 HEX 文件“两个 LED 闪烁控制.HEX”。

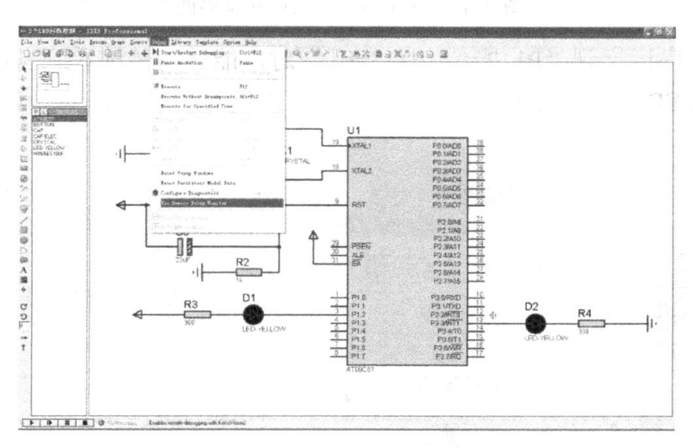

图 2-15　选择远程监控界面

5）用 Keil 打开刚才创建好的“两个 LED 闪烁控制.UV2”文件，打开窗口“Option for Target‘工程名’”。在 Debug 选项中右栏上部的下拉菜单选中 Proteus VSM Simulator，如图 2-16 所示。接着再单击进入 Settings 窗口，设置 IP 为 127.0.0.1，端口号为 8000。

6）在 Keil 中单击🔍，使用单步执行来调试程序，同时在 Proteus 中查看直观的仿真结果。这样就可以像使用仿真器一样调试程序了，Proteus 与 Keil 联调界面如图 2-17 所示。

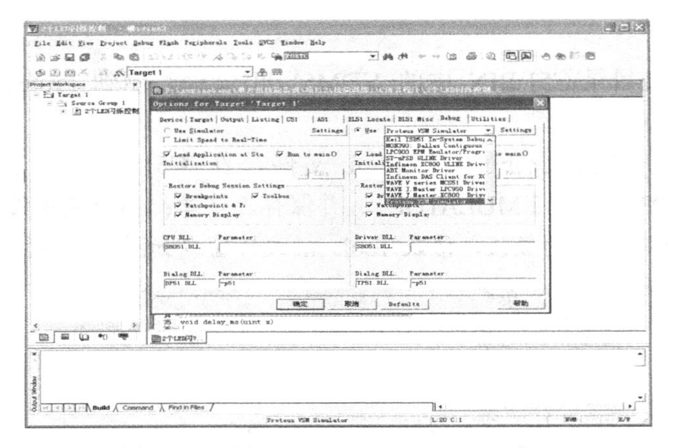

图 2-16　选择 Proteus VSM Simulator 窗口

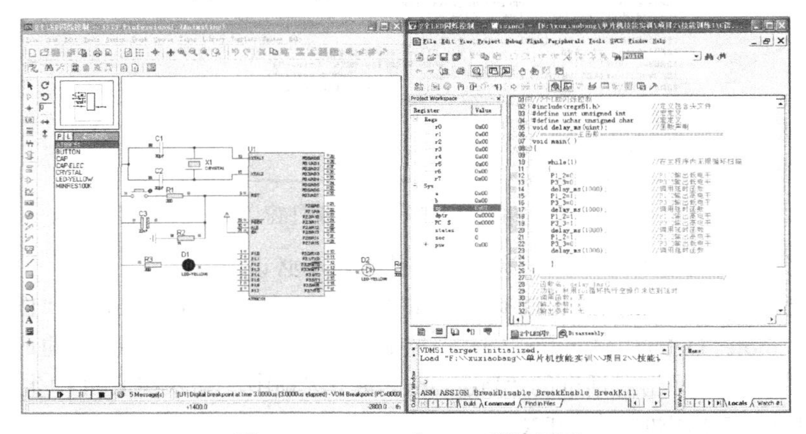

图 2-17　Proteus 与 Keil 联调界面

当单步执行程序运行到“P1_2=0；P3_3=0；”时，能够清楚地看到左侧 Proteus 仿真电路中 P1.2 所接的 LED 发光管点亮，P3.3 所接的 LED 发光管灭，第一个 LED 点亮如图 2-18 所示。

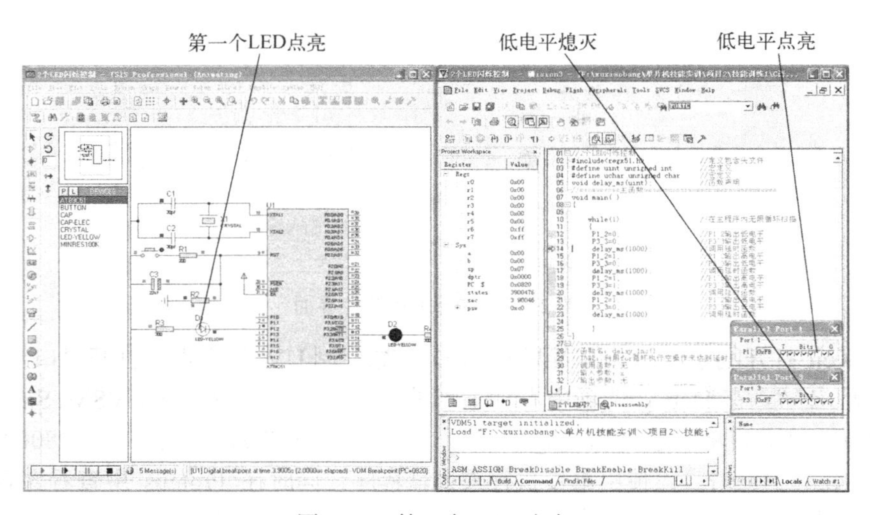

图 2-18　第一个 LED 点亮

当单步执行程序运行到“P1_2=1；P3_3=0；”时，能够清楚地看到左侧 Proteus 仿真电路中 P1.2 所接的 LED 发光管和 P3.3 所接的 LED 发光管都熄灭，如图 2-19 所示。

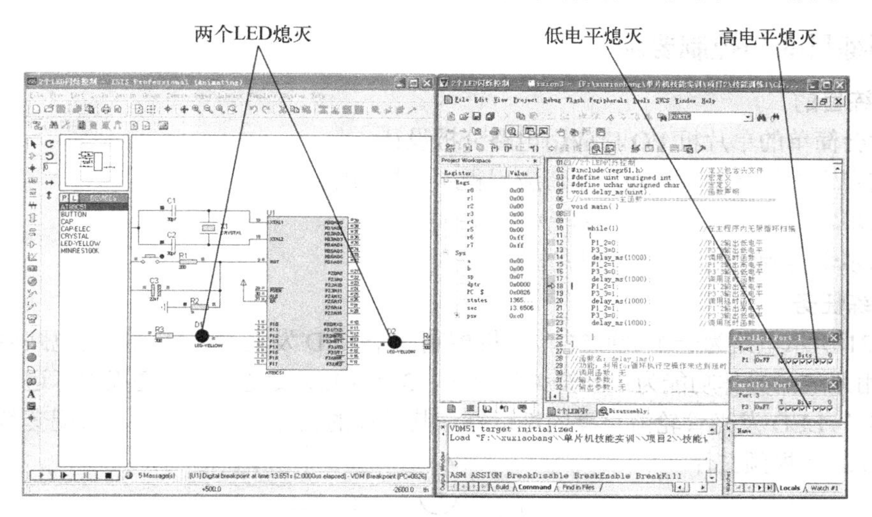

图 2-19　两个 LED 熄灭

当单步执行程序运行到“P1_2=1；P3_3=1；”时，能够清楚地看到左侧 Proteus 仿真电路中 P1.2 所接的 LED 发光管熄灭，P3.3 所接的 LED 发光管点亮，如图 2-20 所示。

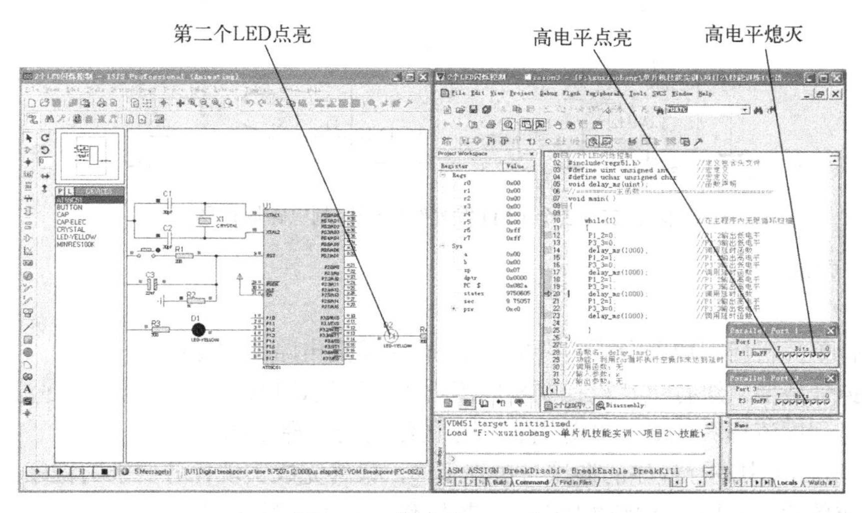

图 2-20　第二个 LED 点亮

3. Proteus 仿真运行

用 Proteus 打开已绘制好的“两个 LED 闪烁控制.DSN”文件，并将最后调试完成的程序重新编译生成新“.HEX”文件导入 Proteus 中。

在 Proteus ISIS 编辑窗口中单击 ▶ 或在“Debug”菜单中选择“Execute”启动运行。当单片机运行时，会看见两个 LED 轮流闪烁的画面，其运行结果参照任务 2.1.4 的仿真运行结果。

训练任务 2.2　3 个 LED 闪烁控制

2.2.1　训练目的与控制要求

1. 训练目的

1）学会简单的单片机 I/O 口应用电路分析设计。

2）初步掌握简单的单片机 I/O 口应用程序分析与编写。

3）初步掌握单片机软件延时程序的分析与编写。

4）初步学会程序的调试过程与仿真方法。

2. 训练任务

图 2-21 所示电路为一个 89C51 单片机控制 3 个 LED 发光管闪烁控制的电路原理图。该单片机应用系统的具体功能为：当开关闭合时，3 个 LED 发光管同时亮灭闪烁运行；当开关断开时，3 个 LED 发光管轮流点亮闪烁运行，其具体的工作运行情况见本书配套教材附带光盘中的仿真运行视频文件。

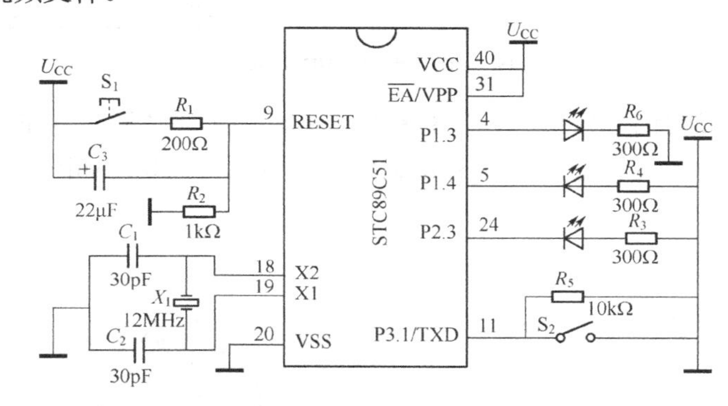

图 2-21　3 个 LED 发光管闪烁控制电路原理图

3. 训练要求

训练任务要求如下：

1）进行单片机应用电路分析，并完成 Proteus 仿真电路图的绘制。

2）根据任务要求进行单片机控制程序流程和程序设计思路分析，画出程序流程图。

3）依据程序流程图在 Keil 中进行源程序的编写与编译工作。

4）在 Proteus 中进行程序的调试与仿真工作，最终完成实现任务要求的程序。

5）完成单片机应用系统实物装置的焊接制作，并下载程序实现正常运行。

2.2.2　硬件系统与控制流程分析

1. 任务硬件系统分析

电路原理图如图 2-21 所示，该电路是在单片机最小系统的基础之上,添加 3 个 LED 驱动电路设计而成，其中 P1.4 和 P2.3 采用低电平点亮，P1.3 采用高电平点亮的方式接口设计。同时，在 P3.1 外接一个开关接口电路，其中 R5 为开关接口电路中的上拉电阻。

2. 任务控制流程分析

根据电路原理图和任务控制功能要求可知，本任务功能上主要是通过一个开关控制单片机来实现 3 个 LED 发光管的闪烁方式控制。当开关闭合时，3 个 LED 发光管同时闪烁运行；当开关断开时，3 个 LED 发光管轮流闪烁运行。图 2-22 所示为本任务程序设计的 3 个 LED 闪烁控制程序流程图。

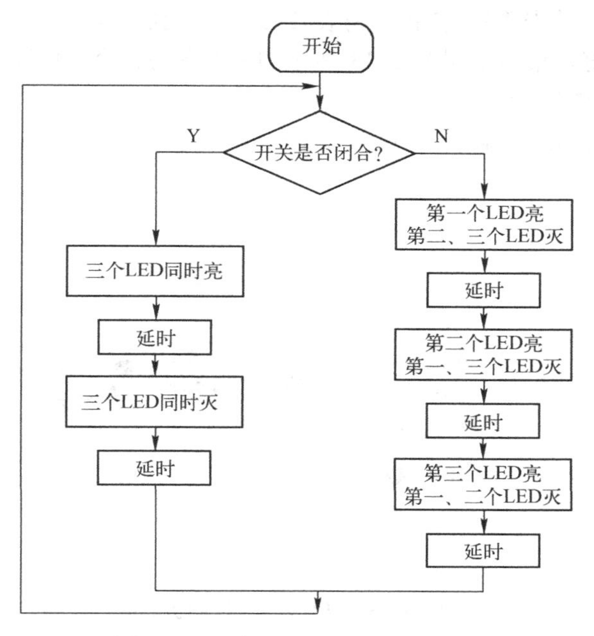

图 2-22　3 个 LED 闪烁控制流程图

2.2.3　Proteus 仿真电路图创建

1. 列出元器件表

根据单片机应用电路原理图 2-21 所示，列出 Proteus 中实现该系统所需的元器件配置情况，如表 2-2 所示。

表 2-2　元器件配置表

名　称	型　号	数　量	备注（Proteus 中元器件名称）
单片机	AT89C51	1	AT89C51
陶瓷电容	30pF	2	CAP
电解电容	22μF	1	CAP-ELEC
晶振	12MHz	1	CRYSTAL
发光二极管	黄色	3	LED-YELLOW
电阻	1kΩ	1	RES
电阻	300Ω	3	RES
电阻	200Ω	1	RES
电阻	10kΩ	1	RES
按钮		1	BUTTON
刀开关		1	SW-SPST

2. 绘制仿真电路图

用鼠标双击桌面上的图标进入“**Proteus ISIS**”编辑窗口，单击菜单命令“File”→“New Design”，新建一个 DEFAULT 模板，并保存为“3 个 LED 闪烁控制.DSN”。在元器件选择按钮 P L DEVICES 单击“P”按钮，将表 2-2 中的元器件添加至对象选择器窗口中。然后将各个元器件摆放好，最后依照图 2-18 所示的原理图将各个器件连接起来，3 个 LED 闪烁控制仿真图如图 2-23 所示。

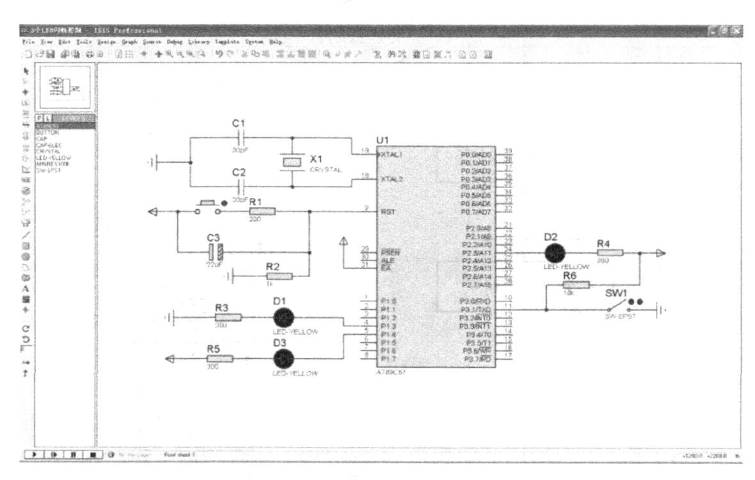

图 2-23　3 个 LED 闪烁控制仿真图

2.2.4　汇编语言程序设计与调试

1. 程序设计分析

```
        程序代码                          程序分析
1.      K1    EQU     P3.1               ;用 K1 代替 P3.1 口
2.            ORG     0000H              ;程序复位入口地址
3.            LJMP    MAIN               ;程序跳到地址标号为 MAIN 处执行
4.            ORG     0030H              ;主程序执行地址
5.    MAIN:   MOV     R0,#0F0H           ;将立即数#0F0H 赋值给 R0
6.            MOV     R1,#0FFH           ;将立即数#0FFH 赋值给 R1
7.            MOV     R5,#0FH            ;将立即数#0FH 赋值给 R5
8.            MOV     R6,#00H            ;将立即数#00H 赋值给 R6
9.    START:  MOV     P3,#0FFH           ;对 P3 口赋值为 FFH，让按键输入接口为高电平
10.           JNB     K1,A2              ;判断 P3.1 的值，为 0，则跳到 A2，否则继续执行
11.      A1:  MOV     P2,R1              ;将 R1 内容给 P2，即 P2 口输出高电平
12.           MOV     P1,R1              ;将 R1 内容给 P1，即 P1 口输出高电平
13.           LCALL   DELAY              ;调用延时
14.           MOV     P2,R1              ;将 R1 内容给 P2，即 P2 口输出高电平
15.           MOV     P1,R6              ;将 R6 内容给 P1，即 P1 口输出低电平
16.           LCALL   DELAY              ;调用延时
17.           MOV     P2,R6              ;将 R6 内容给 P2，即 P2 口输出低电平
18.           MOV     P1,R0              ;将 R0 内容给 P1，即 P1 口低四位输出低电平，高四位
19.                                      ;输出高电平
```

```
20.          LCALL     DELAY        ;调用延时
21.          SJMP      START        ;程序跳转至 START 处执行
22.     A2:  MOV       P2,R6        ;将 R6 内容给 P2，即 P2 口输出低电平
23.          MOV       P1,R5        ;将 R5 内容给 P1，即 P1 口低四位输出高电平，高四位
24.                                 ;输出低电平
25.          LCALL     DELAY        ;调用延时
26.          MOV       P1,R0        ;将 R0 内容给 P1，即 P1 口低四位输出低电平，高四位
27.                                 ;输出高电平
28.          MOV       P2,R1        ;将 R1 内容给 P2，即 P2 口输出高电平
29.          LCALL     DELAY        ;调用延时
30.          SJMP      START        ;程序跳转至 START 处执行
31.  ;====================1000ms 延时子程序====================
32.  DELAY: MOV        R2,#0A7H     ;给寄存器 R2 中赋值#0A7H
33.     D1:  MOV       R3,#0ABH     ;给寄存器 R3 中赋值#0ABH
34.     D2:  MOV       R4,#10       ;给寄存器 R4 中赋值#10
35.          DJNZ      R4,$         ;判断 R4 中的内容减 1 是否为 0，否，等待，是，则执
36.                                 ;行下一条指令
37.          DJNZ      R3,D2        ;判断 R3 中的内容减 1 是否为 0，否，跳至 D2 处执行，
38.          DJNZ      R2,D1        ;判断 R2 中的内容减 1 是否为 0，否，跳至 D1 处执行
39.          RET                    ;延时子程序结束返回
40.          END                    ;主程序结束
```

2. Proteus 与 Keil 联调

1）按照前面任务 2.1.4 中 Proteus 与 Keil 联调的步骤完成基本的软件设置。如果前面已经设置过一次，在此可以跳过。

2）用 Proteus 打开已绘制好的“3 个 LED 闪烁控制.DSN”文件，在 Proteus 的“Debug”菜单中选中“Use Remote Debug Monitor（远程监控）”。同时，右键选中 STC89C51 单片机，在弹出对话框的“Program File”选项中，导入在 Keil 中生成的十六进制 HEX 文件“3 个 LED 闪烁控制.HEX”。

3）用 Keil 打开刚才创建好的“3 个 LED 闪烁控制.UV2”文件，打开窗口“Option for Target‘工程名’”。在 Debug 选项中右栏上部的下拉菜单选中 Proteus VSM Simulator。接着再单击进入 Settings 窗口，设置 IP 为 127.0.0.1，端口号为 8000。

4）在 Keil 中单击🔍，使用单步执行来调试程序，同时在 Proteus 中查看直观的仿真结果。这样就可以像使用仿真器一样调试程序了，Proteus 与 Keil 联调界面如图 2-24 所示。

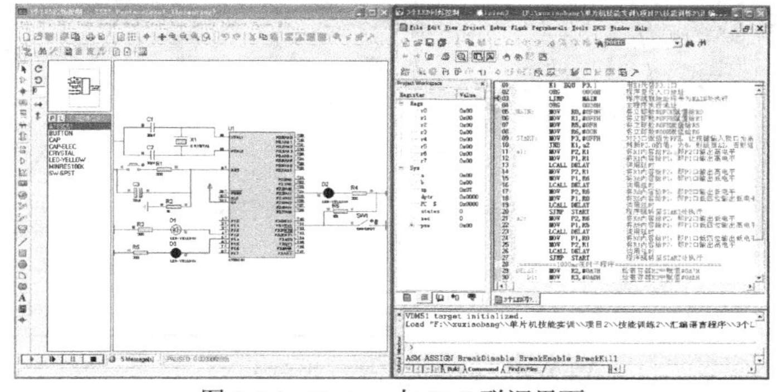

图 2-24　Proteus 与 Keil 联调界面

首先，将 Proteus 仿真电路中的开关 SW 断开，来联合调试当开关断开时的系统运行情况。

当单步执行程序到“MOV　P2,R1；MOV　P1,R1；”程序时，P1.3、P1.4 和 P2.3 都为高电平输出，由于 P1.4 和 P2.3 为低电平点亮驱动，而 P1.3 为高电平点亮驱动，因此看到左侧 Proteus 仿真电路中 P1.4 和 P2.3 所接的发光管都熄灭，P1.3 所接的发光管点亮。右侧 Keil 中的 I/O 口状态窗口显示 P1=0XFF，P2=0XFF，轮流闪烁运行状态如图 2-25 所示。

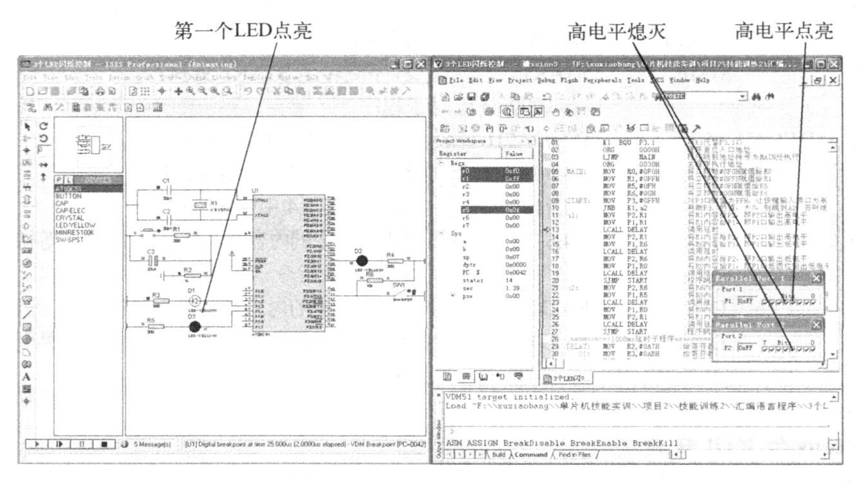

图 2-25　轮流闪烁运行状态（一）

当单步执行程序到“MOV　P2,R1；MOV　P1,R6；”程序时，P1.3 和 P1.4 都为低电平输出，P2.3 高电平输出，因此看到左侧 Proteus 仿真电路中 P1.3 和 P2.3 所接的发光管都熄灭，P1.4 所接的发光管点亮，而右侧 Keil 中的 I/O 口状态窗口显示 P1=0X00，P2=0XFF，轮流闪烁运行状态如图 2-26 所示。

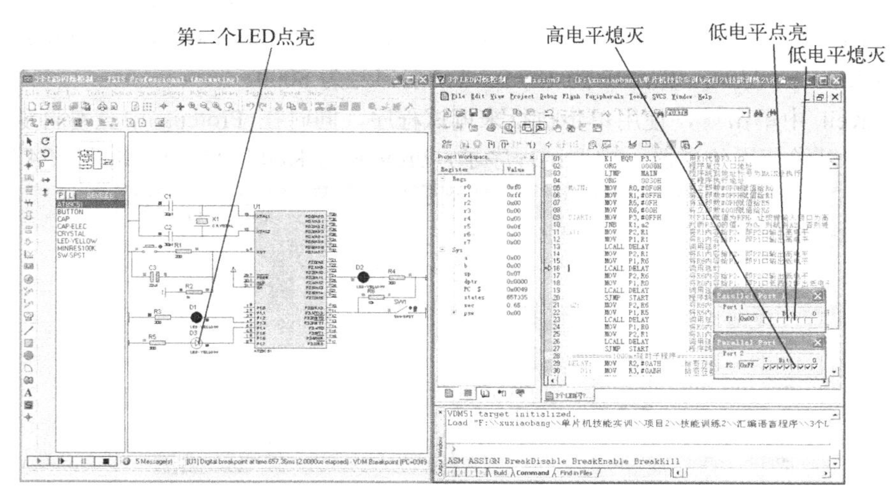

图 2-26　轮流闪烁运行状态（二）

当单步执行程序到“MOV　P2,R6；MOV　P1,R0；”程序时，P1.3 和 P2.3 都为低电平输出，P1.4 高电平输出，因此看到左侧 Proteus 仿真电路中 P1.3 和 P1.4 所接的发光管都熄灭，P2.3 所接的发光管点亮，而右侧 Keil 中的 I/O 口状态窗口显示 P1=0XF0，P2=0X00，轮流闪烁运行状态如图 2-27 所示。

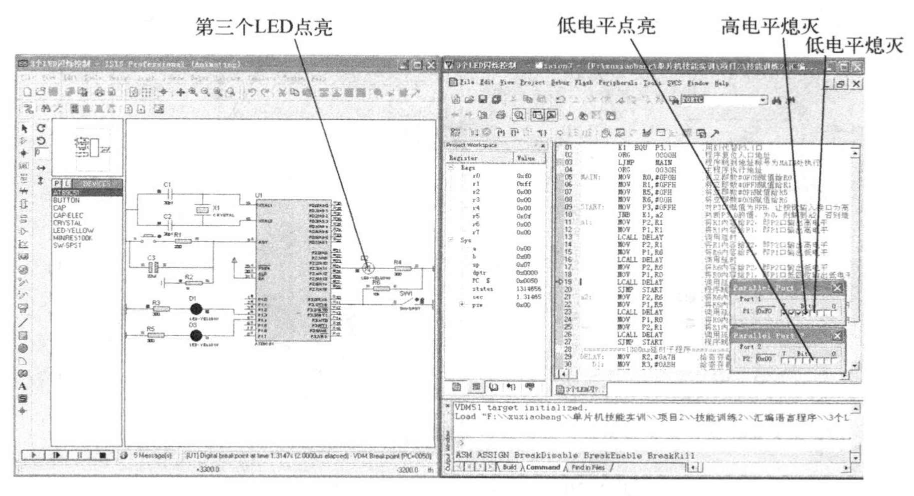

图 2-27　轮流闪烁运行状态（三）

其次，将 Proteus 仿真电路中的开关 SW 闭合，来联合调试当开关断开时的系统运行情况。

此时当单步运行程序到“JNB　K1,A2；”程序时，会发现程序跳到“A2：”程序运行。

当单步执行程序到“MOV　P2,R6；MOV　P1,R5；”程序时，P1.4 和 P2.3 都为低电平输出，P1.3 高电平输出，因此看到左侧 Proteus 仿真电路中 P1.3、P1.4 和 P2.3 所接的发光管都点亮，而右侧 Keil 中的 I/O 口状态窗口显示 P1=0X0F，P2=0X00，同时闪烁运行状态如图 2-28 所示。

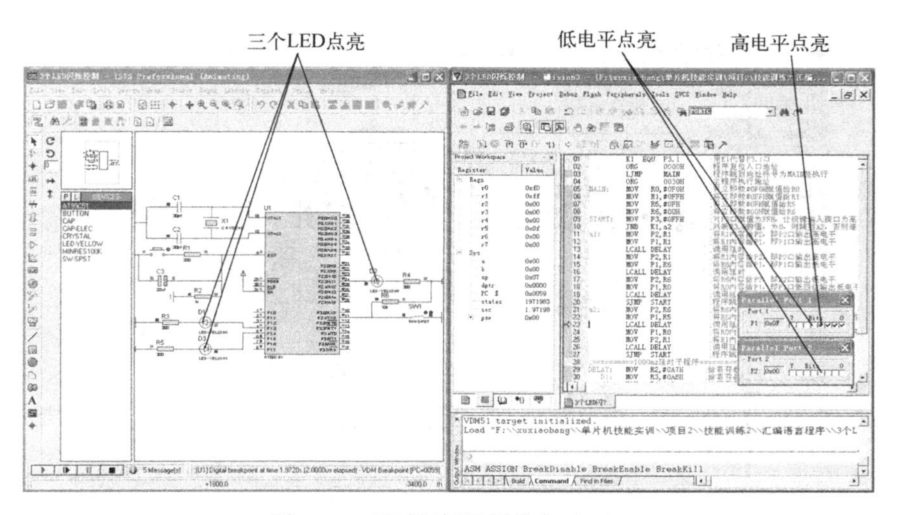

图 2-28　同时闪烁运行状态（一）

当单步执行程序到“MOV　P1,R0；MOV　P2,R1；”程序时，P1.4 和 P2.3 都为高电平输出，P1.3 低电平输出，因此看到左侧 Proteus 仿真电路中 P1.3、 P1.4 和 P2.3 所接的发光管都熄灭，而右侧 Keil 中的 I/O 口状态窗口显示 P1=0XF0，P2=0XFF，同时闪烁运行状态如图 2-29 所示。

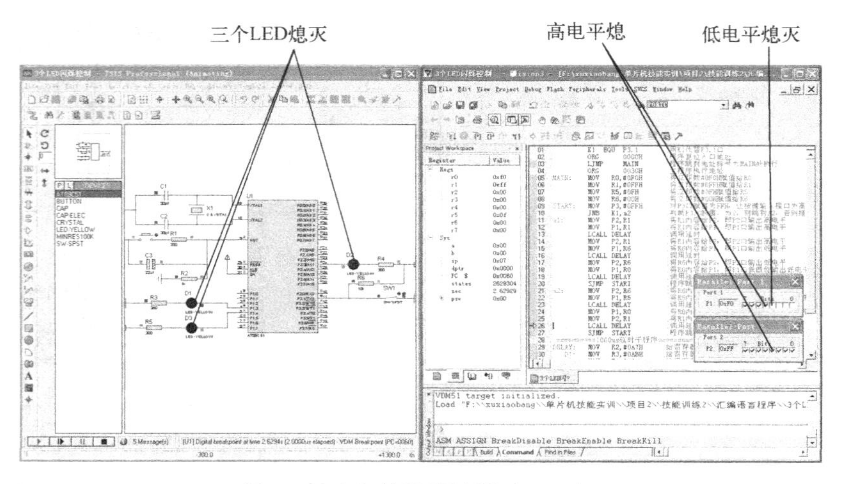

图 2-29　同时闪烁运行状态（二）

3. Proteus 仿真运行

用 Proteus 打开已绘制好的“3 个 LED 闪烁控制.DSN”文件，并将最后调试完成的程序重新编译生成新“.HEX”文件导入 Proteus 中。

在 Proteus ISIS 编辑窗口中单击 或在“Debug”菜单中选择“Execute”启动运行。当单片机运行时，我们会发现 3 个 LED 闪烁方式受开关的控制。当开关闭合时，会观察到 3 个 LED 同时亮或灭闪烁运行画面，其运行结果界面如图 2-30～图 2-31 所示；当开关断开时，会观察到 3 个 LED 轮流亮或灭的闪烁运行画面，其运行结果界面如图 2-32～图 2-34 所示。

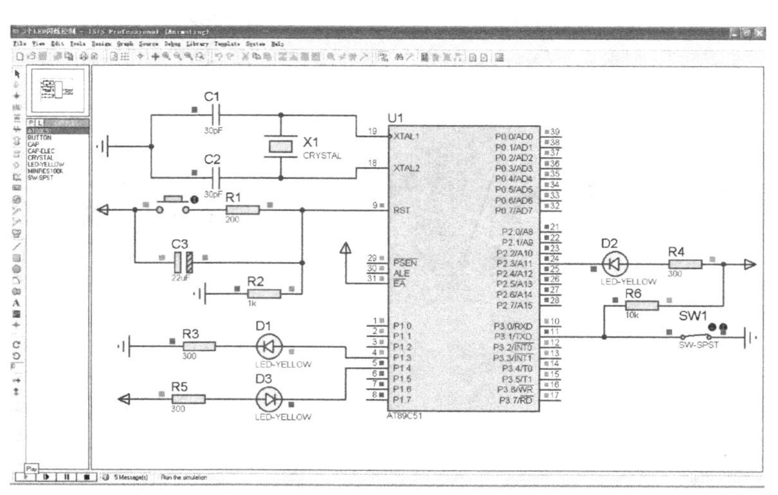

图 2-30　仿真运行结果界面（一）

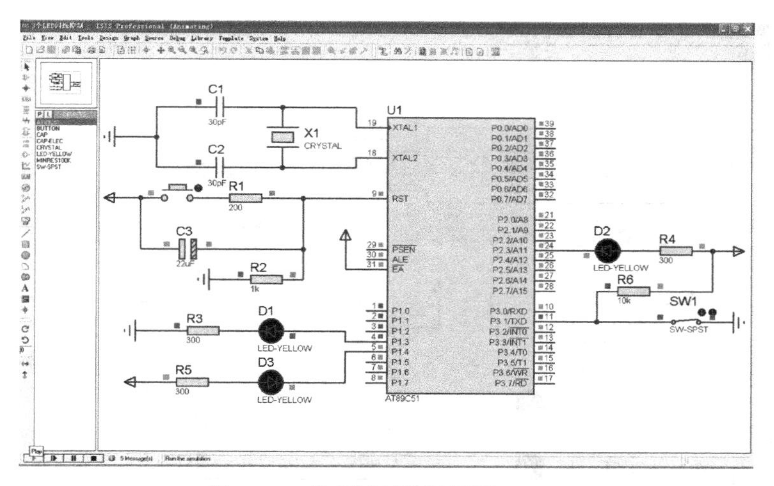

图 2-31　仿真运行结果界面（二）

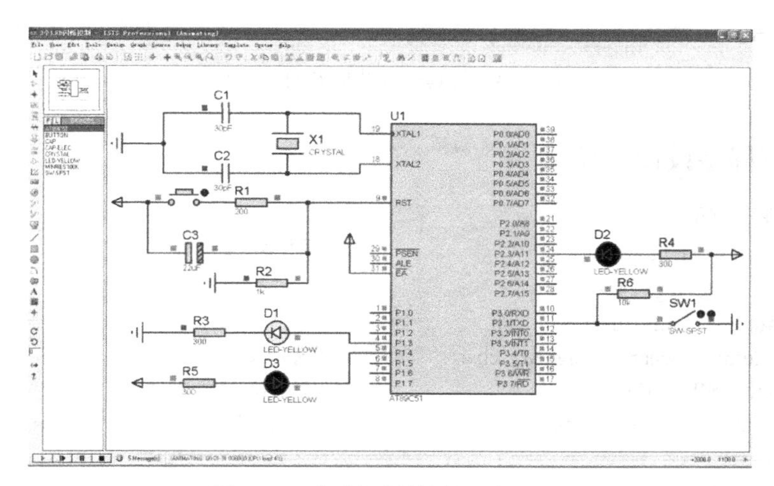

图 2-32　仿真运行结果界面（三）

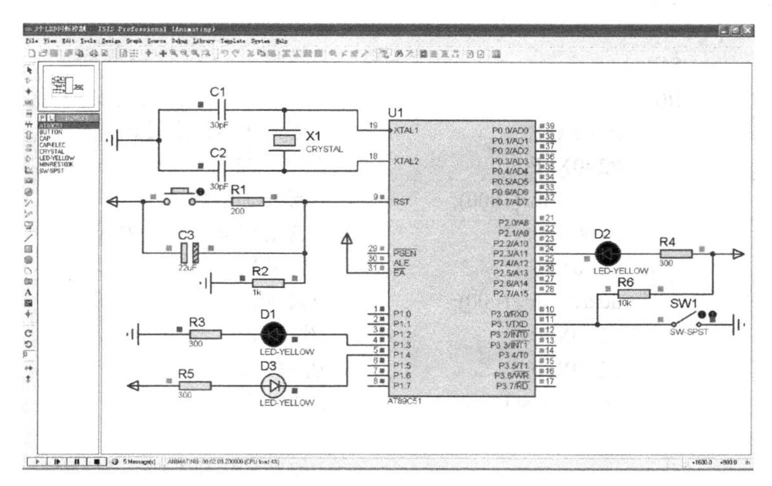

图 2-33　仿真运行结果界面（四）

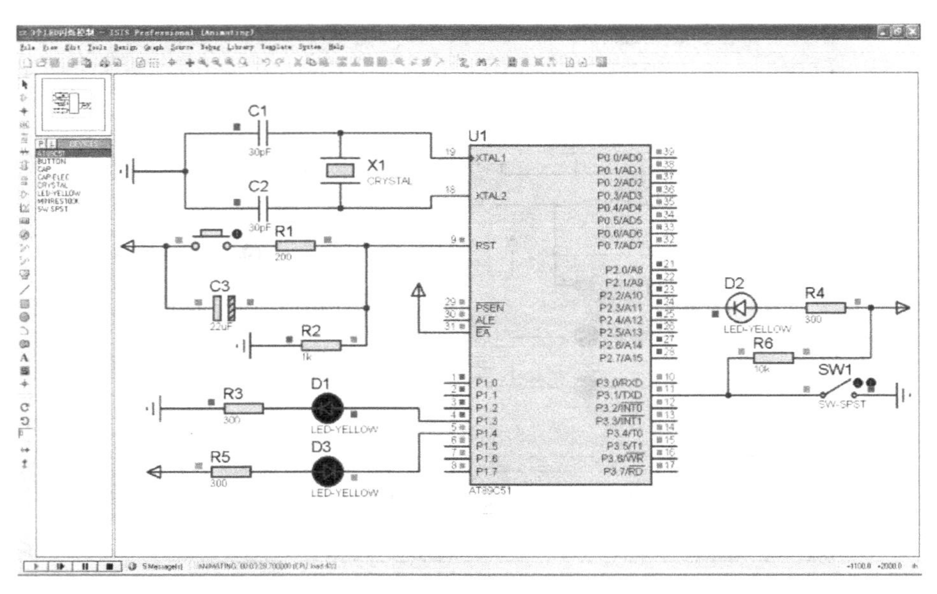

图 2-34　仿真运行结果界面（五）

2.2.5　C 语言程序设计与调试

1. 程序设计分析

```
          程序代码                                    程序分析
1.   #include<reg51.h>                          //定义包含头文件
2.   #define  unit  unsigned  int
3.   #define  uchar  unsigned  char            //宏定义
4.   sbit   SW=P3^1;                            //用 SW 代替 P3.1 口
5.   void   delay_1ms(unit);                    //声明延时子程序
6.   //==================主函数=======================
7.   main( )
8.   {    while(1)                              //无限循环扫描
9.        {
10.            SW=1;
11.            if(SW==1)                        //如果 SW 开关没有被按下，则三盏 LED 轮流闪烁
12.              {    P1=0XFF;                  //点亮 P1.3、熄灭 P1.4
13.                   P2=0XFF;                  //熄灭 P2.3
14.                   delay_1ms(1000);          //调用延时 1S
15.                   P1=0X00;                  //点亮 P1.4、熄灭 P1.3
16.                   P2=0XFF;                  //熄灭 P2.3
17.                   delay_1ms(1000);          //调用延时 1S
18.                   P1=0XF0;                  //熄灭 P1.3、熄灭 P1.4
19.                   P2=0X00;                  //点亮 P2.3
20.                   delay_1ms(1000);          //调用延时 1S
21.              }
22.            else                             //如果 SW 开关被按下，则三盏 LED 一起亮灭
23.              {    P1=0X0F;P2=0X00;          //点亮 P1.3、P1.4 和 P2.3
```

```
24.                 delay_1ms(1000);            //调用延时 1s
25.                 P1=0XF0;P2=0XFF;            //熄灭 P1.3、P1.4 和 P2.3
26.                 delay_1ms(1000);            //调用延时 1s
27.             }
28.         }
29.     }
30.     //=============延时 1ms 子程序=====================
31.     void   delay_1ms(unit x)
32.     {      unit   i,j;                      //定义局部变量
33.            for(i=0;i<x;i++)                 //含 x 参数的 for 的循环语句
34.               for(j=0;j<120;j++)
35.                    ;                        //空语句循环体
36.     }
```

2. Proteus 与 Keil 联调

1）按照前面任务 2.1.5 中 Proteus 与 Keil 联调的步骤完成基本的软件设置。如果前面已经设置过一次，在此可以跳过。

2）用 Proteus 打开已绘制好的“3 个 LED 闪烁控制.DSN”文件，在 Proteus 的“Debug”菜单中选中“Use Remote Debug Monitor（远程监控）”。同时，右键选中 STC89C51 单片机，在弹出对话框的“Program File”选项中，导入在 Keil 中生成的十六进制 HEX 文件“3 个 LED 闪烁控制.HEX”。

3）用 Keil 打开刚才创建好的“3 个 LED 闪烁控制.UV2”文件，打开窗口“Option for Target‘工程名’”。在 Debug 选项中右栏上部的下拉菜单选中 Proteus VSM Simulator。接着再单击进入 Settings 窗口，设置 IP 为 127.0.0.1，端口号为 8000。

4）在 Keil 中单击🔍，使用单步执行来调试程序，同时在 Proteus 中查看直观的仿真结果。这样就可以像使用仿真器一样调试程序了，Proteus 与 Keil 联调界面如图 2-35 所示。

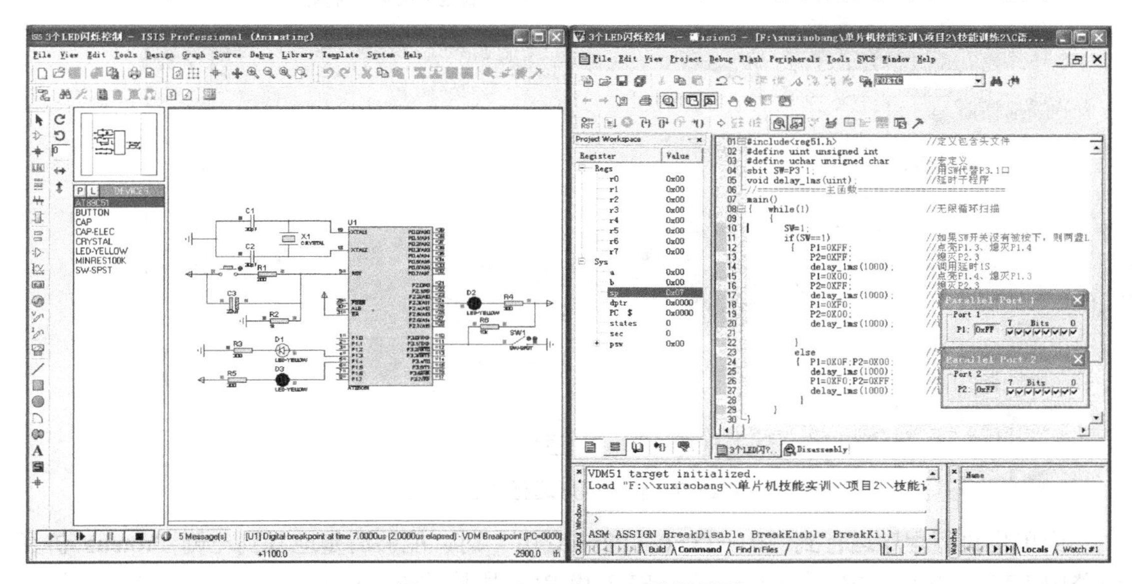

图 2-35 Proteus 与 Keil 联调界面

首先，将 Proteus 仿真电路中的开关 SW 断开，来联合调试当开关断开时的系统运行情况。

当单步执行程序运行到“P1=0XFF; P2=0XFF;”时，能够清楚地看到左侧 Proteus 仿真电路中 P1.3 所接的 LED 发光管点亮，P1.4 和 P2.3 所接的 LED 发光管熄灭，轮流闪烁运行状态如图 2-36 所示。

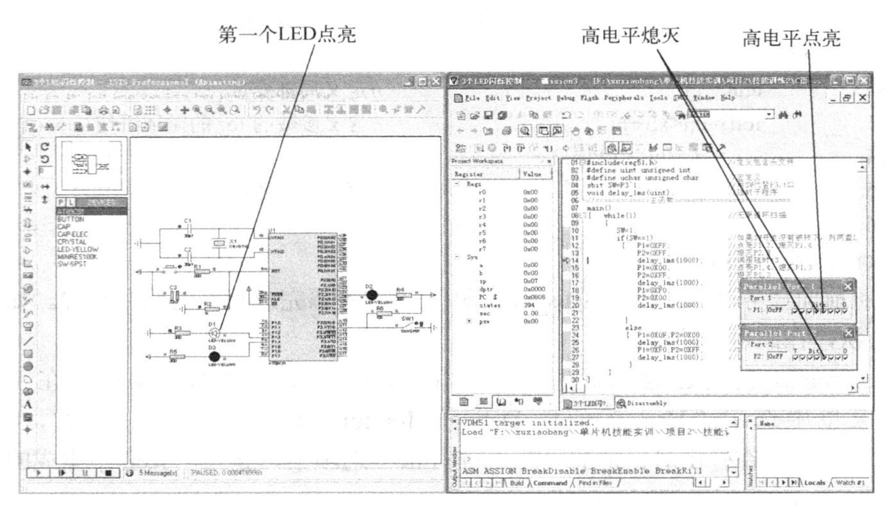

图 2-36　轮流闪烁运行状态（一）

当单步执行程序运行到“P1=0X00; P2=0XFF;”时，能够清楚地看到左侧 Proteus 仿真电路中 P1.4 所接的 LED 发光管点亮，P1.3 和 P2.3 所接的 LED 发光管熄灭，轮流闪烁运行状态如图 2-37 所示。

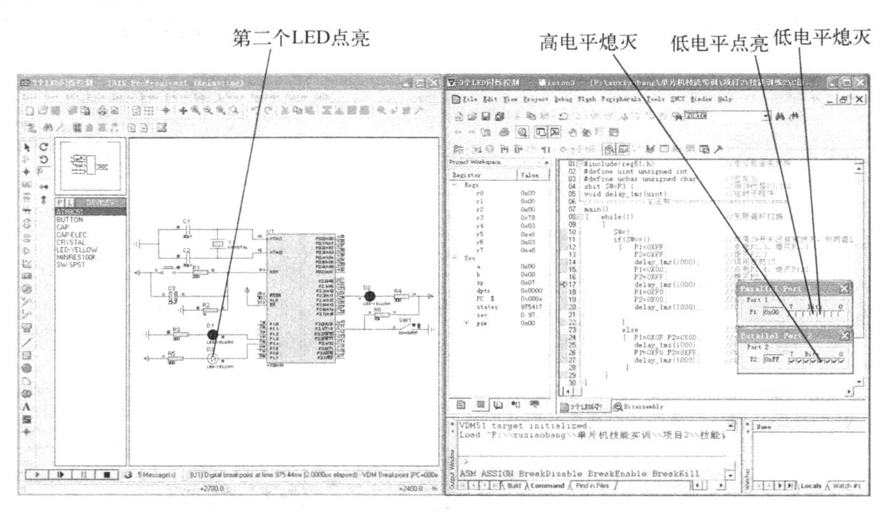

图 2-37　轮流闪烁运行状态（二）

当单步执行程序运行到“P1=0XF0; P2=0X00;”时，能够清楚地看到左侧 Proteus 仿真电路中 P2.3 所接的 LED 发光管点亮，P1.3 和 P1.4 所接的 LED 发光管熄灭，轮流闪烁运行状态如图 2-38 所示。

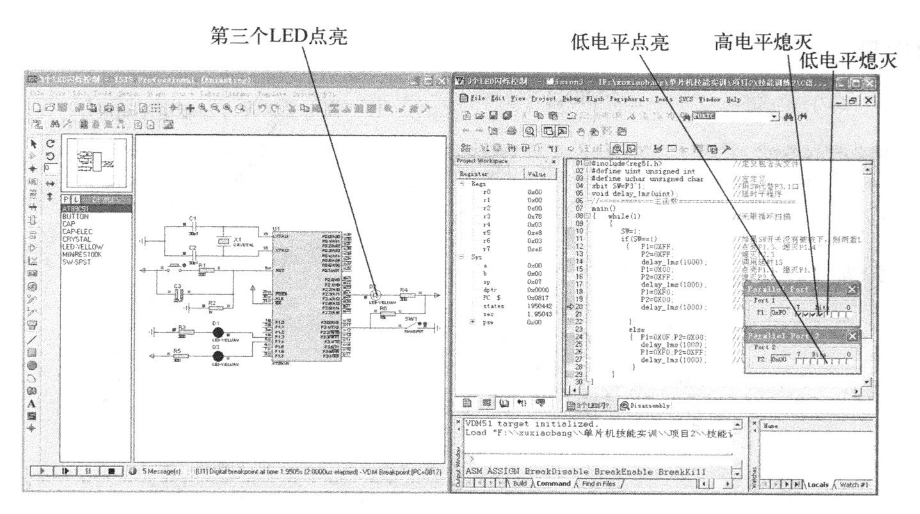

图 2-38　轮流闪烁运行状态（三）

其次，将 Proteus 仿真电路中的开关 SW 闭合，来联合调试当开关闭合时的系统运行情况。

此时单步运行程序后会发现，程序从 if-else 语句的上半部分跳到下半部分运行。

当单步执行程序运行到“P1=0X0F；　P2=0X00;”时，能够清楚地看到左侧 Proteus 仿真电路中，3 个 LED 发光管均点亮，同时闪烁运行状态如图 2-39 所示。

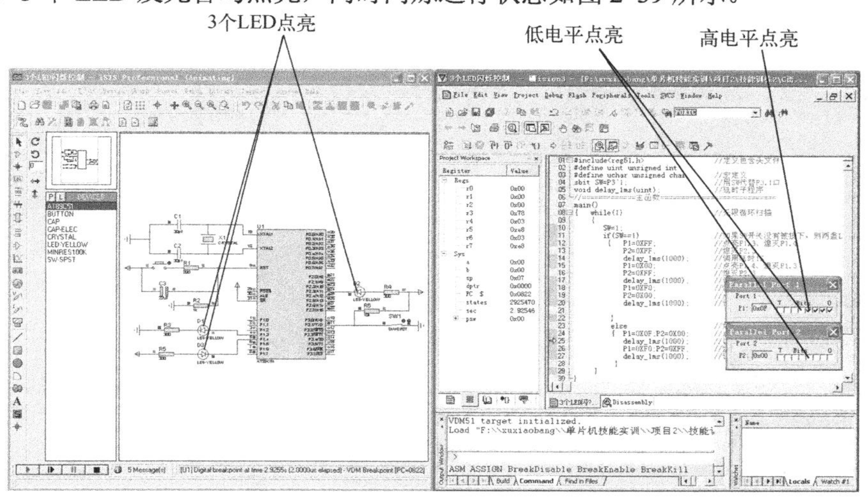

图 2-39　同时闪烁运行状态（一）

当单步执行程序运行到“P1=0XF0；P2=0XFF;”时，能够清楚地看到左侧 Proteus 仿真电路中，3 个 LED 发光管均熄灭，同时闪烁运行状态如图 2-40 所示。

3. Proteus 仿真运行

用 Proteus 打开已绘制好的“3 个 LED 闪烁控制.DSN”文件，并将最后调试完成的程序重新编译生成新“.HEX”文件导入 Proteus 中。

在 Proteus ISIS 编辑窗口中单击▶或在“Debug”菜单中选择“Execute”启动运行。当单片机运行时，会看见控制 3 个 LED 闪烁运行的画面，其运行结果参照任务 2.2.4 的仿真运行结果。

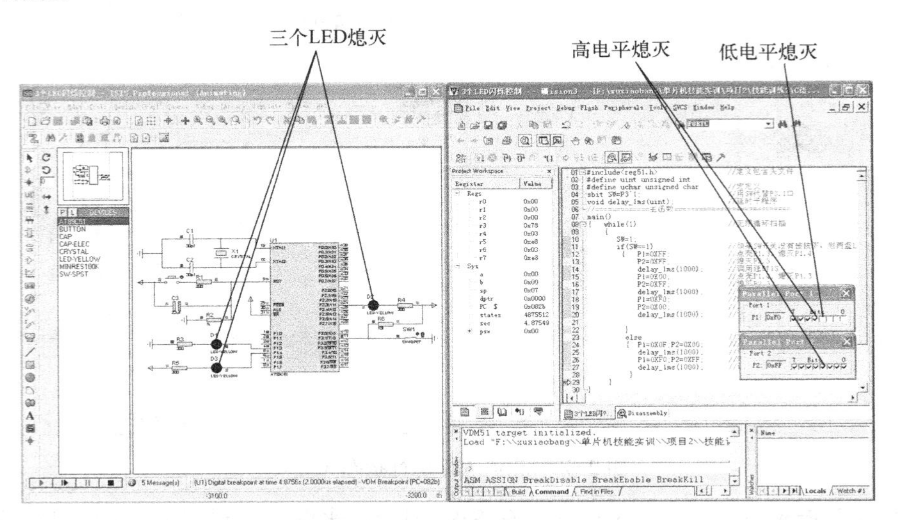

图 2-40　同时闪烁运行状态（二）

项目3　8个LED发光二极管控制

知识与能力目标

1）进一步掌握单片机的I/O口功能与特性。
2）掌握简单按键接口电路及消除抖动的措施。
3）初步学会按键软件消抖的编程实现方法。
4）学会使用汇编语言进行较复杂I/O口控制程序的分析与设计。
5）学会使用C语言进行较复杂I/O口控制程序的分析与设计。
6）进一步学习Keil μVision3与Proteus软件的使用。

训练任务3.1　双边拉幕灯控制

3.1.1　训练目的与控制要求

1. 训练目的

1）进一步掌握单片机I/O端口的知识。
2）掌握开关与LED接口电路分析与设计。
3）学会较复杂的单片机I/O口应用程序分析与编写。
4）进一步掌握单片机软件延时程序的分析与编写。
5）进一步学会程序的调试过程与仿真方法。

2. 训练任务

图3-1所示电路为一个89C51单片机控制8个LED发光管进行“双边拉幕灯控制”运行的电路原理图，LED1～LED4为模拟的左边幕，LED5～LED8为模拟的右边幕。该单片机应用系统的具体功能为：当系统上电运行工作时，模拟左右两边幕的LED灯同步由两边向中间逐一点亮，当全部亮后，再同步由中间向两边逐一熄灭。以此往复循环运行，形成“双边拉幕灯”效果。开关S2用于系统的运行和停止控制，当其闭合时，系统工作；当其断开时，系统暂停处于当前状态；其具体的工作运行情况见本书配套教材（《单片机技术及应用（基于Proteus的汇编和C语言版）》ISBN 978-7-111-44676-7，以下所指配套教材均指这本书）附带光盘中的仿真运行视频文件。

3. 训练要求

训练任务要求如下：

1）进行单片机应用电路分析，并完成Proteus仿真电路图的绘制。

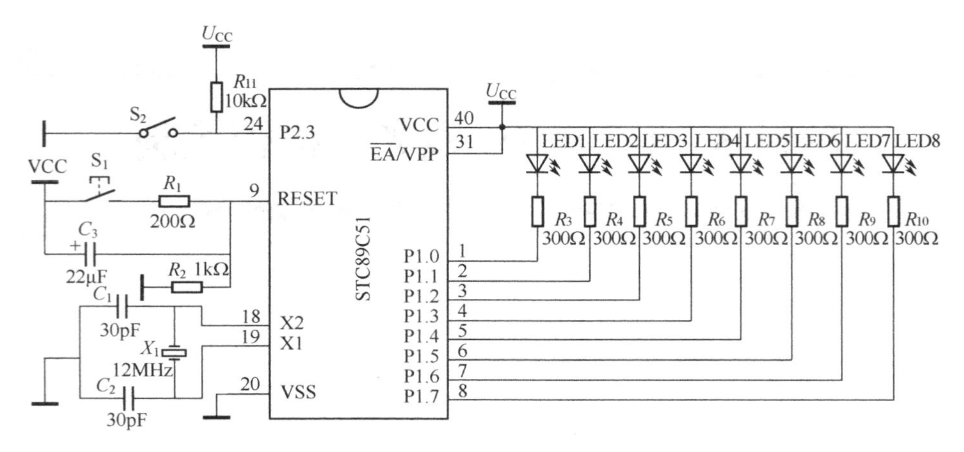

图 3-1　双边拉幕灯控制电路原理图

2）根据任务要求进行单片机控制程序流程和程序设计思路分析，画出程序流程图。

3）依据程序流程图在 Keil 中进行源程序的编写与编译工作。

4）在 Proteus 中进行程序的调试与仿真工作，最终完成实现任务要求的程序。

5）完成单片机应用系统实物装置的焊接制作，并下载程序实现正常运行。

3.1.2　硬件系统与控制流程分析

1．任务硬件系统分析

电路原理图如图 3-1 所示，该电路是在单片机最小系统的基础之上，添加 8 个 LED 驱动电路设计而成。所有 LED 电路都与 P1 连接，接口方式均设计为低电平驱动。同时，在 P2.3 口外接一个开关接口电路。

2．任务控制流程分析

根据电路原理图和任务控制功能要求可知，本任务功能上主要是通过一个开关控制单片机应用系统的运行和停止。当开关断开时，系统暂停且处于当前状态；当开关闭合时，系统运行。运行方式为：左右两边幕的 LED 灯同步由两边向中间逐一点亮，当全部亮后，再同步由中间向两边逐一熄灭，以此往复循环运行。图 3-2 所示为本任务程序设计的双边拉幕灯控制程序流程图。

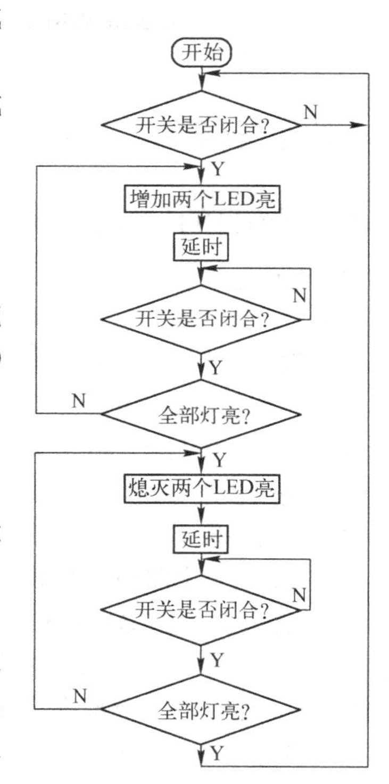

图 3-2　双边拉幕灯控制流程图

3.1.3　Proteus 仿真电路图创建

1. 列出元器件表

根据单片机应用电路原理图 3-1 所示，列出 Proteus 中实现该系统所需的元器件配置情况，如表 3-1 所示。

表 3-1　元器件配置表

名　称	型　号	数　量	备注（Proteus 中元器件名称）
单片机	AT89C51	1	AT89C51
陶瓷电容	30pF	2	CAP
电解电容	22μF	1	CAP-ELEC
晶振	12MHz	1	CRYSTAL
发光二极管	黄色	8	LED-YELLOW
电阻	1kΩ	1	RES
电阻	300Ω	8	RES
电阻	10kΩ	1	RES
电阻	200Ω	1	RES
按钮		1	BUTTON
刀开关		1	SW-SPST

2. 绘制仿真电路图

用鼠标双击桌面上的图标 ISIS 进入 **“Proteus ISIS”** 编辑窗口，单击菜单命令“File”→“New Design”，新建一个 DEFAULT 模板，并保存为“双边拉幕灯控制.DSN”。在器件选择按钮 P L DEVICES 单击“P”按钮，将表 3-1 中的元器件添加至对象选择器窗口中。然后将各个元器件摆放好，最后依照图 3-1 所示的原理图将各个器件连接起来，双边拉幕灯控制仿真图如图 3-3 所示。

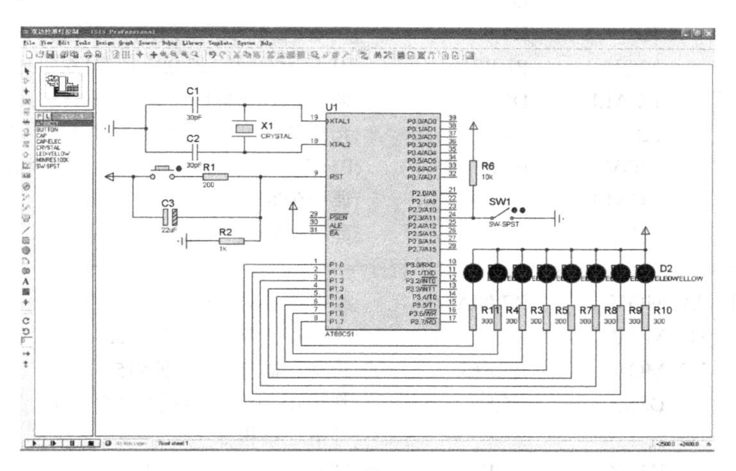

图 3-3　双边拉幕灯控制仿真图

3.1.4　汇编语言程序设计与调试

1. 程序设计分析

	程序代码			程序分析
1.	K1	EQU	P2.3	;用 K1 代替 P2.3 口
2.		ORG	0000H	;程序复位入口地址
3.		LJMP	MAIN	;程序跳到地址标号为 MAIN 处执行
4.		ORG	0030H	;主程序执行地址

```
5.   MAIN: MOV   R0,#0FFH    ;将立即数#0FFH 赋值给 R0
6.         MOV   R1,#7EH     ;将立即数#7EH 赋值给 R1
7.         MOV   R2,#3CH     ;将立即数#3CH 赋值给 R2
8.         MOV   R3,#18H     ;将立即数#18H 赋值给 R3
9.         MOV   R4,#00H     ;将立即数#00H 赋值给 R4
10.  START: JB   K1,$        ;判断 P2.3 的值，为 1，则等待，否则继续执行
11.        MOV   P1,R0       ;P1 口所对应的 LED 都不亮
12.        LCALL DELAY       ;调用延时子程序
13.        JB    K1,$        ;判断 P2.3 的值，为 1，则等待，否则继续执行
14.        MOV   P1,R1       ;P1 口所对应的 P1.0 和 P1.7 两个 LED 亮
15.        LCALL DELAY       ;调用延时子程序
16.        JB    K1,$        ;判断 P2.3 的值，为 1，则等待，否则继续执行
17.        MOV   P1,R2       ;P1 口所对应的 P1.0P1.1、P1.6 和 P1.7 四个个 LED 亮
18.        LCALL DELAY       ;调用延时子程序
19.        JB    K1,$        ;判断 P2.3 的值，为 1，则等待，否则继续执行
20.        MOV   P1,R3       ;P1 口所对应的 P1.3 和 P1.4 两个 LED 不亮，其余都亮
21.        LCALL DELAY       ;调用延时子程序
22.        JB    K1,$        ;判断 P2.3 的值，为 1，则等待，否则继续执行
23.        MOV   P1,R4       ;P1 口所对应的 LED 都亮
24.        LCALL DELAY       ;调用延时子程序
25.        JB    K1,$        ;判断 P2.3 的值，为 1，则等待，否则继续执行
26.        MOV   P1,R3       ;P1 口所对应的 P1.3 和 P1.4 两个 LED 不亮，其余都亮
27.        LCALL DELAY       ;调用延时子程序
28.        JB    K1,$        ;判断 P2.3 的值，为 1，则等待，否则继续执行
29.        MOV   P1,R2       ;P1 口所对应的 P1.0P1.1、P1.6 和 P1.7 四个个 LED 亮
30.        LCALL DELAY       ;调用延时子程序
31.        JB    K1,$        ;判断 P2.3 的值，为 1，则等待，否则继续执行
32.        MOV   P1,R1       ;P1 口所对应的 P1.0 和 P1.7 两个 LED 亮
33.        LCALL DELAY       ;调用延时子程序
34.        SJMP  START       ;程序跳转至 START 处执行
35.  ;====================延时子程序=====================
36.  DELAY: MOV  R7,#0A7H    ;给寄存器 R7 中赋值#0A7H
37.     D1: MOV  R6,#0ABH    ;给寄存器 R6 中赋值#0ABH
38.     D2: MOV  R5,#15      ;给寄存器 R5 中赋值#15
39.        DJNZ  R5,$        ;判断 R5 中的内容减 1 是否为 0，否，等待，是，则执
40.                          ;行下一条指令
41.        DJNZ  R6,D2       ;判断 R6 中的内容减 1 是否为 0，否，跳至 D2 处执行，
42.        DJNZ  R7,D1       ;判断 R7 中的内容减 1 是否为 0，否，跳至 D1 处执行
43.        RET               ;延时子程序结束返回
44.        END               ;程序结束
```

2. Proteus 与 Keil 联调

1）按照前面任务 2.1.4 中 Proteus 与 Keil 联调的步骤完成基本的软件设置。如果前面已经设置过一次，在此可以跳过。

2）用 Proteus 打开已绘制好的“双边拉幕灯控制.DSN”文件，在 Proteus 的“Debug”菜单中选中“Use Remote Debug Monitor（远程监控）”。同时，右键选中 STC89C51 单片

机，在弹出对话框的“Program File”选项中，导入在 Keil 中生成的十六进制 HEX 文件“双边拉幕灯控制.HEX”。

3）用 Keil 打开刚才创建好的“双边拉幕灯控制.UV2”文件，打开窗口“Option for Target‘工程名’”。在 Debug 选项中右栏上部的下拉菜单选中 Proteus VSM Simulator。接着再单击进入 Settings 窗口，设置 IP 为 127.0.0.1，端口号为 8000。

4）在 Keil 中单击，使用单步执行来调试程序，同时在 Proteus 中查看直观的仿真结果。这样就可以像使用仿真器一样调试程序了，Proteus 与 Keil 联调界面如图 3-4 所示。

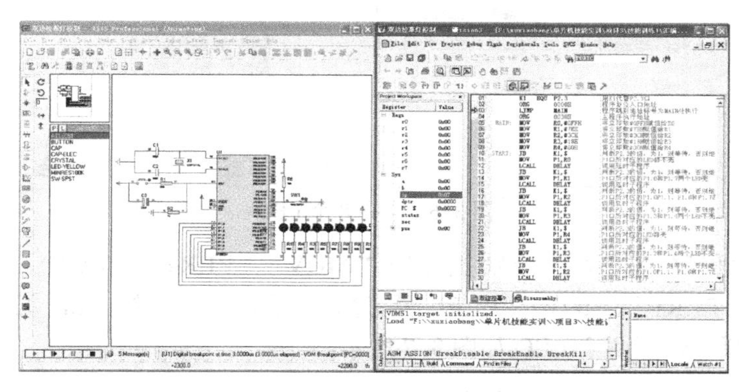

图 3-4　Proteus 与 Keil 联调界面

首先，将 Proteus 仿真电路中的开关 SW 闭合，来联合调试当开关闭合时的系统运行情况。

当执行完“MOV　R0,#0FFH”“MOV　R1,#7EH”“MOV　R2,#3CH”“MOV　R3,#18H”“MOV　R4,#00H”程序时，能够看到右侧 Keil 软件 CPU 窗口中 R0=0XFF（全都熄灭的值）、R1=0X7E（左、右各点亮一盏其余熄灭的值）、R2=0X3C（左、右各点亮两盏其余熄灭的值）、R3=0X18（中间两盏熄灭其余点亮的值）以及 R4=0X00（全都点亮的值）的赋值。

当单步执行程序，按顺序分别执行完“MOV　P1,R0”“MOV　P1,R1”“MOV　P1,R2”“MOV　P1,R3”和“MOV　P1,R4”程序语句后，就能看到 LED 灯由两边同步向中间逐一点亮的效果，点亮两个 LED 和点亮 8 个 LED 分别如图 3-5 和图 3-6 所示。

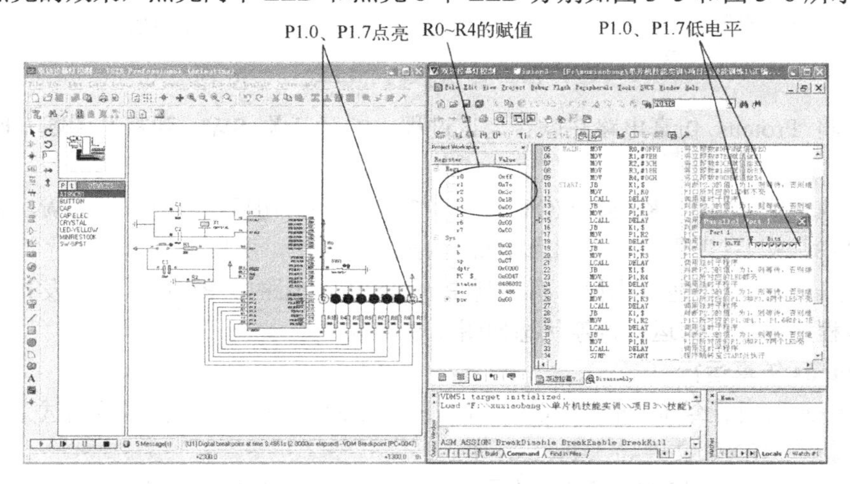

图 3-5　点亮两个 LED

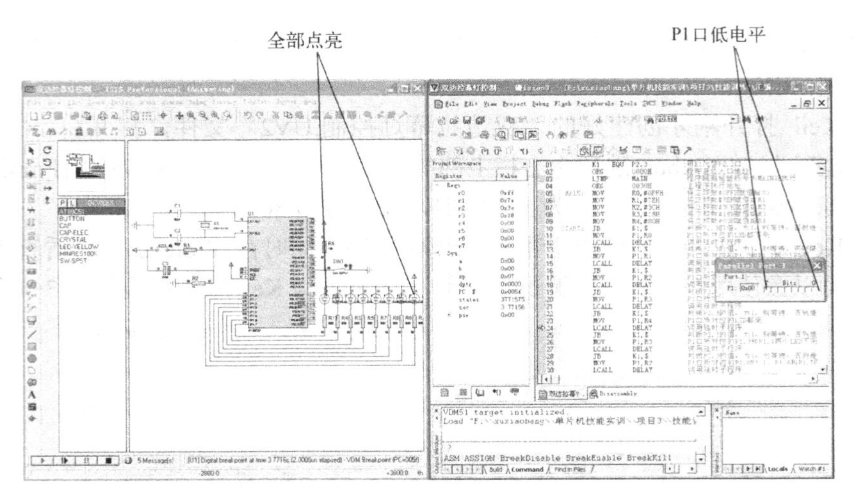

图 3-6　点亮 8 个 LED

当单步执行程序，按顺序分别执行完“MOV　P1,R4”“MOV　P1,R3”“MOV　P1,R2”“MOV　P1,R1”“MOV　P1,R0”程序语句后，就能看到 LED 灯由中间同步向两边逐一熄灭的效果，熄灭两个 LED 如图 3-7 所示。

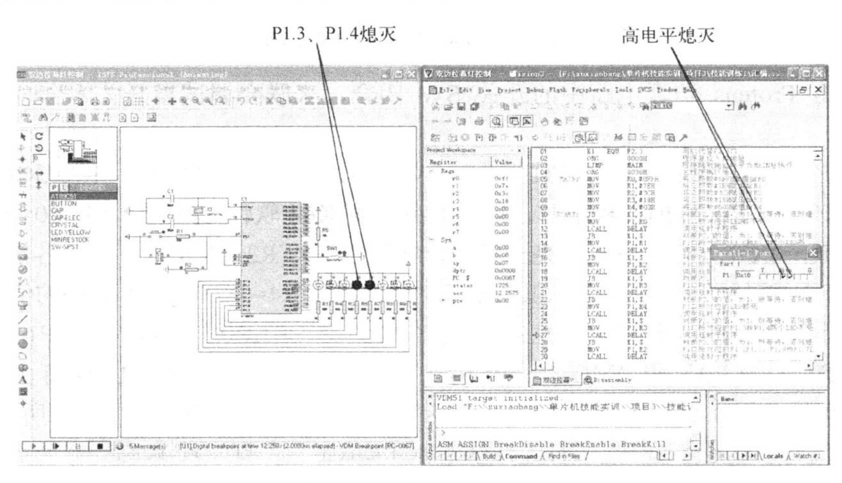

图 3-7　熄灭两个 LED

其次，将 Proteus 仿真电路在联合调试过程中断开开关 SW，观察开关断开时的系统运行情况。

当单步执行完 “JB　K1,$；MOV　P1,R2；”程序语句后，断开开关 SW，继续单步执行程序到“JB　K1,$；”程序时，因为 P2.3 输出为高电平，所以单步执行程序将暂停在“JB　K1,$；”程序语句上，不能再执行。而左侧 Proteus 仿真电路中 P1 口所接的发光管的状态暂停在上一步程序语句中，运行暂停状态如图 3-8 所示。

3. Proteus 仿真运行

用 Proteus 打开已绘制好的“双边拉幕灯控制.DSN”文件，并将最后调试完成的程序重新编译生成新“.HEX”文件导入 Proteus 中。

在 Proteus ISIS 编辑窗口中单击▶或在“Debug”菜单中选择“Execute”启动运

行。当单片机运行时，SW 开关控制单片机应用系统的运行和暂停。当开关闭合时，系统运行，观察到 LED 灯由两边同步向中间逐一点亮，仿真运行结果界面如图 3-9 所示。当全部点亮后，再由中间同步向两边逐一熄灭，仿真运行结果界面如图 3-10 所示。以此往复循环运行。当开关断开时，系统运行暂停，会观察到 LED 灯运行暂停在 SW 开关断开之前的状态，其运行结果如图 3-11 所示。

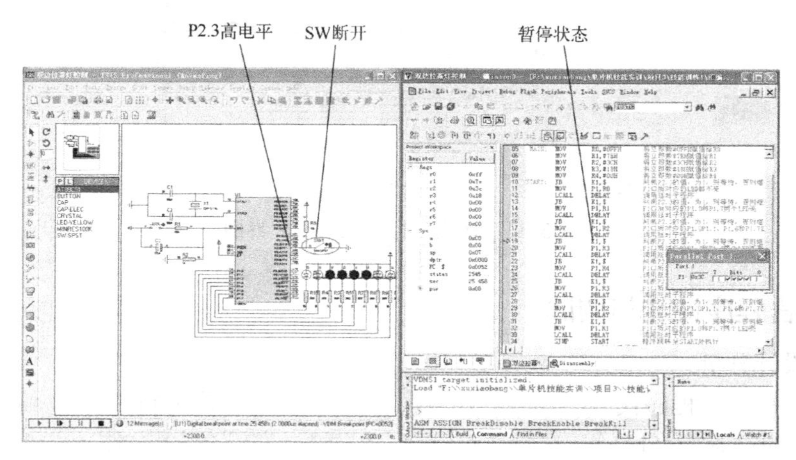

图 3-8　运行暂停状态

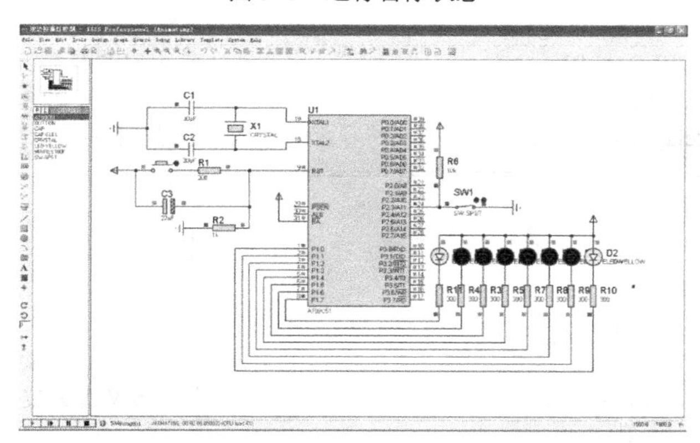

图 3-9　仿真运行结果（一）界面

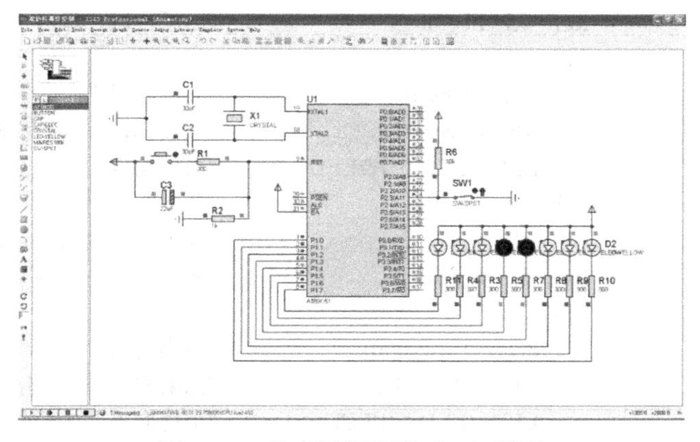

图 3-10　仿真运行结果（二）界面

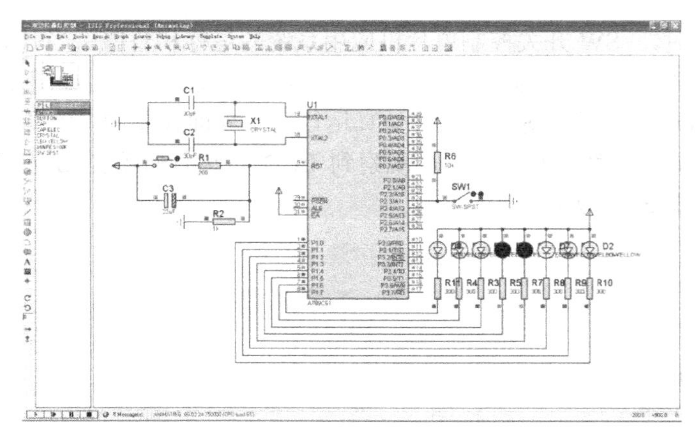

图 3-11　仿真运行结果（三）界面

3.1.5　C 语言程序设计与调试

1. 程序设计分析

```
            程序代码                                    程序分析
1.  #include<reg51.h>                              //定义包含头文件
2.  #define  unit   unsigned  int                  //宏定义
3.  #define  uchar  unsigned  char                 //宏定义
4.  #define  LED    P1                             //定义 LED 代替 P1 口
5.  sbit  SW=P2^3;                                 //用 SW 代替 P2.3 口
6.  void  delay_1ms(unit);                         //延时子程序
7.  //=========================主函数============================
8.  main( )
9.  {         while(1)                             //在主程序内无限循环扫描
10.       {
11.           char i;
12.           SW=1;
13.           if(SW==0)                            //如果 SW 开关被按下，则拉幕灯开始
14.            {
15.               LED=0X7E;                        //点亮左右两盏灯，即 P1.0、P1.7
16.               for(i=0;i<4;i++)                 //循环控制，循环 4 次
17.                {
18.                   delay_1ms(1000);             //调用延时 1S
19.                   while(SW= =1);               //如果 SW 开关没有被按下，则拉幕灯暂停
20.                   LED=(LED<<1&LED>>1);         //由外向内的 8 位灯变化的运算输出
21.                }
22.               LED=0X18;                        //熄灭中间两盏灯，即 P1.3、P1.4
23.               for(i=0;i<4;i++)                 //循环控制，循环 4 次
24.                {
25.                   delay_1ms(1000);             //调用延时 1S
26.                   while(SW= =1);               //如果 SW 开关没有被按下，则拉幕灯暂停
27.                   LED=(LED<<1|LED>>1);         //由内向外的 8 位灯变化的运算输出
28.                }
```

```
29.                    }
30.               }
31.     }
32.  //==================延时 1ms 子程序==================
33.  void delay_1ms(unit x)
34.  {        unit i,j;                               //定义局部变量
35.        for(i=0;i<x;i++)
36.        for(j=0;j<120;j++)
37.              ;                                    //空语句循环体
38.  }
```

2. Proteus 与 Keil 联调

1）按照前面任务 2.1.5 中 Proteus 与 Keil 联调的步骤完成基本的软件设置。如果前面已经设置过一次，在此可以跳过。

2）用 Proteus 打开已绘制好的“双边拉幕灯控制.DSN”文件，在 Proteus 的“Debug”菜单中选中“Use Remote Debug Monitor（远程监控）”。同时，右键选中 STC89C51 单片机，在弹出对话框的“Program File”选项中，导入在 Keil 中生成的十六进制 HEX 文件“双边拉幕灯控制.HEX”。

3）用 Keil 打开刚才创建好的“双边拉幕灯控制.UV2”文件，打开窗口“Option for Target‘工程名’”。在 Debug 选项中右栏上部的下拉菜单选中 Proteus VSM Simulator。接着再单击进入 Settings 窗口，设置 IP 为 127.0.0.1，端口号为 8000。

4）在 Keil 中单击，使用单步执行来调试程序，同时在 Proteus 中查看直观的仿真结果。这样就可以像使用仿真器一样调试程序了，Proteus 与 Keil 联调界面如图 3-12 所示。

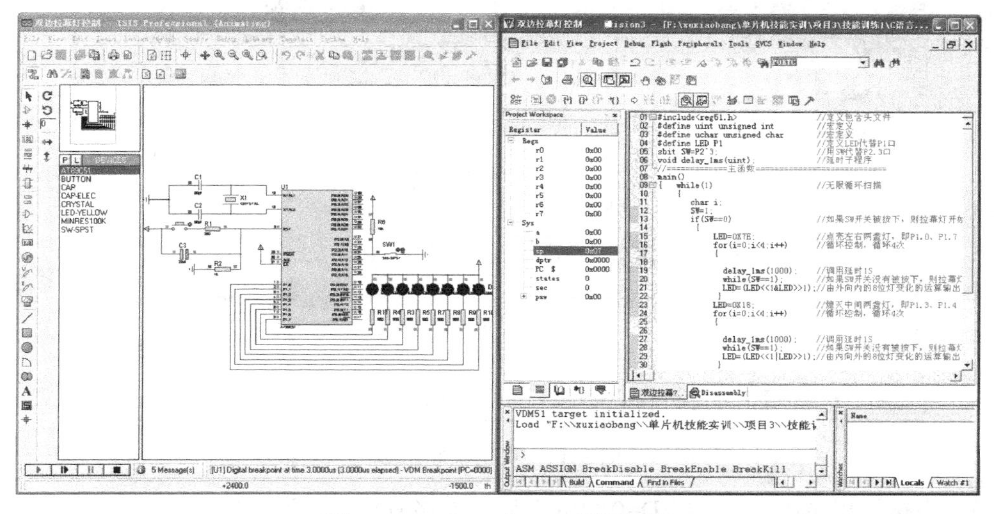

图 3-12 Proteus 与 Keil 联调界面

首先，将 Proteus 仿真电路中的开关 SW 闭合，来联合调试当开关闭合时的系统运行情况。

当单步执行程序运行到“LED=0X7E;”时，能够清楚地看到左侧 Proteus 仿真电路中 P1 口中 P1.0 和 P1.7 所接的 LED 发光管点亮，其余熄灭，点亮两个 LED 如图 3-13 所示。

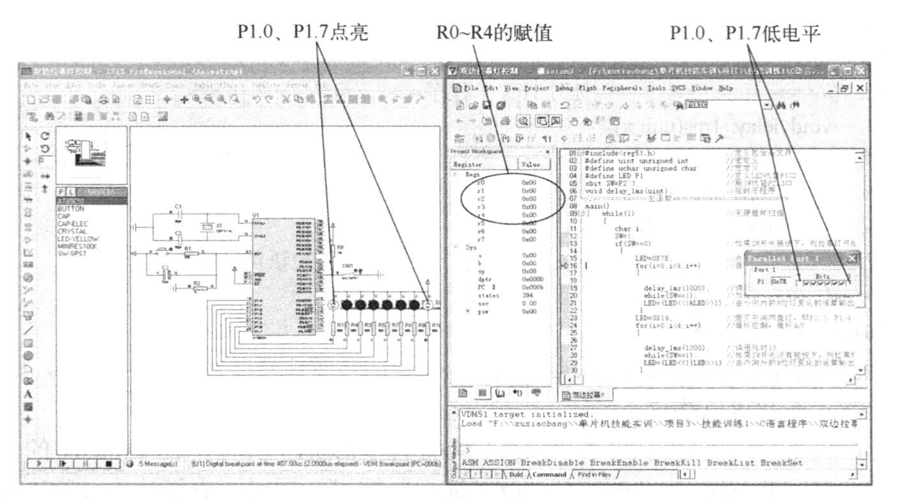

图 3-13　点亮两个 LED

当单步执行程序运行到“for(i=0;i<4;i++) ”时，程序在 for 程序段进行 4 次循环，在循环里每次执行完一次语句“LED=(LED<<1&LED>>1);”后，就会增加点亮两个 LED 灯，就能观察到 LED 灯由两边同步向中间逐一点亮的效果。直到程序进行完 4 次循环后，程序将跳出 for 程序段继续往下执行，点亮 8 个 LED 如图 3-14 所示。

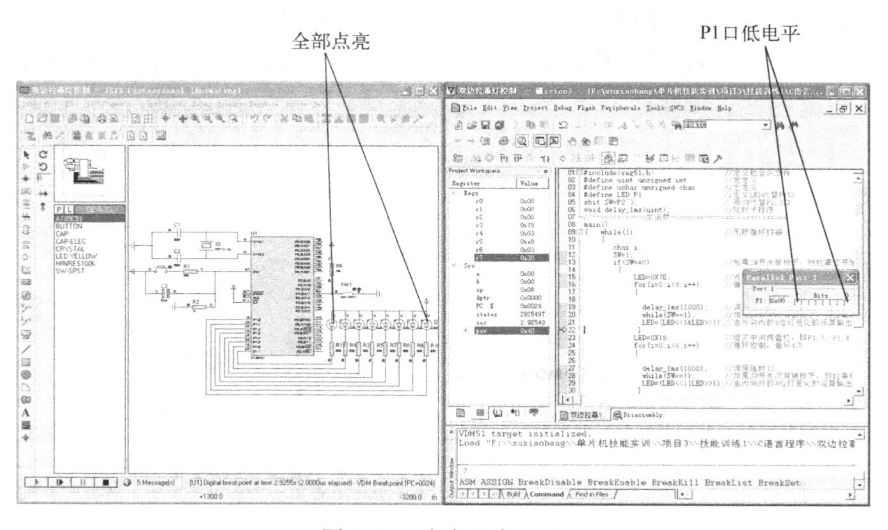

图 3-14　点亮 8 个 LED

当单步执行程序运行到“LED=0X18;”后，能够清楚地看到左侧 Proteus 仿真电路中 P1 口中 P1.3 和 P1.4 所接的 LED 发光管熄灭，其余点亮，熄灭两个 LED 如图 3-15 所示。

当单步执行程序又运行到“for(i=0;i<4;i++)”时，程序再进行 4 次循环，在循环里每次执行完一次“LED=(LED<<1|LED>>1);”后，就会增加熄灭两个 LED 灯，就能观察到 LED 灯由中间同步向两边逐一熄灭的效果，4 次循环后 8 个 LED 灯全部熄灭，且跳出 for 循环体，如图 3-16 和图 3-17 所示。

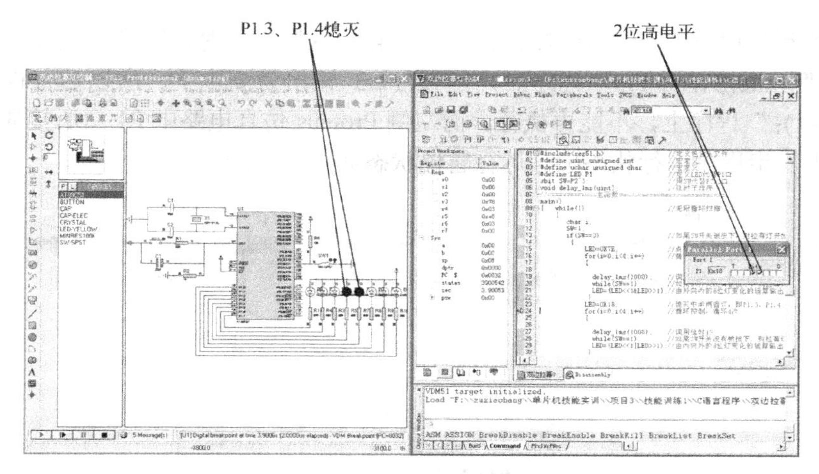

图 3-15　熄灭两个 LED

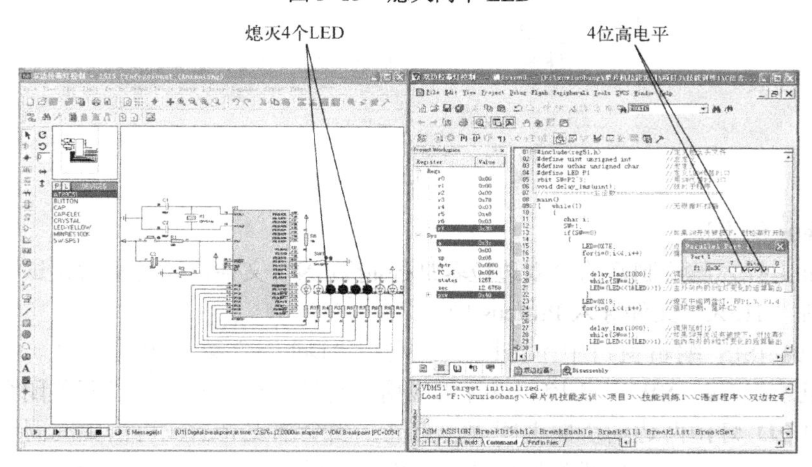

图 3-16　熄灭 4 个 LED

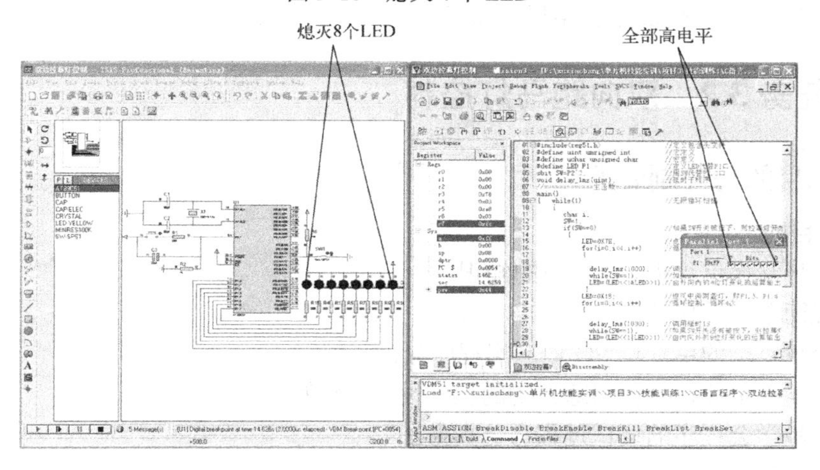

图 3-17　熄灭 8 个 LED

其次，将 Proteus 仿真电路在联合调试过程中断开开关 SW，观察开关断开时的系统运行情况。

当单步执行程序到“LED=0X7E；for(i=0;i<4;i++)；”程序时，断开开关 SW，继续单步执行程序到“while(SW==1)；”程序后，因为 P2.3 输出为高电平，所以运行程序将暂停在“while(SW==1)；”程序上，不能再执行。而左侧 Proteus 仿真电路中 P1 口所接的发光管的状态，暂停在上一步程序运行状态中，运行暂停状态如图 3-18 所示。

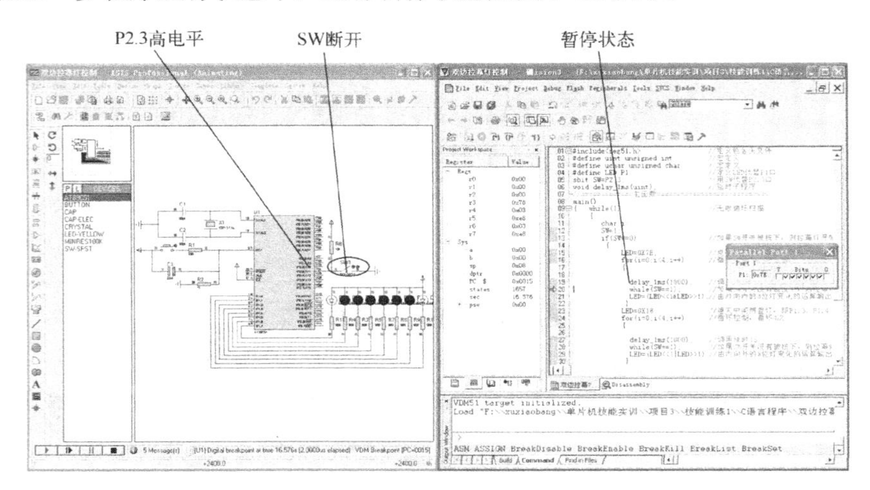

图 3-18　运行暂停状态

3. Proteus 仿真运行

用 Proteus 打开已绘制好的“双边拉幕灯控制.DSN”文件，并将最后调试完成的程序重新编译生成新“.HEX”文件导入 Proteus 中。

在 Proteus ISIS 编辑窗口中单击 ▶ 或在“Debug”菜单中选择“Execute”启动运行。当单片机运行时， SW 开关控制单片机应用系统的运行和暂停。当开关闭合时，系统运行，观察到 LED 灯由两边同步向中间逐一点亮；当全部点亮后，再由中间同步向两边逐一熄灭，以此往复循环运行。当开关断开时，系统运行暂停，会观察到 LED 灯运行暂停在 SW 开关断开之前的状态。仿真运行结果参照任务 3.1.4 的仿真运行结果。

 训练任务 3.2　双向跑马灯控制

3.2.1　训练目的与控制要求

1. 训练目的

1）进一步掌握单片机 I/O 端口的知识。

2）掌握简单按键接口电路分析与设计。

3）学会较复杂的单片机 I/O 口应用程序分析与编写。

4）学习掌握单片机按键消除抖动的程序设计与编写。

5）进一步学会程序的调试过程与仿真方法。

2. 训练任务

图 3-19 所示电路为一个 89C51 单片机控制 8 个 LED 发光管进行“双向跑马灯控制”运行的电路原理图。该单片机应用系统的具体功能为：当系统上电运行工作时，当有启动按钮

按下后，8 个 LED 从 LED1 开始轮流右移点亮，当右移到 LED8 点亮时；再反向左移轮流点亮，一直到 LED1 点亮为止，以此往复循环运行，形成一个亮点来回跑动的“双向跑马灯”效果。当停止按钮按下时，系统暂停处于当前状态，但是启动按钮按下时又会继续运行；其具体的工作运行情况见本书配套教材附带光盘中的仿真运行视频文件。

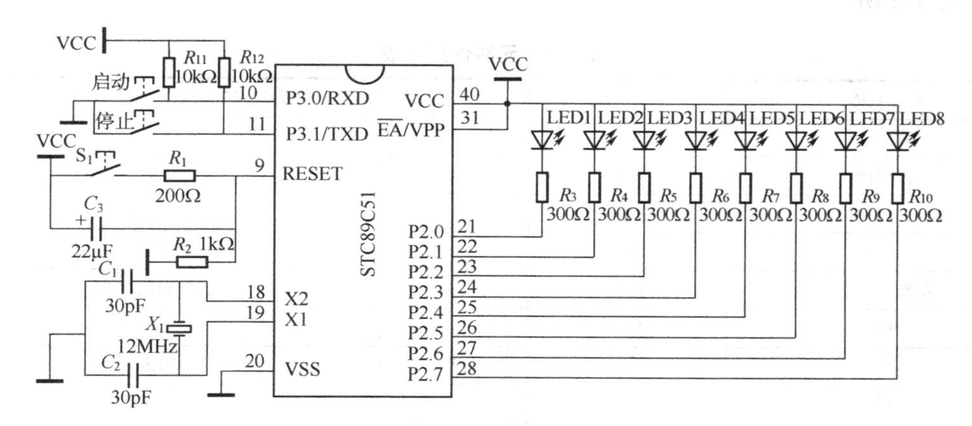

图 3-19　双向跑马灯控制电路原理图

3. 训练要求

训练任务要求如下：

1）进行单片机应用电路分析，并完成 Proteus 仿真电路图的绘制。

2）根据任务要求进行单片机控制程序流程和程序设计思路分析，画出程序流程图。

3）依据程序流程图在 Keil 中进行源程序的编写与编译工作。

4）在 Proteus 中进行程序的调试与仿真工作，最终完成实现任务要求的程序。

5）完成单片机应用系统实物装置的焊接制作，并下载程序实现正常运行。

3.2.2　硬件系统与控制流程分析

1．任务硬件系统分析

电路原理图如图 3-19 所示，该电路是在单片机最小系统的基础之上，添加 8 个 LED 驱动电路设计而成。所有 LED 电路都与 P2 口连接，接口方式均设计为低电平驱动。同时，在 P3.0 和 P3.1 口外分别接有一按键接口电路，用于系统的运行和暂停输入控制。

2．任务控制流程分析

根据电路原理图和任务控制功能要求可知，本任务功能上主要是通过两个按钮控制单片机的应用系统启动和停止。当启动按钮按下后，8 个 LED 从 LED1 开始轮流右移点亮；当右移到 LED8 点亮时，再反向左移轮流点亮，一直到 LED1 点亮为止，以此往复循环运行。当暂停按钮按下时，系统暂停于当前状态，直到启动按钮再次按下时继续运行。图 3-20 所示为双向跑马灯控制流程图。

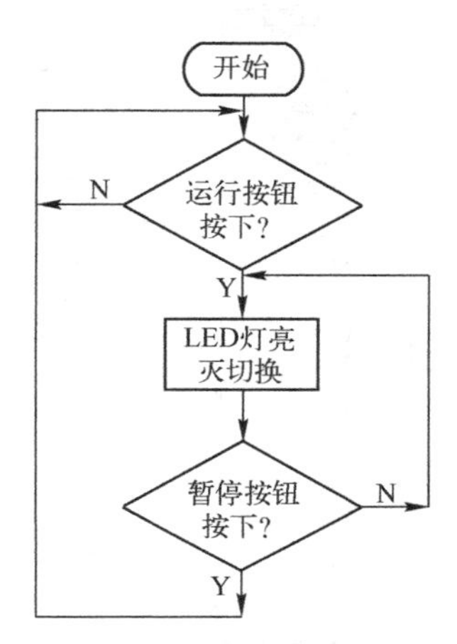

图 3-20　双向跑马灯控制流程图

3.2.3 Proteus 仿真电路图创建

1. 列出元器件表

根据单片机应用电路原理图 3-19 所示，列出 Proteus 中实现该系统所需的元器件配置情况，如表 3-2 所示。

表 3-2 元器件配置表

名　称	型　号	数　量	备注（Proteus 中元器件名称）
单片机	AT89C51	1	AT89C51
陶瓷电容	30pF	2	CAP
电解电容	22μF	1	CAP-ELEC
晶振	12MHz	1	CRYSTAL
发光二极管	黄色	8	LED-YELLOW
电阻	1kΩ	1	RES
电阻	300Ω	8	RES
电阻	10kΩ	2	RES
电阻	200Ω	1	RES
按钮		3	BUTTON

2. 绘制仿真电路图

用鼠标双击桌面上的图标进入“Proteus ISIS”编辑窗口，单击菜单命令“File”→“New Design”，新建一个 DEFAULT 模板，并保存为“双向跑马灯控制.DSN”。在器件选择按钮单击“P”按钮，将表 3-2 中的元器件添加至对象选择器窗口中。然后将各个元器件摆放好，最后依照图 3-19 所示的原理图将各个器件连接起来，双向跑马灯控制仿真图如图 3-21 所示。

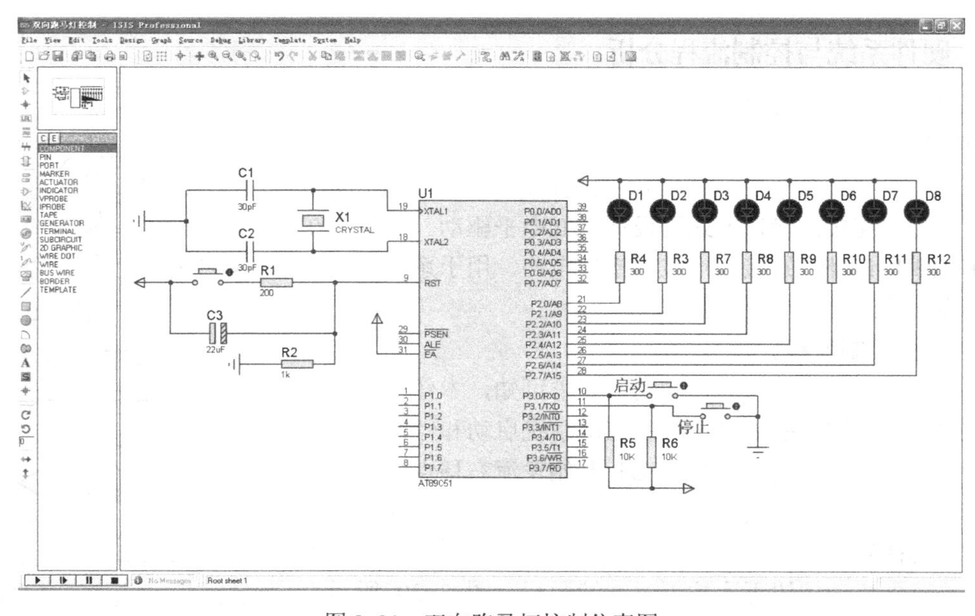

图 3-21　双向跑马灯控制仿真图

3.2.4 汇编语言程序设计与调试

1. 程序设计分析

程序代码　　　　　　　　　　程序分析

```
1.          K1   EQU      P3.0        ;用运行按键 K1 代替 P3.0 口
2.          K2   EQU      P3.1        ;用暂停按键 K2 代替 P3.1 口
3.          X    EQU      B.0         ;用 X 代替寄存器 B.0
4.               ORG      0000H       ;程序复位入口地址
5.               LJMP     MAIN        ;程序跳到地址标号为 MAIN 处执行
6.               ORG      0030H       ;主程序入口地址
7.         MAIN: SETB     X           ;置位 X，使之不为 0
8.        START: LCALL    AN_JIAN     ;调用判断按键是否按下子程序
9.               JB       X,START     ;判断 X 是否为 1，是，跳到 START
10.              MOV      R0,#8       ;把立即数#8 送入 R0
11.              MOV      A,#0FEH     ;把立即数#0FEH 送入累加器 A
12.          X1: MOV      P2,A        ;让 A 中的值给 P2 口，使 P2 口所接的对应灯亮
13.              LCALL    DELAY_500   ;延时 500ms
14.              RL       A           ;将 A 中的内容左移一位
15.          X2: LCALL    AN_JIAN     ;调用判断按键是否按下子程序
16.              JB       X,X2        ;判断 X 是否为 1，是，则跳转到 X2
17.              DJNZ     R0,X1    ;判断是否已经循环 7 次，否，继续循环，是往下执行
18.              MOV      R0,#8       ;把立即数#8 送入 R0
19.              MOV      A,#7FH      ;把立即数#7FH 送入累加器 A
20.          X3: MOV      P2,A        ;让 A 中的值给 P2 口，使 P2 口所接的对应灯亮
21.              LCALL    DELAY_500   ;延时 500ms
22.              RR       A           ;将 A 中的内容左移一位
23.          X4: LCALL    AN_JIAN     ;调用判断按键是否按下子程序
24.              JB       X,X4        ;判断 X 是否为 1，是，则跳转到 X4
25.              DJNZ     R0,X3    ;判断是否已经循环 7 次，否，继续循环，是往下执行
26.              LJMP     START       ;程序跳转至 START 处执行
27.  ;==================500ms 延时子程序==================
28.  DELAY_500: MOV   R7,#4           ;给寄存器 R7 中赋值#4
29.        D1:  MOV   R6,#100         ;给寄存器 R6 中赋值#100
30.        D2:  MOV   R5,#250         ;给寄存器 R5 中赋值#250
31.             DJNZ  R5,$     ;判断 R5 中的内容减 1 是否为 0，;否，等待，是，则执行下一条
32.             DJNZ  R6,D2        ;判断 R6 中的内容减 1 是否为 0，否，跳至 D2
33.             DJNZ  R7,D1        ;判断 R7 中的内容减 1 是否为 0，否，跳至 D1
34.             RET                ;延时子程序结束返回
35.  ;==================检测按键子程序==================
36.    AN_JIAN: MOV   P3,#0FH         ;对 P3 口赋值 0FH，读引脚前先写入 1
37.             JB    K1,S1           ;判断运行按键 K1 是否按下，
38.             LCALL QUDOU           ;调用按键去抖动子程序
39.             CLR   X               ;K1 按下 X 值为 0
40.             S1:   JB     K2,S2    ;判断运行按键 K2 是否按下，
41.             LCALL QUDOU           ;调用按键去抖动子程序
42.             SETB  X               ;K2 按下 X 值为 1
```

```
43.        S2: RET                      ;程序返回，检测按键子程序结束
44.  ;================按键去抖动子程序================
45.    QUDOU: MOV     P3,#0FH           ;给 P3 口赋值，读引脚前先写入 1
46.           JNB     K1,AJ1            ;判断 K1 是否被按下，是，则跳到 AJ1 处执行
47.           JNB     K2,AJ2            ;判断 K2 是否被按下，是，则跳到 AJ2 处执行
48.           LJMP    QUDOU             ;若两个按键都没有按下，则跳转至 QUDOU
49.      AJ1: LCALL   DELAY             ;调用延时子程序
50.           JB      K1,QUDOU          ;再次判断 K1 是否被按下，若按键没有按下，K1 为
51.                                     ;高电平，则跳转至 QUDOU 处执行
52.   JPDQ1:  LCALL   DELAY             ;若按键有按下，则继续延时等待释放处理
53.           JNB     K1,JPDQ1          ;判断 K1 是否被释放，若按键没释放，继续判断若
54.                                     ;按键有释放，K1 为高电平，则继续往下执行
55.           LCALL   DELAY             ;调用延时子程序
56.           JNB     K1,JPDQ1          ;再次判断 K1 是否被释放，若按键没有释放，则跳
57.                                     ;转至 JPDQ1 处继续延时判断
58.           LJMP    FH                ;释放，则跳转至 FH 出执行
59.     AJ2:  LCALL   DELAY             ;调用延时子程序
60.           JB      K2,QUDOU          ;再次判断 K2 是否被按下，若按键没有按下，K2 为
61.                                     ;高电平，则跳转至 QUDOU 处执行
62.   JPDQ2:  LCALL   DELAY             ;若按键有按下，则继续延时等待释放处理
63.           JNB     K2,JPDQ2          ;判断 K2 是否被释放，若按键没释放，继续判断若
64.                                     ;按键有释放，K2 为高电平，则继续往下执行
65.           LCALL   DELAY             ;调用延时子程序
66.           JNB     K2,JPDQ2          ;再次判断 K2 是否被释放，若按键没有释放，则跳
67.                                     ;转至 JPDQ2 处继续延时判断
68.           LJMP    FH                ;释放，则跳转至 FH 出执行
69.      FH:  RET                       ;程序返回，去抖子程序结束
70.  ;==========按键去抖延时子程序，延时时间约为 15ms==========
71.   DELAY: MOV      R4,#30            ;将#30 值赋给 R4
72.      D3:  MOV     R3,#248           ;将#248 值赋给 R3
73.           DJNZ    R3,$              ;将 R3 值减 1 判断，直到为 0
74.           DJNZ    R4,D3   ;将 R4 中的值减 1 判断是否为 0，若不是，则跳转至 D3 处执行
75.           RET                       ;子程序返回
76.           END                       ;程序结束
```

2. Proteus 与 Keil 联调

1）按照前面任务 2.1.4 中 Proteus 与 Keil 联调的步骤完成基本的软件设置。如果前面已经设置过一次，在此可以跳过。

2）用 Proteus 打开已绘制好的“双向跑马灯控制.DSN”文件，在 Proteus 的“Debug”菜单中选中“Use Remote Debug Monitor（远程监控）”。同时，右键选中 STC89C51 单片机，在弹出对话框的“Program File”选项中，导入在 Keil 中生成的十六进制 HEX 文件“双向跑马灯控制.HEX”。

3）用 Keil 打开刚才创建好的“双向跑马灯控制.UV2”文件，打开窗口“Option for Target‘工程名’”。在“Debug”选项中右栏上部的下拉菜单选中 Proteus VSM Simulator。接着再单击进入 Settings 窗口，设置 IP 为 127.0.0.1，端口号为 8000。

4）在 Keil 中单击，使用单步执行来调试程序，同时在 Proteus 中查看直观的仿真结果。这样就可以像使用仿真器一样调试程序了，Proteus 与 Keil 联调界面如图 3-22 所示。

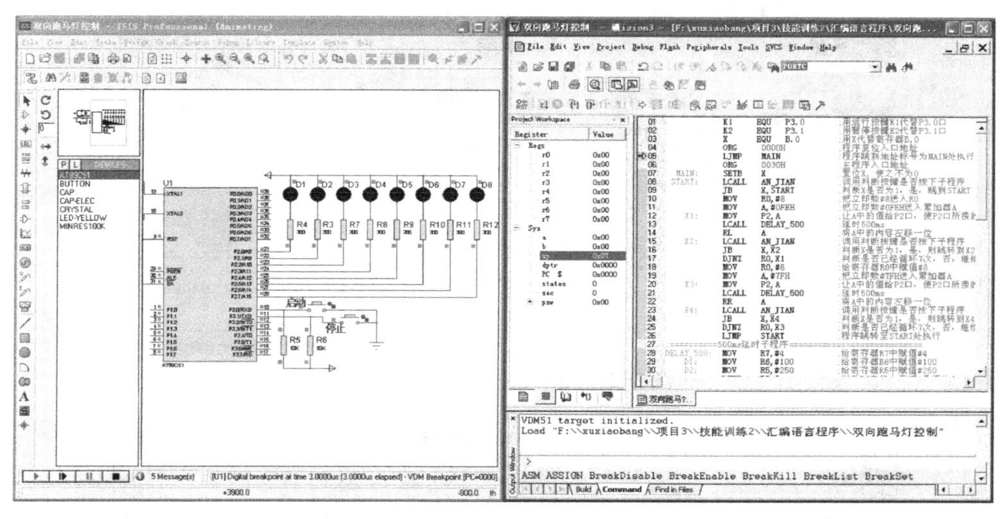

图 3-22　Proteus 与 Keil 联调界面

在联调时需要启动按键输入信号，单击按键旁的双向箭头，单击此箭头按钮变成常闭导通状态；再次单击箭头或单击按钮，则按钮恢复原状。

先将启动按键设置为常闭状态，再使用单步执行程序。模拟启动按钮按下， P3.0 输入低电平，执行程序“LCALL AN_JIAN”。由于 AN_JIAN 子程序中有调用按键按下和松开功能的去抖子程序，所以退出子程序之前必须将模拟启动按钮断开。当有检测有运行信号后，子程序执行结果反馈 X 为 0，执行双向跑马灯的程序段，如图 3-23 和图 3-24 所示。

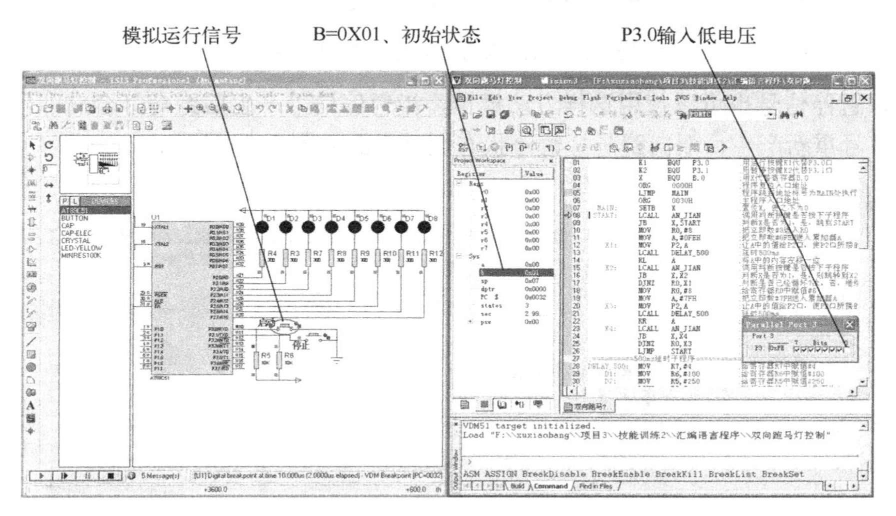

图 3-23　模拟运行信号调试界面

单步运行程序，可在左侧 Proteus 仿真电路图中看到跑马灯的效果，双向跑马灯运行状态调试界面如图 3-25 所示。

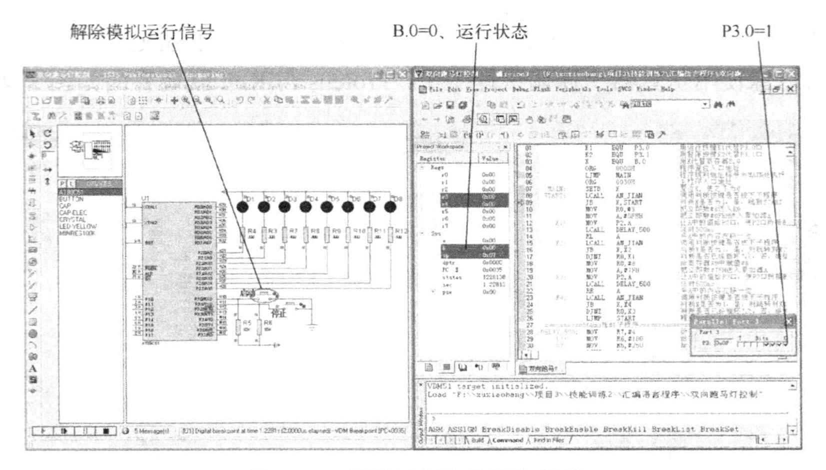

图 3-24　模拟运行信号解除界面

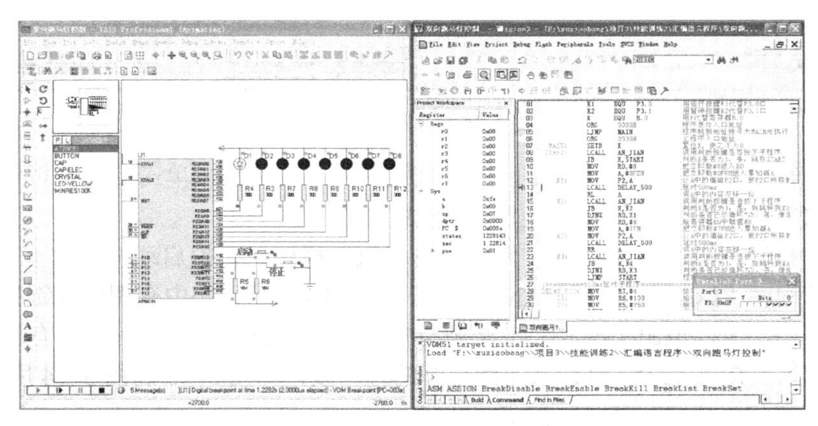

图 3-25　双向跑马灯运行状态调试界面

同样，暂停信号也可以使用这样方法模拟，当暂停信号产生后跑马灯会立即停止移动，直到运行信号重新产生，双向跑马灯暂停状态调试界面如图 3-26 所示。

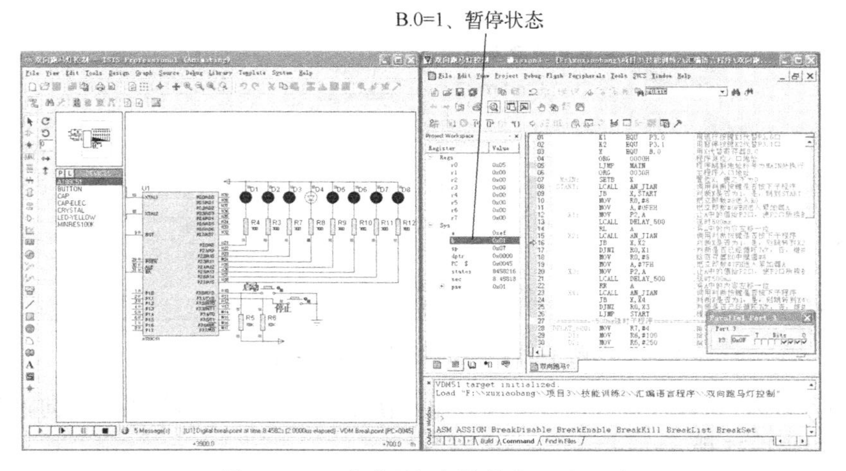

图 3-26　双向跑马灯暂停状态调试界面

3. Proteus 仿真运行

用 Proteus 打开已绘制好的“双向跑马灯控制.DSN”，并将最后调试完成的程序重新编译生成新“.HEX”文件导入 Proteus 中。

在 Proteus ISIS 编辑窗口中单击 ▶ 或在“Debug”菜单中选择“Execute”，运行时，当 P3.0 启动按钮按下后，8 个 LED 进行双向点亮运行，仿真运行结果界面如图 3-27 所示。当 P3.1 暂停按钮按下后，8 个 LED 暂停运行并保持在当前状态，仿真运行结果界面如图 3-28 所示。直到 P3.0 再次按下，8 个 LED 从暂停状态再次继续运行。

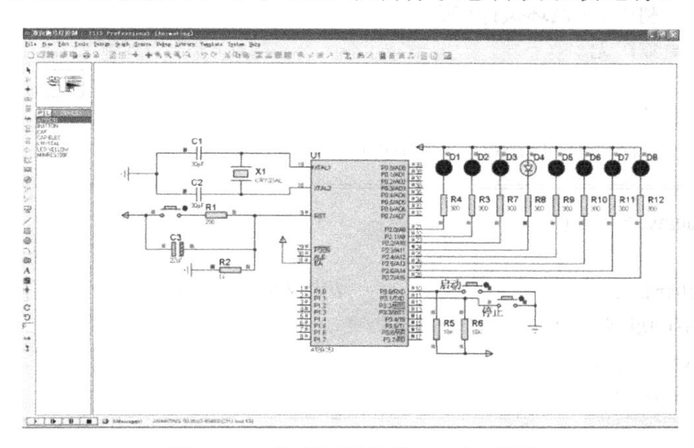

图 3-27 仿真运行结果（一）界面

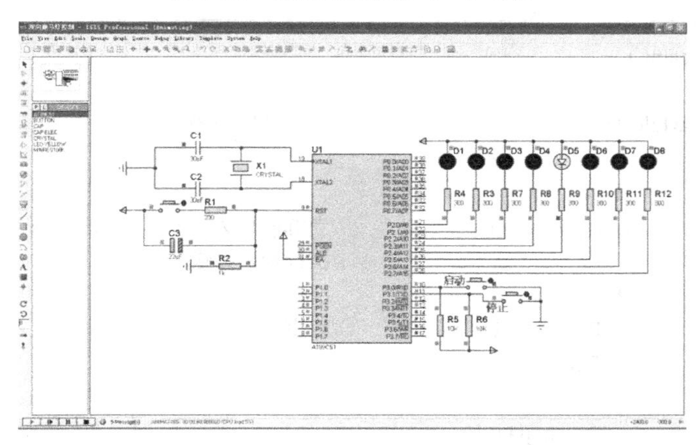

图 3-28 仿真运行结果（二）界面

3.2.5 C 语言程序设计与调试

1. 程序设计分析

程序代码　　　　　　　　　　程序分析

```
1.  #include<regx51.h>                  //定义包含头文件
2.  #include<intrins.h>                 //定义包含头文件
3.  #define  uchar  unsigned  char      //宏定义
4.  #define  unit   unsigned  int       //宏定义
5.  sbit     K1=P3^0;                   //用 K1 代替 P3.0 口
```

```
6.  sbit    K2=P3^1;                  //用 K2 代替 P3.1 口
7.  uchar   m=0xfe;                   //定义全局变量，可在程序中任何处使用
8.  bit     flag=0;                   //定义局部变量
9.  void    doudong_ys( );            //按键去抖动延时子程序
10. void    qu_doudong( );            //按键去抖动子程序
11. void    an_jian( );               //按键子程序
12. //==============================================/
13. //函数名：delay_500ms( )
14. //功能：利用 for 循环执行空操作来达到延时
15. //调用函数：无
16. //输入参数：无
17. //输出参数：无
18. //说明：延时的时间为 500ms 的子程序
19. //==============================================/
20. void delay_500ms( )
21. {
22.     uchar i,j,a;                  //定义局部变量，只限于对应子程序中使用
23.     for(i=0;i<4;i++)
24.      for(j=0;j<100;j++)
25.       for(a=0;a<250;a++)
26.          ;
27. }
28. //=========主函数================================
29. void main( )
30. {
31.       while(1)                    //无限循环扫描
32.       {      unit x;
33.           an_jian( );
34.           while(flag= =1)         //当 flag 值为 1 时，则执行下一步，否则继续
35.                                   //执行检测按键子程序
36.             {
37.               P2=m=0xfe;          //将变量 m 送给 P2 输出控制 LED
38.               for(x=0;x<8;x++)
39.                 {
40.                   an_jian( );
41.                   while(flag= =0)   //当 flag 值为 0 时，则执行检测按键子程序，
42.                                     //否则继续循环执行延时移位输出程序
43.                       an_jian( );   //调用检测按键子程序
44.                   delay_500ms( );   //调用延时
45.                   m=_crol_(m,1);    //将变量 m 循环左移 1 位
46.                   P2=m;
47.                 }
48.               P2=m=0x7f;
49.               for(x=0;x<8;x++)
50.                 {
51.                   an_jian( );
```

```
52.                      while(flag==0)          //当 flag 值为 0 时，则执行检测按键子程序，
53.                                              //否则继续循环执行延时移位输出程序
54.                          an_jian( );         //调用检测按键子程序
55.                      delay_500ms( );         //调用延时
56.                      m=_cror_(m,1);          //将变量 m 循环右移 1 位
57.                      P2=m;
58.                  }
59.              }
60.         }
61. }
62. //=============================================================/
63. //函数名：an_jian( )
64. //功能：检测按键
65. //调用函数：无
66. //输入参数：无
67. //输出参数：无
68. //说明：
69. //=============================================================/
70. void an_jian( )
71. {         P3=0X0F;
72.       if(K1==0)
73.       {    qu_doudong( );                          //如果 K1 有按下，运行标志 flag 置 1
74.            flag=1;
75.        }
76.        P3=0X0F;                                    //给 P3 口赋值，读引脚前写入 1
77.        if(K2==0)
78.        {     qu_doudong( );                        //去抖动处理
79.              flag =0;                              //如果暂停 K2 被按下，则运行标志 flag 置 0
80.         }
81. }
82. //=============================================================/
83. //函数名：qu_doudong( )
84. //功能：确认按键按下，防止因按键抖动造成错误判断
85. //调用函数：doudong_ys( )
86. //输入参数：无
87. //输出参数：无
88. //说明：防止 K1、K2 按键抖动的子程序
89. //=============================================================/
90. void qu_doudong( )
91. {
92.       if(K1==0)
93.         {
94.            do
95.              {
96.                while(K1==1);                       //判断 K1 是否被按下，若按键没有按下，继续
97.                                                    //判断若按键有按下，K1 为 0，则继续往下执
```

```
98.                                              //行
99.             doudong_ys( );                   //调用延时子程序
100.           }
101.            while(K1==1);                    //再次判断K1是否被按下，若按键没有按下，
102.                                             //K1为1，则继续循环判断。
103.            doudong_ys( );                   //确认已有按键按下，调用延时子程序
104.         do
105.           {
106.            while(K1==0);                    //判断K1是否被释放，若按键没有释放，继续
107.                                             //判断若按键有释放，K1为1，则继续往下执
108.                                             //行
109.            doudong_ys( );                   //调用延时子程序
110.            }
111.            while(K1==0);                    //再次判断K1是否被释放，若按键没有释放，
112.                                             //继续判断
113.        }                                    //运行按键K1处理结束
114.      if(K2==0)                              //如果K2按键被按下，则进行抖动延时处理
115.       {
116.         do
117.          {
118.           while(K2==1);                     //判断K2是否被按下，若按键没有按下，继续
119.                                             //判断若按键有按下，K2为0，则继续往下执
120.                                             //行
121.           doudong_ys( );                    //调用延时子程序
122.          }
123.           while(K2==1);                     //再次判断K2是否被按下，若按键没有按下，
124.                                             //K2为1，
125.                                             //则继续循环判断。
126.           doudong_ys( );                    //确认已有按键按下，调用延时子程序
127.         do
128.          {
129.           while(K2==0);                     //判断K2是否被释放，若按键没有释放，继续
130.                                             //判断
131.                                             //若按键有释放，K2为1，则继续往下执行
132.           doudong_ys( );                    //调用延时子程序
133.          }
134.           while(K2==0);                     //再次判断K2是否被释放，若按键没有释放，
135.                                             //继续判断
136.        }                                    //暂停按键K2处理结束
137. }
138. //==============================================================//
139. //函数名：doudong_ys( )
140. //功能：当程序进行防抖动时调用的延时程序
141. //调用函数：无
142. //输入参数：无
143. //输出参数：无
```

```
144. //说明：延时一段时间
145. //================================================/
146. void doudong_ys( )
147. {
148.     uchar i,j;                                    //定义局部变量，只限于对应子程序中使用
149.     for(i=0;i<30;i++)
150.     for(j=0;j<248;j++)
151.        ;
152. }
```

2. Proteus 与 Keil 联调

1）按照前面任务 2.1.5 中 Proteus 与 Keil 联调的步骤完成基本的软件设置。如果前面已经设置过一次，在此可以跳过。

2）用 Proteus 打开已绘制好的“双边拉幕灯控制.DSN”文件，在 Proteus 的“Debug”菜单中选中“Use Remote Debug Monitor（远程监控）”。同时，右键选中 STC89C51 单片机，在弹出对话框的“Program File”选项中，导入在 Keil 中生成的十六进制 HEX 文件“双边拉幕灯控制.HEX”。

3）用 Keil 打开刚才创建好的“双边拉幕灯控制.UV2”文件，打开窗口“Option for Target‘工程名’”。在 Debug 选项中右栏上部的下拉菜单选中 Proteus VSM Simulator。接着再单击进入 Settings 窗口，设置 IP 为 127.0.0.1，端口号为 8000。

4）在 Keil 中单击🔍，使用单步执行来调试程序，同时在 Proteus 中查看直观的仿真结果。这样就可以像使用仿真器一样调试程序了，Proteus 与 Keil 联调界面如图 3-29 所示。

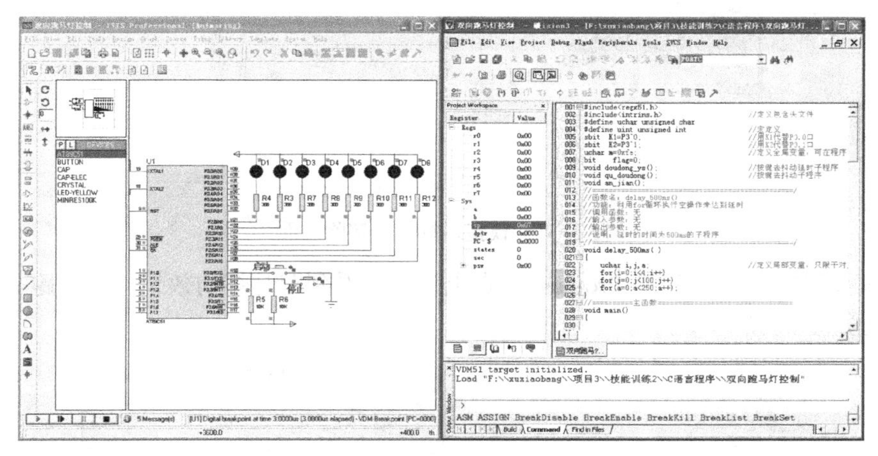

图 3-29　Proteus 与 Keil 联调界面

在联调时需要启动按键输入信号，单击按键旁的双向箭头，单击此箭头按钮变成常闭导通状态；再次单击箭头或单击按钮，则按钮恢复原状，

先将启动按键设置为常闭状态，再使用单步执行程序。模拟启动按钮按下， P3.0 输入低电平，执行程序“if(K1==0)”，if 里表达式结果为真，执行后续括号里的程序。检测按键子程序中有调用按键按下和松开功能的去抖子程序，所以退出子程序之前必须将模拟启动按钮断开。flag 赋值为 1，执行 while 语句内部跑马灯的程序段，如图 3-30 和图 3-31 所示。

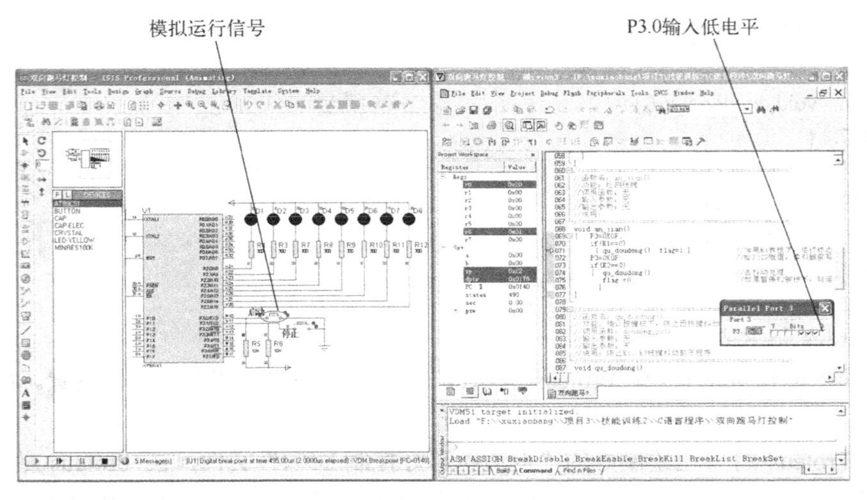

图 3-30　模拟运行信号调试界面

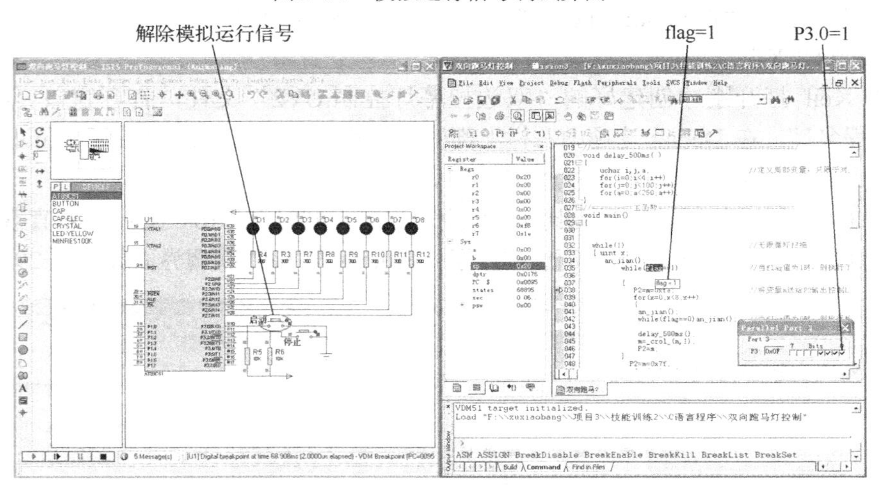

图 3-31　模拟运行信号解除界面

单步运行程序，可在左侧 Proteus 仿真电路图中看到跑马灯的效果，双向跑马灯启动状态调试界面如图 3-32 所示。

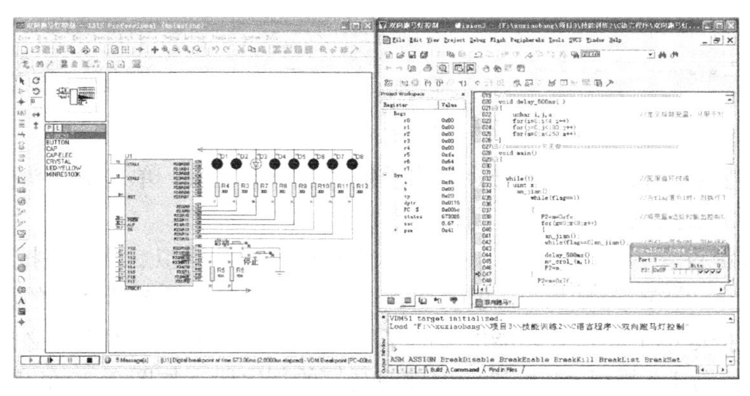

图 3-32　双向跑马灯启动状态调试界面

同样，暂停信号也可以使用这样方法模拟，当暂停信号产生后跑马灯会立即停止移动，直到启动信号重新产生，双向跑马灯暂停状态调试界面如图 3-33 所示。

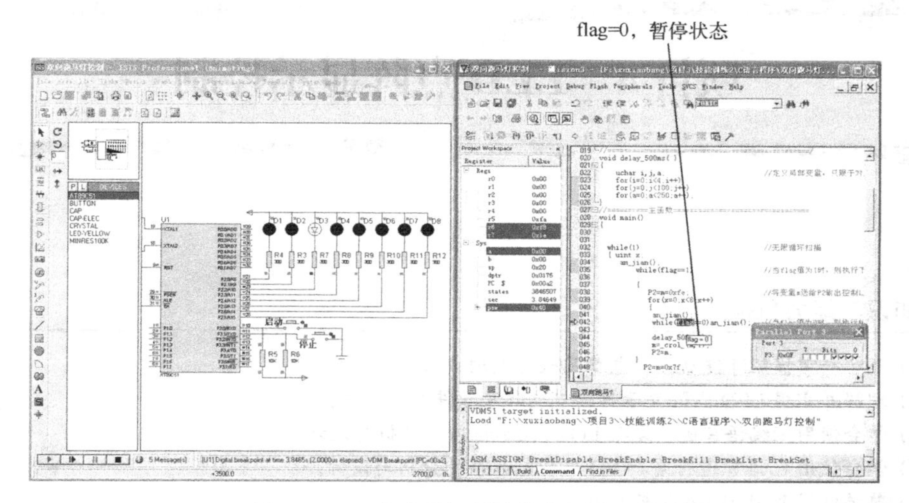

图 3-33　双向跑马灯暂停状态调试界面

3. Proteus 仿真运行

用 Proteus 打开已绘制好的“双向跑马灯控制.DSN”，并将最后调试完成的程序重新编译生成新“.HEX”文件导入 Proteus 中。

在 Proteus ISIS 编辑窗口中单击 ▶ 或在“Debug”菜单中选择“Execute”，运行时，当 P3.0 按钮按下后，8 个 LED 进行双向点亮；当 P3.1 按钮按下后，8 个 LED 停止运动保持在当前状态，直到 P3.0 再次按下后，8 个 LED 从停止状态再次开始点亮，其运行结果参照任务 3.2.4 的仿真运行结果。

项目 4　LED 点阵显示控制

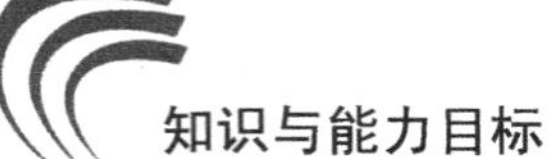

知识与能力目标

1）理解并掌握矩阵键盘接口电路及软件处理方法。
2）理解并掌握 LED 点阵显示屏接口电路及软件处理方法。
3）学会使用汇编语言进行复杂 I/O 口控制程序的分析与设计。
4）学会使用 C 语言进行复杂 I/O 口控制程序的分析与设计。
5）熟练使用 Keil μVsion3 与 Proteus 软件。

训练任务 4.1　3*3 按键指示灯控制

4.1.1　训练目的与控制要求

1. 训练目的

1）学会矩阵按键接口电路的分析与设计。
2）学习掌握矩阵按键键值的各种识别处理方法。
3）学会进行矩阵键盘程序的设计与编写。
4）掌握单片机复杂 I/O 口控制程序的分析与设计。
5）进一步学会程序的调试过程与仿真方法。

2. 训练任务

图 4-1 所示电路为一个 89C51 单片机控制 LED 按键指示灯控制电路原理图，该单片机应用系统的具体功能为：当系统上电运行工作时，初始状态所接的 9 个 LED 发光管全部熄灭；当键盘中的某一个按键被按下后，点亮对应的 LED 灯，实现按键指示灯的功能；其具体的工作运行情况见本书配套教材（《单片机技术及应用（基于 Proteus 的汇编和 C 语言版）》ISBN 978-7-111-44676-7，以下所指配套教材均指这本书）附带光盘中的仿真运行视频文件。

3. 训练要求

训练任务要求如下：

1）进行单片机应用电路分析，并完成 Proteus 仿真电路图的绘制。
2）根据任务要求进行单片机控制程序流程和程序设计思路分析，画出程序流程图。

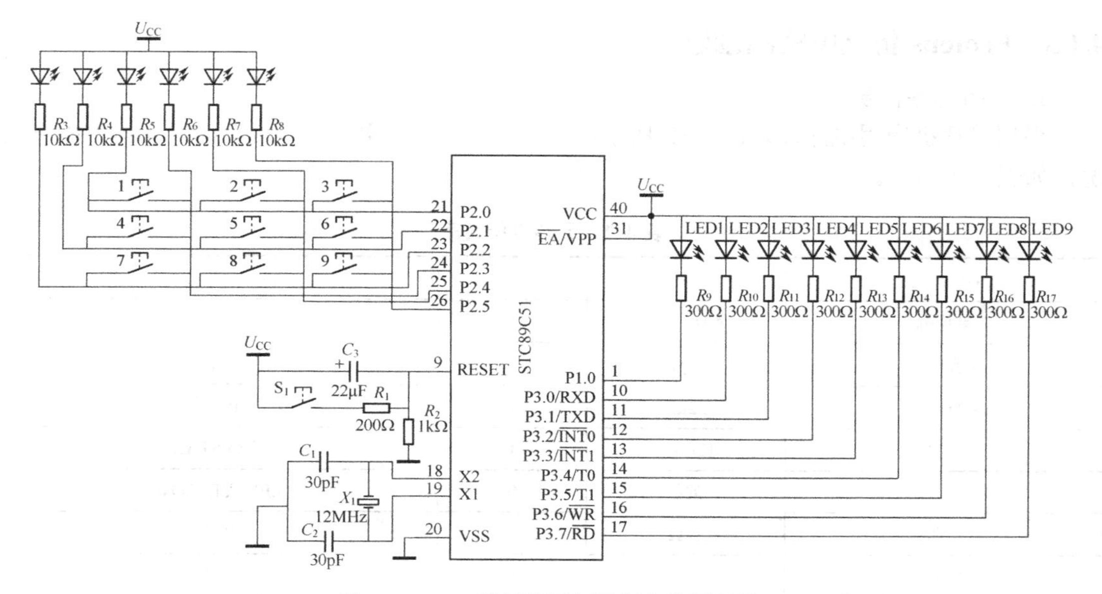

图 4-1　LED 按键指示灯控制电路原理图

3）依据程序流程图在 Keil 中进行源程序的编写与编译工作。

4）在 Proteus 中进行程序的调试与仿真工作，最终完成实现任务要求的程序。

5）完成单片机应用系统实物装置的焊接制作，并下载程序实现正常运行。

4.1.2　硬件系统与控制流程分析

1．任务硬件系统分析

该电路是在单片机最小系统的基础之上，添加 9 个 LED 驱动电路和 9 个按钮设计而成。其中 8 个 LED 都与 P3 连接，另 1 个 LED 与 P1.0 连接，接口方式均设计为低电平驱动。同时，在从 P2.0 到 P2.5 上采用行列 3*3 组合的方式外接 9 个按钮。

2．任务控制流程分析

根据电路原理图和任务控制功能要求可知，本任务功能上主要是通过 9 个按钮控制单片机应用系统上所对应 LED 灯的亮灭。当系统上电运行工作后，初始状态的 9 个 LED 灯全部熄灭；当键盘的某一个按键被按下后，点亮对应的 LED 灯，实现按键指示灯的功能。图 4-2 所示为 3*3 按键指示灯控制流程图。

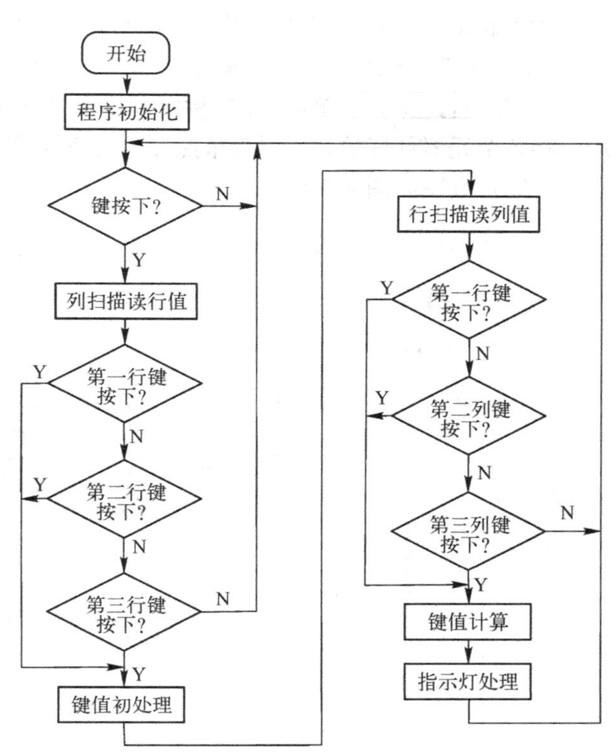

图 4-2　3*3 按键指示灯控制流程图

4.1.3 Proteus 仿真电路图创建

1. 列出元器件表

根据单片机应用电路原理图 4-1 所示，列出 Proteus 中实现该系统所需的元器件配置情况，如表 4-1 所示。

表 4-1　元器件配置表

名　　称	型　　号	数　　量	备注（Proteus 中元器件名称）
单片机	AT89C51	1	AT89C51
陶瓷电容	30pF	2	CAP
电解电容	22μF	1	CAP-ELEC
晶振	12MHz	1	CRYSTAL
发光二极管	黄色	9	LED-YELLOW
电阻	1kΩ	1	RES
电阻	300Ω	9	RES
电阻	200Ω	1	RES
按钮		10	BUTTON

2. 绘制仿真电路图

用鼠标双击桌面上的图标进入“Proteus ISIS”编辑窗口，单击菜单命令“File”→“New Design”，新建一个 DEFAULT 模板，并保存为“3*3 按键指示灯控制.DSN”。在器件选择按钮单击“P”按钮，将表 4-1 中的元器件添加至对象选择器窗口中。然后，将各个元器件摆放好，最后依照图 4-1 所示的原理图将各个器件连接起来，3*3 按键指示灯控制仿真图如图 4-3 所示。

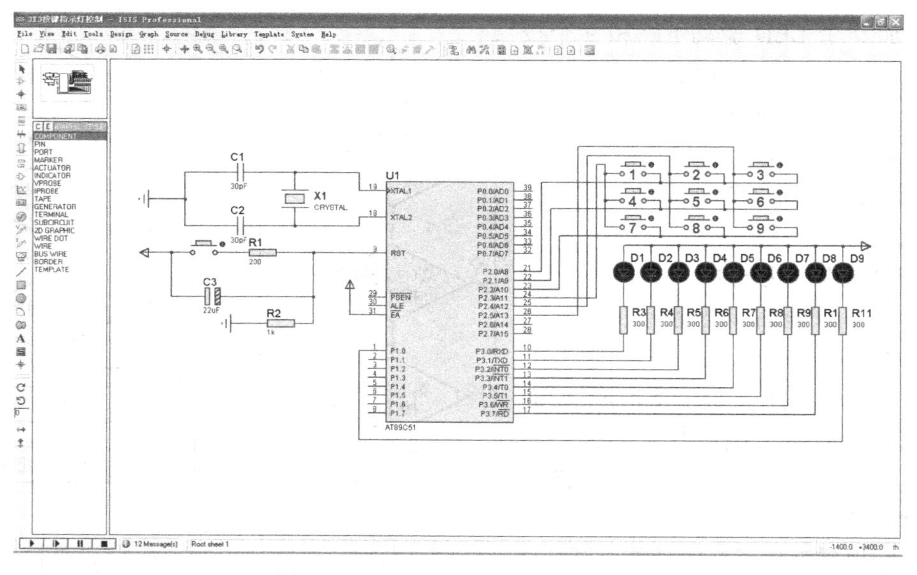

图 4-3　3*3 按键指示灯控制仿真图

4.1.4 汇编语言程序设计与调试

1. 程序设计分析

程序代码　　　　　　程序分析

```
1.          ORG     0000H          ;程序初始化入口
2.          LJMP    MAIN           ;程序跳转到 MAIN 处执行
3.          ORG     0030H          ;主程序存放地址
4.  MAIN:   MOV     R4,#00H        ;清零按键值 R4
5.  LOOP:   LCALL   CE_AJ          ;快速检测是否有按键按下
6.          JZ      C10            ;有无按键按下，若无 A 为 0，则跳转至 C10，
7.                                 ;若有 A 不为 0，则顺序执行程序
8.          LCALL   CE_JZ          ;当有按键按下，计算出按键值，存放于 R4
9.          CJNE    R4,#01H,C2     ;按键值是否为 1，若为 1，则顺序执行程序
10.                                ;若不为 1，则跳转到 C2
11.         MOV     P3,#0FEH       ;P3 赋值为#0FEH，点亮 P3.0LED
12.         MOV     P1,#0FFH       ;P1 赋值为#0FFH，熄灭 P1.0LED
13.         SJMP    LOOP           ;返回 LOOP 处执行
14.  C2:    CJNE    R4,#02H,C3     ;按键值是否为 2，若为 2，则顺序执行程序
15.                                ;若不为 2，则跳转到 C3
16.         MOV     P3,#0FDH       ;P3 赋值为#0FDH，点亮 P3.1LED
17.         MOV     P1,#0FFH       ;P1 赋值为#0FFH，熄灭 P1.0LED
18.         SJMP    LOOP           ;返回 LOOP 处执行
19.  C3:    CJNE    R4,#03H,C4     ;按键值是否为 3，若为 3，则顺序执行程序
20.                                ;若不为 3，则跳转到 C4
21.         MOV     P3,#0FBH       ;P3 赋值为#0FBH，点亮 P3.2LED
22.         MOV     P1,#0FFH       ;P1 赋值为#0FFH，熄灭 P1.0LED
23.         SJMP    LOOP           ;返回 LOOP 处执行
24.  C4:    CJNE    R4,#04H,C5     ;按键值是否为 4，若为 4，则顺序执行程序
25.                                ;若不为 4，则跳转到 C5
26.         MOV     P3,#0F7H       ;P3 赋值为#0F7H，点亮 P3.3LED
27.         MOV     P1,#0FFH       ;P1 赋值为#0FFH，熄灭 P1.0LED
28.         SJMP    LOOP           ;返回 LOOP 处执行
29.  C5:    CJNE    R4,#05H,C6     ;按键值是否为 5，若为 5，则顺序执行程序
30.                                ;若不为 5，则跳转到 C6
31.         MOV     P3,#0EFH       ;P3 赋值为#0EFH，点亮 P3.4LED
32.         MOV     P1,#0FFH       ;P1 赋值为#0FFH，熄灭 P1.0LED
33.         SJMP    LOOP           ;返回 LOOP 处执行
34.  C6:    CJNE    R4,#06H,C7     ;按键值是否为 6，若为 6，则顺序执行程序
35.                                ;若不为 6，则跳转到 C7
36.         MOV     P3,#0DFH       ;P3 赋值为#0DFH，点亮 P3.5LED
37.         MOV     P1,#0FFH       ;P1 赋值为#0FFH，熄灭 P1.0LED
38.         SJMP    LOOP           ;返回 LOOP 处执行
39.  C7:    CJNE    R4,#07H,C8     ;按键值是否为 7，若为 7，则顺序执行程序
40.                                ;若不为 7，则跳转到 C8
41.         MOV     P3,#0BFH       ;P3 赋值为#0FBH，点亮 P3.6LED
42.         MOV     P1,#0FFH       ;P1 赋值为#0FFH，熄灭 P1.0LED
```

```
43.          SJMP     LOOP            ;返回 LOOP 处执行
44.    C8:   CJNE     R4,#08H,C9      ;按键值是否为 8，若为 8，则顺序执行程序
45.                                   ;若不为 8，则跳转到 C9
46.          MOV      P3,#07FH        ;P3 赋值为#7FH，点亮 P3.7LED
47.          MOV      P1,#0FFH        ;P1 赋值为#0FFH，熄灭 P1.0LED
48.          SJMP     LOOP            ;返回 LOOP 处执行
49.    C9:   CJNE     R4,#09H,C10     ;按键值是否为 9，若为 9，则顺序执行程序
50.                                   ;若不为 9，则跳转到 C10
51.          MOV      P3,#0FFH        ;P3 赋值为#0FFH，熄灭 P3LED
52.          MOV      P1,#0FEH        ;P1 赋值为#0FEH，点亮 P1.0LED
53.    C10:  SJMP     LOOP            ;返回 LOOP 处执行
54.   ;============测按键是否按下子程序====================================
55.   ;=========返回主程序参数 A，用于程序判断按键是否按下================
56.   CE_AJ: MOV      P2,#0C7H        ;将行接口拉高，列接口置低，判断是否有键按下
57.          MOV      R5,P2           ;读入 P2 口数据，存在 R5 中
58.          CJNE     R5,#0C7H,A1     ;是否有按键按下？若没有则 R5 与 0C7H 相等;
59.                                   ;若有则 R5 与#0F3H 不相等，跳转至 A1
60.          CLR      A               ;清零返回值 A
61.          SJMP     A2              ;程序跳转至 A2 运行
62.    A1:   SETB     ACC.0           ;置位返回值 ACC.0，使之不为 0
63.    A2:   RET                      ;子程序返回
64.   ;============测按键值子程序========================================
65.   ;=========返回主程序参数 R4，提供主程序键值内容====================
66.   CE_JZ: LCALL    CE_AJ           ;检测按键是否按下
67.          JNZ      B1              ;有键按下，跳转至 B1;没有键按下，顺序执行
68.          SJMP     CE_JZ           ;当按键没有按下，处于抖动状态，返回再检测
69.    B1:   LCALL    DELAY           ;调用延时
70.          LCALL    CE_AJ           ;再次检测按键还是否按下
71.          JNZ      B2              ;有键按下，跳转至 B2;没有键按下，顺序执行
72.          SJMP     CE_JZ           ;当按键没有按下，处于抖动状态，返回再检测
73.    B2:   MOV      R1,#0FEH        ;给行扫描数据 R1 赋值#0FEH，
74.          MOV      R2,#03H         ;给循环行扫描次数控制 R2 赋值#03H
75.    B3:   MOV      R0,#03H         ;给循环列扫描次数控制 R0 赋值#03H
76.          MOV      P2,R1           ;输出行扫描信号
77.          MOV      A,P2            ;读入 P2 口的数据，存在 A 中
78.          RRC      A               ;带进位右移 A 中的值，即将列数据移动到 Cy 中
79.          RRC      A               ;带进位右移 A 中的值，即将列数据移动到 Cy 中
80.          RRC      A               ;带进位右移 A 中的值，即将列数据移动到 Cy 中
81.    B5:   RRC      A               ;带进位右移 A 中的值，即将列数据移动到 Cy 中
82.          JNC      B4              ;Cy 列信号为 0，有键按下;为 1，没键按下
83.          DJNZ     R0,B5           ;若第一列没键按下，则循环判断第二列
84.          MOV      A,R1            ;将行扫描数据 R1 中的值传给 A
85.          SETB     C               ;置 Cy 位为 1
86.          RLC      A               ;带进位左移 A 中的值，即扫描第 2 行
87.          MOV      R1,A            ;将移位后的值重新赋给 R1
88.          DJNZ     R2,B3           ;若第一行没键按下，则循环判断第二行
```

```
89.          SJMP     B6          ;程序跳转至 B6 执行
90.    B4:   MOV      A,#04H      ;按键值计算程序段，键值=(3-R2)*3+(4-R0)
91.          SUBB     A,R0        ;进行（3-R0）计算
92.          MOV      R0,A        ;将计算结果存放于 R0 中
93.          MOV      A,#03H      ;给 A 赋值 03H
94.          SUBB     A,R2        ;进行（3-R2）计算
95.          MOV      B,#03H      ;给 B 赋值 03H
96.          MUL      AB          ;进行（3-R0）*3
97.          ADD      A,R0        ;进行(3-R2)*3+(3-R0)
98.          MOV      R4,A        ;将计算出的键值赋值给 R4
99.    B6:   LCALL    DELAY       ;调用延时
100.   B7:   LCALL    CE_AJ       ;检测按键是否松开
101.         JNZ      B7          ;有键按下，跳转至 B7 重新检测;没有键按下，顺序执
102.                              ;行
103.   B8:   LCALL    DELAY       ;调用延时
104.         LCALL    CE_AJ       ;再次检测按键是否松开
105.         JNZ      B8          ;有键按下，跳转至 B8 重新检测;没有键按下，顺序执
106.                              ;行
107.         RET                  ;子程序返回
108. ;==========按键去抖延时子程序，延时时间约为 15ms============
109. DELAY: MOV       R5,#30      ;给寄存器 R5 中赋值#30
110.    D3:   MOV     R6,#248     ;给寄存器 R6 中赋值#248
111.          DJNZ    R6,$        ;将 R6 值减 1 判断，直到为 0
112.          DJNZ    R5,D3       ;将 R5 中的值减 1 判断是否为 0，
113.                              ;若不是，则跳转至 D3 处执行
114.          RET                 ;子程序返回
115.          END                 ;程序结束
```

2. Proteus 与 Keil 联调

1）按照前面任务 2.1.4 中 Proteus 与 Keil 联调的步骤完成基本的软件设置。如果前面已经设置过一次，在此可以跳过。

2）用 Proteus 打开已绘制好的“3*3 按键指示灯控制.DSN”文件，在 Proteus 的“Debug”菜单中选中“Use Remote Debug Monitor（远程监控）”。同时，右键选中 STC89C51 单片机，在弹出对话框的“Program File”选项中，导入在 Keil 中生成的十六进制 HEX 文件“3*3 按键指示灯控制.HEX”。

3）用 Keil 打开刚才创建好的“3*3 按键指示灯控制.UV2”文件，打开窗口“Option for Target‘工程名’”。在“Debug”选项中右栏上部的下拉菜单选中 Proteus VSM Simulator。接着再单击进入 Settings 窗口，设置 IP 为 127.0.0.1，端口号为 8000。

4）在 Keil 中单击🔍，使用单步执行来调试程序，同时在 Proteus 中查看直观的仿真结果。这样就可以像使用仿真器一样调试程序了，Proteus 与 Keil 联调界面如图 4-4 所示。

将按键设置成闭合状态后，使用〈F10〉或〈F11〉快捷键单步执行程序。

当程序执行完“MOV R5,P2”后，可以从右侧的 CPU 窗口中观看到 R5 的值。假如将按键 1 设置成闭合，此时 R5 的值为 0XC6，程序调试运行状态如图 4-5 所示。

当程序执行到“JZ C10”之前，也可以从 CPU 窗口中观看到返回值 A 中的值为 0X01。

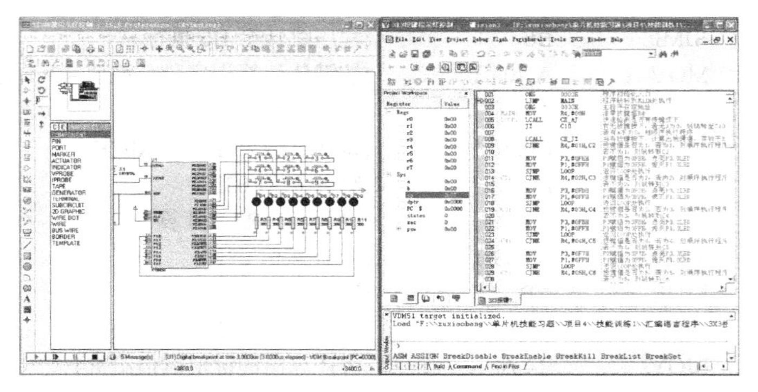

图 4-4　Proteus 与 Keil 联调界面

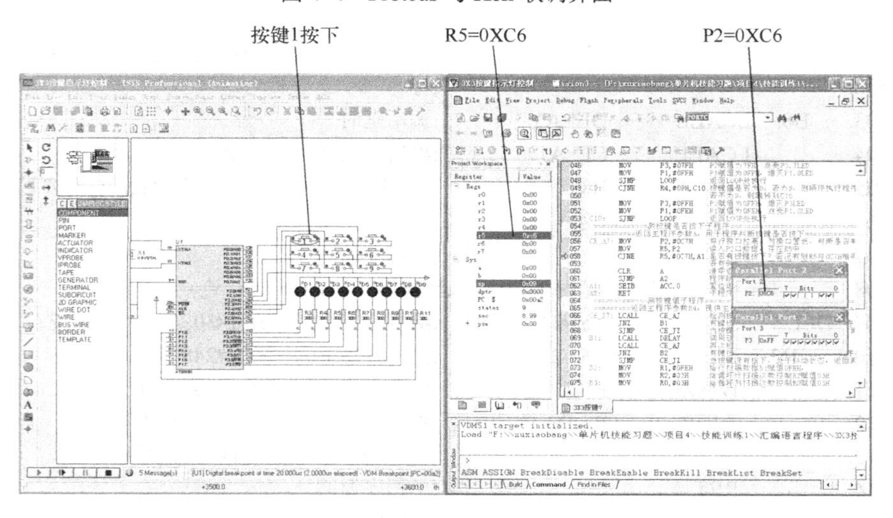

图 4-5　程序调试运行状态（一）

当程序在执行测按键值子程序的程序段时，由于判断条件存放在 Cy 位中。此时将鼠标放置在程序语句中的 C 上即可查看 Cy 位的状态。当 Cy 位为 0 表明该列有按键按下，当 Cy 位为 1 表明该列无按键按下，程序调试运行状态如图 4-6 所示。

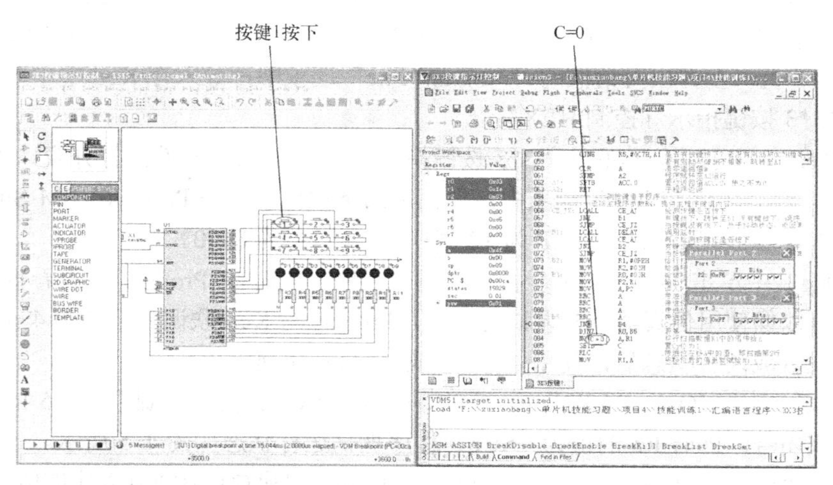

图 4-6　程序调试运行状态（二）

当程序执行到“B6: LCALL DELAY”之前，要将按键释放，否则程序会一直在此处进行释放防抖。

当执行完测按键值子程序后，返回主程序根据按键值点亮 LED 灯。例如：按下按键 1 后，返回键值 R4 是 0X01，点亮 P3.0 口所接的 LED 灯，程序调试运行状态如图 4-7 所示。

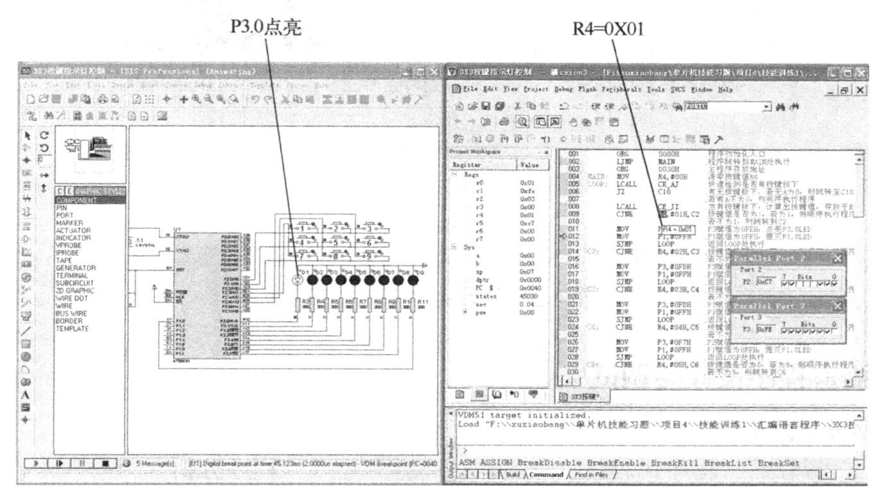

图 4-7　程序调试运行状态（三）

3. Proteus 仿真运行

用 Proteus 打开已绘制好的“3*3 按键指示灯控制.DSN”，并将最后调试完成的程序重新编译生成新“.HEX”文件导入 Proteus 中。

在 Proteus ISIS 编辑窗口中单击 ▶ 或在“Debug”菜单中选择“Execute”，运行时，通过 9 个 LED 指示灯来显示按键按下：当没有按键按下时，9 个 LED 全部熄灭，仿真运行结果如图 4-8 所示。当按键 3 按下后，P3.2 口所接的 LED 点亮，其余 LED 熄灭，仿真运行结果如图 4-9 所示。

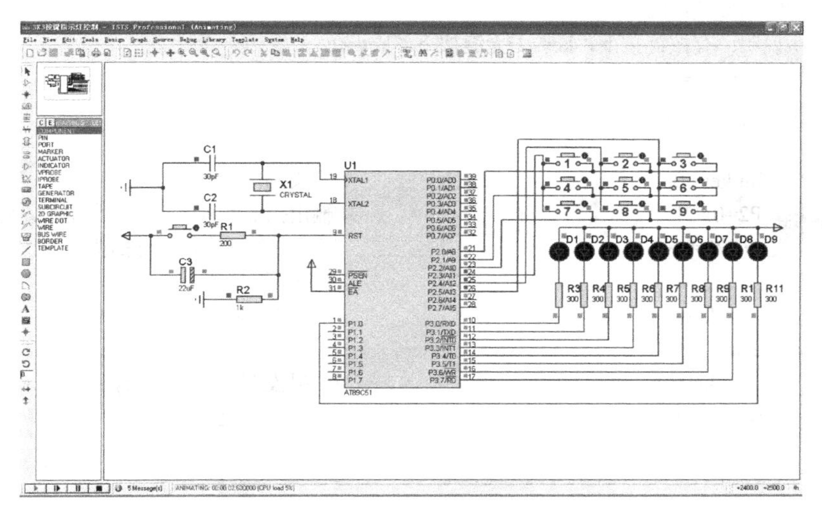

图 4-8　仿真运行结果（一）

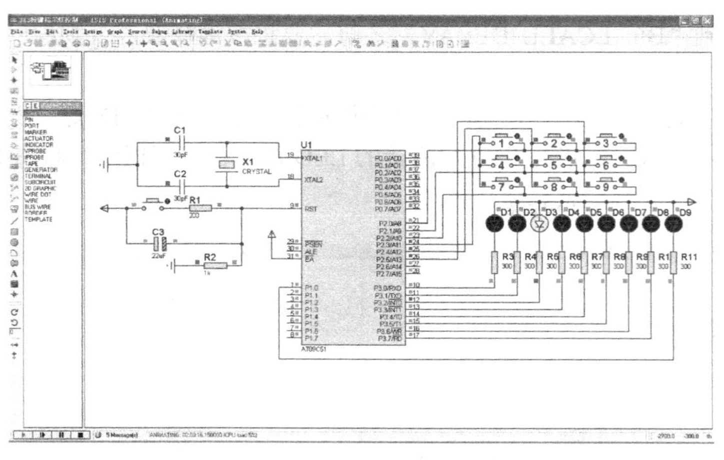

图 4-9　仿真运行结果（二）

4.1.5　C 语言程序设计与调试

1. 程序设计分析

程序代码　　　　　　　　　　　　程序分析

```
1.  //=============== LED 按键指示灯控制=========================
2.  #include<regx51.h>                      //加入头文件
3.  #define   uchar   unsigned char         //宏定义
4.  #define   unit    unsigned int          //宏定义
5.  uchar   y;                              //定义全局变量用于存储键值
6.  //=====================================================
7.  //函数名：ce_anjian ( )
8.  //功能：检测是否有按键按下，并返回是否有按键按下
9.  //调用函数：无
10. //输入参数：无
11. //输出参数：key
12. //说明：有按键按下，key=1;无键按下，key=0;
13. //=====================================================
14. bit ce_anjian ( )
15. {
16.     bit key=0;                          //定义局部变量
17.     P2=0xC7;                            //输出扫描信号，将行置高电平，将列置低电平
18.     if(P2!=0xC7)                        //读入 P2 口数据，与扫描信号比较判断是否有
19.                                         //键按下
20.         key=1;                          //如果有键按下，key 赋值为 1
21.     else
22.         key=0;                          //如果没有键按下，key 赋值为 0
23.     return(key);                        //返回 key 值
24. }
25. //=====================================================
26. //函数名：delay_ys( )
27. //说明：延时的时间约为 15ms 的子程序
```

```
28.  //==========================================================
29.  void doudong_ys( )
30.  {
31.      uchar i,j;                          //定义局部变量，只限于对应子程序中使用
32.      for(i=0;i<30;i++)                   //for 循环执行空操作来达到延时
33.       for(j=0;j<248;j++)
34.           ;
35.  }
36.  //==========================================================
37.  //函数名：ce_jianzhi ( )
38.  //功能：测按键值并去除按键按下和按键松开时的抖动
39.  //调用函数：doudong_ys( );ce_anjian( );
40.  //输入参数：无
41.  //输出参数：无
42.  //说明：键值 y=i*2+j+1;
43.  //==========================================================
44.  void ce_jianzhi ( )
45.  {
46.       uchar i,j,p,x=0xfe;                //定义局部变量
47.       do
48.       {
49.           while(ce_anjian( )==0);        //是否有按键按下？若按键没有按下，原地等待
50.                                          //若按键按下，则返回值为 1，则继续往下执行
51.           doudong_ys( );                 //调用去抖延时子程序
52.        }
53.       while(ce_anjian( )==0);            //再次判断是否有键按下？若没有按下，返回 0
54.       for(i=0;i<3;i++)
55.        {
56.           if(i!=0)x=x<<1|0x01;           //循环扫描输出行扫描信号
57.           P2=x;
58.           for(j=0;j<3;j++)
59.              {
60.                 p=P2&0x38;               //读取并保留键盘的列数据，其余清 0
61.                 if((p==0x18&&j==2)||(p==0x28&&j==1)||(p==0x30&&j==0))
62.                                          //是否有 1、2 列或 3 列按键按下？
63.                    {
64.                       y=(i*3+j+1);       //计算键值
65.                       goto D1;           //跳出循环，使程序跳转至 D1
66.                     }
67.               }
68.        }
69.  D1:   doudong_ys( );                    //调用去抖延时子程序
70.       do
71.       {
72.          while(ce_anjian( ) ==1);        //判断按键是否释放，若按键没有释放，继续判
73.                                          //断,若按键有释放，返回值为 0，则继续往下执
```

```
74.                                  //行
75.          doudong_ys( );          //调用去抖延时子程序
76.         }
77.         while(ce_anjian( )==1);  //再次判断是否释放，若按键没有释
78.                                  //放，继续判断
79.  }
80.  //==============主函数==============================
81.  void   main ( )
82.  {
83.      while(1)                                    //主程序无限循环执行
84.      {
85.         if(ce_anjian( )==1)                      //快速判断是否有按键按下
86.         {
87.            ce_jianzhi( );                        //若有按键按下，则测键值
88.            switch(y)
89.            {
90.               case 1:    P3=0xfe;P1=0xff;break;  //键值为 1，则 P3 口赋值 0xfe，P1 口
91.                                                  //赋值 0xff，点亮 P3.0LED
92.               case 2: P3=0xfd;P1=0xff;break;     //键值为 2，则 P3 口赋值 0xfd，P1 口
93.                                                  //赋值 0xff，点亮 P3.1LED
94.               case 3: P3=0xfb;P1=0xff;break;     //键值为 3，则 P3 口赋值 0xfb，P1 口
95.                                                  //赋值 0xff，点亮 P3.2LED
96.               case 4: P3=0xf7;P1=0xff;break;     //键值为 4，则 P3 口赋值 0xf7，P1 口
97.                                                  //赋值 0xff，点亮 P3.3LED
98.               case 5:    P3=0xef;P1=0xff;break;  //键值为 5，则 P3 口赋值 0xef，P1 口
99.                                                  //赋值 0xff，点亮 P3.4LED
100.              case 6: P3=0xdf;P1=0xff;break;     //键值为 6，则 P3 口赋值 0xdf，P1 口
101.                                                 //赋值 0xff，点亮 P3.5LED
102.              case 7: P3=0xbf;P1=0xff;break;     //键值为 7，则 P3 口赋值 0xbf，P1 口
103.                                                 //赋值 0xff，点亮 P3.6LED
104.              case 8: P3=0x7f;P1=0xff;break;     //键值为 8，则 P3 口赋值 0x7f，P1 口
105.                                                 //赋值 0xff，点亮 P3.7LED
106.              case 9: P3=0xff;P1=0xfe;break;     //键值为 9，则 P3 口赋值 0xff，P1 口
107.                                                 //赋值 0xfe，点亮 P1.0LED
108.              default: break;
109.           }
110.        }
111.     }
112. }
```

2. Proteus 与 Keil 联调

1）按照前面任务 2.1.5 中 Proteus 与 Keil 联调的步骤完成基本的软件设置。如果前面已经设置过一次，在此可以跳过。

2）用 Proteus 打开已绘制好的“3*3 按键指示灯控制.DSN”文件，在 Proteus 的“Debug”菜单中选中“Use Remote Debug Monitor（远程监控）”。同时，右键选中 STC89C51 单片机，在弹出对话框的“Program File”选项中，导入在 Keil 中生成的十六进制

HEX 文件“3*3 按键指示灯控制.HEX”。

3）用 Keil 打开刚才创建好的“3*3 按键指示灯控制.UV2”文件，打开窗口“Option for Target‘工程名’”。在“Debug”选项中右栏上部的下拉菜单选中 Proteus VSM Simulator。接着再单击进入 Settings 窗口，设置 IP 为 127.0.0.1，端口号为 8000。

4）在 Keil 中单击，使用单步执行来调试程序，同时在 Proteus 中查看直观的仿真结果。这样就可以像使用仿真器一样调试程序了，Proteus 与 Keil 联调界面如图 4-10 所示。

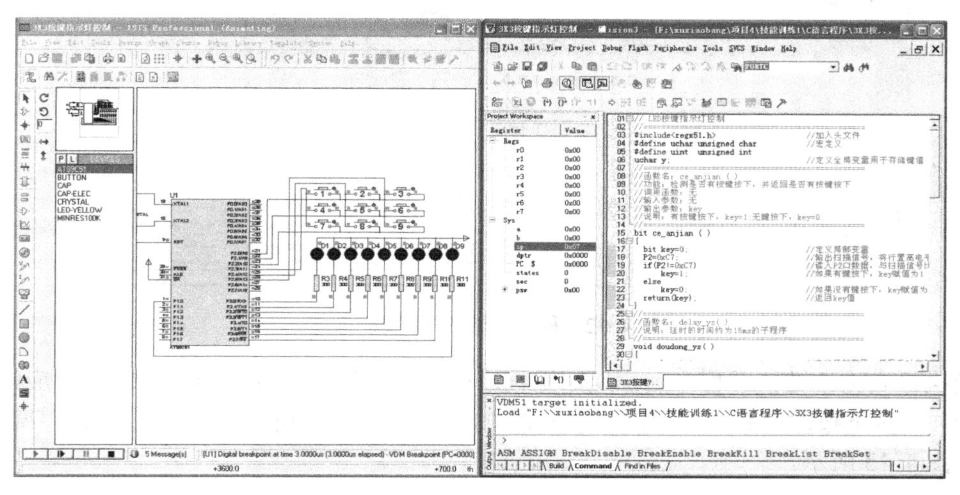

图 4-10　Proteus 与 Keil 联调界面

将按键设置成闭合状态后，使用〈F10〉或〈F11〉快捷键单步执行程序。

将按键 3 设置成闭合，当按键判断子程序执行完“if(P2!=0xC7)”后，进行按键判断，此时将鼠标放置在程序语句中的 key 中观看到 key 的值。此时 key 的值为 1，表示有按键按下。程序调试运行状态如下图 4-11 所示。

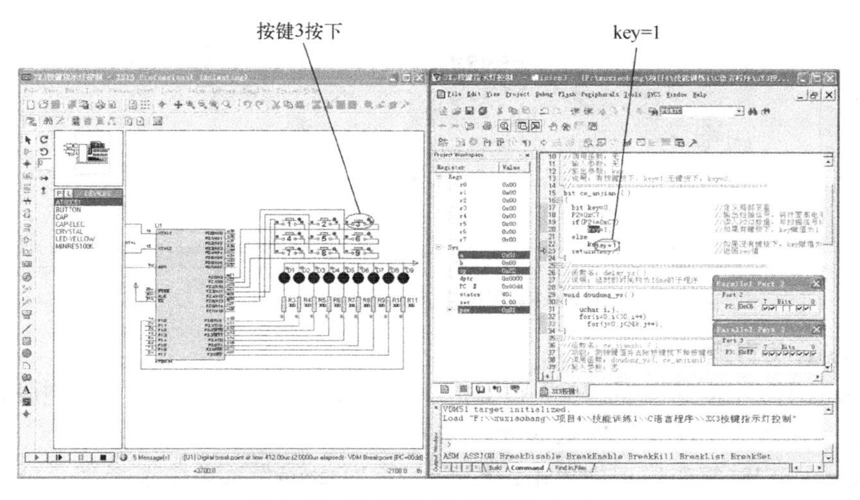

图 4-11　程序调试运行状态（一）

当程序在执行测按键值子程序的程序段时，由于判断条件存放在 y 中。此时将鼠标放置在程序语句中的 y 上即可查看 y 的状态，当 y 为 0X03 表明该按键为 3 按下，当 y 为 0X00

表明无按键按下，程序调试运行状态如图 4-12 所示。

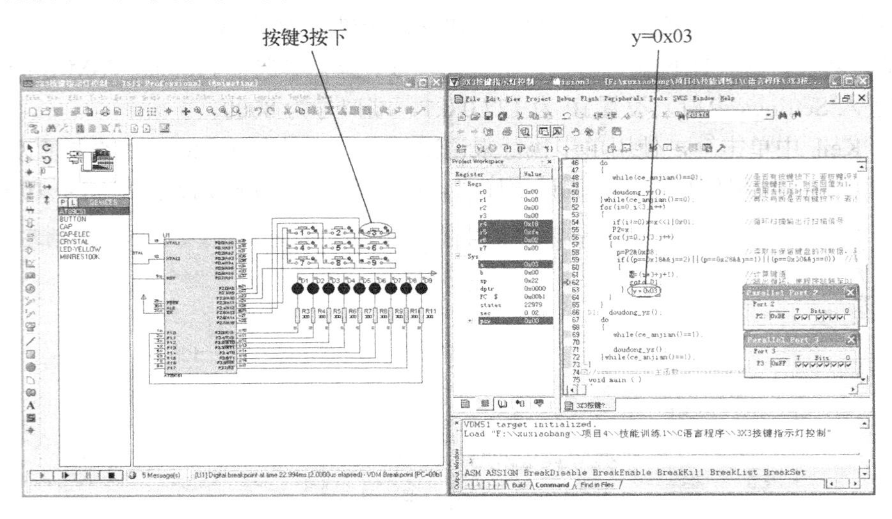

图 4-12　程序调试运行状态（二）

当执行完测按键值子程序后，返回主程序根据按键值点亮 P1 口或 P3 口对应的 LED 灯。例如：按下按键 3 后，返回值 y 值为 0X03，点亮 P3.2 口所接的 LED 灯，程序调试运行状态如图 4-13 所示。

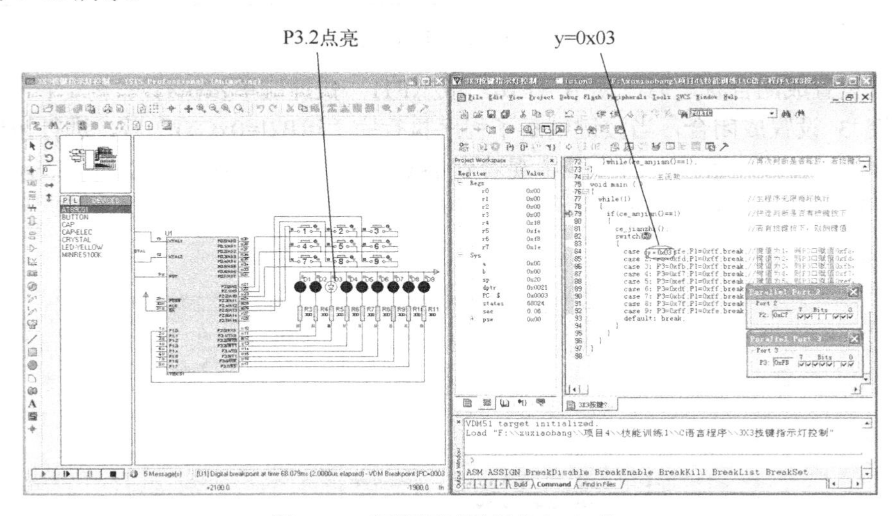

图 4-13　程序调试运行状态（三）

3. Proteus 仿真运行

用 Proteus 打开已绘制好的“3*3 按键指示灯控制.DSN”，并将最后调试完成的程序重新编译生成新“.HEX”文件导入 Proteus 中。

在 Proteus ISIS 编辑窗口中单击 ▶ 或在“Debug”菜单中选择“Execute”，运行时，通过 9 个 LED 指示灯来显示按键按下：当没有按键按下时，9 个 LED 全部熄灭，当按键 3 按下后，P3.2 口所接的 LED 点亮，其余 LED 熄灭，其运行结果参照任务 4.1.4 的仿真运行结果。

训练任务 4.2 LED 点阵屏显示字符控制

4.2.1 训练目的与控制要求

1. 训练目的

1）学会 LED 点阵屏显示接口电路的分析与设计。

2）理解 LED 点阵屏动态显示的工作原理。

3）学会进行 LED 点阵屏显示程序的设计与编写。

4）掌握单片机复杂 I/O 口控制程序的分析与设计。

5）进一步学会程序的调试过程与仿真方法。

2. 训练任务

图 4-14 所示电路为一个 89C51 单片机控制 8x8LED 点阵屏显示字符控制电路原理图。该单片机应用系统的具体功能为：当系统上电运行工作时，点阵屏开始循环显示 A、B、C、D、E、F、G、H 和 I 共计 9 个字符；其具体的工作运行情况见本书配套教材附带光盘中的仿真运行视频文件。

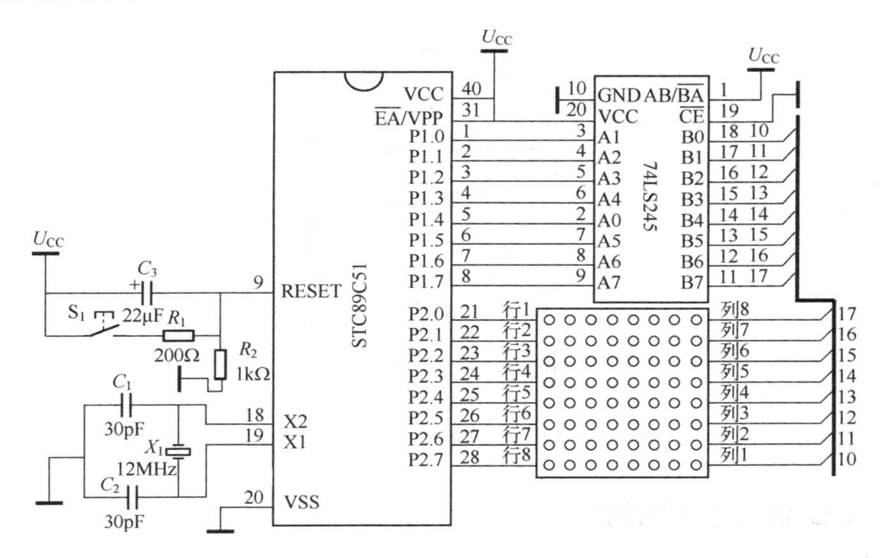

图 4-14 LED 点阵屏显示字符控制电路原理图

3. 训练要求

训练任务要求如下：

1）进行单片机应用电路分析，并完成 Proteus 仿真电路图的绘制。

2）根据任务要求进行单片机控制程序流程和程序设计思路分析，画出程序流程图。

3）依据程序流程图在 Keil 中进行源程序的编写与编译工作。

4）在 Proteus 中进行程序的调试与仿真工作，最终完成实现任务要求的程序。

5）完成单片机应用系统实物装置的焊接制作，并下载程序实现正常运行。

4.2.2 硬件系统与控制流程分析

1．任务硬件系统分析

该电路是在单片机最小系统的基础之上，添加1个74LS245驱动芯片和1个8*8点阵屏设计而成。本任务电路中LED点阵采用的是列共阳的显示接法，其中P1口通过驱动芯片74LS245驱动LED点阵屏共阳的列端，P2口驱动LED点阵屏共阴的行端。

2．任务控制流程分析

根据电路原理图和任务控制功能要求可知，本任务功能上主要是在单片机的控制作用下，当单片机上电开始运行时，在8*8的点阵屏上循环显示字母A～I，一直循环运行。图4-15所示为LED点阵屏显示字符控制流程图。

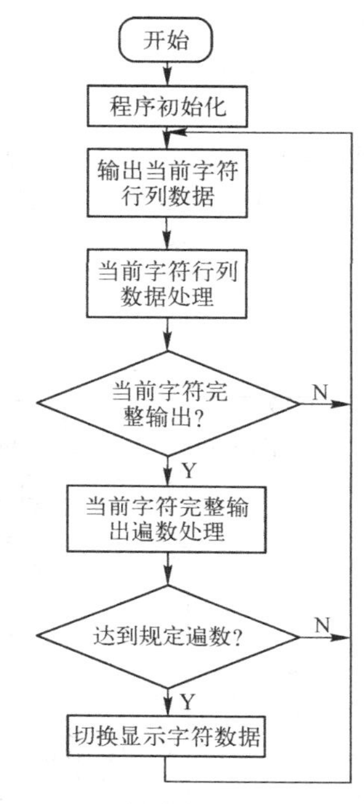

图4-15　LED点阵屏显示字符控制流程图

4.2.3 Proteus仿真电路图创建

1. 列出元器件表

根据单片机应用电路原理图4-14所示，列出Proteus中实现该系统所需的元器件配置情况，如表4-2所示。

表4-2　元器件配置表

名　　称	型　　号	数　　量	备注（Proteus中元器件名称）
单片机	AT89C51	1	AT89C51
陶瓷电容	30pF	2	CAP
电解电容	22μF	1	CAP-ELEC

（续）

名　称	型　号	数　量	备注（Proteus 中元器件名称）
晶振	12MHz	1	CRYSTAL
总线收发器	74LS245	1	74LS245
电阻	1kΩ	1	RES
电阻	200Ω	1	RES
按钮		1	BUTTON
8*8 点阵屏		1	MATRIX-8X8-GREEN

2. 绘制仿真电路图

用鼠标双击桌面上的图标 ISIS 进入“Proteus ISIS”编辑窗口，单击菜单命令“File”→“New Design”，新建一个 DEFAULT 模板，并保存为“LED 点阵屏显示字符控制.DSN”。在器件选择按钮 P L DEVICES 单击“P”按钮，将表 4-2 中的元器件添加至对象选择器窗口中。然后将各个元器件摆放好，最后依照图 4-14 所示的原理图将各个器件连接起来，LED 点阵屏显示符控制仿真图如图 4-16 所示。

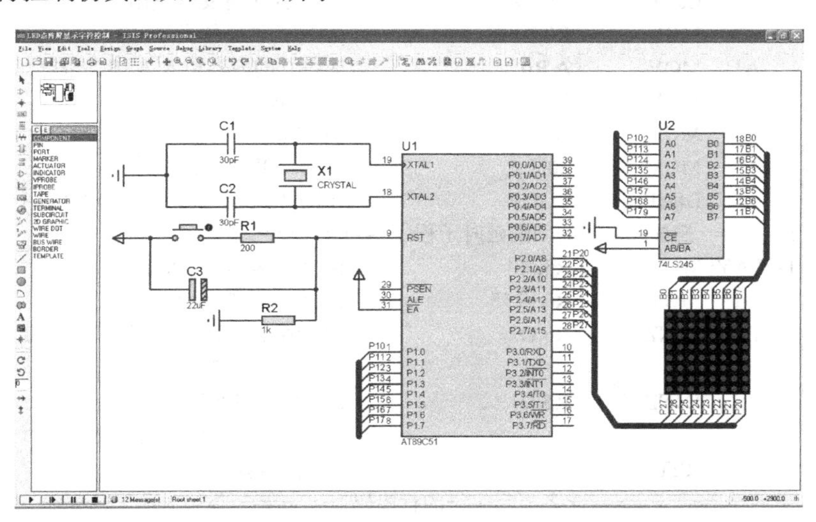

图 4-16　LED 点阵屏显示字符控制仿真图

4.2.4　汇编语言程序设计与调试

1. 程序设计分析

	程序代码			程序分析
1.		ORG	0000H	;程序复位入口地址
2.		LJMP	MAIN	;程序跳到 MAIN 处执行
3.		ORG	0030H	;程序的开始地址
4.	MAIN:	MOV	20H,#00H	;清零地址偏移量存储地址 20H
5.		MOV	R0,#00H	;清零切换字符变量 R0
6.		MOV	R7,#00H	;清零字符完整扫描遍数 R7
7.		MOV	DPTR,#TAB0	;将字符表 TAB0 表头地址给 DPTR

```
8.   LOOP:  MOV     R4,#01H          ;给列扫描数据 R4 赋值#01H，
9.          MOV     R3,#08H          ;给循环计数控制 R3 送数#08H
10.         MOV     R2,20H           ;将 20H 中的值给 R2 作为查表偏移量
11.    HE:  MOV     P1,R4            ;输出列数据信号
12.         MOV     A,R2             ;将 R2 中的地址偏移数据给 A
13.         MOVC    A,@A+DPTR        ;查表得到的数据值送 A 中
14.         MOV     P2,A             ;输出行数据信号
15.         LCALL   DELAY            ;调用延时
16.         MOV     A,R4             ;将 R4 中的内容给 A，即列的状态值送 A
17.         RL      A                ;将 A 中的值左移一位，即列选通移一位
18.         MOV     R4, A            ;将 A 中的值放入 R4 中
19.         INC     R2               ;将 R2 中内容加 1
20.         DJNZ    R3,HE            ;R3 减 1 不为 0，则完整字符还未输出完成
21.         INC     R7               ;将输出遍数 R7 加 1
22.         CJNE    R7,#50,LOOP      ;是否完整输出 50 次，否跳到 LOOP
23.         MOV     R7,#00H          ;清零字符完整扫描遍数 R7
24.         INC     R0               ;将切换字符变量加 1
25.         CJNE    R0,#9,A1         ;当切换字符变量超出变量，重新清零
26.         MOV     R0,#00H          ;清零切换字符变量 R0
27.    A1:  MOV     A,R0             ;将 R0 的内容传入 A 中，进行*8 处理
28.         MOV     B,#08H           ;赋值 B 为#08H
29.         MUL     AB               ;A*B 运算
30.         MOV     20H,A            ;更新 20H 中的地址偏移量
31.         LJMP    LOOP             ;程序跳转至标号为 LOOP 处执行
32.  ;=======扫描列之间的间隔延时子程序==========
33.  DELAY: MOV     R5,#5            ;给寄存器 R5 中赋值#5
34.    D1:  MOV     R6,#255          ;给寄存器 R6 中赋值#255
35.    D2:  DJNZ    R6,D2            ;将 R6 中的值减 1 判断是否为 0，若不是
36.                                  ;则跳转至 D2 处执行
37.         DJNZ    R5,D1            ;将 R5 中的值减 1 判断是否为 0，
38.                                  ;若不是，则跳转至 D1 处执行
39.         RET                      ;子程序返回
40.  ;=================各显示字符的行段码值====================
41.  TAB0:  DB 0xFF,0x07,0xDB,0xDD,0xDB,0x07,0xFF,0xFF ; //字符 A
42.         DB 0xFF,0x01,0x6D,0x6D,0x6D,0x93,0xFF,0xFF ; //字符 B
43.         DB 0xFF,0x83,0x7D,0x7D,0x7D,0xBB,0xFF,0xFF ; //字符 C
44.         DB 0xFF,0x01,0x7D,0x7D,0x7D,0x83,0xFF,0xFF ; //字符 D
45.         DB 0xFF,0x01,0x6D,0x6D,0x6D,0x6D,0xFF,0xFF ; //字符 E
46.         DB 0xFF,0xFF,0x01,0xED,0xED,0xED,0xFF,0xFF ; //字符 F
47.         DB 0xFF,0x83,0x7D,0x5D,0x9D,0x1B,0xFF,0xFF ; //字符 G
48.         DB 0xFF,0x01,0xEF,0xEF,0xEF,0x01,0xFF,0xFF ; //字符 H
49.         DB 0xFF,0x7D,0x7D,0x01,0x7D,0x7D,0xFF,0xFF ; //字符 I
50.         END                                  ;程序结束
```

2. Proteus 与 Keil 联调

1）按照前面任务 2.1.4 中 Proteus 与 Keil 联调的步骤完成基本的软件设置。如果前面已经设置过一次，在此可以跳过。

2）用 Proteus 打开已绘制好的“LED 点阵屏显示字符控制.DSN”文件，在 Proteus 的“Debug”菜单中选中“Use Remote Debug Monitor（远程监控）”。同时，右键选中 STC89C51 单片机，在弹出对话框的“Program File”选项中，导入在 Keil 中生成的十六进制 HEX 文件“LED 点阵屏显示字符控制.HEX”。

3）用 Keil 打开刚才创建好的“LED 点阵屏显示字符控制.UV2”文件，打开窗口“Option for Target‘工程名’”。在 Debug 选项中右栏上部的下拉菜单选中 Proteus VSM Simulator。接着再单击进入 Settings 窗口，设置 IP 为 127.0.0.1，端口号为 8000。

4）在 Keil 中单击，使用单步执行来调试程序，同时在 Proteus 中查看直观的仿真结果。这样就可以像使用仿真器一样调试程序了，Proteus 与 Keil 联调界面如图 4-17 所示。

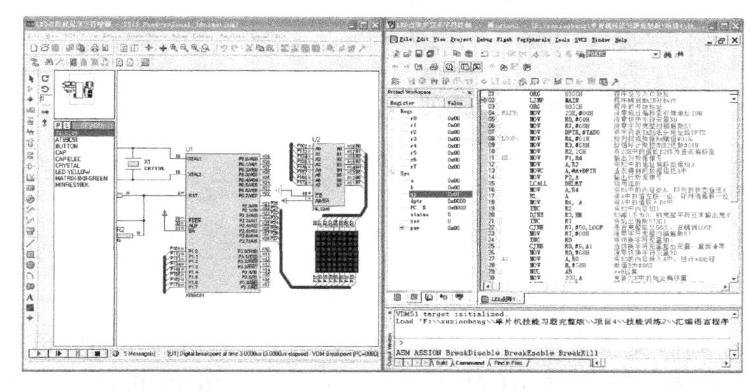

图 4-17 Proteus 与 Keil 联调界面

当程序执行完“MOV R0,#00H；MOV R7,#00H；MOV R4,#01H；MOV R3,#08H；MOV R2,20H;”这条语句后，可以清楚地看到右侧 Keil 软件 CPU 窗口中 R0 的值变为 0x00、R7 的值为 0x00、R4 的值变为 0x01、R3 的值变为 0x08 和 R2 的值变为 0x00。R0 代表字符变量、R7 代表字符完整扫描遍数、R4 代表列数据信号、R3 代表循环计数控制和 R2 代表行数据信号，程序调试运行状态如图 4-18 所示。

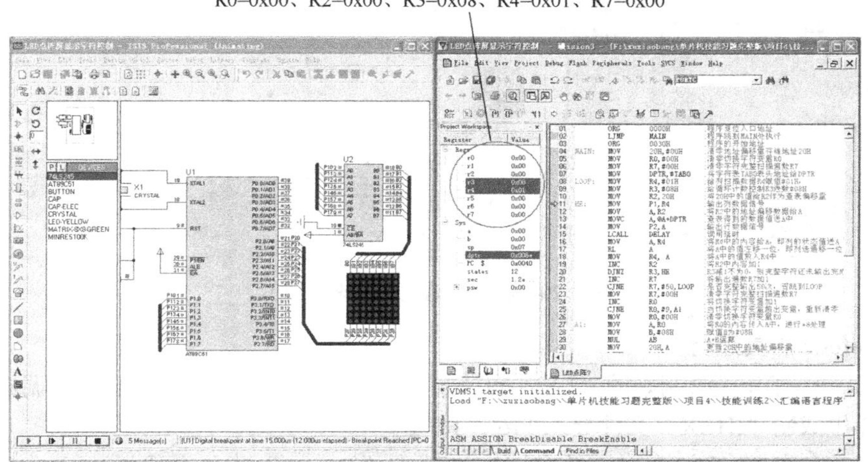

图 4-18 程序调试运行状态（一）

当 R7 自加 1 加到 50 后，变量 R0 也加 1，此时调用字符的行段码值数据，显示数据段，由于从显示字符 A 到字母 I，所需运行的语句过多，此时可以在“INC　R7;”语句处设置一个断点，直接全速运行至此处查看结果，程序调试运行状态如图 4-19 所示。

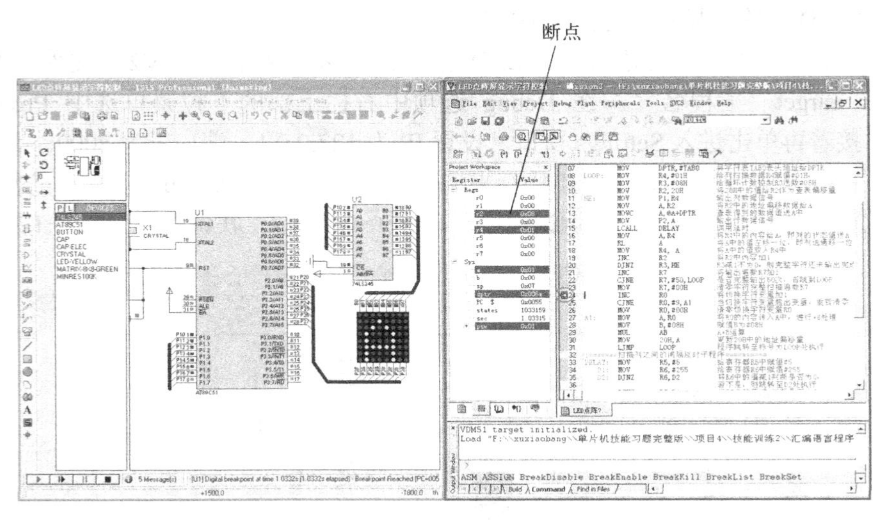

图 4-19　程序调试运行状态（二）

继续执行程序观看变量数据，发现当 R0 变量改变时所显示的字母也跟着改变。当 R0=0x00 是显示字母 A，当 R0=0x01 时显示字母 B……当 R0=0x08 时显示字母 I，程序调试运行状态如图 4-20 所示。

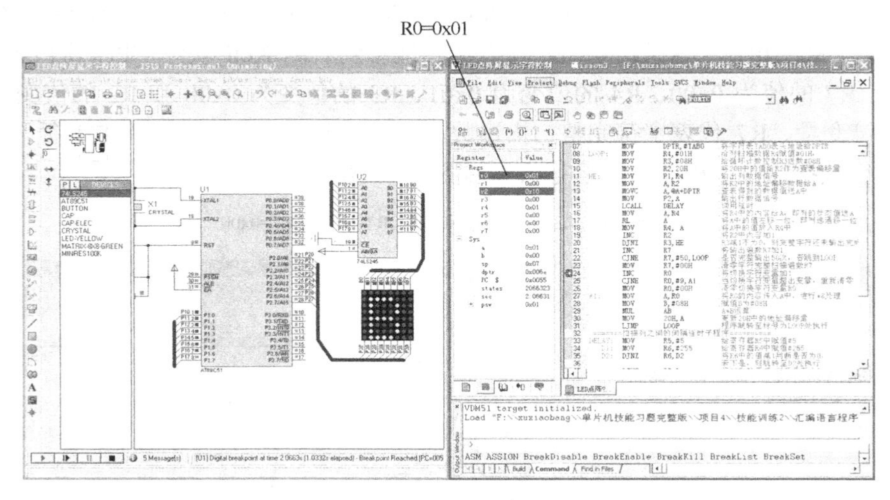

图 4-20　程序调试运行状态（三）

3. Proteus 仿真运行

用 Proteus 打开已绘制好的“LED 点阵屏显示字符控制.DSN”，并将最后调试完成的程序重新编译生成新“.HEX”文件导入 Proteus 中。

在 Proteus ISIS 编辑窗口中单击 ▶ 或在“Debug”菜单中选择“Execute”，运行时，点阵屏显示的数据有 A～I 变换，仿真运行结果分别如图 4-21 和图 4-22 所示。

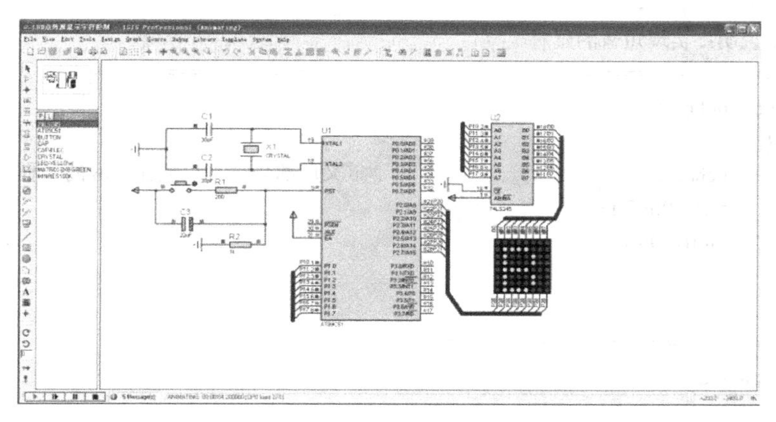

图 4-21　仿真运行结果（一）

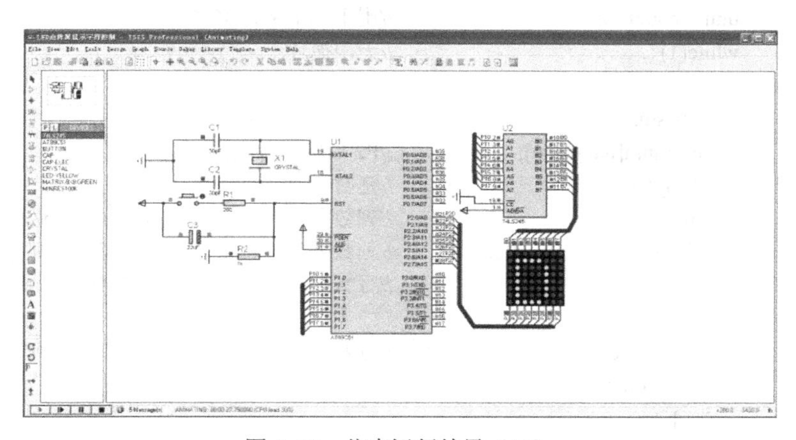

图 4-22　仿真运行结果（二）

4.2.5　C 语言程序设计与调试

1. 程序设计分析

程序代码　　　　　　　　程序分析

```
1.  #include<regx51.h>                       //加入头文件
2.  #define   uchar   unsigned char           //宏定义
3.  #define   unit    unsigned int            //宏定义
4.  uchar  code  unm[9][8]={{0xFF,0x07,0xDB,0xDD,0xDB,0x07,0xFF,0xFF}, //字符 A
5.                      {0xFF,0x01,0x6D,0x6D,0x6D,0x93,0xFF,0xFF}, //字符 B
6.                      {0xFF,0x83,0x7D,0x7D,0x7D,0xBB,0xFF,0xFF}, //字符 C
7.                      {0xFF,0x01,0x7D,0x7D,0x7D,0x83,0xFF,0xFF}, //字符 D
8.                      {0xFF,0x01,0x6D,0x6D,0x6D,0x6D,0xFF,0xFF}, //字符 E
9.                      {0xFF,0xFF,0x01,0xED,0xED,0xED,0xFF,0xFF}, //字符 F
10.                     {0xFF,0x83,0x7D,0x5D,0x9D,0x1B,0xFF,0xFF}, //字符 G
11.                     {0xFF,0x01,0xEF,0xEF,0xEF,0x01,0xFF,0xFF}, //字符 H
12.                     {0xFF,0x7D,0x7D,0x01,0x7D,0x7D,0xFF,0xFF}};//字符 I
13. //=====================================================/
14. //函数名：delay( )
```

```
15.  //说明：实现短暂的延时
16.  //=============================================/
17.  void delay( )
18.  {
19.      uchar i,j;                           //定义局部变量，只能在对应的子程序中用
20.      for(i=0;i<7;i++)
21.        for(j=0;j<255;j++)
22.          ;
23.  }
24.  //==============主程序==================
25.  void main ( )
26.  {
27.      uchar sm=0x01,lie=0,hang=0;
28.      unit   count=0;                      //用于单个字符整屏扫描输出次数统计
29.      while(1)                             //无限循环
30.        {
31.          P1=sm;                           //P1 口输出列数据
32.          P2=unm[hang][lie];               //P2 口输出行数据
33.          delay( );                        //延时
34.          sm=sm<<1;                        //列数据处理，为下次列数据输出做准备
35.          if(sm= =0)   sm=0x01;            //列数据是否超出范围，若超出，则重新赋值
36.          lie++;                           //行数据处理，为下次行数据输出做准备
37.          if(lie= =8)
38.            {  lie=0;                      //行数据是否超出范围，若超出，则重新赋值
39.               count++;                    //整屏完整字符输出遍数加 1
40.            }
41.          if(count==50)                    //判断是否完整输出完 50 遍
42.            {
43.               count=0;                      //完整输出遍数重新计数
44.               hang++;                        //切换显示字符
45.               if(hang= =9)                  //显示数据是否超出范围，若超出，则重新赋值
46.               hang=0;
47.            }
48.        }
49.  }
```

2. Proteus 与 Keil 联调

1）按照前面任务 2.1.5 中 Proteus 与 Keil 联调的步骤完成基本的软件设置。如果前面已经设置过一次，在此可以跳过。

2）用 Proteus 打开已绘制好的“LED 点阵屏显示字符控制.DSN”文件，在 Proteus 的“Debug”菜单中选中“Use Remote Debug Monitor（远程监控）”。同时，右键选中 STC89C51 单片机，在弹出对话框的“Program File”选项中，导入在 Keil 中生成的十六进制 HEX 文件“LED 点阵屏显示字符控制.HEX”。

3）用 Keil 打开刚才创建好的“LED 点阵屏显示字符控制.UV2”文件，打开窗口“Option for Target‘工程名’”。在“Debug”选项中右栏上部的下拉菜单选中 Proteus VSM

Simulator。接着再单击进入 Settings 窗口，设置 IP 为 127.0.0.1，端口号为 8000。

4）在 Keil 中单击，使用单步执行来调试程序，同时在 Proteus 中查看直观的仿真结果。这样就可以像使用仿真器一样调试程序了，Proteus 与 Keil 联调界面如图 4-23 所示。

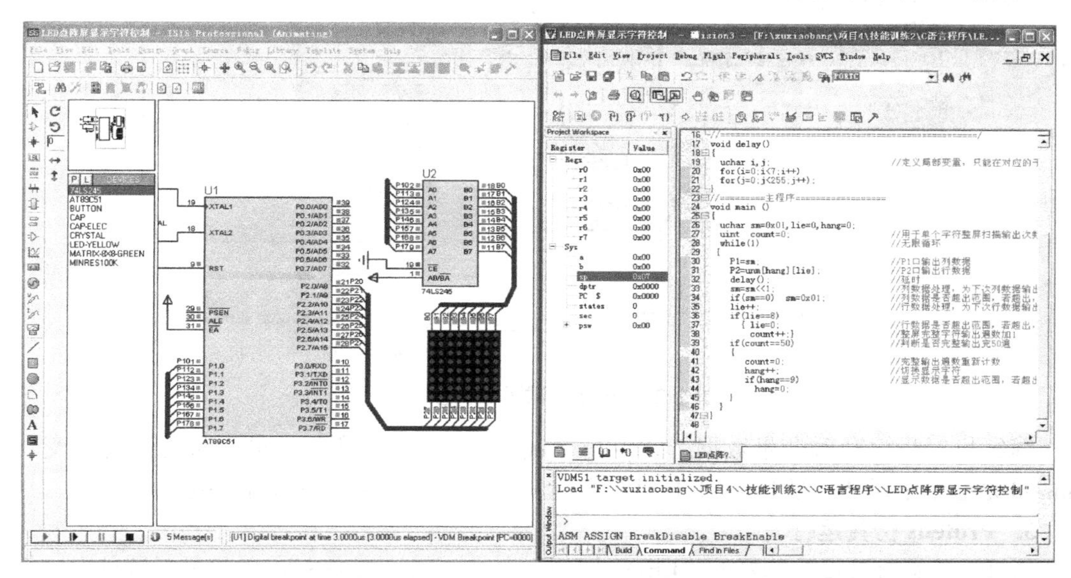

图 4-23　Proteus 与 Keil 联调界面

当程序执行完“uchar sm=0x01,lie=0,hang=0; unit count=0;”这条语句后，可以在 Keil 中单击打开 Watches 窗口，同时在右下角 Watches 窗口中实时看到变量 sm,lie,count,hang 等局部变量值得变化，程序调试运行状态如图 4-24 所示。

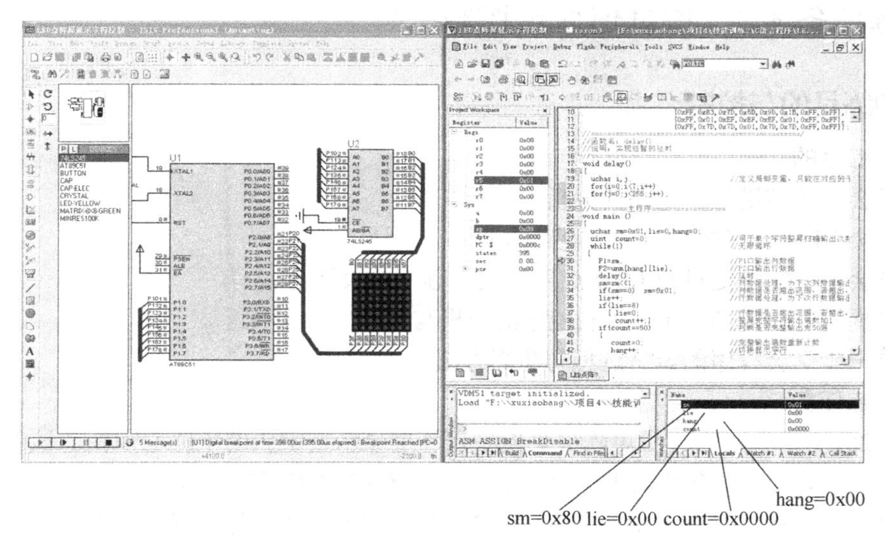

图 4-24　程序调试运行状态（一）

当 count 自加 1 加到 50 后，变量 hang 也加 1，此时调用二维数组中第二行的数据，显示数据二，由于从显示字母 A 到字母 I，所需运行的语句过多，此时可以在“hang++;”语句处设置一个断点，直接全速运行至此处查看结果，程序调试运行状态如图 4-25 所示。

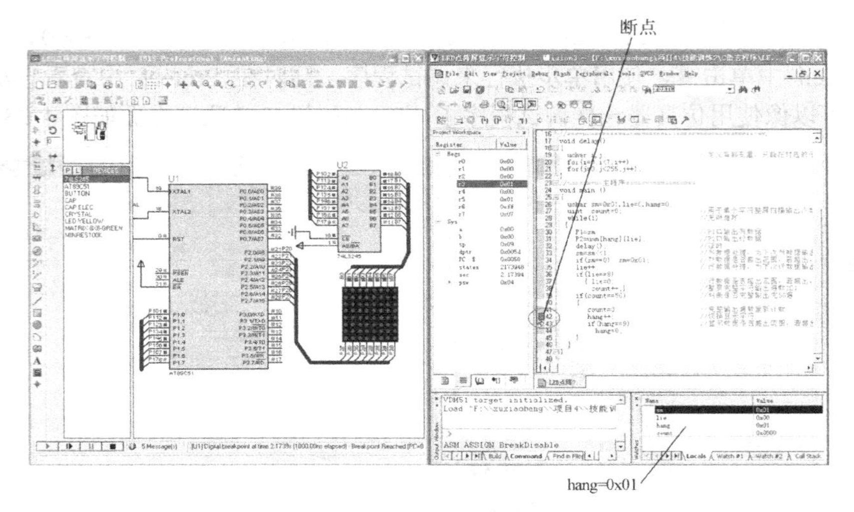

图 4-25　程序调试运行状态（二）

继续执行程序观看变量数据，发现当 hang 变量改变时所显示的字母也跟着改变。当 hang=0 是显示字母 A，当 hang=1 时显示字母 B……，当 hang=8 时显示字母 I。

3. Proteus 仿真运行

用 Proteus 打开已绘制好的“LED 点阵屏显示字符控制.DSN”，并将最后调试完成的程序重新编译生成新“.HEX”文件导入 Proteus 中。

在 Proteus ISIS 编辑窗口中单击 ▶ 或在“Debug”菜单中选择“Execute”，运行时，点阵屏显示的数据有 A～I 变换，其运行结果参照任务 4.2.4 的仿真运行结果。

 训练任务 4.3　按键值显示控制

4.3.1　训练目的与控制要求

1. 训练目的

1）学会矩阵按键接口电路的分析与设计。

2）学会 LED 点阵屏显示接口电路的分析与设计。

3）学会进行矩阵键盘及 LED 点阵屏显示程序的设计与编写。

4）掌握单片机复杂 I/O 口控制程序的分析与设计。

5）进一步学会程序的调试过程与仿真方法。

2. 训练任务

图 4-26 所示电路为一个矩阵键盘控制点阵屏显示按键码的电路原理图。该单片机应用系统的具体功能为：当系统上电运行工作时，当有按键按下后通过点阵屏来显示对应的字符，按键值为 1～9，对应显示字符为 A～I；其具体的工作运行情况见本书配套教材附带光盘中的仿真运行视频文件。

3. 训练要求

训练任务要求如下：

1）进行单片机应用电路分析，并完成 Proteus 仿真电路图的绘制。

2）根据任务要求进行单片机控制程序流程和程序设计思路分析，画出程序流程图。

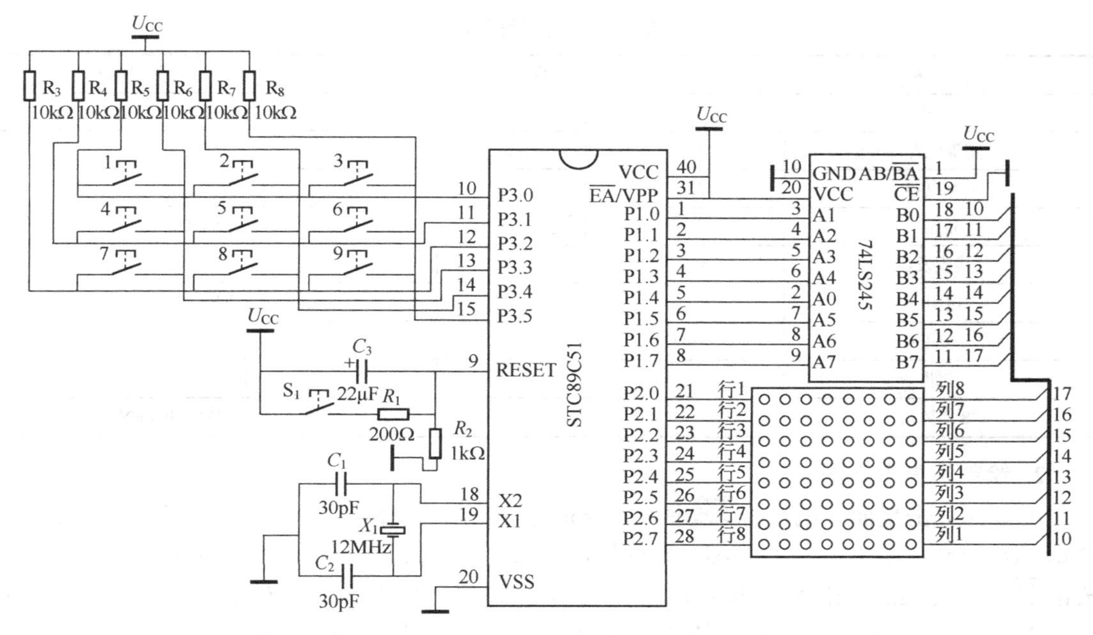

图 4-26　一个矩阵键盘控制点阵屏显示按键码的电路原理图

3）依据程序流程图在 Keil 中进行源程序的编写与编译工作。

4）在 Proteus 中进行程序的调试与仿真工作，最终完成实现任务要求的程序。

5）完成单片机应用系统实物装置的焊接制作，并下载程序实现正常运行。

4.3.2　硬件系统与控制流程分析

1. 任务硬件系统分析

电路原理图如图 4-26 所示，该电路实际上是将任务 4.2 加上 9 个按键组合而成的，在 P3.0 到 P3.5 上采用行列组合的方式外接 9 个按钮，再结合任务 4.2 中 LED 点阵数显控制的电路设计而成。

2. 任务控制流程分析

根据电路原理图和任务控制功能要求可知，本任务功能上主要是通过矩阵键盘来控制点阵屏显示对应的字符。系统上电运行工作时，当有按键按下后通过点阵屏来显示对应的字符，按键值为 1～9，对应显示字符为 A～I；图 4-27 所示为按键值显示控制流程图。

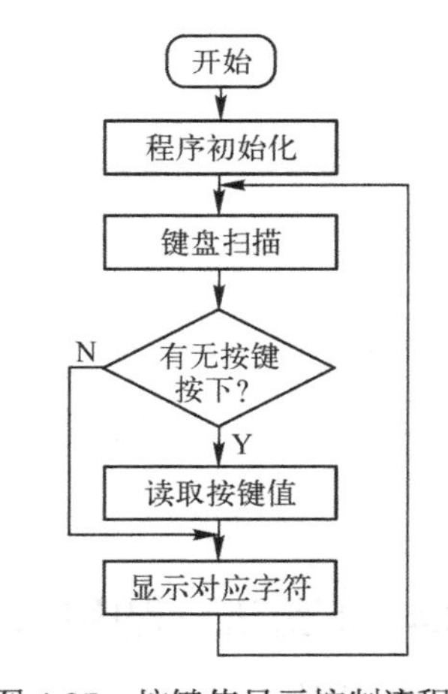

图 4-27　按键值显示控制流程图

4.3.3　Proteus 仿真电路图创建

1. 列出元器件表

根据单片机应用电路原理图 4-26 所示，列出 Proteus 中实现该系统所需的元器件配置情况，如表 4-3 所示。

表 4-3　元器件配置表

名　　称	型　　号	数　　量	备注（Proteus 中元器件名称）
单片机	AT89C51	1	AT89C51
陶瓷电容	30pF	2	CAP
电解电容	22μF	1	CAP-ELEC
晶振	12MHz	1	CRYSTAL
总线收发器	74LS245	1	74LS245
电阻	1kΩ	1	RES
电阻	200Ω	1	RES
按钮		10	BUTTON
8*8 点阵屏		1	MATRIX-8X8-GREEN

2. 绘制仿真电路图

用鼠标双击桌面上的图标ISIS进入“Proteus ISIS”编辑窗口，单击菜单命令“File”→“New Design”，新建一个 DEFAULT 模板，并保存为“按键值显示控制.DSN”。在器件选择按钮 P L DEVICES 单击“P”按钮，将上表 4-3 中的元器件添加至对象选择器窗口中。然后，将各个元器件摆放好，最后依照图 4-26 所示的原理图将各个器件连接起来，按键值显示控制仿真图如图 4-28 所示。

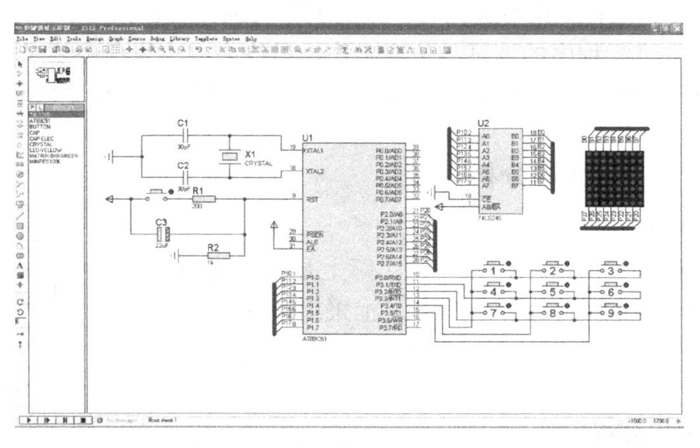

图 4-28　按键值显示控制仿真图

4.3.4　汇编语言程序设计与调试

1. 程序设计分析

```
程序代码                                程序分析
1.          ORG     0000H          ;程序初始化入口
2.          LJMP    MAIN           ;程序跳转到 MAIN 处执行
3.          ORG     0030H          ;主程序存放地址
4.  MAIN:   MOV     20H,#00H       ;清零地址偏移量存储地址 20H
5.          MOV     R4,#00H        ;清零按键值 R4
```

```
6.   LOOP: LCALL   CE_AJ          ;快速检测是否有按键按下
7.         JZ      C0             ;有无按键按下，若 A 为 0，则跳转至 C0，
8.                                ;若有 A 不为 0，则顺序执行程序
9.         LCALL   CE_JZ          ;当有按键按下，计算出按键值，存放于 R4
10.    C0:  CJNE   R4,#00H,C1     ;计算值是否为 0，若为 0，则顺序执行程序
11.                               ;若不为 0，则跳转到 C1
12.        LCALL   XIANSHI        ;调用显示子程序
13.        SJMP    LOOP           ;返回 LOOP 处执行
14.    C1: CJNE    R4,#01H,C2     ;计算值是否为 1，若为 1，则顺序执行程序
15.                               ;若不为 1，则跳转到 C2
16.        LCALL   XIANSHI        ;调用显示子程序
17.        SJMP    LOOP           ;返回 LOOP 处执行
18.    C2: CJNE    R4,#02H,C3     ;计算值是否为 2，若为 2，则顺序执行程序
19.                               ;若不为 2，则跳转到 C3
20.        LCALL   XIANSHI        ;调用显示子程序
21.        SJMP    LOOP           ;返回 LOOP 处执行
22.    C3: CJNE    R4,#03H,C4     ;计算值是否为 3，若为 3，则顺序执行程序
23.                               ;若不为 3，则跳转到 C4
24.        LCALL   XIANSHI        ;调用显示子程序
25.        SJMP    LOOP           ;返回 LOOP 处执行
26.    C4: CJNE    R4,#04H,C5     ;计算值是否为 4，若为 4，则顺序执行程序
27.                               ;若不为 4，则跳转到 C5
28.        LCALL   XIANSHI        ;调用显示子程序
29.        SJMP    LOOP           ;返回 LOOP 处执行
30.    C5: CJNE    R4,#05H,C6     ;计算值是否为 5，若为 5，则顺序执行程序
31.                               ;若不为 5，则跳转到 C6
32.        LCALL   XIANSHI        ;调用显示子程序
33.        SJMP    LOOP           ;返回 LOOP 处执行
34.    C6: CJNE    R4,#06H,C7     ;计算值是否为 6，若为 6，则顺序执行程序
35.                               ;若不为 6，则跳转到 C7
36.        LCALL   XIANSHI        ;调用显示子程序
37.        SJMP    LOOP           ;返回 LOOP 处执行
38.    C7: CJNE    R4,#07H,C8     ;按键值是否为 7，若为 7，则顺序执行程序
39.                               ;若不为 7，则跳转到 C8
40.        LCALL   XIANSHI        ;调用显示子程序
41.        SJMP    LOOP           ;返回 LOOP 处执行
42.    C8: CJNE    R4,#08H,C9     ;计算值是否为 8，若为 8，则顺序执行程序
43.                               ;若不为 8，则跳转到 C9
44.        LCALL   XIANSHI        ;调用显示子程序
45.        SJMP    LOOP           ;返回 LOOP 处执行
46.    C9: CJNE    R4,#09H,C10    ;计算值是否为 9，若为 9，则顺序执行程序
47.                               ;若不为 9，则跳转到 C10
48.        LCALL   XIANSHI        ;调用显示子程序
49.   C10:  SJMP   LOOP           ;返回 LOOP 处执行
50.  ;====================测按键是否按下子程序================================
51.  ;==========返回主程序参数 A，用于程序判断按键是否按下================
```

```
52.  CE_AJ: MOV     P3,#0C7H        ;将行接口拉高，列接口置低，判断是否有键按下
53.          MOV     R5,P3           ;读入 P3 口数据，存在 R5 中
54.          CJNE    R5,#0C7H,A1     ;是否有按键按下？若没有则 R5 与 0C7H 相等;
55.                                  ;若有则 R5 与 0F3H 不相等，跳转至 A1
56.          CLR     A               ;清零返回值 A
57.          SJMP    A2              ;程序跳转至 A2 运行
58.     A1:  SETB    ACC.0           ;置位返回值 ACC.0，使之不为 0
59.     A2:  RET                     ;子程序返回
60.  ;============测按键值子程序========================================
61.  ;========返回主程序参数 R4，提供主程序键值内容==================
62.  CE_JZ: LCALL   CE_AJ           ;检测按键是否按下
63.          JNZ     B1              ;有键按下，跳转至 B1;没有键按下，顺序执行
64.          SJMP    CE_JZ           ;当按键没有按下，处于抖动状态，返回再检测
65.     B1:  LCALL   DELAY           ;调用延时
66.          LCALL   CE_AJ           ;再次检测按键还是否按下
67.          JNZ     B2              ;有键按下，跳转至 B2;没有键按下，顺序执行
68.          SJMP    CE_JZ           ;当按键没有按下，处于抖动状态，返回再检测
69.     B2:  MOV     R1,#0FEH        ;给行扫描数据 R1 赋值#0FEH，
70.          MOV     R2,#03H         ;给循环行扫描次数控制 R2 赋值#03H
71.     B3:  MOV     R0,#03H         ;给循环列扫描次数控制 R0 赋值#03H
72.          MOV     P3,R1           ;输出行扫描信号
73.          MOV     A,P3            ;读入 P3 口的数据，存在 A 中
74.          RRC     A               ;带进位右移 A 中的值，即将列数据移动到 Cy 中
75.          RRC     A               ;带进位右移 A 中的值，即将列数据移动到 Cy 中
76.          RRC     A               ;带进位右移 A 中的值，即将列数据移动到 Cy 中
77.     B5:  RRC     A               ;带进位右移 A 中的值，即将列数据移动到 Cy 中
78.          JNC     B4              ;Cy 列信号为 0，有键按下;为 1，没键按下
79.          DJNZ    R0,B5           ;若第一列没键按下，则循环判断第二列
80.          MOV     A,R1            ;将行扫描数据 R1 中的值传给 A
81.          SETB    C               ;置 Cy 位为 1
82.          RLC     A               ;带进位左移 A 中的值，即扫描第 2 行
83.          MOV     R1,A            ;将移位后的值重新赋给 R1
84.          DJNZ    R2,B3           ;若第一行没键按下，则循环判断第二行
85.          SJMP    B6              ;程序跳转至 B6 执行
86.     B4:  MOV     A,#04H          ;按键值计算程序段，键值=(3-R2)*3+(4-R0)
87.          SUBB    A,R0            ;进行（4-R0）计算
88.          MOV     R0,A            ;将计算结果存放于 R0 中
89.          MOV     A,#03H          ;给 A 赋值#03H
90.          SUBB    A,R2            ;进行（3-R2）计算
91.          MOV     B,#03H          ;给 B 赋值#03H
92.          MUL     AB              ;进行（3-R0）*3
93.          ADD     A,R0            ;进行(3-R2)*3+(4-R0)
94.          MOV     R4,A            ;将计算出的键值赋值给 R4
95.     B6:  LCALL   DELAY           ;调用延时
96.     B7:  LCALL   CE_AJ           ;检测按键是否松开
97.          JNZ     B7              ;有键按下，跳转至 B7 重新检测;没有键按下，顺序执
```

```
98.                                       ;行
99.     B8: LCALL        DELAY            ;调用延时
100.        LCALL        CE_AJ            ;再次检测按键是否松开
101.        JNZ          B8               ;有键按下，跳转至B8重新检测;没有键按下，顺序执
102.                                      ;行
103.        RET                           ;子程序返回
104. ;==========按键去抖延时子程序============
105. DELAY: MOV         R5,#10            ;给寄存器R5中赋值#10
106.     D3:   MOV      R6,#248           ;给寄存器R6中赋值#248
107.         DJNZ       R6,$              ;将R6值减1判断，直到为0
108.         DJNZ       R5,D3             ;将R5中的值减1判断是否为0,
109.                                      ;若不是，则跳转至D3处执行
110.         RET                          ;子程序返回
111. ;==============显示子程序============
112. XIANSHI:MOV        A,R4              ;将R4的内容传入A中，进行8*8处理
113.         MOV        B,#08H            ;赋值B为#08H
114.         MUL        AB                ;A*B运算
115.         MOV        20H,A             ;更新20H中的地址偏移量
116.         MOV        DPTR,#TAB0        ;将字符表TAB0表头地址给DPTR
117.   LOOP1: MOV       21H,#01H          ;给列扫描数据R4赋值#01H,
118.         MOV        R3,#08H           ;给循环计数控制R3送数#08H
119.         MOV        R7,20H            ;将20H中的值给R7作为查表偏移量
120.     HE: MOV        P1,21H            ;输出列数据信号
121.         MOV        A,R7              ;将R7中的地址偏移数据给A
122.         MOVC       A,@A+DPTR         ;查表得到的数据值送A中
123.         MOV        P2,A              ;输出行数据信号
124.         LCALL      DELAY             ;调用延时
125.         MOV        A,21H             ;将R4中的内容给A，即列的状态值送A
126.         RL         A                 ;将A中的值右移一位，即列选通移一位
127.         MOV        21H,A             ;将A中的值放入R4中
128.         INC        R7                ;将R7中内容加1
129.         DJNZ       R3,HE             ;R3减1不为0，则完整字符还未输出完成
130.         RET                          ;子程序返回
131. ;==============各显示字符的行段码值============
132.   TAB0: DB 0xFF,0xFF,0xFF,0xFF,0xFF,0xFF,0xFF,0xFF ; //不显示
133.         DB 0xFF,0x07,0xDB,0xDD,0xDB,0x07,0xFF,0xFF ; //字符A
134.         DB 0xFF,0x01,0x6D,0x6D,0x6D,0x93,0xFF,0xFF ; //字符B
135.         DB 0xFF,0x83,0x7D,0x7D,0x7D,0xBB,0xFF,0xFF ; //字符C
136.         DB 0xFF,0x01,0x7D,0x7D,0x7D,0x83,0xFF,0xFF ; //字符D
137.         DB 0xFF,0x01,0x6D,0x6D,0x6D,0x6D,0xFF,0xFF ; //字符E
138.         DB 0xFF,0xFF,0x01,0xED,0xED,0xED,0xFF,0xFF ; //字符F
139.         DB 0xFF,0x83,0x7D,0x5D,0x9D,0x1B,0xFF,0xFF ; //字符G
140.         DB 0xFF,0x01,0xEF,0xEF,0xEF,0x01,0xFF,0xFF ; //字符H
141.         DB 0xFF,0x7D,0x7D,0x01,0x7D,0x7D,0xFF,0xFF ; //字符I
142.         END                                                  ;程序结束
```

2. Proteus 与 Keil 联调

1）按照前面任务 2.1.4 中 Proteus 与 Keil 联调的步骤完成基本的软件设置。如果前面已经设置过一次，在此可以跳过。

2）用 Proteus 打开已绘制好的“按键值显示控制.DSN”文件，在 Proteus 的“Debug”菜单中选中“Use Remote Debug Monitor（远程监控）”。同时，右键选中 STC89C51 单片机，在弹出对话框的“Program File”选项中，导入在 Keil 中生成的十六进制 HEX 文件“按键值显示控制.HEX”。

3）用 Keil 打开刚才创建好的“按键值显示控制.UV2”文件，打开窗口“Option for Target‘工程名’”。在 Debug 选项中右栏上部的下拉菜单选中 Proteus VSM Simulator。接着再单击进入 Settings 窗口，设置 IP 为 127.0.0.1，端口号为 8000。

4）在 Keil 中单击🔍，使用单步执行来调试程序，同时在 Proteus 中查看直观的仿真结果。这样就可以像使用仿真器一样调试程序了，Proteus 与 Keil 联调界面如图 4-29 所示。

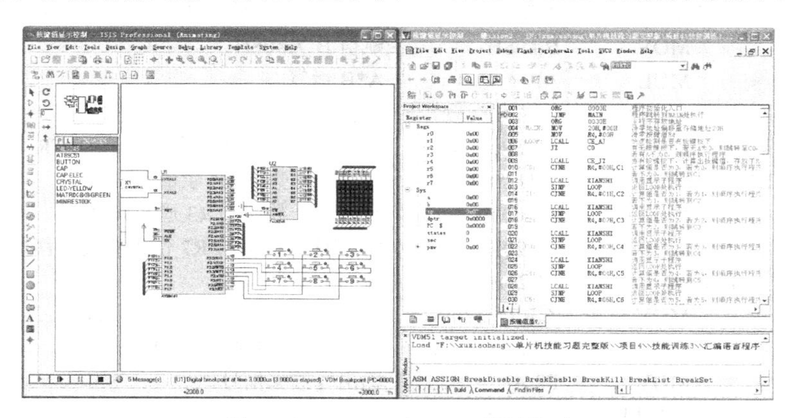

图 4-29　Proteus 与 Keil 联调界面

在没有按键按下时，检测按键是否按下子程序的返回值为 0，然后调用检测按键值子程序，此时变量 R4 赋值为 0，点阵屏显示空白，程序调试运行状态如图 4-30 所示。

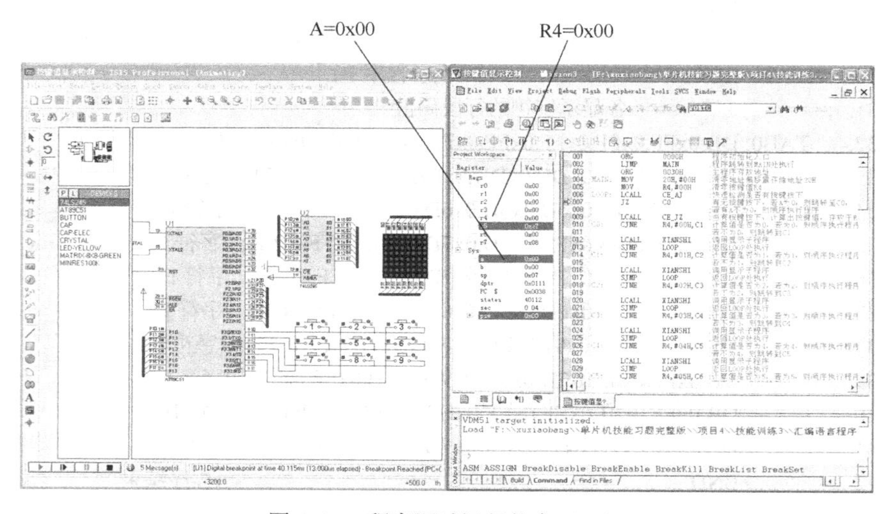

图 4-30　程序调试运行状态（一）

当使用任务 3.2 所述的方法，将按钮设置成按下状态，模拟按键 1 按下的情况。

当按键 1 按下后，程序每运行到“LCALL　CE_AJ”后返回值为 1，调用测按键值子程序，此处使用〈F10〉快捷键不进入子程序，但由于测按键值子程序里有调用按键按下和松开功能的去抖子程序，所以退出子程序之前必须将按键断开，否则程序一直会在该子程序中循环，程序调试运行状态如图 4-31 所示。

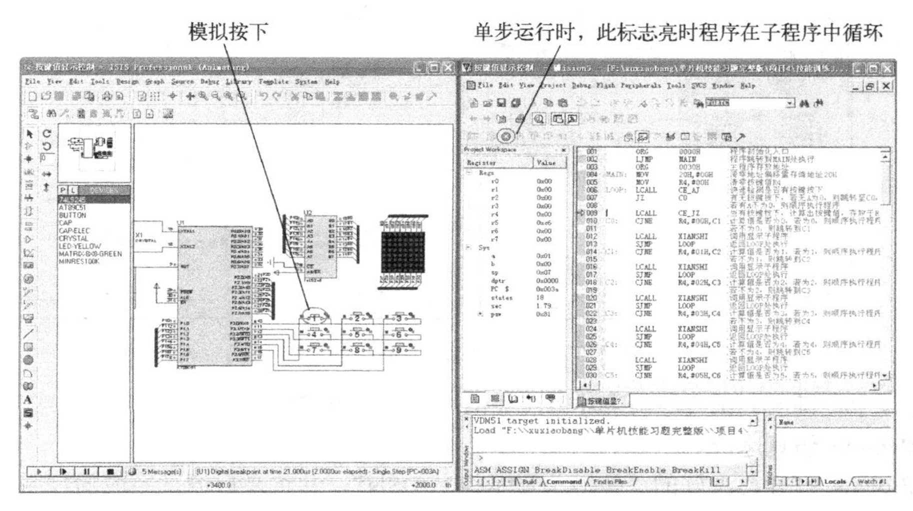

图 4-31　程序调试运行状态（二）

当按键模拟按键释放后，程序立即从子程序中跳出，执行下一条指令。将鼠标移动到变量 R4 上，可发现变量 R4 的值为 0x01，即按键值为 0x01，程序调试运行状态如图 4-32 所示。

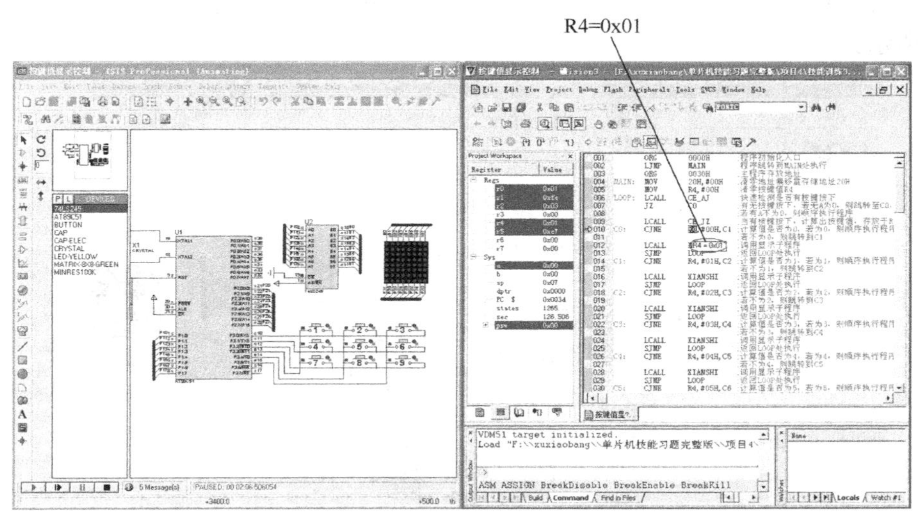

图 4-32　程序调试运行状态（三）

由于 R4=0x01，当执行完程序“CJNE　R4,#01H,C2；LCALL　XIANSHI”后，可以清楚看到点阵屏显示字符“A”，程序调试运行状态如图 4-33 所示。

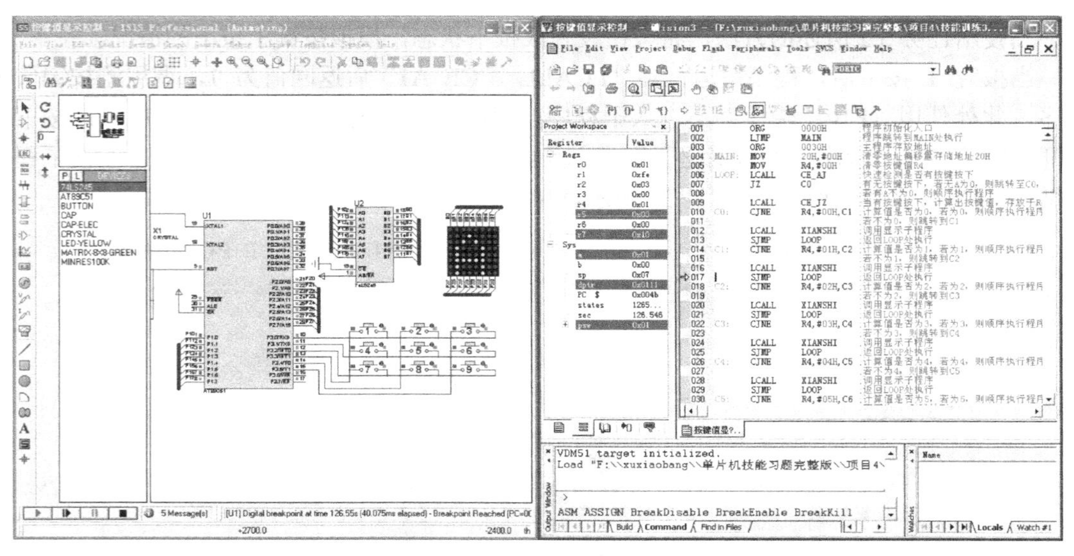

图 4-33　程序调试运行状态（四）

另外 8 个按键的调试方法与上述方法类似，在此不再详述。

3. Proteus 仿真运行

用 Proteus 打开已画好的“按键值显示控制.DSN”，并将最后调试完成的程序重新编译生成新“.HEX”文件导入 Proteus 中。

在 Proteus ISIS 编辑窗口中单击▶或在“Debug”菜单中选择“Execute”，运行时，当矩阵键盘中的按键〈1〉按下时，点阵屏显示字符“A”。当矩阵键盘中的按键〈2〉按下时，点阵屏显示字符“B”。当矩阵键盘中的按键〈3〉按下时，点阵屏显示字符“C”。当矩阵键盘中的按键〈4〉按下时，点阵屏显示字符“D”……，仿真运行结果分别如图 4-34 和图 4-35 所示。

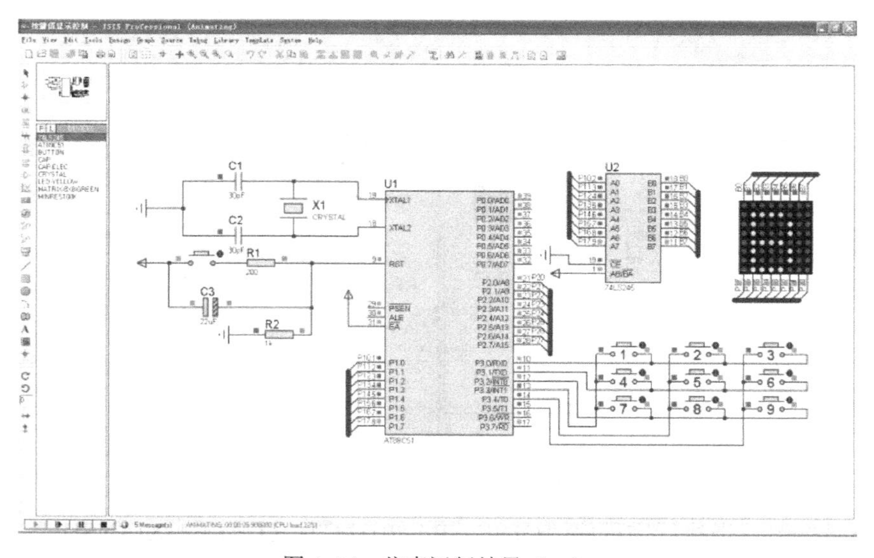

图 4-34　仿真运行结果（一）

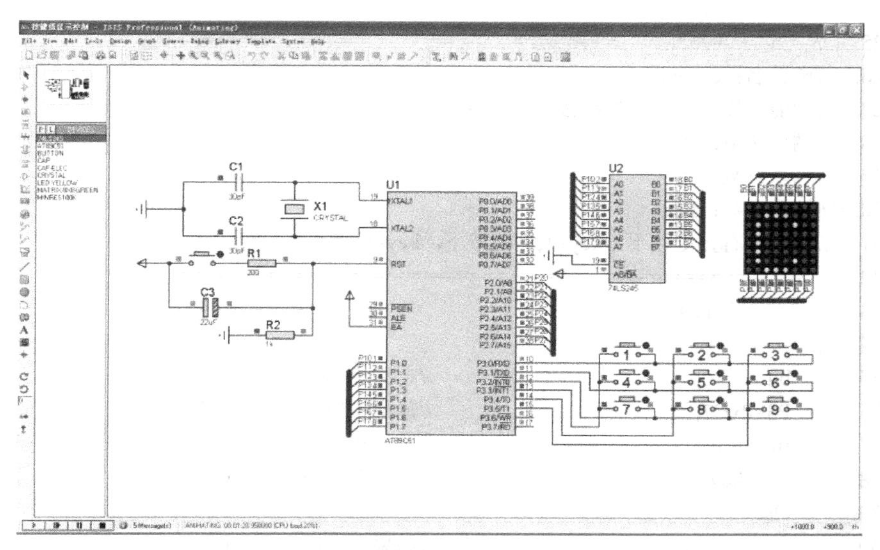

图 4-35　仿真运行结果（二）

4.3.5　C 语言程序设计与调试

1. 程序设计分析

程序代码　　　　　　　　　　　　程序分析

```
1.  #include<regx51.h>                    //加入头文件
2.  #define  uchar  unsigned  char        //宏定义
3.  #define  unit  unsigned  int          //宏定义
4.  uchar y;                              //定义全局变量用于存储键值
5.  uchar  code  unm[9][8]={{0xFF,0x07,0xDB,0xDD,0xDB,0x07,0xFF,0xFF}, //字符 A
6.                          {0xFF,0x01,0x6D,0x6D,0x6D,0x93,0xFF,0xFF}, //字符 B
7.                          {0xFF,0x83,0x7D,0x7D,0x7D,0xBB,0xFF,0xFF}, //字符 C
8.                          {0xFF,0x01,0x7D,0x7D,0x7D,0x83,0xFF,0xFF}, //字符 D
9.                          {0xFF,0x01,0x6D,0x6D,0x6D,0x6D,0xFF,0xFF}, //字符 E
10.                         {0xFF,0xFF,0x01,0xED,0xED,0xED,0xFF,0xFF}, //字符 F
11.                         {0xFF,0x83,0x7D,0x5D,0x9D,0x1B,0xFF,0xFF}, //字符 G
12.                         {0xFF,0x01,0xEF,0xEF,0xEF,0x01,0xFF,0xFF}, //字符 H
13.                         {0xFF,0x7D,0x7D,0x01,0x7D,0x7D,0xFF,0xFF}};//字符 I
14. //==========================================================/
15. //函数名：delay( )
16. //说明：实现短暂的延时
17. //==========================================================/
18. void delay( )
19. {
20.     uchar i,j;                    //定义局部变量，只能在对应的子程序中用
21.     for(i=0;i<7;i++)
22.        for(j=0;j<255;j++)
23.           ;
24. }
```

```
25.  //==================================================
26.  //函数名：ce_anjian ( )
27.  //功能：检测是否有按键按下，并返回是否有按键按下
28.  //调用函数：无
29.  //输入参数：无
30.  //输出参数：key
31.  //说明：有按键按下，key=1;无键按下，key=0;
32.  //==================================================
33.  bit ce_anjian ( )
34.  {
35.      bit key=0;                          //定义局部变量
36.      P3=0xC7;                            //输出扫描信号，将行置高电平，将列置低电平
37.      if(P3!=0xC7)                        //读入 P1 口数据，与扫描信号比较判断是否有键按下
38.          key=1;                          //如果有键按下，key 赋值为 1
39.      else
40.          key=0;                          //如果没有键按下，key 赋值为 0
41.      return(key);                        //返回 key 值
42.  }
43.  //==================================================
44.  //函数名：delay_ys( )
45.  //说明：延时的时间约为 15ms 的子程序
46.  //==================================================
47.  void doudong_ys( )
48.  {
49.      uchar i,j;                          //定义局部变量，只限于对应子程序中使用
50.      for(i=0;i<30;i++)                   //for 循环执行空操作来达到延时
51.        for(j=0;j<248;j++)
52.              ;
53.  }
54.  //==================================================
55.  //函数名：ce_jianzhi ( )
56.  //功能：测按键值并去除按键按下和按键松开时的抖动
57.  //调用函数：doudong_ys( );ce_anjian( );
58.  //输入参数：无
59.  //输出参数：无
60.  //说明：键值 y=i*2+j+1;
61.  //==================================================
62.  void ce_jianzhi ( )
63.  {
64.      uchar i,j,p,x=0xfe;                 //定义局部变量
65.      do
66.      {
67.          while(ce_anjian( )==0);         //是否有按键按下？若按键没有按下，原地等待
68.                                          //若按键按下，则返回值为 1，则继续往下执行
69.          doudong_ys( );                  //调用去抖延时子程序
70.      }
```

```
71.        while(ce_anjian( )==0);          //再次判断是否有键按下？若没有按下，返回 0
72.       for(i=0;i<3;i++)
73.       {
74.           if(i!=0) x=x<<1|0x01;          //循环扫描输出行扫描信号
75.           P3=x;
76.           for(j=0;j<3;j++)
77.             {
78.                p=P3&0x38;                //读取并保留键盘的列数据，其余清 0
79.                if((p==0x18&&j==2)||(p==0x28&&j==1)||(p==0x30&&j==0))
80.                                           //是否有 1、2 列或 3 列按键按下
81.                  {
82.                    y=(i*3+j+1);          //计算键值
83.                    goto D1;              //跳出循环，使程序跳转至 D1
84.                  }
85.             }
86.        }
87. D1:   doudong_ys( );                     //调用去抖延时子程序
88.       do
89.       {
90.          while(ce_anjian( )==1);         //判断按键是否释放，若按键没有释放，继续判断
91.                                           //若按键有释放，返回值为 0，则继续往下执行
92.          doudong_ys( );                  //调用去抖延时子程序
93.       }
94.       while(ce_anjian( )==1);            //再次判断是否释放，若按键没有释放，继续判断
95. }
96. //==============主函数==============================
97. void main ( )
98. {
99.       uchar sm=0x01,lie=0,hang=0,m=0;
100.      while(1)
101.      {
102.         if(ce_anjian( )==1)m=1;
103.          while(m)                              //主程序无限循环执行
104.         {
105.            if(ce_anjian( )==1)                //快速判断是否有按键按下
106.            {
107.               ce_jianzhi( );                  //若有按键按下，则测键值
108.               switch(y)
109.               {
110.                 case 1: hang=0;break;   //键值为 1，则赋值 hang 为 0
111.                 case 2: hang=1;break;   //键值为 2，则赋值 hang 为 1
112.                 case 3: hang=2;break;   //键值为 3，则赋值 hang 为 2
113.                 case 4: hang=3;break;   //键值为 4，则赋值 hang 为 3
114.                 case 5: hang=4;break;   //键值为 5，则赋值 hang 为 4
115.                 case 6: hang=5;break;   //键值为 6，则赋值 hang 为 5
116.                 case 7: hang=6;break;   //键值为 7，则赋值 hang 为 6
```

```
117.                case 8: hang=7;break;   //键值为 8，则赋值 hang 为 7
118.                case 9: hang=8;break;   //键值为 9，则赋值 hang 为 8
119.                default: break;
120.              }
121.          }
122.          for(lie=0;lie<8;lie++)
123.          {
124.            P1=sm;                       //P1 口输出列数据
125.            P2=unm[hang][lie];           //P2 口输出行数据
126.            delay( );                    //延时
127.            sm=sm<<1;                    //列数据处理，为下次列数据输出做准备
128.            if(sm= =0)   sm=0x01;        //列数据是否超出范围，若超出，则重新赋值
129.          }
130.        }
131.    }
132. }
```

2. Proteus 与 Keil 联调

1）按照前面任务 2.1.5 中 Proteus 与 Keil 联调的步骤完成基本的软件设置。如果前面已经设置过一次，在此可以跳过。

2）用 Proteus 打开已绘制好的“按键值显示控制.DSN”文件，在 Proteus 的“Debug”菜单中选中“Use Remote Debug Monitor（远程监控）”。同时，右键选中 STC89C51 单片机，在弹出对话框的“Program File”选项中，导入在 Keil 中生成的十六进制 HEX 文件“按键值显示控制.HEX”。

3）用 Keil 打开刚才创建好的“按键值显示控制.UV2”文件，打开窗口“Option for Target‘工程名’”。在 Debug 选项中右栏上部的下拉菜单选中 Proteus VSM Simulator。接着再单击进入 Settings 窗口，设置 IP 为 127.0.0.1，端口号为 8000。

4）在 Keil 中单击，使用单步执行来调试程序，同时在 Proteus 中查看直观的仿真结果。这样就可以像使用仿真器一样调试程序了，Proteus 与 Keil 联调界面如图 4-36 所示。

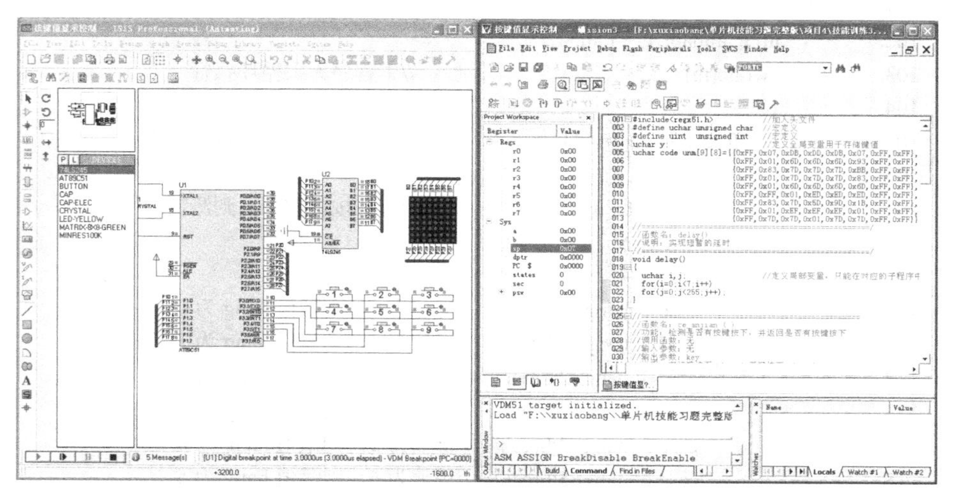

图 4-36　Proteus 与 Keil 联调界面

在没有按键按下时，检测按键是否有按下函数的返回值为 0，则不调用检测按键值函数，此时点阵屏显示空白，程序调试运行状态如图 4-37 所示。

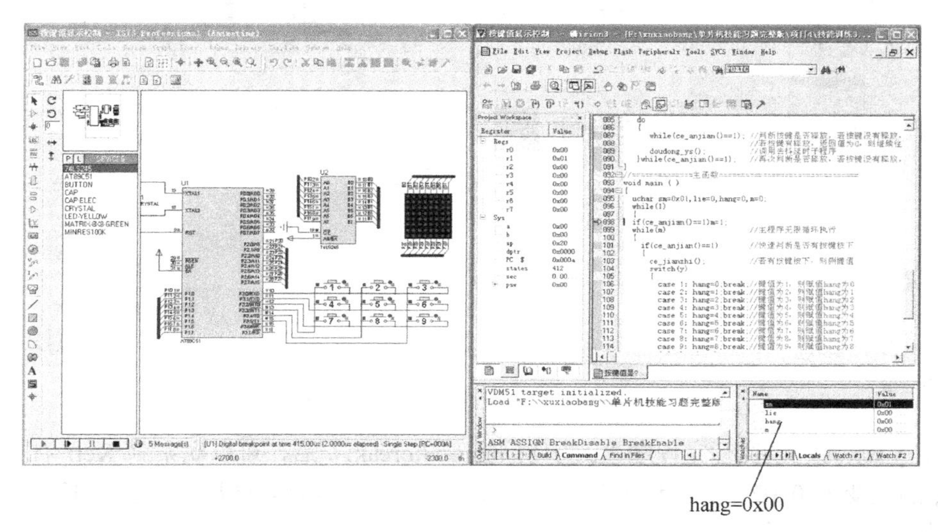

图 4-37　程序调试运行状态（一）

当使用任务 3.2 所述的方法，将按钮设置成按下状态，模拟按键 8 按下的情况。

当按键 8 按下后，程序每运行到“if(ce_anjian()==1)”后返回值为 1，调用测按键值函数，由于此函数与任务 4.1 所编写的一样，此处使用〈F10〉快捷键不进入子程序，但由于此函数含有按键释放防抖程序，在此要将按键断开，否则程序一直会在该函数中循环，程序调试运行状态如图 4-38 所示。

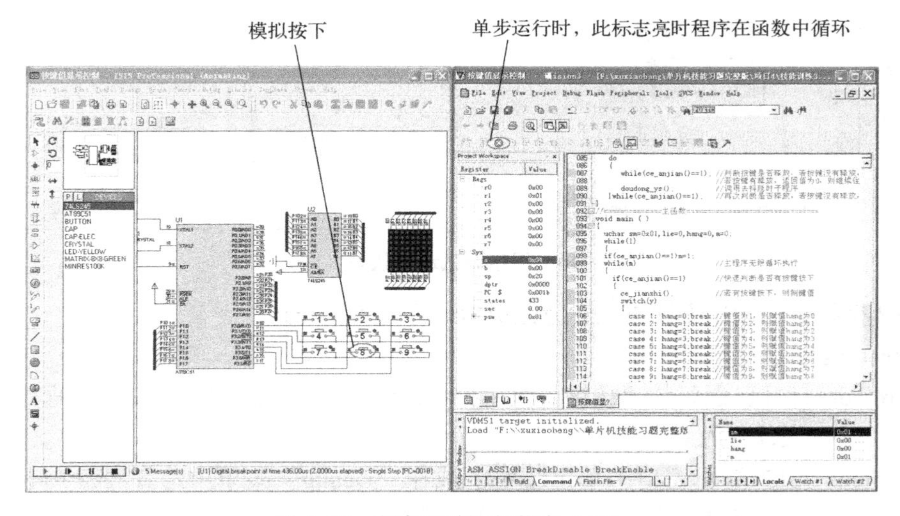

图 4-38　程序调试运行状态（二）

当按键模拟按键释放后，程序立即从函数中跳出，执行下一条指令。将鼠标移动到变量 y 上，可发现变量 y 的值为 0x08，即按键值为 0x08，程序调试运行状态如图 4-39 所示。

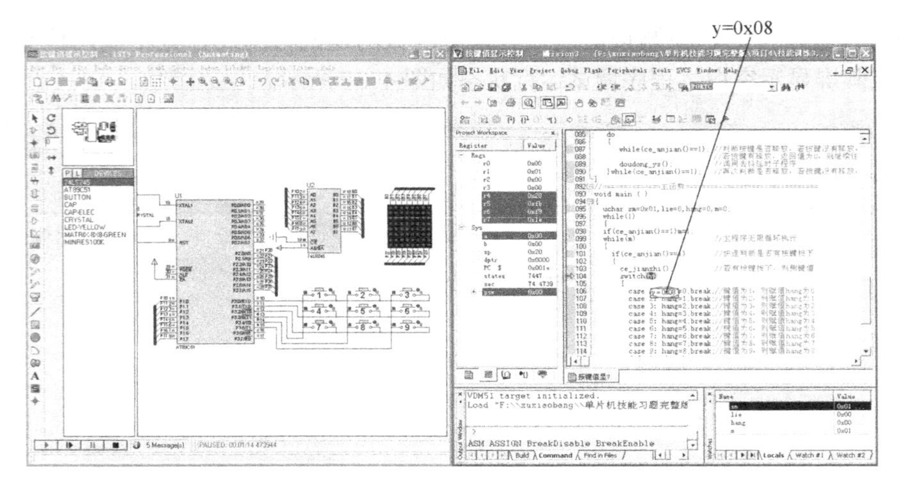

图 4-39　程序调试运行状态（三）

由于 y=0x08，当执行完程序“case 8: hang=7;break;”后，可以观察到 Keil 右下角窗口中 hang 的值变为 0x07，此时切换到全速运行程序，可看到点阵屏显示数字“H”，程序调试运行状态如图 4-40 所示。

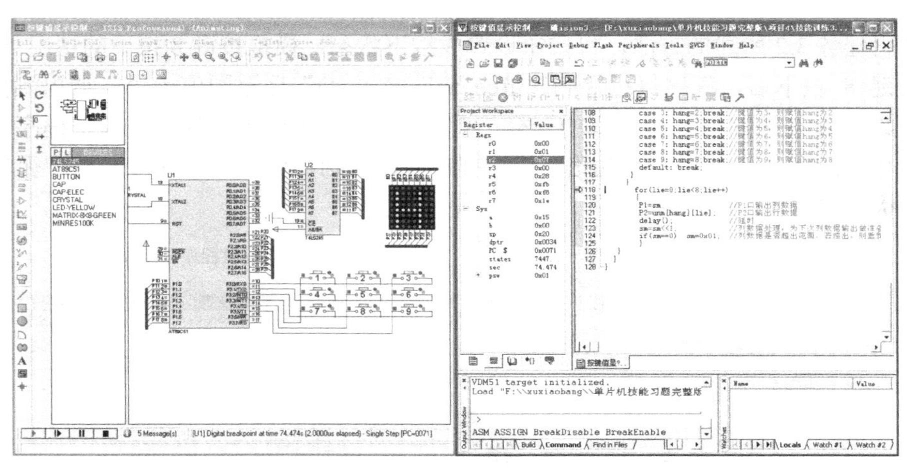

图 4-40　程序调试运行状态（四）

另外 8 个按键的调试方法与上述方法类似，在此不再详述。

3. Proteus 仿真运行

用 Proteus 打开已画好的“按键值显示控制.DSN”，并将最后调试完成的程序重新编译生成新“.HEX”文件导入 Proteus 中。

在 Proteus ISIS 编辑窗口中单击 ▶ 或在“Debug”菜单中选择“Execute”，运行时，当矩阵键盘中的按键〈1〉按下时，点阵屏显示字符“A”。当矩阵键盘中的按键〈2〉按下时，点阵屏显示字符“B”。当矩阵键盘中的按键〈3〉按下时，点阵屏显示字符“C”。当矩阵键盘中的按键〈4〉按下时，点阵屏显示字符“D”……，其运行结果参照任务 4.3.4 的仿真运行结果。

项目 5　中断系统控制及应用

知识与能力目标

1）熟悉单片机中断系统的结构与功能。
2）掌握中断系统的编程与控制方法。
3）理解并掌握数码管显示接口电路及其程序实现方法。
4）初步学会中断控制应用程序的分析与设计。
5）理解中断嵌套的工作过程，初步学会中断嵌套的控制应用。
6）熟练使用 Keil μVision3 与 Proteus 软件。

训练任务 5.1　中断加减计数器控制

5.1.1　训练目的与控制要求

1. 训练目的

1）学会简单的单片机外部中断应用电路分析设计。

2）学会数码管静态显示接口电路设计及其程序实现。

3）理解并掌握各个中断寄存器的功能和使用方法。

4）掌握简单的单片机外部中断应用程序分析与编写。

5）进一步学会程序的调试过程与仿真方法。

2. 训练任务

图 5-1 所示电路为一个 89C51 单片机通过 P3.2 和 P3.3 外扩两个按键接口，实现一个简易的中断加减计数器电路原理图，单片机上电运行后，数码管显示为 0；当 K1 按键按下时，触发外部中断 0 使数码管的值加 1，但最高只能加到 9；当 K2 按键按下时，触发外部中断 1 使数码管的值减 1，但最低只能减小到 0。以此，实现 0～9 的加减计数功能；其具体的工作运行情况见本书配套教材（《单片机技术及应用（基于 Proteus 的汇编和 C 语言版）》ISBN 978-7-111-44676-7 ，以下所指配套教材均指这本书）附带光盘中的仿真运行视频文件。

3. 训练要求

训练任务要求如下：

1）进行单片机应用电路分析，并完成 Proteus 仿真电路图的绘制。

2）根据任务要求进行单片机控制程序流程和程序设计思路分析，画出程序流程图。

3）依据程序流程图在 Keil 中进行源程序的编写与编译工作。

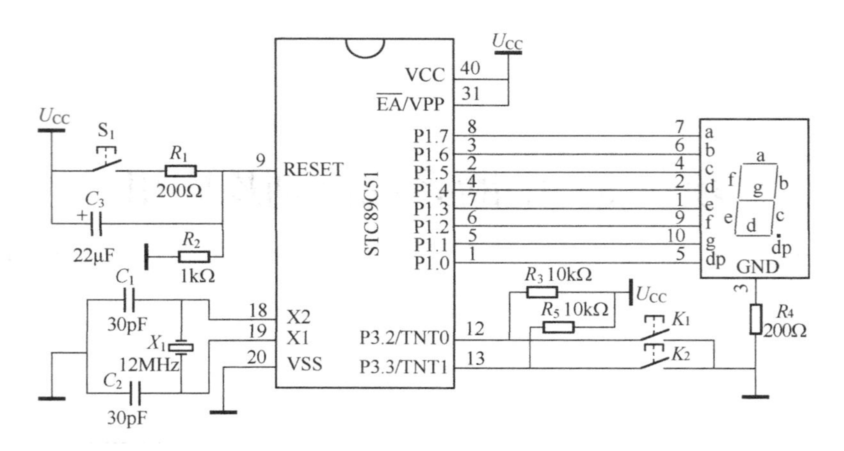

图 5-1 中断加减计数器电路原理图

4）在 Proteus 中进行程序的调试与仿真工作，最终完成实现任务要求的程序。

5）完成单片机应用系统实物装置的焊接制作，并下载程序实现正常运行。

5.1.2 硬件系统与控制流程分析

1. 任务硬件系统分析

该电路是在单片机最小系统的基础之上，扩展增加 1 位数码管显示电路和外接两个按键电路组成。该数码管显示电路中单片机 P1 口提供段选信号，其共阴端串上阻值 200Ω的限流电阻接地。

2. 任务控制流程分析

根据电路原理图和任务控制功能要求可得出本任务的控制流程图如图 5-2 所示，其中图 5-2a 为主程序流程，图 5-2b 为中断 0 或 1 服务子程序流程。主程序完成初始化处理后，就一直运行于当前数值输出的循环中。中断服务子程序主要用于实现外部中断 0 或外部中断 1 的处理，进行加减计数器当前数值的修改（升高或降低）处理。

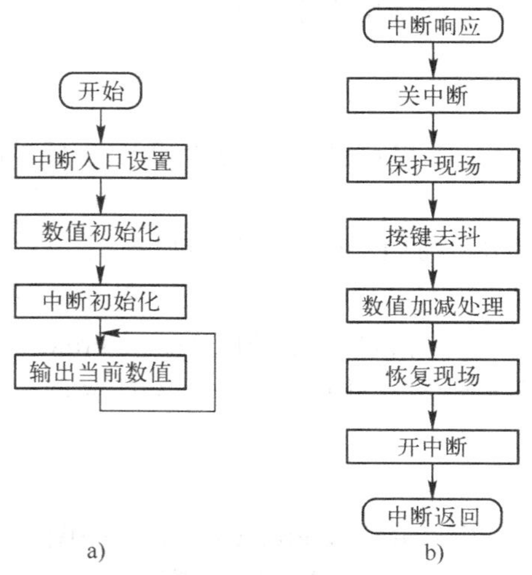

图 5-2 中断加减计数器流程图

a) 主程序流程 b) 子程序流程

5.1.3 Proteus 仿真电路图创建

1. 列出元器件表

根据单片机应用电路原理图 5-1 所示，列出 Proteus 中实现该系统所需的元器件配置情况，如表 5-1 所示。

表 5-1 元器件配置表

名　称	型　号	数　量	备注（Proteus 中元器件名称）
单片机	AT89C51	1	AT89C51
陶瓷电容	30pF	2	CAP
电解电容	22μF	1	CAP-ELEC
晶振	12MHz	1	CRYSTAL
电阻	1kΩ	3	RES
电阻	570Ω	7	RES
电阻	200Ω	1	RES
按钮		3	BUTTON
共阴数码管		1	7SEG-MPX1-CC

2. 绘制仿真电路图

用鼠标双击桌面上的图标进入“Proteus ISIS”编辑窗口，单击菜单命令“File”→“New Design”，新建一个 DEFAULT 模板，并保存为“中断加减计数器.DSN”。在器件选择按钮单击“P”按钮，将上表 5-1 中的元器件添加至对象选择器窗口中。然后，将各个元器件摆放好，最后依照图 5-1 所示的原理图将各个器件连接起来，中断加减计数器仿真图如图 5-3 所示。

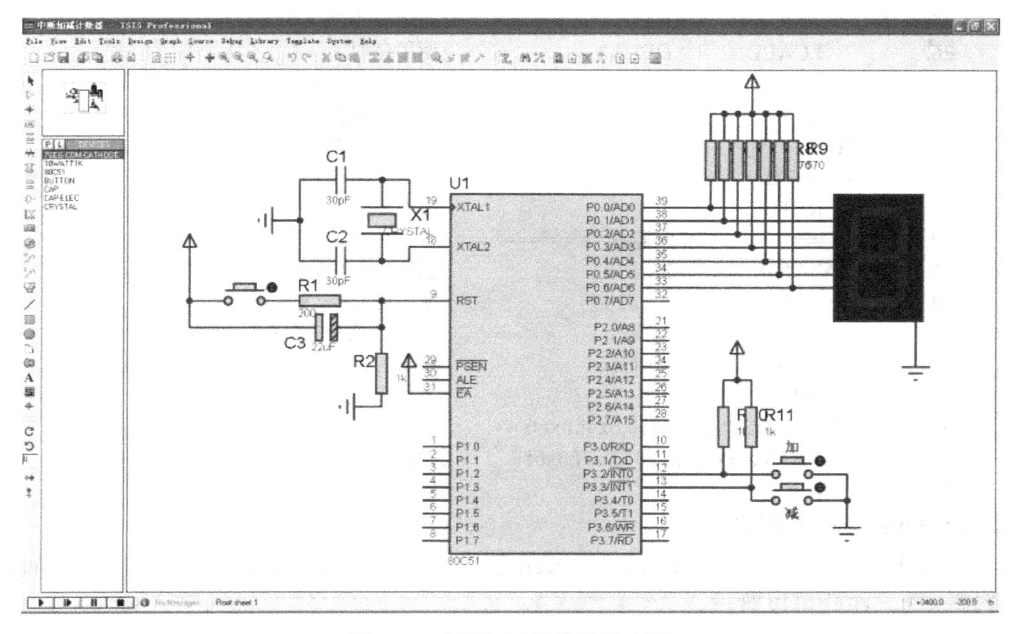

图 5-3 中断加减计数器仿真图

5.1.4 汇编语言程序设计与调试

1. 程序设计分析

```
            程序代码                              程序分析
1.          ORG      0000H                   ;程序复位入口地址
2.          LJMP     MAIN                    ;程序跳到地址标号为 MAIN 处执行
3.          ORG      0003H                   ;外部中断 0 入口地址
4.          LJMP     INT_0                   ;跳转到中断 INT_0
5.          ORG      0013H                   ;外部中断 1 入口地址
6.          LJMP     INT_1                   ;跳转到中断 INT_1
7.          ORG      0030H                   ;主程序入口地址
8.    MAIN: MOV      DPTR,#TAB               ;将 DPTR 指向 TAB 表头
9.          MOV      IE,#85H                 ;打开外中断 0、外中断 1 和总中断
10.         MOV      TCON,#04H               ;设置中断触发方式
11.         MOV      R0,#0                   ;设置显示初始值 0
12.   DISP: MOV      A,R0                    ;赋值字符值
13.         MOVC     A,@A+DPTR               ;查表，获得相应字符段码
14.         MOV      P0,A                    ;输出字符
15.         SJMP     DISP                    ;跳转到 DISP
16.  ;========进入外中断 0，增加字符值=========
17.  INT_0: CLR      EA                      ;关闭总中断
18.         LCALL    DELAY                   ;延时
19.         CJNE     R0,#9,A1                ;判断是否达到 9，是则不增加数值
20.         SJMP     A2                      ;跳转到 A2
21.     A1: INC      R0                      ;增加变化数值的变量值
22.     A2: SETB     EA                      ;打开总中断，若没打开，无法中断
23.         RETI                             ;中断返回
24.  ;========进入外中断 1，减小字符值=========
25.  INT_1: CLR      EA                      ;关闭总中断
26.         LCALL    DELAY                   ;调用延时
27.         CJNE     R0,#0,B1                ;判断是否减为 0，是则不减数值
28.         SJMP     B2                      ;跳转到 B2
29.     B1: DEC      R0                      ;减少变化数值的变量值
30.     B2: SETB     EA                      ;打开总中断，若没打开，无法中断
31.         RETI                             ;中断返回
32.  ;============延时子程序=============
33.  DELAY: MOV      R1,#30                  ;赋值#30 给 R1
34.     C1: MOV      R2,#245                 ;赋值#245 给 R2
35.         DJNZ     R2,$                    ;将 R2 值减 1 判断，直到为 0
36.         DJNZ     R1,C1                   ;将 R1 中的值减 1 判断是否为 0
37.         RET                              ;子程序返回
38.    TAB: DB 0x3f,0x06,0x5b,0x4f,0x66      ;//数字 0～4
39.         DB 0x6d,0x7d,0x07,0x7f,0x6f      ;//数字 5～9
40.         END                              ;程序结束
```

2. Proteus 与 Keil 联调

1）按照前面任务 2.1.4 中 Proteus 与 Keil 联调的步骤完成基本的软件设置。如果前面已经设置过一次，在此可以跳过。

2）用 Proteus 打开已绘制好的“中断加减计数器.DSN”文件，在 Proteus 的“Debug”

菜单中选中“Use Remote Debug Monitor（远程监控）”。同时，右键选中 STC89C51 单片机，在弹出对话框的“Program File”选项中，导入在 Keil 中生成的十六进制 HEX 文件“中断加减计数器.HEX”。

3）用 Keil 打开刚才创建好的“中断加减计数器.UV2”文件，打开窗口“Option for Target‘工程名’”。在“Debug”选项中右栏上部的下拉菜单选中 Proteus VSM Simulator。接着再单击进入 Settings 窗口，设置 IP 为 127.0.0.1，端口号为 8000。

4）在 Keil 中单击🔍，使用单步执行来调试程序，同时在 Proteus 中查看直观的仿真结果。这样就可以像使用仿真器一样调试程序了，Proteus 与 Keil 联调界面如图 5-4 所示。

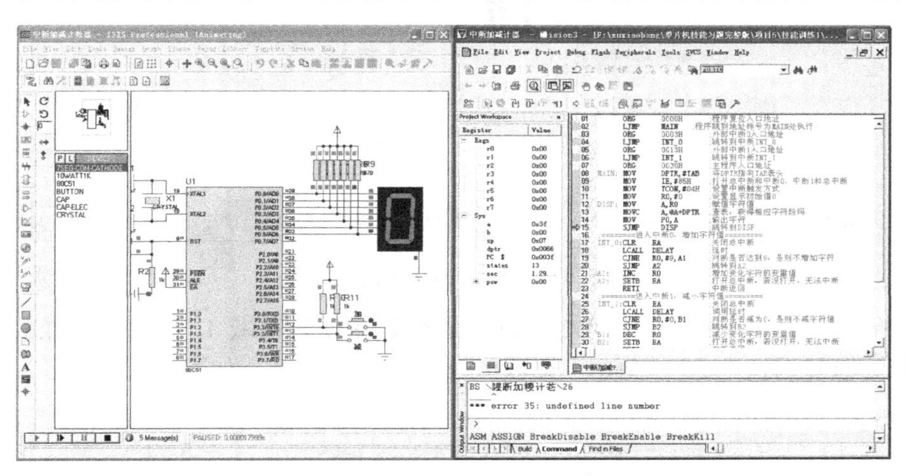

图 5-4　Proteus 与 Keil 联调界面

当两按键没有按下时，程序在主程序中不断循环，直到有按键按下进入中断。

由于单步运行程序是让程序执行完一条指令后停下，无法检测到有中断请求。所以此时先在中断子程序开头设置一个断点，然后全速运行程序，用鼠标单击按键，使程序进入中断断点处停止运行，程序调试运行状态如图 5-5 所示。

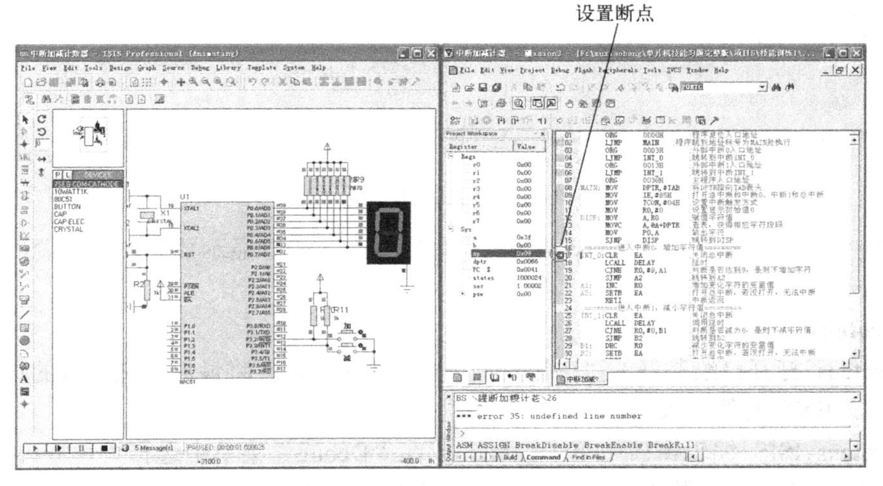

图 5-5　程序调试运行状态（一）

在中断 0 程序里，执行完“INC　R0”程序，RO 的值加 1，但最高只能加到 9，发现 Keil 左侧 CPU 窗口中 R0 的值由 0 变为 1，程序调试运行状态如图 5-6 所示。

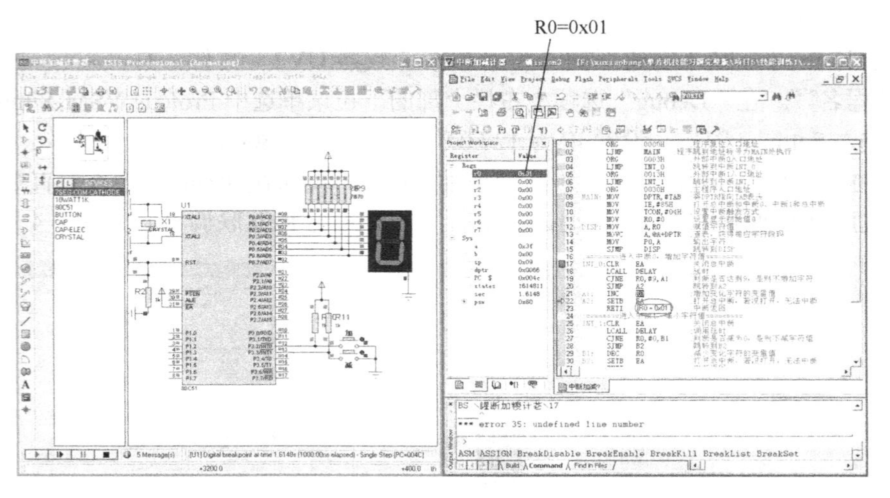

图 5-6　程序调试运行状态（二）

在中断 1 程序里，执行完“DEC　R0”程序后，RO 的值减 1，但最低只能减到 0，发现 Keil 左侧 CPU 窗口中 R0 的值由 1 变为 0，程序调试运行状态如图 5-7 所示。

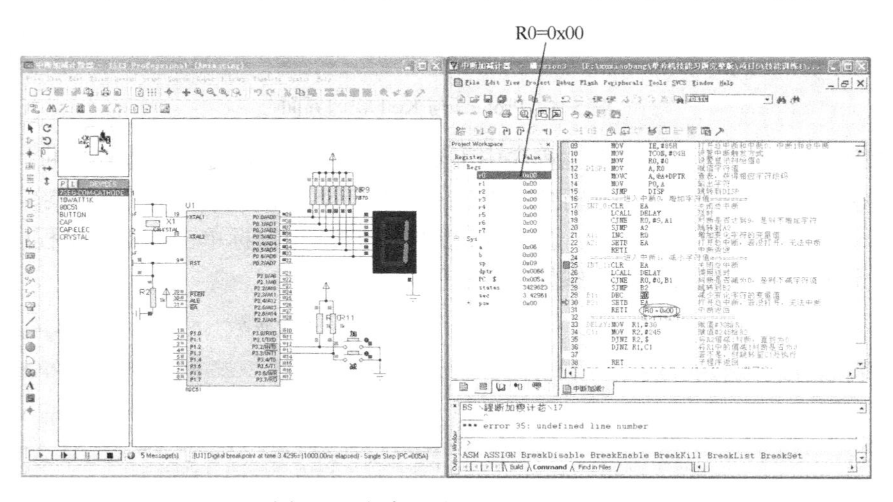

图 5-7　程序调试运行状态（三）

当退出中断后，执行完“MOV　P0,A”程序后，数码管显示数值，程序调试运行状态如图 5-8 所示。

3.　Proteus 仿真运行

用 Proteus 打开已绘制好的“中断加减计数器.DSN”，并将最后调试完成的程序重新编译生成新“.HEX”文件导入 Proteus 中。

在 Proteus ISIS 编辑窗口中单击 ▶ 或在“Debug”菜单中选择“Execute”，运行时，在没有按键按下时，数码管显示“0”，当 P3.2 或 P3.3 按键按下一次，以中断方式提供信号一次，数码管的值加 1 或减 1，最高加到 9，最低减到 0。仿真运行结果分别如图 5-9 和

图 5-10 所示。

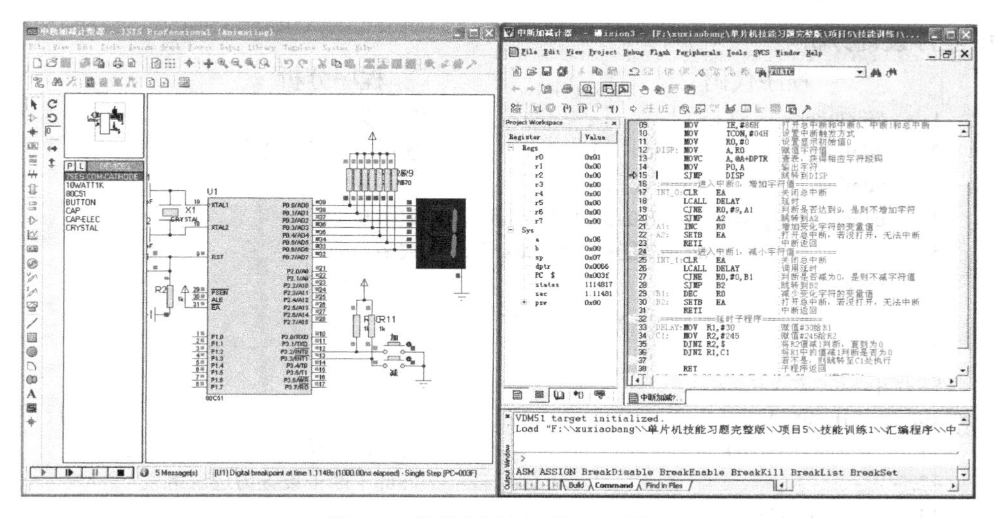

图 5-8 程序调试运行状态（四）

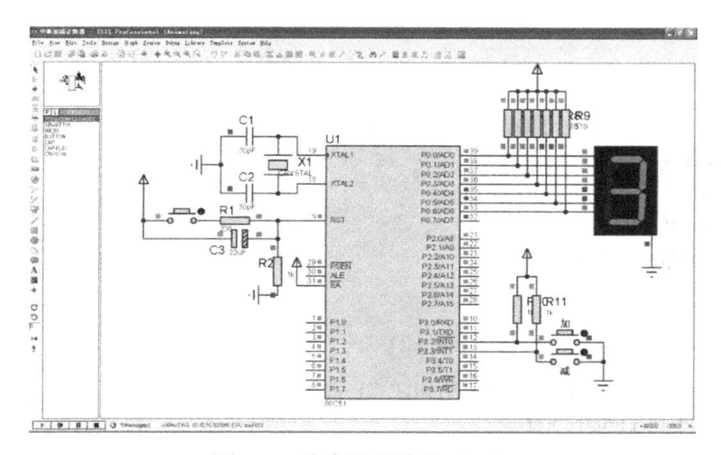

图 5-9 仿真运行结果（一）

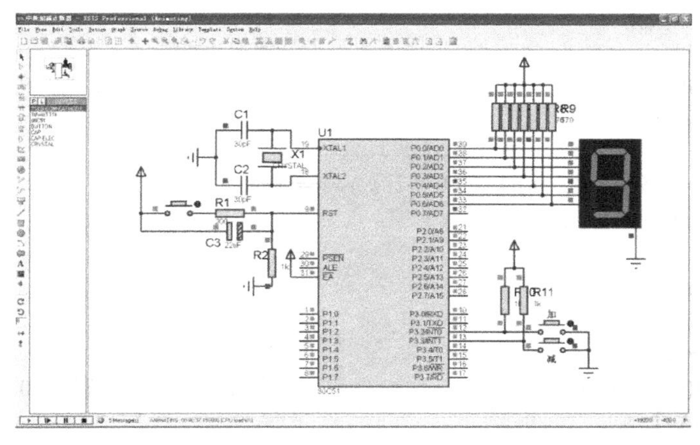

图 5-10 仿真运行结果（二）

5.1.5 C 语言程序设计与调试

1. 程序设计分析

```
程序代码                                              程序分析
1.  #include<regx51.h>                                //加入头文件
2.  #define  uchar  unsigned  char                    //使用宏定义方便程序使用
3.  #define  unit   unsigned  int
4.  uchar num[ ]={0x3f,0x06,0x5b,0x4f,0x66,           //数字 0～4
5.                0x6d,0x7d,0x07,0x7f,0x6f};          //数字 5～9
6.  int k=0;                                          //定义全局变量
7.  //==========主程序================
8.  void main( )
9.  {
10.     IE=0x85;                                      //打开总中断、外部中断 1 和外部中断 0
11.     TCON=0x04;                                    //将外部中断 0 设置为低电平触发
12.                                                   //外部中断 1 设置为边缘触发
13.      while(1)                                     //无限循环
14.     {
15.        P0=num[k];                                 //将数组中的数值给 P0，用于显示 0～9
16.      }
17. }
18. //==========延时子程序============
19. void delay( )
20. {
21.     uchar i,j;                                    //定义局部变量
22.      for(i=0;i<255;i++)                           //执行空指令用以延时
23.       for(j=0;j<255;j++)
24.          ;
25. }
26. //======外部中断 0 子程序(增加计数)=======
27. void int_0( ) interrupt 0
28. {
29.     EA=0;
30.     delay( );                                     //延时
31.     k++;                                          //增加计数值
32.     if(k>9)   k=9;                                //当变量超过 9 时赋值为 9
33.     EA=1;
34. }
35. //======外部中断 1 子程序(减小计数)=======
36. void int_1( ) interrupt 2
37. {
38.     EA=0;
39.     delay( );
40.     k--;                                          //减小计数值
41.     if(k<0)   k=0;                                //当变量小于 0 时赋值为 0
42.     EA=1;
43. }
```

2. Proteus 与 Keil 联调

1）按照前面任务 2.1.5 中 Proteus 与 Keil 联调的步骤完成基本的软件设置。如果前面已经设置过一次，在此可以跳过。

2）用 Proteus 打开已绘制好的“中断加减计数器.DSN”文件，在 Proteus 的“Debug”菜单中选中“Use Remote Debug Monitor（远程监控）”。同时，右键选中 STC89C51 单片机，在弹出对话框的“Program File”选项中，导入在 Keil 中生成的十六进制 HEX 文件“中断加减计数器.HEX”。

3）用 Keil 打开刚才创建好的“中断加减计数器.UV2”文件，打开窗口“Option for Target‘工程名’”。在 Debug 选项中右栏上部的下拉菜单选中 Proteus VSM Simulator。接着再单击进入 Settings 窗口，设置 IP 为 127.0.0.1，端口号为 8000。

4）在 Keil 中单击🔍，使用单步执行来调试程序，同时在 Proteus 中查看直观的仿真结果。这样就可以像使用仿真器一样调试程序了，Proteus 与 Keil 联调界面如图 5-11 所示。

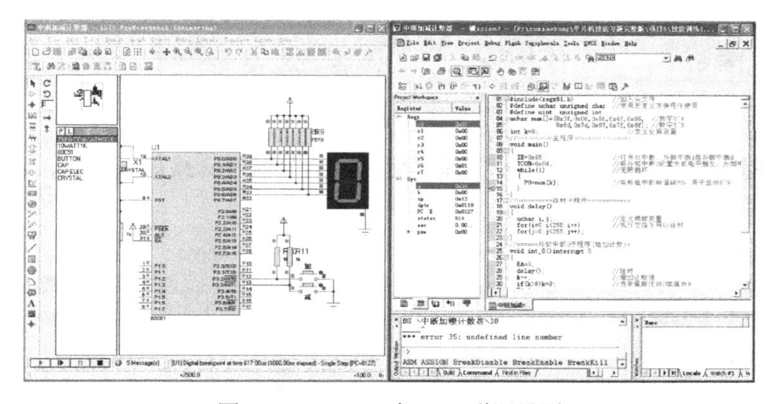

图 5-11　Proteus 与 Keil 联调界面

当两按键没有按下时，程序在主程序中不断循环，直到有按键按下进入中断。

由于单步运行程序是让程序执行完一条指令后停下，无法检测到有中断请求。所以此时先在中断子程序开头设置一个断点，然后全速运行程序，用鼠标单击按键，使程序进入中断断点处停止运行，程序调试运行状态如图 5-12 所示。

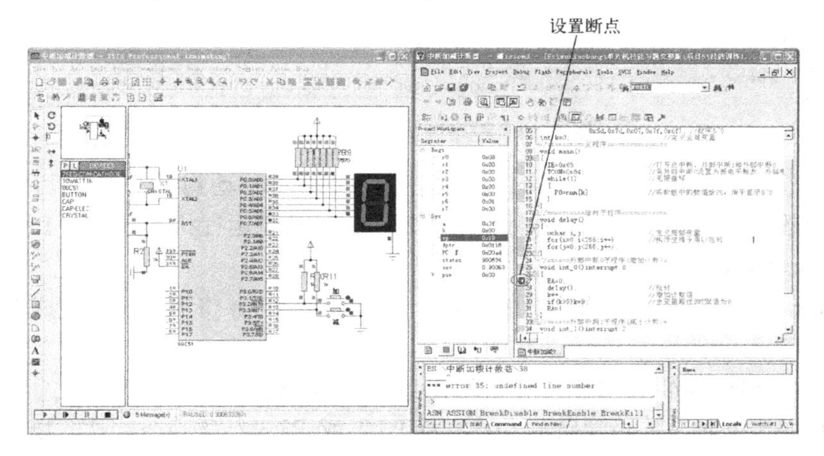

图 5-12　程序调试运行状态（一）

在中断 0 程序里，执行完“k++;”程序后，k 的值加 1，但最高只能加到 9，程序调试运行状态如图 5-13 所示。

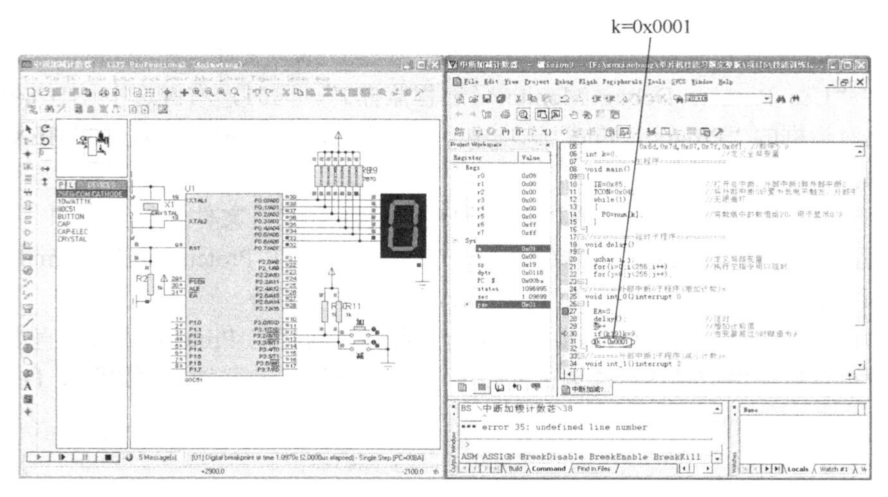

图 5-13　程序调试运行状态（二）

在中断 1 程序里，执行完“k--;”程序后，k 的值减 1，最低减到 0，程序调试运行状态如图 5-14 所示。

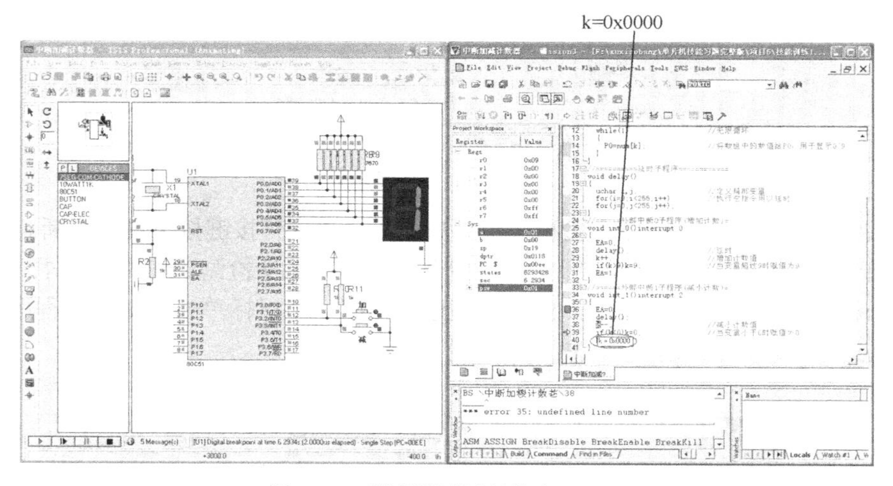

图 5-14　程序调试运行状态（三）

当退出中断后，执行完“P0=num[k]”程序后，将鼠标移动到“k”上，可发现 k 的值为 0x0002，即为数码管的显示值，显示数字为“2”，程序调试运行状态如图 5-15 所示。

3. Proteus 仿真运行

用 Proteus 打开已绘制好的“中断加减计数器.DSN”，并将最后调试完成的程序重新编译生成新“.HEX”文件导入 Proteus 中。

在 Proteus ISIS 编辑窗口中单击▶或在“Debug”菜单中选择“Execute”，运行时，在没有按键按下时，数码管显示“0”，当 P3.2 或 P3.3 按键按下一次，以中断方式提供信号一次，数码管的值加 1 或减 1，最高加到 9，最低减到 0。其运行结果参照任务 5.1.4 的仿真运行结果。

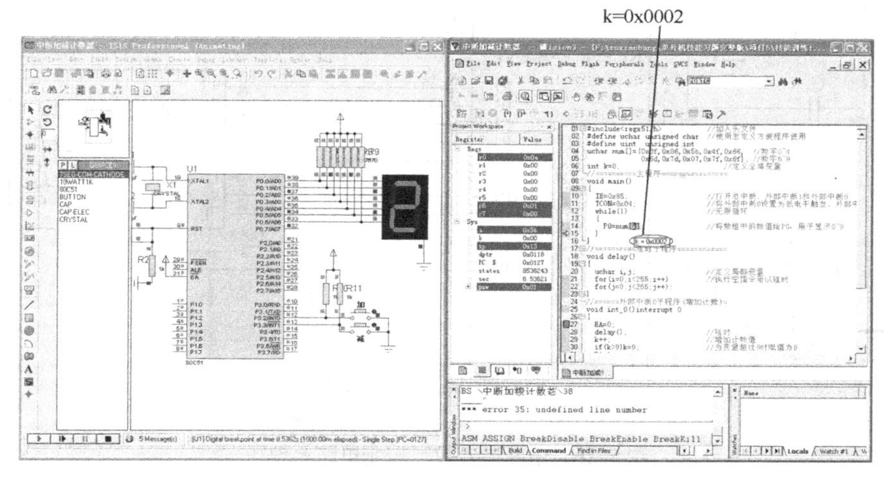

图 5-15　程序调试运行状态（四）

训练任务 5.2　中断嵌套数显控制

5.2.1　训练目的与控制要求

1. 训练目的

1）学会数码管动态显示接口电路设计及其程序实现。

2）理解并掌握中断嵌套的过程和使用方法步骤。

3）掌握单片机中断嵌套程序的分析与编写。

4）学会单片机多级中断应用程序分析与开发。

5）进一步学会程序的调试过程与仿真方法。

2. 训练任务

图 5-16 所示电路为一个 89C51 单片机通过 P3.2 和 P3.3 外扩两个按键接口，实现两个不同优先级的中断嵌套数显控制电路原理图。当单片机刚开始上电运行时，无按键按下，数码管显示 00；当 K1 按键按下后触发外部中断 0 并处于中断 0 的循环中，数码管的值由 00 以一定的时间间隔逐 1 增加至 99；当其值增加至 99 时退出中断 0，数码管重新恢复显示 00 状态；当 K2 按键按下后触发高优先级的外部中断 1，使 P3.0 所接 LED 灯以一定时间间隔亮灭 10 次后退出中断 1；其具体的工作运行情况见本书配套教材附带光盘中的仿真运行视频文件。

3. 训练要求

训练任务要求如下：

1）进行单片机应用电路分析，并完成 Proteus 仿真电路图的绘制。

2）根据任务要求进行单片机控制程序流程和程序设计思路分析，画出程序流程图。

3）依据程序流程图在 Keil 中进行源程序的编写与编译工作。

4）在 Proteus 中进行程序的调试与仿真工作，最终完成实现任务要求的程序。

5）完成单片机应用系统实物装置的焊接制作，并下载程序实现正常运行。

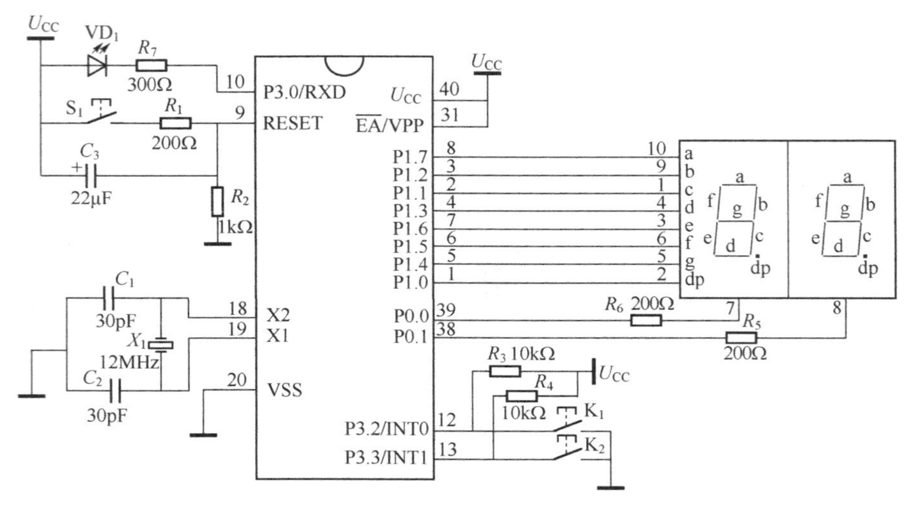

图 5-16 中断嵌套数显控制电路原理图

5.2.2 硬件系统与控制流程分析

1. 任务硬件系统分析

该电路是在单片机最小系统的基础之上，扩展增加两位数码管显示电路、1 个由 P3.0 控制的 LED 驱动电路和外接两个按键电路而组成。该数码管显示电路中单片机 P1 口提供段选信号，而 P0 口提供位选信号。

2. 任务控制流程分析

根据电路原理图和任务控制功能要求可得出中断嵌套数显控制流程图如图 5-17 所示，图 5-17a 为主程序流程，图 5-17b 为中断 0 服务子程序流程，图 5-17c 为中断 1 服务子程序流程。主程序完成初始化处理后，就一直运行于当前数值输出的循环中。中断 0 服务子程序主要用于当前数值的修改（升高或恢复为 00）处理。中断 1 服务子程序主要用于 LED 驱动电路的处理。

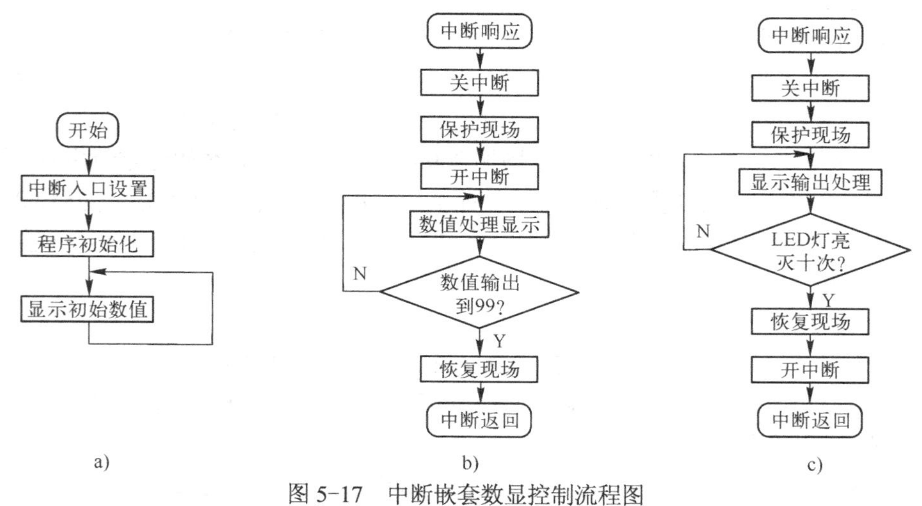

图 5-17 中断嵌套数显控制流程图

a) 控制主程序流程 b) 中断 0 控制流程 c) 中断 1 控制流程

5.2.3 Proteus 仿真电路图创建

1. 列出元器件表

根据单片机应用电路原理图 5-16 所示，列出 Proteus 中实现该系统所需的元器件配置情况，如表 5-2 所示。

表 5-2　元器件配置表

名　称	型　号	数　量	备注（Proteus 中元器件名称）
单片机	AT89C51	1	AT89C51
陶瓷电容	30pF	2	CAP
电解电容	22μF	1	CAP-ELEC
晶振	12MHz	1	CRYSTAL
共阴数码管	两位	1	7SEG-MPX2-CC
电阻	1kΩ	3	RES
电阻	200Ω	1	RES
发光二极管	黄色	1	LED-YELLOW
按钮		3	BUTTON

2. 绘制仿真电路图

用鼠标双击桌面上的图标进入“Proteus ISIS”编辑窗口，单击菜单命令“File”→“New Design”，新建一个 DEFAULT 模板，并保存为“中断嵌套数显控制.DSN”。在器件选择按钮 P L DEVICES 单击“P”按钮，将表 5-2 中的元器件添加至对象选择器窗口中。然后将各个元器件摆放好，最后依照图 5-16 所示的原理图将各个器件连接起来，中断嵌套数显控制仿真图如图 5-18 所示。

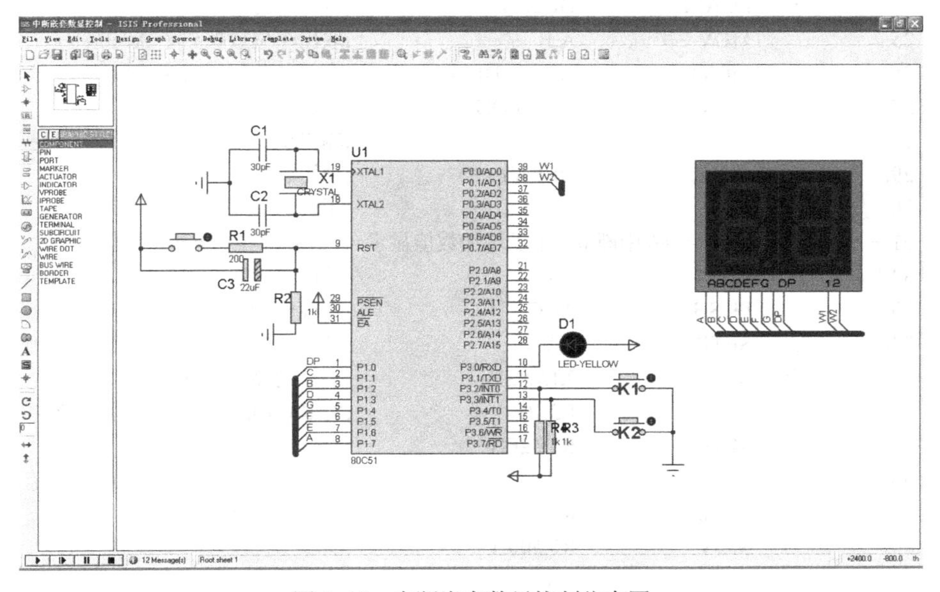

图 5-18　中断嵌套数显控制仿真图

5.2.4 汇编语言程序设计与调试

1. 程序设计分析

```
    程序代码                                     程序分析
1.        S    EQU     P3.0          ;用 S 代替 P3.0 口
2.             ORG     0000H         ;程序复位入口地址
3.             LJMP    MAIN          ;程序跳到地址标号为 MAIN 处执行
4.             ORG     0003H         ;外部中断 0 入口地址
5.             LJMP    INT_0         ;跳转到中断 INT_0
6.             ORG     0013H         ;外部中断 1 入口地址
7.             LJMP    INT_1         ;跳转到中断 INT_1
8.             ORG     0030H         ;主程序入口地址
9.      MAIN:  MOV     IE,#85H       ;打开总中断、中断 0 和中断 1
10.            MOV     TCON,#00H     ;设置中断触发方式
11.            MOV     IP,#04H       ;设置中断高优先级
12.            MOV     R0,#00H       ;清零 R0 中的值
13.            MOV     R3,#2FH       ;R3 赋值#2FH
14.            MOV     DPTR,#TAB     ;将 DPTR 指向 TAB 表头
15.    START:  LCALL   XIANSHI       ;调用计数显示子程序
16.            LJMP    START         ;跳转到 START
17.  ;==============数字显示子程序==============
18.  XIANSHI:  MOV     A,R0          ;赋值字符值
19.            MOV     B,#10         ;赋值 B 为#10
20.            DIV     AB            ;分离出个位和十位
21.            MOVC    A,@A+DPTR     ;查表，获得相应字符段码
22.            MOV     P0,#0FEH      ;选通十位数码管
23.            MOV     P1,A          ;输出十位数码管的显示字符数据
24.            LCALL   DELAY         ;调用延时子程序
25.            MOV     A,B           ;取出个位数据放于 A 中
26.            MOVC    A,@A+DPTR     ;查表，获得相应字符段码
27.            MOV     P0,#0FDH      ;选通个位数码管
28.            MOV     P1,A          ;输出个位数码管的显示字符数据
29.            LCALL   DELAY         ;调用延时
30.            RET                   ;子程序返回
31.  ;==============外中断 0，用于增加数值显示==============
32.    INT_0:  CLR     EA            ;关闭总中断
33.            PUSH    ACC           ;堆栈保护 A
34.            SETB    EA            ;打开总中断，可产生更高级别中断
35.       B1:  LCALL   XIANSHI       ;跳转到显示子程序
36.            DJNZ    R3,B1         ;将 R3 中的值减 1 判断是否为 0
37.            MOV     R3,#2FH       ;赋值#2FH 给 R3
38.            INC     R0            ;累加 R0 用于增加计数显示数值
39.            CJNE    R0,#99,B1     ;判断数值是否达到 99
40.            MOV     R0,#00H       ;清零字符值
41.            CLR     EA            ;关闭总中断
42.            POP     ACC           ;弹出堆栈保护数据 A
```

```
43.            SETB          EA                ;打开总中断
44.            RETI                            ;中断返回
45.  ;==========外中断 1，用于高优先级中断的十次 LED 灯闪烁==========
46.  INT_1:  CLR           EA                ;关闭总中断
47.            PUSH          ACC               ;进行必要的寄存器保护
48.            PUSH          01H               ;堆栈保护第 0 组寄存器 R1
49.            PUSH          02H               ;堆栈保护第 0 组寄存器 R2
50.            MOV           R4,#00H           ;清零 R4 中的值
51.            MOV           R5,#2FH           ;赋值#2FH 给 R5
52.      C1:   CLR           S                 ;点亮 P3.0 对应的 LED 亮
53.     C2:  LCALL         XIANSHI           ;跳转到显示子程序
54.          DJNZ          R5,C2             ;将 R5 中的值减 1 判断是否为 0
55.          MOV           R5,#2FH           ;给 R5 赋值#2FH
56.          SETB          S                 ;熄灭 P3.0 对应的 LED 亮
57.     C3: LCALL          XIANSHI           ;跳转到显示子程序
58.          DJNZ          R5,C3             ;将 R5 中的值减 1 判断是否为 0
59.          MOV           R5,#2FH           ;给 R5 赋值#2FH
60.          INC           R4                ;增加 LED 灯闪烁的次数的变化数
61.          CJNE          R4,#10,C1         ;用于判断 LED 灯闪烁的次数
62.          POP           02H               ;弹出堆栈保护数据 R2
63.          POP           01H               ;弹出堆栈保护数据 R1
64.          POP           ACC               ;弹出堆栈保护数据 A
65.          SETB          EA                ;打开总中断，若没打开，无法中断
66.          RETI                            ;中断返回
67.  ;==============延时子程序==============
68.  DELAY: MOV            R1,#10            ;赋值#10 给 R1
69.     A1:   MOV          R2,#245           ;赋值#245 给 R2
70.          DJNZ          R2,$              ;将 R2 值减 1 判断，直到为 0
71.          DJNZ          R1,A1             ;将 R1 中的值减 1 判断是否为 0
72.                                          ;若不是，则跳转至 A1 处执行
73.          RET                             ;子程序返回
74.    TAB: DB 0EEH,06H,0DCH,9EH,36H         ; //字符 0～4
75.          DB 0BAH,0FAH,86H,0FEH,0BEH      ; //字符 5～9
76.          END                             ;程序结束
```

2. Proteus 与 Keil 联调

1）按照前面任务 2.1.4 中 Proteus 与 Keil 联调的步骤完成基本的软件设置。如果前面已经设置过一次，在此可以跳过。

2）用 Proteus 打开已绘制好的“中断嵌套数显控制.DSN”文件，在 Proteus 的“Debug”菜单中选中“Use Remote Debug Monitor（远程监控）”。同时，右键选中 STC89C51 单片机，在弹出对话框的“Program File”选项中，导入在 Keil 中生成的十六进制 HEX 文件“中断嵌套数显控制.HEX”。

3）用 Keil 打开刚才创建好的“中断嵌套数显控制.UV2”文件，打开窗口“Option for Target‘工程名’”。在 Debug 选项中右栏上部的下拉菜单选中 Proteus VSM Simulator。接着再单击进入 Settings 窗口，设置 IP 为 127.0.0.1，端口号为 8000。

4）在 Keil 中单击🔍，使用单步执行来调试程序，同时在 Proteus 中查看直观的仿真结果。这样就可以像使用仿真器一样调试程序了，Proteus 与 Keil 联调界面如图 5-19 所示。

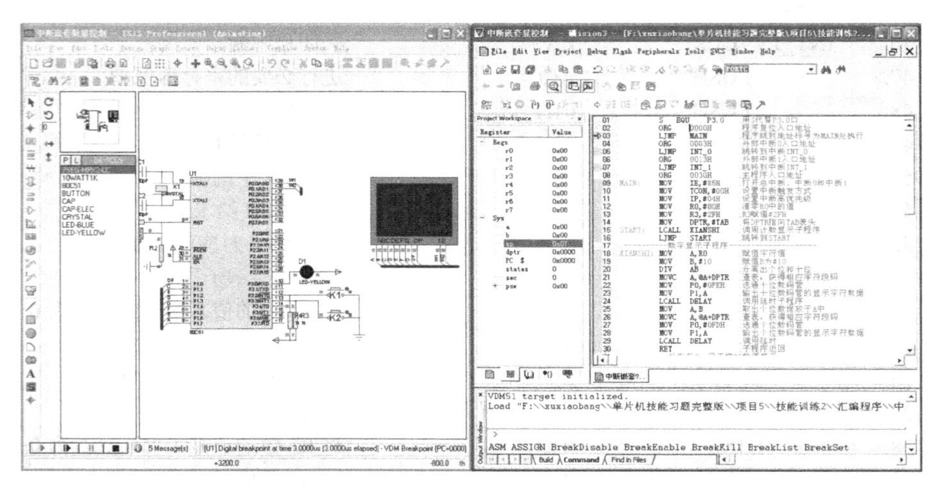

图 5-19　Proteus 与 Keil 联调界面

当单片机开始上电运行工作时，没有按键按下，此时不断循环运行主程序，使两位数码管显示“00”，发光二极管不闪烁，程序调试运行状态如图 5-20 所示。

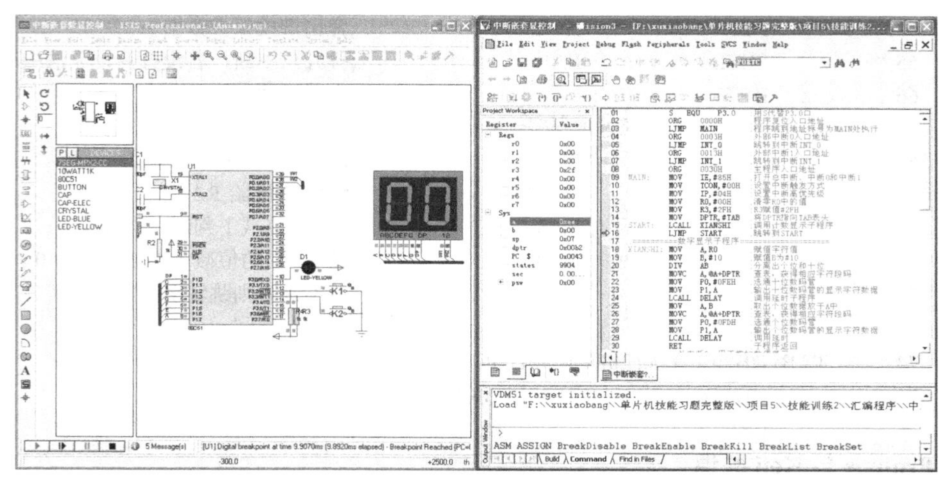

图 5-20　程序调试运行状态（一）

在外部中断 0 入口设置一个断点，再全速运行程序，单击〈K1〉键，使程序进入外部中断 0，在进入中断后先执行现场保护，将 ACC 压入堆栈中，其堆栈指针 SP 由 0x0d 变为 0x0e，程序调试运行状态如图 5-21 所示。退出中断前要恢复现场数据将 ACC 弹出，堆栈指针 SP 又由 0x0e 变为 0x0d，程序调试运行状态如图 5-22 所示。

当程序执行到数值显示子程序时，单步运行程序后能在左侧的 Proteus 窗口中看到数码管的两个位轮流显示数据，虽然多位数码管的显示是一位一位分别显示的，但是当轮流的速度足够快时，肉眼看到的效果是两位数码管同时显示，这就是数码管的动态显示原理，程序调试运行状态如图 5-23 所示。

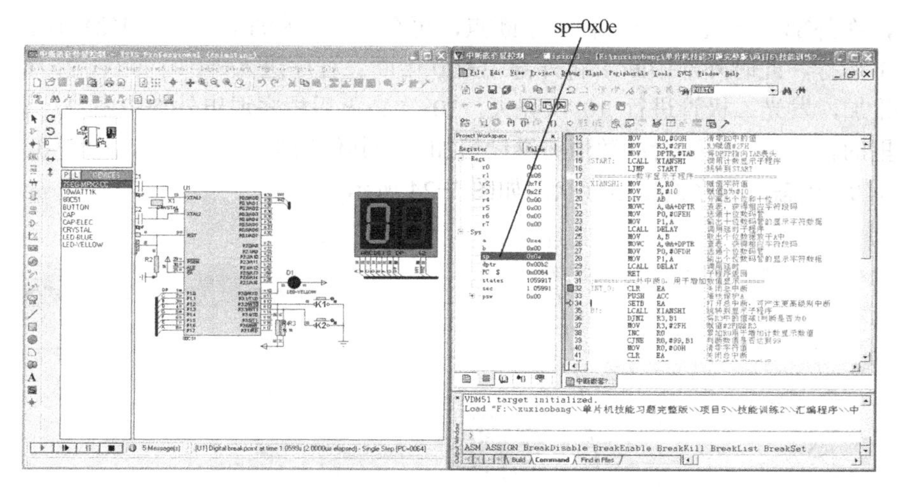

图 5-21　程序调试运行状态（二）

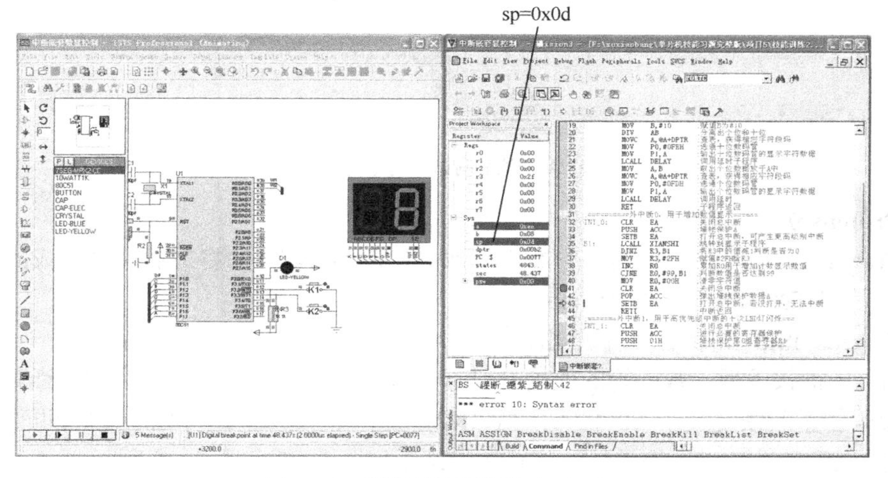

图 5-22　程序调试运行状态（三）

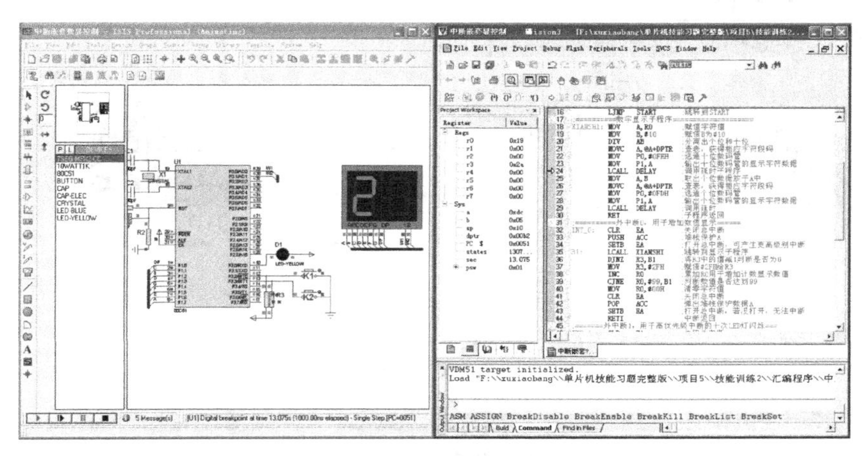

图 5-23　程序调试运行状态（四）

接着，在外部中断 1 入口设置一个断点，再全速运行程序，单击〈K2〉键，程序进入外部中断 1 运行，此时外部中断 1 将外部中断 0 中断。程序进入外部中断 1 后，数码管的数值将暂停累加，发光二极管进行 10 次亮灭，10 次亮灭后程序退出外部中断 1，重新执行外部中断 0 里的程序段，数码管的数值将继续累加，当其值增加至 99 时退出中断 0，数码管重新恢复显示 00 状态，程序调试运行状态如图 5-24 所示。

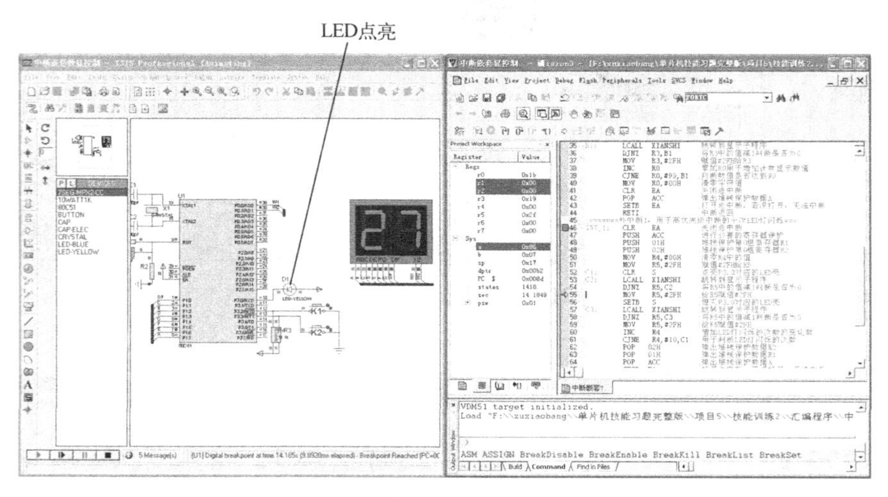

图 5-24　程序调试运行状态（五）

3. Proteus 仿真运行

用 Proteus 打开已绘制好的“中断嵌套数显控制.DSN”，并将最后调试完成的程序重新编译生成新“.HEX”文件导入 Proteus 中。

在 Proteus ISIS 编辑窗口中单击 ▶ 或在“Debug”菜单中选择“Execute”，运行时，当〈K1〉键按下后，数码管的值由 00 以一定的时间间隔逐 1 增加至 99；当其值增加至 99 时，数码管重新恢复显示 00 状态；当〈K2〉键按下后，LED 灯以一定时间间隔亮灭 10 次，同时数码管的数值将暂停累加，仿真运行结果如图 5-25 和图 5-26 所示。

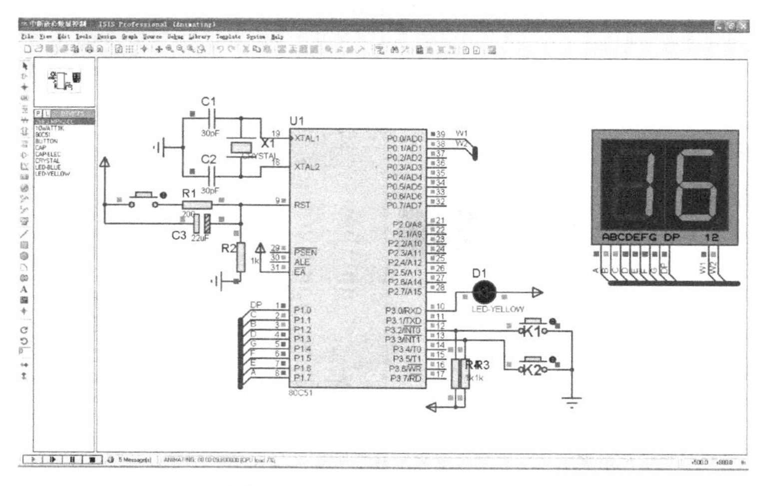

图 5-25　仿真运行结果（一）

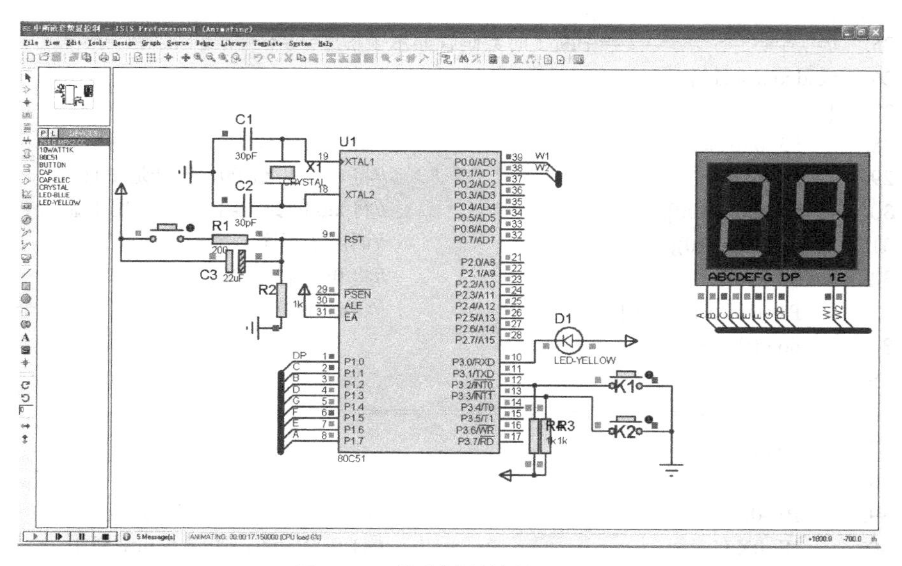

图 5-26　仿真运行结果（二）

5.2.5　C 语言程序设计与调试

1. 程序设计分析

程序代码　　　　　　　　　　　　程序分析

```
1.  #include<regx51.h>                              //头文件
2.  #define  uchar  unsigned  char                  //定义宏
3.  #define  unit   unsigned  int                   //定义宏
4.  uchar  code  tab[10]={0xee,0x06,0xdc,0x9e,0x36,//字符 0～4
5.                       0xba,0xfa,0x86,0xfe,0xbe};//字符 5～9
6.  unit  c=0,e=0,w=10,q=1,p=0;                     //定义全局变量
7.  //==========延时 nms，可作为位选通延时，也可作为去抖延时========
8.  void doudelay(unit i)
9.  {
10.     unit j;                                     //定义局部变量，紧用于该子程序中
11.     while(i--)
12.      for(j=0;j<120;j++)
13.        ;
14. }
15. //============数码管显示子程序==================
16. void xianshi( )
17. {
18.    P3_0=q%2;                                    //LED 亮灭控制
19.    P0=0xfe;                                     //将 0xfe 付给 P0，即选通 P0.0
20.    P1=tab[c/100];                               //将 tab 的数据给 P1 口，用于显示十位
21.    doudelay(1);                                 //调用子程序，用于位选通
22.    P0=0xfd;                                     //将 0xfe 付给 P0，即选通 P0.1
23.    P1=tab[(c/10)%10];                           //将 tab 的数据给 P1 口，用于显示个位
24. }
```

```
25.  //================中断 1 时数码管显示子程序=================
26.  void xianshi1( )
27.  {
28.      P3_0=q%2;                          //LED 亮灭控制
29.      P0=0xfe;                           //将 0xfe 付给 P0，即选通 P0.0
30.      P1=tab[c/100];                     //将 tab 的数据给 P1 口，用于显示十位
31.      doudelay(10);                      //调用子程序，用于位选通
32.      P0=0xfd;                           //将 0xfe 付给 P0，即选通 P0.1
33.      P1=tab[(c/10)%10];                 //将 tab 的数据给 P1 口，用于显示个位
34.      doudelay(10);
35.  }
36.  //=====================主函数=====================
37.  void main( )
38.  {
39.      P1=0X00;                           //将 0x00 给 P1，即关闭显示
40.      IE=0X85;                           //打开总中断、中断 0 和中断 1
41.      TCON=0X00;                         //将中断 0、中断 1 的触发方式设为低电平触发
42.      IP=0X04;                           //将中断 1 的优先级设为最高
43.      while(1)                           //无限循环
44.      {
45.        xianshi( );                      //调用子程序 xianshi(),即调用数码管显示子
46.                                         //程序
47.      }
48.  }
49.  //==========中断 0 服务程序================
50.  void int0( )   interrupt   0
51.  {
52.      doudelay(1);                       //调用延时，用于去除按键抖动
53.      while(e<990)                       //判断 e 是否小于 990，满足则执行循环(用 990
54.                                         //可加长显示间隔)
55.        {   c=e;                         //将 e 的值给 c
56.            c++;                         //将 c 加 1
57.            e=c;                         //将 c 的值给 e
58.            xianshi( );                  //调用子程序 xianshi(),即调用数码管显示子
59.                                         //程序
60.            doudelay(15);                //调用延时，用于显示间隔
61.        }
62.      c=0;
63.      e=0;                               //e 的值不小于 990 时清零
64.  }
65.  //================中断 1 服务程序================
66.  void int1( )   interrupt   2
67.  {
68.      EA=0;
69.      doudelay(1);                       //调用延时，用于去除按键抖动
70.      while(w<=20)                       //判断 w 是否小等于 20，满足条件则执行循环
```

```
71.        {
72.          while(p<10)
73.            {
74.              p++;
75.              xianshi1( );                        //调用子程序 xianshi( ),即调用数码管显示子
76.            }                                     //程序
77.          p=0;
78.          q++;
79.          w++;
80.        }
81.      w=0;
82.      q=1;
83.      EA=1;
84.  }
```

2. Proteus 与 Keil 联调

1）按照前面任务 2.1.5 中 Proteus 与 Keil 联调的步骤完成基本的软件设置。如果前面已经设置过一次，在此可以跳过。

2）用 Proteus 打开已绘制好的“中断嵌套数显控制.DSN”文件，在 Proteus 的“Debug”菜单中选中“Use Remote Debug Monitor（远程监控）”。同时，右键选中 STC89C51 单片机，在弹出对话框的“Program File”选项中，导入在 Keil 中生成的十六进制 HEX 文件“中断嵌套数显控制.HEX”。

3）用 Keil 打开刚才创建好的“中断嵌套数显控制.UV2”文件，打开窗口“Option for Target‘工程名’”。在 Debug 选项中右栏上部的下拉菜单选中 Proteus VSM Simulator。接着再单击进入 Settings 窗口，设置 IP 为 127.0.0.1，端口号为 8000。

4）在 Keil 中单击🔍，使用单步执行来调试程序，同时在 Proteus 中查看直观的仿真结果。这样就可以像使用仿真器一样调试程序了，Proteus 与 Keil 联调界面如图 5-27 所示。

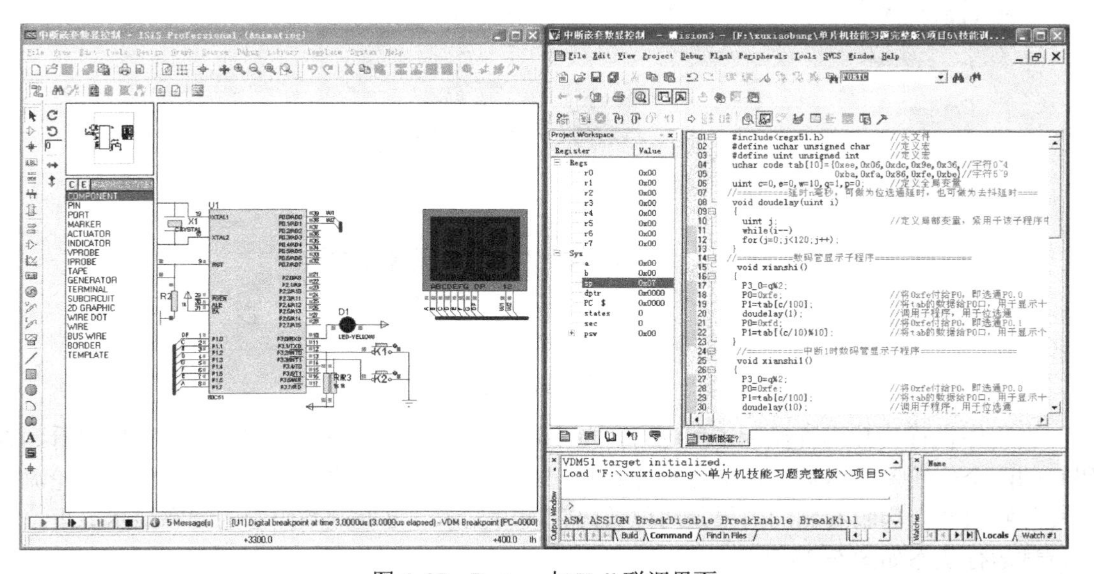

图 5-27　Proteus 与 Keil 联调界面

当单片机开始上电运行工作时，没有按键按下，此时不断循环运行主程序，使两位数码管显示“00”，发光二极管不闪烁，程序调试运行状态如图 5-28 所示。

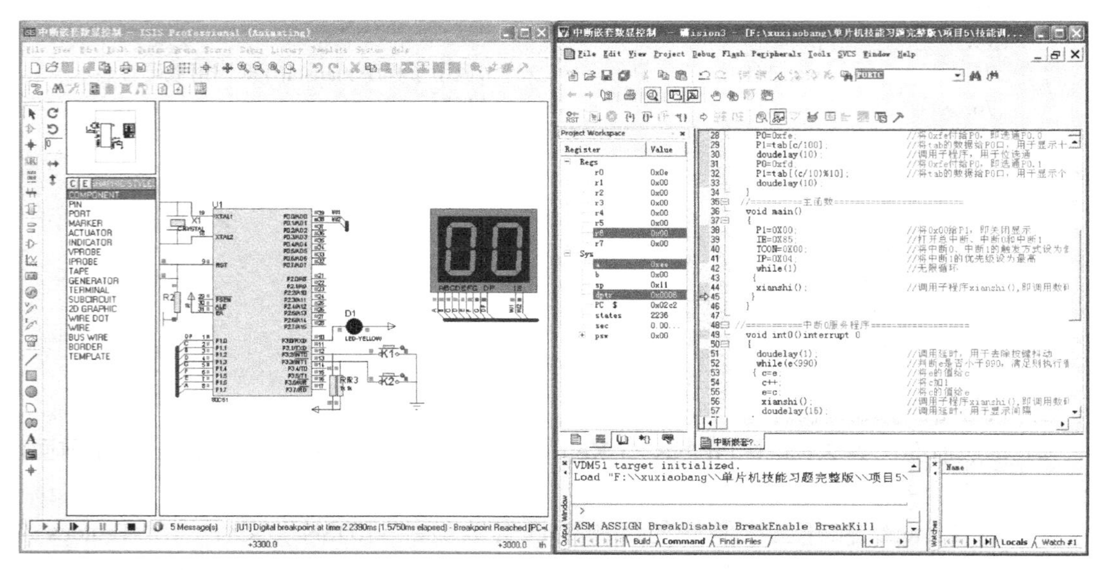

图 5-28　程序调试运行状态（一）

在外部中断 0 入口设置一个断点，再全速运行程序，单击“K1”按钮，使程序进入外部中断 0，在未进入中断时 SP 的值为 0x11，而进入中断后 SP 的值为 0x22，表明 C 语言程序在未使用 using 时会自动保护现场数据，程序调试运行状态如图 5-29 所示。

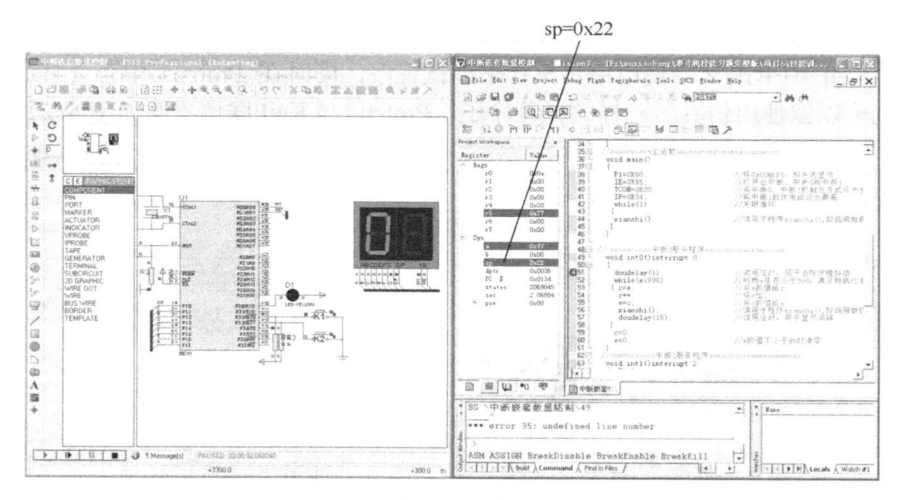

图 5-29　程序调试运行状态（二）

当程序执行到数码管显示子程序时，单步运行程序后能在左侧的 Proteus 窗口中看到数码管的两个位轮流显示数据，虽然多位数码管的显示是一位一位分别显示的，但是当轮流的速度足够快时，肉眼看到的效果是两位数码管同时显示，这就是数码管的动态显示原理，程序调试运行状态如图 5-30 所示。

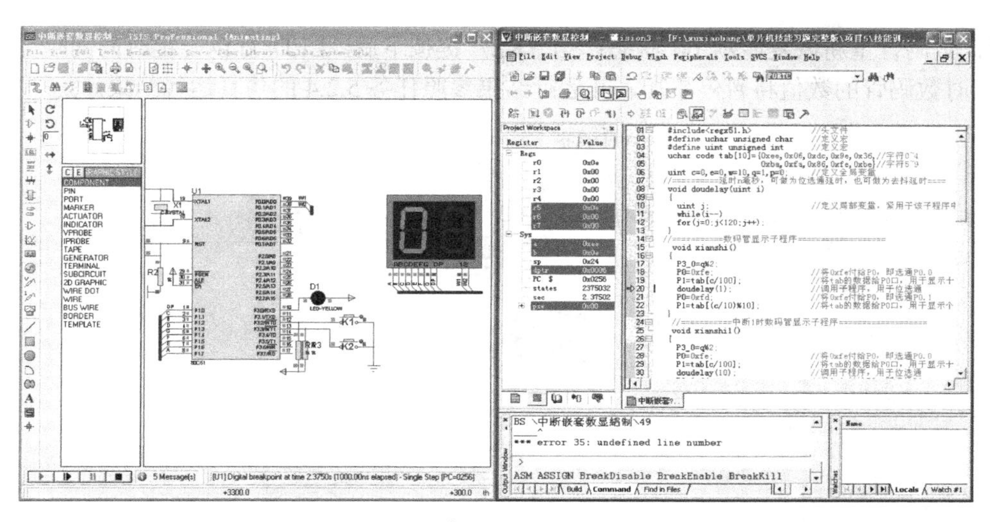

图 5-30　程序调试运行状态（三）

接着，在外部中断 1 入口设置一个断点，再全速运行程序，单击“K2”按钮，程序进入外部中断 1 运行，此时外部中断 1 将外部中断 0 中断，同时自动保护现场 SP 指针增加，程序调试运行状态如图 5-31 所示。

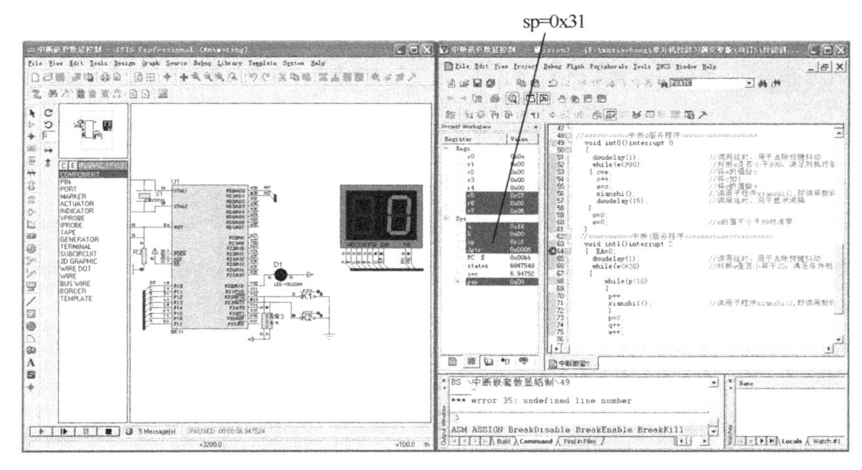

图 5-31　程序调试运行状态（四）

程序进入外部中断 1 后，数码管的数值将暂停累加，发光二极管进行 10 次亮、灭，10 次亮、灭后程序退出外部中断 1，重新执行外部中断 0 里的程序段，数码管的数值将继续累加，当其值增加至 99 时退出中断 0，数码管重新恢复显示 00 状态，程序调试运行状态如图 5-32 所示，应尽量使用断点与全速运行程序相配合的方式调试程序，以提高调试效率。

3. Proteus 仿真运行

用 Proteus 打开已绘制好的“中断嵌套数显控制.DSN”，并将最后调试完成的程序重新编译生成新“.HEX”文件导入 Proteus 中。

在 Proteus ISIS 编辑窗口中单击 ▶ 或在“Debug”菜单中选择“Execute”，运行时，当〈K1〉键按下后，数码管的值由 00 以一定的时间间隔逐 1 增加至 99；当其值增加至

99 时，数码管重新恢复显示 00 状态；当〈K2〉键按下后，LED 灯以一定时间间隔亮灭 10 次，同时数码管的数值将暂停累加，其运行结果参照任务 5.2.4 的仿真运行结果。

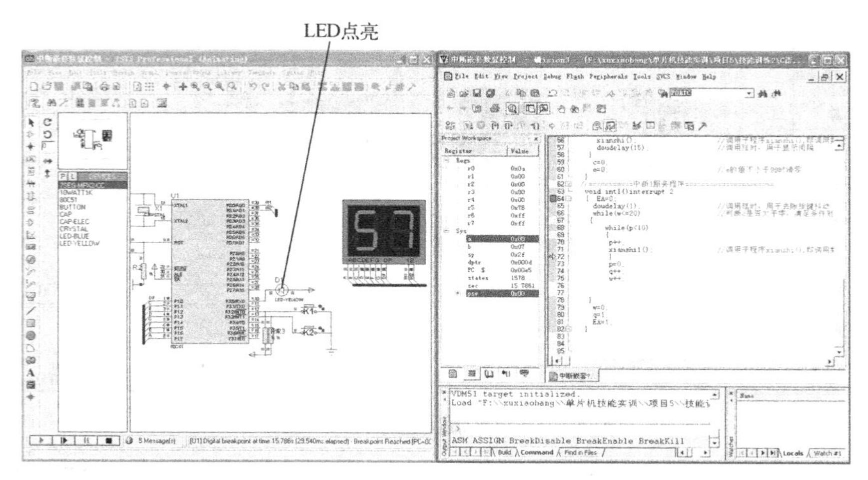

图 5-32　程序调试运行状态（五）

项目 6　定时/计数器控制及应用

知识与能力目标

1）熟悉单片机定时/计数器的结构与功能。
2）掌握定时/计数器在各个模式下的程序初始化过程。
3）学会并掌握定时/计数器初始值的分析与计算。
4）理解并掌握定时/计数器的编程与控制方法。
5）初步学会定时/计数器应用程序的分析与设计。
6）熟练使用 Proteus 进行单片机应用程序开发与调试。

训练任务 6.1　简易方波输出控制

6.1.1　训练目的与控制要求

1. 训练目的

1）熟悉单片机定时/计数器的结构与功能。
2）学会进行定时器初始值的分析与计算。
3）掌握定时器的编程与控制方法。
4）进一步掌握中断程序编程与控制方法。
5）学会进行定时器简单应用程序的分析与设计。
6）熟练使用 Proteus 进行单片机应用程序开发与调试。

2. 训练任务

图 6-1 所示电路为一个 89C51 单片机通过两个按键控制输出一个频率为 50Hz 的简易方波输出电路原理图，其具体功能为：当单片机上电运行后，没有任何按键按下，此时 P1.0 口不输出任何波形，而当〈K1〉键按下后，P1.0 口开始输出频率为 50Hz 的方波波形，使 P1.0 所接 LED 灯亮灭闪烁；当〈K2〉键按下后，P1.0 口停止输出波形，使 P1.0 所接 LED 灯灭；其具体的工作运行情况见本书配套教材（《单片机技术及应用（基于 Proteus 的汇编和 C 语言版）》ISBN 978-7-111-44676-7，以下所指配套教材均指这本书）附带光盘中的仿真运行视频文件。

注：此技能训练使用定时器来控制方波输出。

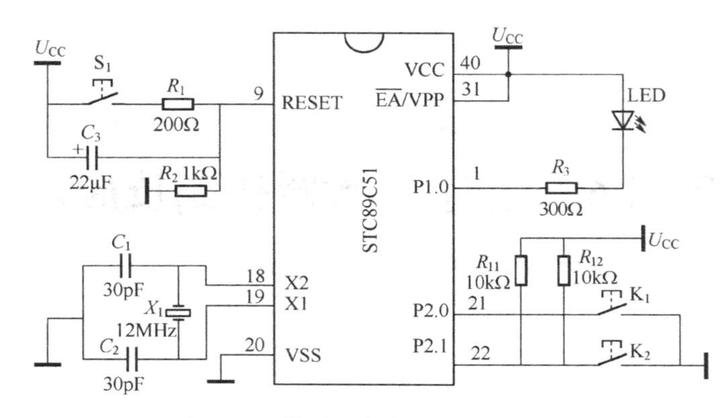

图 6-1　简易方波输出电路原理图

3. 训练要求

训练任务要求如下：

1）进行单片机应用电路分析，并完成 Proteus 仿真电路图的绘制。

2）根据任务要求进行单片机控制程序流程和程序设计思路分析，画出程序流程图。

3）依据程序流程图在 Keil 中进行源程序的编写与编译工作。

4）在 Proteus 中进行程序的调试与仿真工作，最终完成实现任务要求的程序。

5）完成单片机应用系统实物装置的焊接制作，并下载程序实现正常运行。

6.1.2　硬件系统与控制流程分析

1. 任务硬件系统分析

该电路是在单片机最小系统的基础之上，外接 1 个 LED 驱动电路和两个按钮电路构成的。

2. 任务控制流程分析

根据电路原理图和任务控制功能要求可知，本任务功能上主要是通过两个按钮来实现单片机的定时中断控制，从而达到 LED 的快速亮、灭的启动和停止控制，图 6-2 所示为简易方波输出控制流程图。

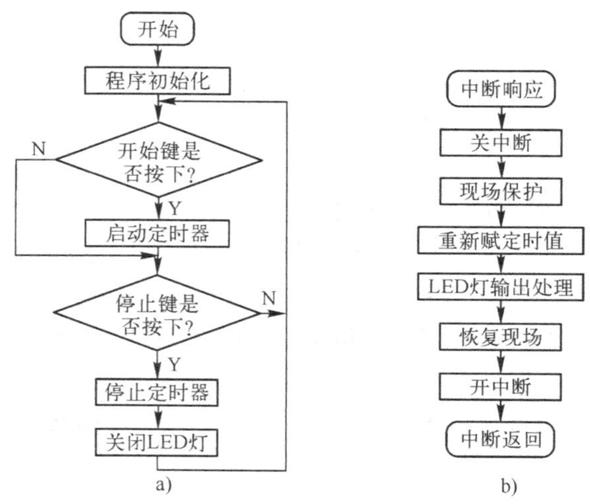

图 6-2　简易方波输出控制流程图

a) 主程序控制流程　b) 定时中断 0 控制流程

6.1.3 Proteus 仿真电路图创建

1. 列出元器件表

根据单片机应用电路原理图 6-1 所示，列出 Proteus 中实现该系统所需的元器件配置情况，如表 6-1 所示。

表 6-1 元器件配置表

名　称	型　号	数　量	备注（Proteus 中元器件名称）
单片机	AT89C51	1	AT89C51
陶瓷电容	30pF	2	CAP
电解电容	22μF	1	CAP-ELEC
晶振	12MHz	1	CRYSTAL
电阻	1kΩ	1	RES
电阻	10kΩ	2	RES
电阻	200Ω	1	RES
电阻	300Ω	1	RES
发光二极管	黄色	1	LED-YELLOW
按钮		3	BUTTON
示波器		1	OSCILLOSCOPE

2. 绘制仿真电路图

用鼠标双击桌面上的图标 isis 进入“Proteus ISIS”编辑窗口，单击菜单命令“File”→“New Design”，新建一个 DEFAULT 模板，并保存为“简易方波输出控制.DSN”。在器件选择按钮 P L DEVICES 单击“P”按钮，将表 6-1 中的元器件添加至对象选择器窗口中。然后，将各个元器件摆放好，最后依照图 6-1 所示的原理图将各个器件连接起来，简易方波输出控制仿真图如图 6-3 所示。

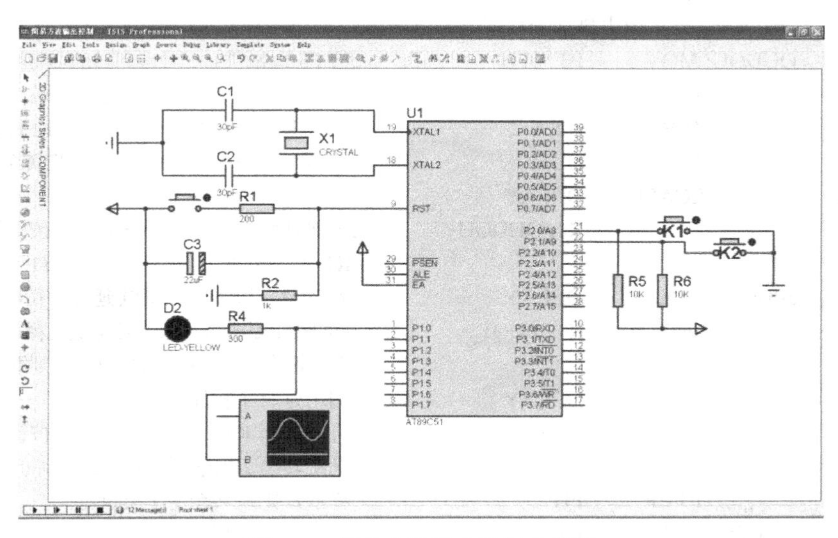

图 6-3 简易方波输出控制仿真图

6.1.4 汇编语言程序设计与调试

1. 程序设计分析

```
     程序代码                                 程序分析
1.        K1   EQU     P2.0                   ;用运行按键 K1 代替 P2.0 口
2.        K2   EQU     P2.1                   ;用暂停按键 K2 代替 P2.1 口
3.        X    EQU     B.0                    ;用 X 代替 B.0
4.             ORG     0000H                  ;程序复位入口地址
5.             LJMP    MAIN                   ;程序跳到地址标号为 MAIN 处执行
6.             ORG     000BH                  ;定时/计数器 0 中断入口
7.             LJMP    T_0                    ;程序跳转至 T_0 处执行
8.             ORG     0030H                  ;主程序入口地址
9.   MAIN:     SETB    X                      ;置位 X，使之不为 0
10.            MOV     A,#0FFH                ;给 A 赋值#0FFH
11.            MOV     TMOD,#01H              ;设置定时器工作在模式 1
12.            MOV     TH0,#0D8H              ;设置定时器初始值 TH0
13.            MOV     TL0,#0F0H              ;设置定时器初始值 TL0
14.            MOV     IE,#82H                ;打开中断
15.  START:    LCALL   AN_JIAN                ;调用判断按键是否按下子程序
16.            LJMP    START                  ;程序跳转至 START 处执行
17.  ;==========检测按键子程序====================
18.  AN_JIAN:  MOV     P3,#0FH                ;对 P3 口赋值 0FH，读引脚前先写入 1
19.            JB      K1,S1                  ;判断运行按键 K1 是否按下，
20.            LCALL   QUDOU                  ;调用按键去抖动子程序
21.            SETB    TR0                    ;开启定时器 T0
22.  S1:       JB      K2,S2                  ;判断运行按键 K1 是否按下，
23.            LCALL   QUDOU                  ;跳转至去抖子程序
24.            CLR     TR0                    ;关闭定时器 T0
25.            MOV     P1,#0FFH               ;给 P1 赋值#0FFH
26.  S2:       RET                            ;子程序返回
27.  ;==========按键去抖动子程序====================
28.  QUDOU:    MOV     P3,#0FH                ;给 P3 口赋值，读引脚前先写入#0FH
29.            JNB     K1,AJ1                 ;判断 K1 是否被按下，是，则跳到 AJ1 处执行
30.            JNB     K2,AJ2                 ;判断 K2 是否被按下，是，则跳到 AJ2 处执行
31.            LJMP    QUDOU                  ;若两个按键都没有按下，则跳转至 QUDOU
32.  AJ1:      LCALL   DELAY                  ;调用延时子程序
33.            JB      K1, QUDOU              ;再次判断 K1 是否被按下，若按键没有按下，
34.                                           ;K1 为高电平，则跳转至 QUDOU 处执行
35.  JPDQ1:    LCALL   DELAY                  ;若按键有按下，则继续延时等待释放处理
36.            JNB     K1,JPDQ1               ;判断 K1 是否被释放，若按键没释放，继续判断
37.                                           ;若按键有释放，K1 为高电平，则继续往下执行
38.            LCALL   DELAY                  ;调用延时子程序
39.            JNB     K1,JPDQ1               ;再次判断 K1 是否被释放，若按键没有释放，
40.                                           ;则跳转至 JPDQ1 处继续延时判断
41.            LJMP    FH                     ;释放，则跳转至 FH 出执行
42.  AJ2:      LCALL   DELAY                  ;调用延时子程序
```

```
43.            JB       K2, QUDOU         ;再次判断K2是否被按下，若按键没有按下，
44.                                       ;K2为高电平，则跳转至QUDOU处执行
45.     JPDQ2: LCALL    DELAY             ;若按键有按下，则继续延时等待释放处理
46.            JNB      K2,JPDQ2          ;判断K2是否被释放，若按键没释放，继续判断
47.                                       ;若按键有释放，K2为高电平，则继续往下执行
48.            LCALL    DELAY             ;调用延时子程序
49.            JNB      K2,JPDQ2          ;再次判断K2是否被释放，若按键没有释放，
50.                                       ;则跳转至JPDQ2处继续延时判断
51.            LJMP     FH                ;释放，则跳转至FH出执行
52.        FH: RET                        ;程序返回，去抖子程序结束
53.  ;========按键去抖延时子程序，延时时间约为15ms===========
54.     DELAY: MOV      R4,#30            ;将#30值赋给R4
55.        D3: MOV      R3,#248           ;将#248值赋给R3
56.            DJNZ     R3,$              ;将R3值减1判断，直到为0
57.            DJNZ     R4,D3             ;将R4中的值减1判断是否为0，
58.                                       ;若不是，则跳转至D3处执行
59.            RET                        ;子程序返回
60.  ;========定时/计数器0中断子程序 ==========
61.       T_0: MOV      TH0,#0D8H         ;设置定时器初始值TH0
62.            MOV      TL0,#0F0H         ;设置定时器初始值TL0
63.            CPL      A                 ;取反A中的值
64.            XRL      A,#0FEH           ;A的最低位保持不变，高7位置0
65.            MOV      P1,A              ;给P1赋值为A
66.            RETI                       ;中断返回
67.            END                        ;程序结束
```

2. Proteus 与 Keil 联调

1）按照前面任务 2.1.4 中 Proteus 与 Keil 联调的步骤完成基本的软件设置。如果前面已经设置过一次，在此可以跳过。

2）用 Proteus 打开已绘制好的“简易方波输出控制.DSN”文件，在 Proteus 的“Debug”菜单中选中“Use Remote Debug Monitor（远程监控）”。同时，右键选中 STC89C51 单片机，在弹出对话框的“Program File”选项中，导入在 Keil 中生成的十六进制 HEX 文件“简易方波输出控制.HEX”。

3）用 Keil 打开刚才创建好的“简易方波输出控制.UV2”文件，打开窗口“Option for Target‘工程名’”。在“Debug”选项中右栏上部的下拉菜单选中 Proteus VSM Simulator。接着再单击进入 Settings 窗口，设置 IP 为 127.0.0.1，端口号为 8000。

4）在 Keil 中单击，使用单步执行来调试程序，同时在 Proteus 中查看直观的仿真结果。这样就可以像使用仿真器一样调试程序了，Proteus 与 Keil 联调界面如图 6-4 所示。

首先，在“Peripherals”下拉菜单中，单击“Timer”按钮选中“Timer0”选项后，将弹出定时/计数器窗口，当执行完程序初始化后，定时/计数器窗口也随之改变，程序调试运行状态如图 6-5 所示。

由于没有按键按下，此时不断循环运行主程序。所以当使用任务 3.2 所述的方法，将按钮设置成按下状态，模拟按键按下的情况。

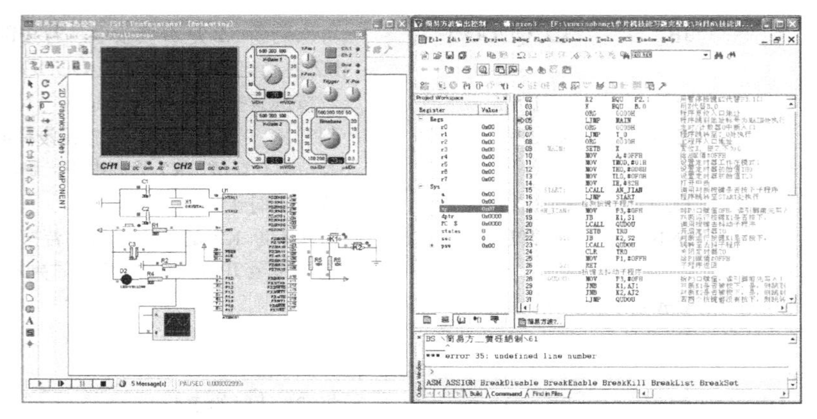

图 6-4　Proteus 与 Keil 联调界面

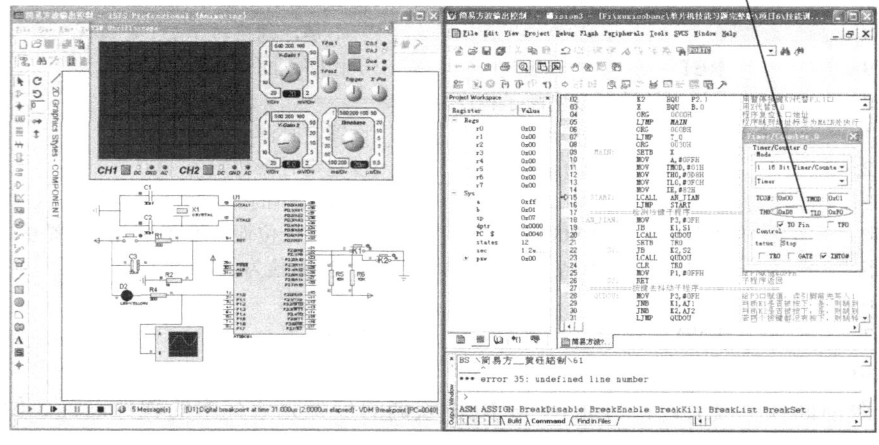

图 6-5　程序调试运行状态（一）

使用〈F11〉快捷键进入检测按键子程序，当程序运行完“SETB　TR0;”时，开启定时器 T0，程序调试运行状态如图 6-6 所示。

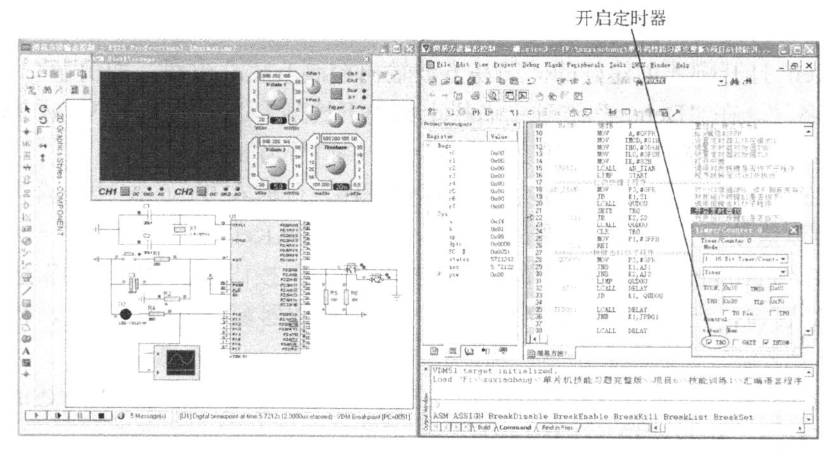

图 6-6　程序调试运行状态（二）

只有当定时/计数器溢出时，才会进入定时/计数器中断 0 子程序，而使用〈F10〉快捷键程序运行太慢，所以在定时/计数器中断 0 子程序入口设置一个断点，再全速运行程序，使程序进入定时/计数器中断 0 子程序中，程序调试运行状态如图 6-7 所示。

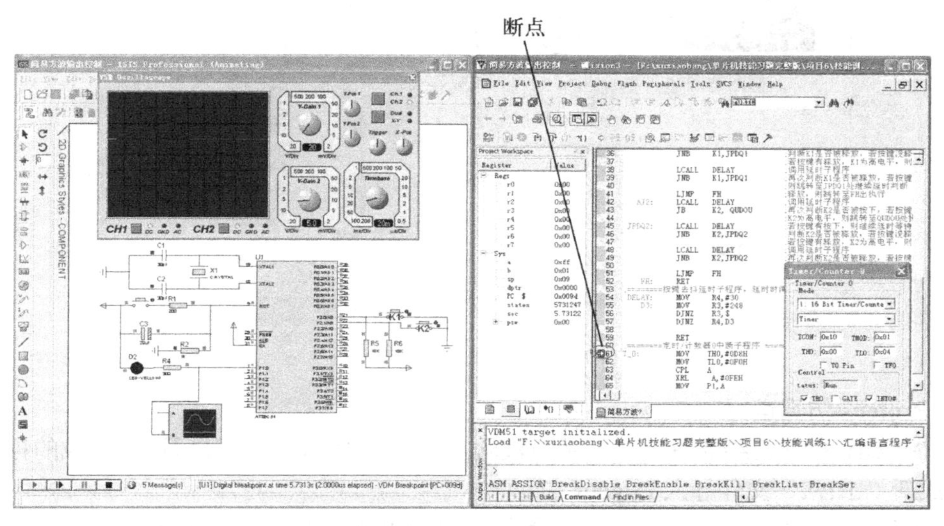

图 6-7　程序调试运行状态（三）

当执行完程序“MOV　TH0,#0D8H；MOV　TL0,#0F0H；CPL　A；XRL　A,#0FEH；MOV　P1,A;”后，重新赋值定时初值 D8F0H，可以清楚看到 LED 点亮，示波器信号跳动一下，程序调试运行状态如图 6-8 所示。

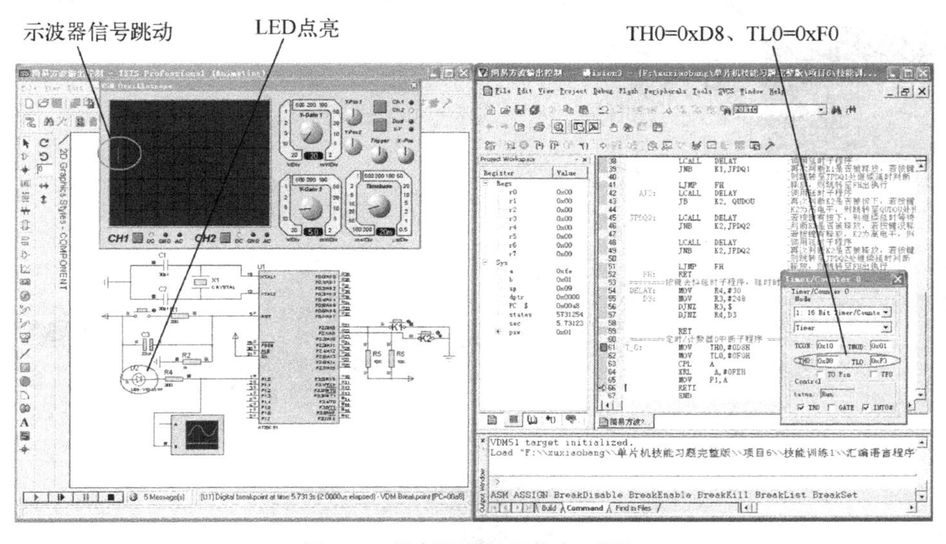

图 6-8　程序调试运行状态（四）

由于定时/计数器设置的时间只有 10ms 的时间，不设断点使用全速运行程序就能看到 LED 灯快速闪烁，示波器信号为 50Hz 的方波快速跳动，程序调试运行状态如图 6-9 所示。

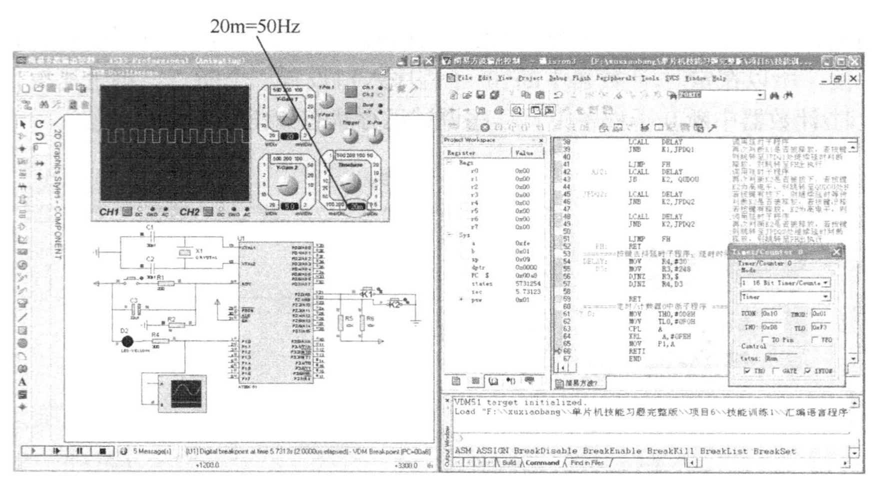

图 6-9　程序调试运行状态（五）

3. Proteus 仿真运行

用 Proteus 打开已绘制好的“简易方波输出控制.DSN”，并将最后调试完成的程序重新编译生成新“.HEX”文件导入 Proteus 中。

在 Proteus ISIS 编辑窗口中单击 ▶ 或在“Debug”菜单中选择“ Execute ”，运行时，没有任何按键按下，此时 P1.0 口不输出任何波形，而当〈K1〉按键按下后，P1.0 口开始输出频率为 50Hz 的方波波形，使 P1.0 所接 LED 灯亮灭闪烁；当〈K2〉键按下后，P1.0 口停止输出波形，使 P1.0 所接 LED 灯灭；仿真运行结果如图 6-10 和图 6-11 所示。

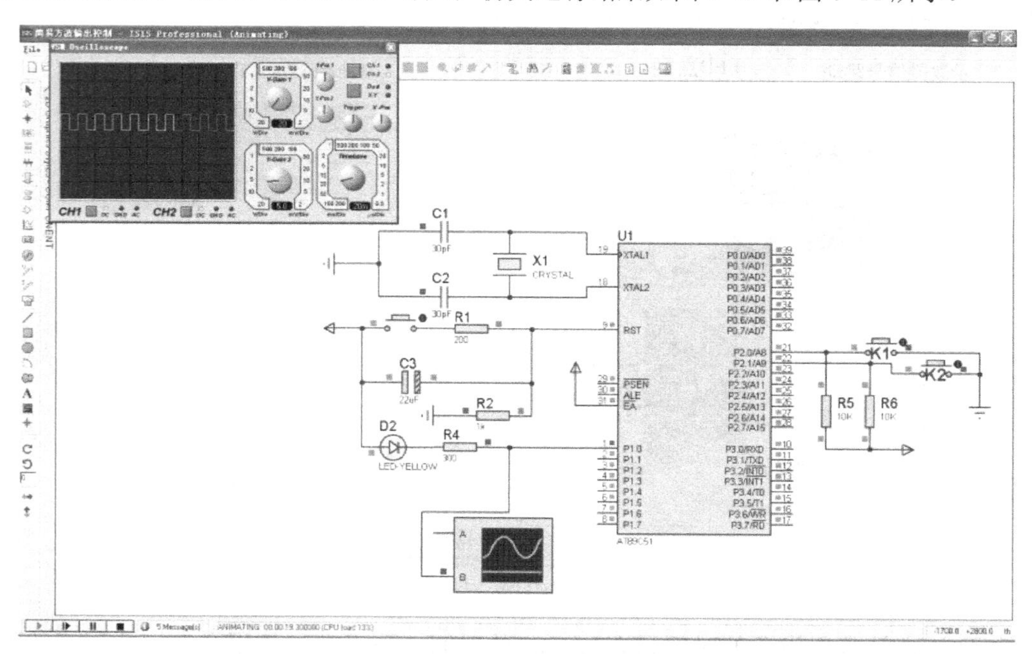

图 6-10　仿真运行结果（一）

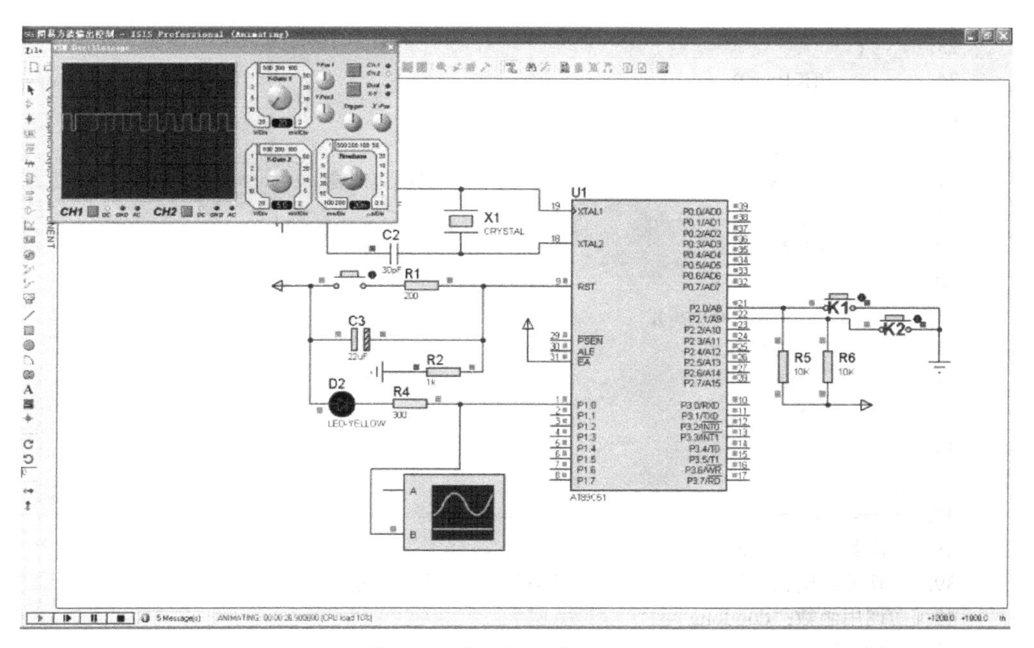

图 6-11　仿真运行结果（二）

6.1.5　C 语言程序设计与调试

1. 程序设计分析

程序代码	程序分析
1. #include<regx51.h>	//加入头文件
2. #define uchar unsigned char	//定义一下方便使用
3. #define unit unsigned int	
4. sbit K1=P2^0;	//用 K1 代替 P2.0 口
5. sbit K2=P2^1;	//用 K2 代替 P2.1 口
6. sbit SS=P1^0;	//用 SS 代替 P1.0 口
7. void doudong_ys( );	//按键去抖动延时子程序
8. void qu_doudong( );	//按键去抖动子程序
9. uchar t=0;	
10. //=====定时器初始化子程序============	
11. void inint_0( )	
12. {	
13. TMOD=0X01;	//设置定时器工作在模式 1
14. TH0=0XD8;	//设置定时时间 10ms
15. TL0=0XF0;	
16. IE=0X82;	//打开中断
17. }	
18. //============主程序============	
19. void main( )	
20. {	
21. inint_0( );	
22. while(1)	

```
23.        {
24.            if(K1==0)
25.             {
26.                qu_doudong( );
27.                TR0=1;                           //启动定时器
28.              }
29.            if(K2==0)
30.             {
31.                qu_doudong( );
32.                TR0=0;                           //关闭定时器
33.                SS=1;                            //关闭 LED 灯
34.              }
35.        }
36.    }
37.    //==========================================================/
38.    //函数名：qu_doudong()
39.    //功能：确认按键按下，防止因按键抖动造成错误判断
40.    //调用函数：doudong_ys()
41.    //输入参数：无
42.    //输出参数：无
43.    //说明：防止 K1、K2 按键抖动的子程序
44.    //==========================================================/
45.    void qu_doudong( )
46.    {
47.        if(K1==0)
48.         {
49.            do
50.            {
51.              while(K1==1);                //判断 K1 是否被按下，若按键没有按下，继续判断
52.                                           //若按键有按下，K1 为 0，则继续往下执行
53.              doudong_ys( );               //调用延时子程序
54.             }
55.            while(K1==1);                  //再次判断 K1 是否被按下，若按键没有按下，K1 为 1，
56.                                           //则继续循环判断。
57.              doudong_ys( );               //确认已有按键按下，调用延时子程序
58.            do
59.            {
60.              while(K1==0);                //判断 K1 是否被释放，若按键没有释放，继续判断
61.                                           //若按键有释放，K1 为 1，则继续往下执行
62.              doudong_ys( );               //调用延时子程序
63.             }
64.            while(K1==0);                  //再次判断 K1 是否被释放，若按键没有释放，继续判
65.                                           //断
66.          }                                //运行按键 K1 处理结束
67.        if(K2==0)                          //如果 K2 按键被按下，则进行抖动延时处理
68.         {
```

```
69.             do
70.             {
71.                while(K2==1);                      //判断 K2 是否被按下，若按键没有按下，继续判断
72.                                                   //若按键有按下，K2 为 0，则继续往下执行
73.                doudong_ys( );                     //调用延时子程序
74.             }
75.             while(K2==1);                         //再次判断 K2 是否被按下，若按键没有按下，K2 为 1，
76.                                                   //则继续循环判断。
77.                doudong_ys( );                     //确认已有按键按下，调用延时子程序
78.             do
79.             {
80.                while(K2==0);                      //判断 K2 是否被释放，若按键没有释放，继续判断
81.                                                   //若按键有释放，K2 为 1，则继续往下执行
82.                doudong_ys( );                     //调用延时子程序
83.              }
84.              while(K2==0);                        //再次判断 K2 是否被释放，若按键没有释放，继续判
85.                                                   //断
86.          }                                        //暂停按键 K2 处理结束
87.   }
88.   //=====================================================/
89.   //函数名：doudong_ys( )
90.   //功能：当程序进行防抖动时调用的延时程序
91.   //调用函数：无
92.   //输入参数：无
93.   //输出参数：无
94.   //说明：延时一段时间
95.   //=====================================================/
96.   void doudong_ys( )
97.   {
98.      uchar i,j;                           //定义局部变量，只限于对应子程序中使用
99.       for(i=0;i<30;i++)
100.       for(j=0;j<248;j++)
101.          ;
102.  }
103.  //=====定时器中断子程序=============
104.  void timer0_server( )   interrupt   1
105.  {
106.      TH0=0XD8;                                   //重装定时器的值
107.      TL0=0XF0;
108.      SS=~SS;                                     //取反输出
109.  }
```

2. Proteus 与 Keil 联调

1）按照前面任务 2.1.5 中 Proteus 与 Keil 联调的步骤完成基本的软件设置。如果前面已经设置过一次，在此可以跳过。

2）用 Proteus 打开已绘制好的“简易方波输出控制.DSN”文件，在 Proteus 的

“Debug”菜单中选中“Use Remote Debug Monitor（远程监控）”。同时，右键选中 STC89C51 单片机，在弹出对话框的“Program File”选项中，导入在 Keil 中生成的十六进制 HEX 文件“简易方波输出控制.HEX”。

3）用 Keil 打开刚才创建好的“简易方波输出控制.UV2”文件，打开窗口“Option for Target‘工程名’”。在“Debug”选项中右栏上部的下拉菜单选中 Proteus VSM Simulator。接着再单击进入 Settings 窗口，设置 IP 为 127.0.0.1，端口号为 8000。

4）在 Keil 中单击🔍，使用单步执行来调试程序，同时在 Proteus 中查看直观的仿真结果。这样就可以像使用仿真器一样调试程序了，Proteus 与 Keil 联调界面如图 6-12 所示。

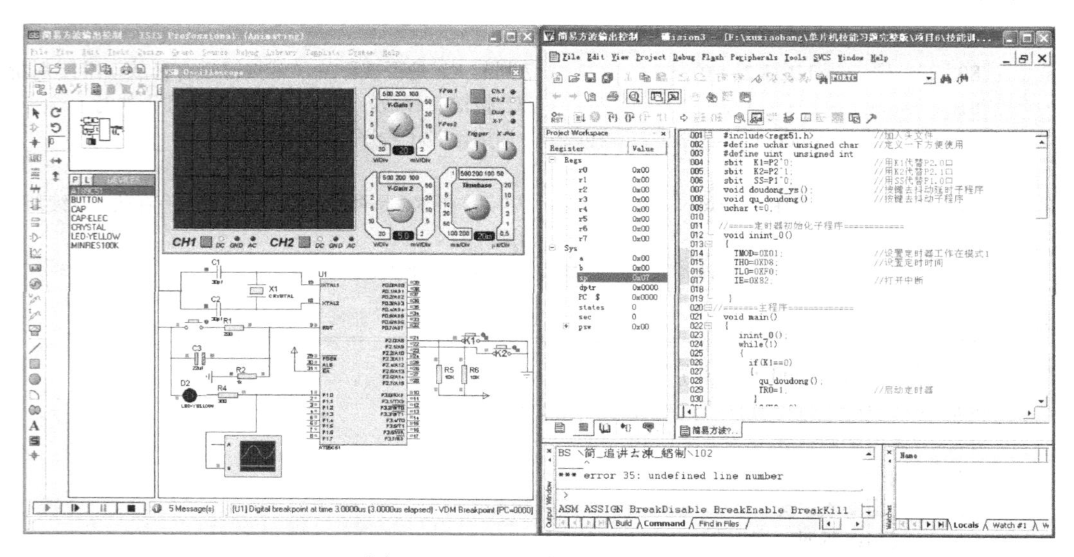

图 6-12　Proteus 与 Keil 联调界面

首先，在“Peripherals”下拉菜单中，单击“Timer”按钮选中“Timer0”选项后，将弹出定时/计数器窗口，当执行完程序初始化后，定时/计数器窗口也随之改变，程序调试运行状态如图 6-13 所示。

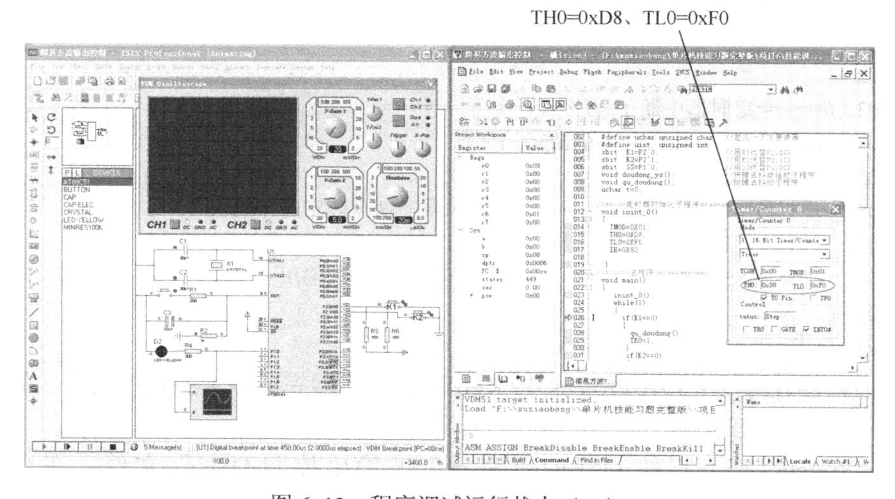

图 6-13　程序调试运行状态（一）

由于没有按键按下，此时不断循环运行主程序。所以当使用任务 3.2 所述的方法，将按钮设置成按下状态，模拟按键按下的情况。

当程序运行完“TR0=1；”时，开启定时器 T0 运行，程序调试运行状态如图 6-14 所示。

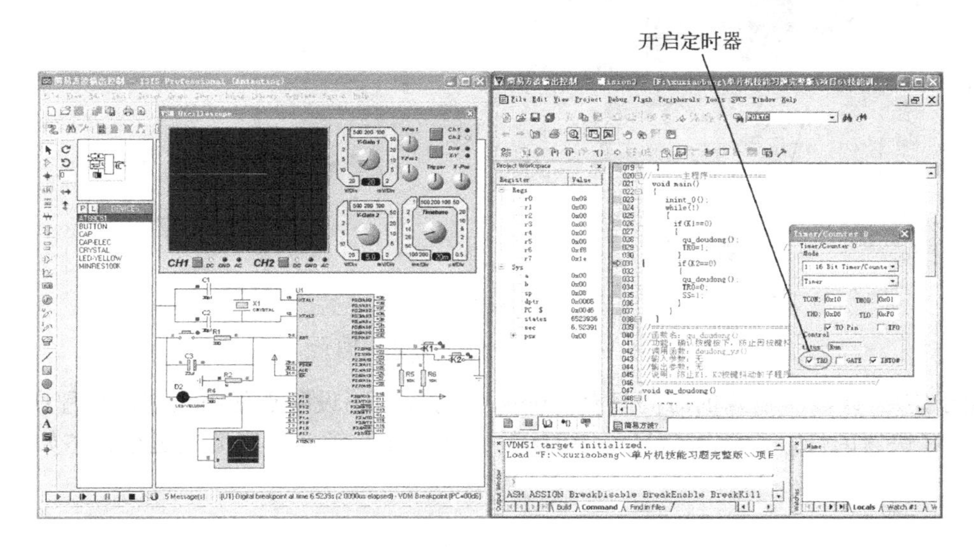

图 6-14　程序调试运行状态（二）

只有当定时/计数器溢出时，才会进入定时/计数器中断 0 子程序，而使用〈F10〉快捷键程序运行太慢，所以在定时/计数器中断 0 子程序入口设置一个断点，再全速运行程序，使程序进入定时/计数器中断 0 子程序中，程序调试运行状态如图 6-15 所示。

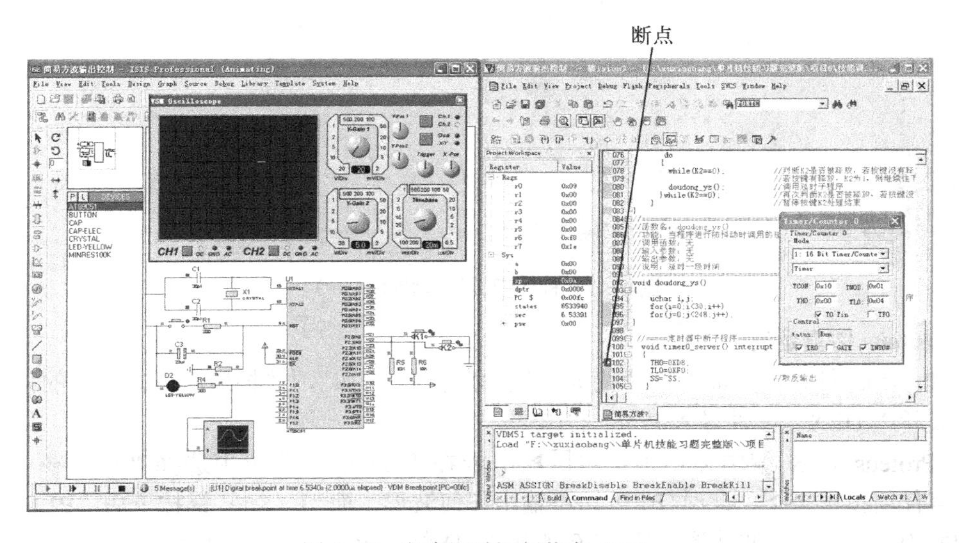

图 6-15　程序调试运行状态（三）

当执行完程序“TH0=0XD8；TL0=0XF0；SS=~SS；”后，重新赋值定时初值 D8F0H，

可以清楚看到 LED 点亮，示波器信号跳动一下，程序调试运行状态如图 6-16 所示。

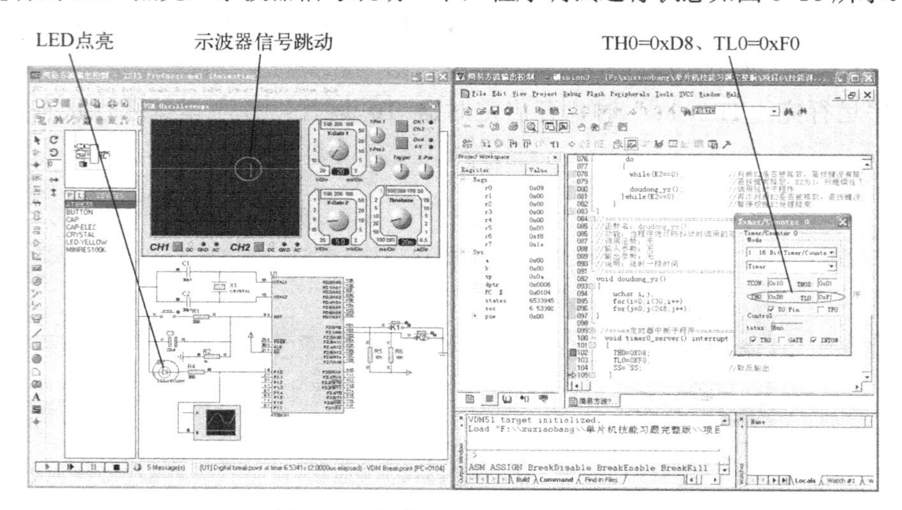

图 6-16　程序调试运行状态（四）

由于定时/计数器设置的时间只有 10ms 的时间，不设断点使用全速运行程序就能看到 LED 灯快速闪烁，示波器信号为 50Hz 的方波快速跳动，程序调试运行状态如图 6-17 所示。

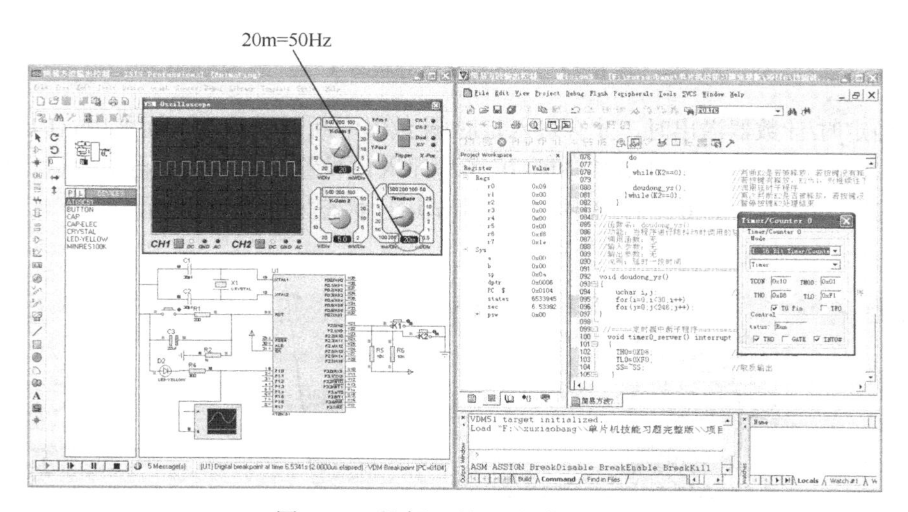

图 6-17　程序调试运行状态（五）

3. Proteus 仿真运行

用 Proteus 打开已绘制好的“简易方波输出控制.DSN”，并将最后调试完成的程序重新编译生成新“.HEX”文件导入 Proteus 中。

在 Proteus ISIS 编辑窗口中单击 ▶ 或在“Debug”菜单中选择“Execute”，运行时，没有任何按键按下，此时 P1.0 口不输出任何波形，而当〈K1〉键按下后，P1.0 口开始输出频率为 50Hz 的方波波形，使 P1.0 所接 LED 灯亮灭闪烁；当〈K2〉键按下后，P1.0 口停止输出波形，使 P1.0 所接 LED 灯灭；其运行结果参照任务 6.1.4 的仿真运行结果。

训练任务 6.2　测试外部脉冲频率控制

6.2.1　训练目的与控制要求

1．训练目的

1）熟悉单片机定时/计数器的结构与功能。

2）学会进行定时/计数器初始值的分析与计算。

3）掌握计数器的编程与控制方法。

4）进一步掌握多级中断应用程序分析与开发。

5）学会进行定时/计数器综合应用程序的分析与设计。

6）熟练使用 Proteus 进行单片机应用程序开发与调试。

2．训练任务

图 6-18 所示电路为一个 89C51 单片机控制一个 4 位数码管显示外部脉冲频率的电路原理图。该单片机应用系统的具体功能为：当系统上电运行工作时，将从 P3.5 输入的外部脉冲的频率在 4 位数码管上显示出来；其具体的工作运行情况见本书配套教材附带光盘中的仿真运行视频文件。

注：此技能训练使用两个定时/计数器相互配合来测试频率。

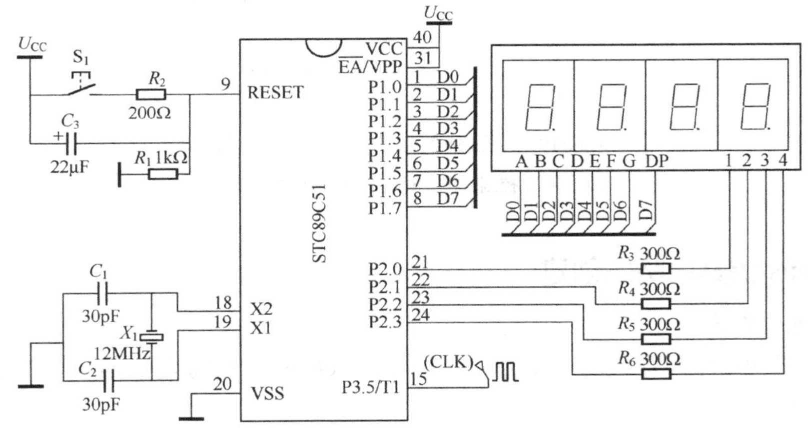

图 6-18　测试外部脉冲频率电路原理图

3．训练要求

训练任务要求如下：

1）进行单片机应用电路分析，并完成 Proteus 仿真电路图的绘制。

2）根据任务要求进行单片机控制程序流程和程序设计思路分析，画出程序流程图。

3）依据程序流程图在 Keil 中进行源程序的编写与编译工作。

4）在 Proteus 中进行程序的调试与仿真工作，最终完成实现任务要求的程序。

5）完成单片机应用系统实物装置的焊接制作，并下载程序实现正常运行。

6.2.2　硬件系统与控制流程分析

1．任务硬件系统分析

该电路是在单片机最小系统的基础之上，外扩展 1 个 4 位共阴数码管显示电路而成，同时在 P3.5 口上提供一个外部脉冲信号输入，其中数码管显示电路中单片机 P1 口提供段选信号，P2 口提供共阴的位选信号。

2．任务控制流程分析

根据电路原理图和任务控制功能要求可知，本任务功能上主要是通过控制两个定时/计数器中断运行控制，实现外部脉冲输入采集与频率计算，并把计算出的频率通过 P1 口和 P2 口在 4 位数码管中显示出来，图 6-19 所示为测试外部脉冲频率控制流程图。

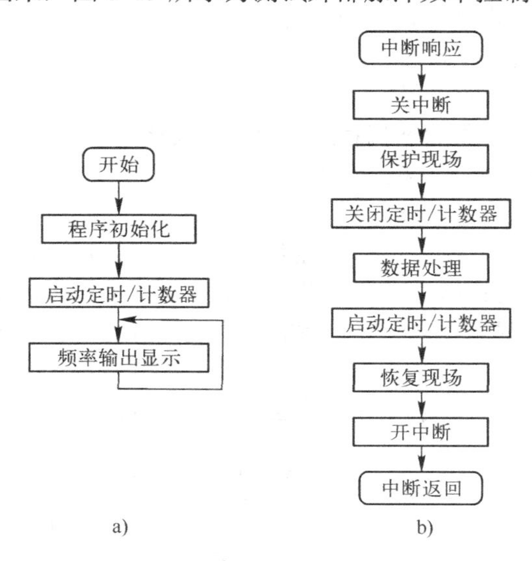

图 6-19　测试外部脉冲频率控制流程图

a) 主程序控制流程　b) 定时中断 0 控制流程

6.2.3　Proteus 仿真电路图创建

1．列出元器件表

根据单片机应用电路原理图 6-18 所示，列出 Proteus 中实现该系统所需的元器件配置情况，如表 6-2 所示。

表 6-2　元器件配置表

名称	型号	数量	备注（Proteus 中元器件名称）
单片机	AT89C51	1	AT89C51
陶瓷电容	30pF	2	CAP
电解电容	22μF	1	CAP-ELEC
晶振	12MHz	1	CRYSTAL
电阻	1kΩ	1	RES
电阻	200Ω	1	RES
电阻	300Ω	4	RES
共阴数码管	四位	1	7SEG-MPX4-CC
数据时钟信号		1	DCLOCK

2．绘制仿真电路图

用鼠标双击桌面上的图标ISIS进入“Proteus ISIS”编辑窗口，单击菜单命令“File”→“New Design”，新建一个 DEFAULT 模板，并保存为“测试外部脉冲频率.DSN”。在器件选择按钮P L DEVICES单击“P”按钮，将上表 6-2 中的元器件添加至对象选择器窗口中。然后，将各个元器件摆放好，最后依照图 6-18 所示的原理图将各个器件连接起来，测试外部脉冲频率仿真图如图 6-20 所示。

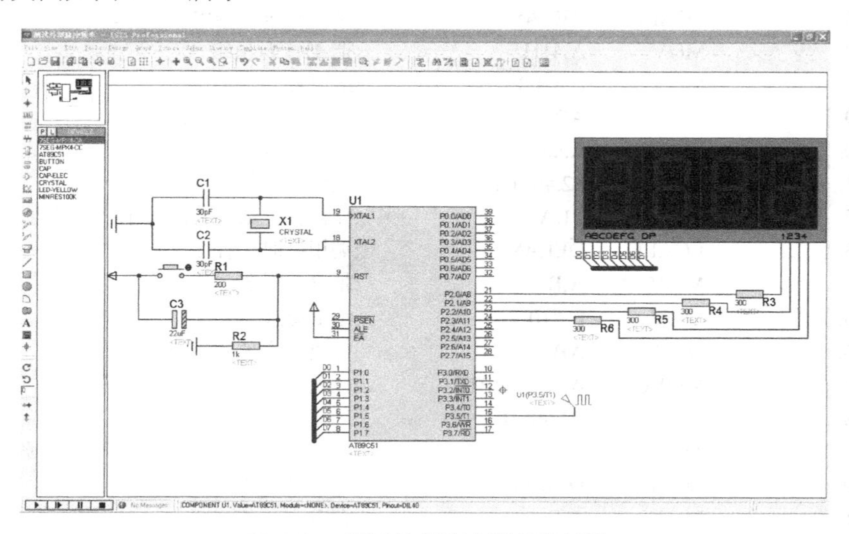

图 6-20　测试外部脉冲频率仿真图

6.2.4　汇编语言程序设计与调试

1．程序设计分析

		程序代码		程序分析
1.		ORG	0000H	;程序复位入口地址
2.		LJMP	MAIN	;程序跳到地址标号为 MAIN 处执行
3.		ORG	000BH	;定时/计数器 0 中断入口
4.		LJMP	T_0	;程序跳转至 T_0 处执行
5.		ORG	0030H	;主程序入口地址
6.	MAIN:	MOV	40H,#00H	;40H 单元清零
7.		MOV	R0,#00H	;给寄存器 R0 清零
8.		MOV	R1,#20	;给 R1 赋值为#20，实现 20*50ms=1s 控制
9.		MOV	DPTR,#TAB	;将 DPTR 指向 TAB 表头
10.		MOV	TMOD,#51H	;T0 定时、T1 计数模式
11.		MOV	TH0,#3CH	;T0 定时初值 50ms
12.		MOV	TL0,#0B0H	;设置定时器初始值 TL0
13.		MOV	TH1,#00H	;设置计数器初始值 TH1
14.		MOV	TL1,#00H	;设置计数器初始值 TL1
15.		SETB	TR0	;启动 T0
16.		SETB	TR1	;启动 T1
17.		MOV	SP,#30H	;设置堆栈地址从 30H
18.		SETB	EA	;打开总中断

```
19.            SETB    ET0              ;允许 T0 中断
20.  LOOP:     LCALL   XIANSHI          ;跳转到显示子程序
21.            LJMP    LOOP             ;跳转到 LOOP
22.  ;===============数字显示子程序===================
23.  XIANSHI:  MOV     A,#3FH           ;给 A 赋值为#3FH
24.            MOV     P2,#0FEH         ;选通千位数码管
25.            MOV     P1,A             ;输出千位数码管的显示字符数据
26.            LCALL   DELAY            ;调用延时子程序
27.            MOV     A,41H            ;把 41H 赋值给 A
28.            MOV     B,#100           ;给 B 赋值为#100
29.            DIV     AB               ;分离出百位和十位
30.            MOVC    A,@A+DPTR        ;查表，获得相应字符段码
31.            MOV     P2,#0FDH         ;选通百位数码管
32.            MOV     P1,A             ;输出百位数码管的显示字符数据
33.            LCALL   DELAY            ;调用延时子程序
34.            MOV     A,B              ;把 B 赋值给 A
35.            MOV     B,#10            ;给 B 赋值为#10
36.            DIV     AB               ;分离出个位和十位
37.            MOVC    A,@A+DPTR        ;查表，获得相应字符段码
38.            MOV     P2,#0FBH         ;选通十位数码管
39.            MOV     P1,A             ;输出十位数码管的显示字符数据
40.            LCALL   DELAY            ;调用延时子程序
41.            MOV     A,B              ;把 B 赋值给 A
42.            MOVC    A,@A+DPTR        ;查表，获得相应字符段码
43.            MOV     P2,#0F7H         ;选通个位数码管
44.            MOV     P1,A             ;输出个位数码管的显示字符数据
45.            LCALL   DELAY            ;调用延时子程序
46.            RET                      ;子程序返回
47.  ;===============延时子程序===================
48.  DELAY:    MOV     R6,#10           ;赋值#10 给 R6
49.  A1:       MOV     R7,#245          ;赋值#245 给 R7
50.            DJNZ    R7,$             ;将 R7 值减 1 判断，直到为 0
51.            DJNZ    R6,A1            ;将 R6 中的值减 1 判断是否为 0
52.                                     ;若不是，则跳转至 A1 处执行
53.            RET                      ;子程序返回
54.  ;===============定时器 T0 中断子程序===================
55.  T_0:      LCR     EA               ;关中断
56.            PUSH    PSW              ;堆栈保护 PSW
57.            CLR     TR0              ;关闭定时器 T0
58.            CLR     TR1              ;关闭计数器 T1
59.            DJNZ    R1,B0            ;将 R1 中的值减 1 判断是否为 0
60.                                     ;若不是，则跳转至 B0 处执行
61.            MOV     R1,#20           ;赋值#20 给 R1
62.            MOV     41H,TL1          ;把 TL1 的值给 41H 单元
63.            MOV     40H,TH1          ;把 TH1 的值给 40H 单元
64.            MOV     TH1,#00H         ;清零 TH1
65.            MOV     TL1,#00H         ;清零 TL1
```

```
66.     B0:   MOV     TH0,#3CH                ;T0 定时初值 50ms
67.           MOV     TL0,#0B0H
68.           SETB    TR0                     ;开启定时器 T0
69.           SETB    TR1                     ;开启计数器 T1
70.           POP     PSW                     ;若有则恢复现场并退出中断
71.           SETB    EA                      ;开放中断
72.           RETI                            ;中断返回
73.    TAB:   DB  3FH,06H,5BH,4FH,66H,6DH,7DH,07H,7FH,6FH
74.                                           ;0～9 的共阴极显示码
75.           END                             ;程序结束
```

2．Proteus 与 Keil 联调

1）按照前面任务 2.1.4 中 Proteus 与 Keil 联调的步骤完成基本的软件设置。如果前面已经设置过一次，在此可以跳过。

2）用 Proteus 打开已绘制好的“测试外部脉冲频率.DSN”文件，在 Proteus 的“Debug”菜单中选中“Use Remote Debug Monitor（远程监控）”。同时，右键选中 STC89C51 单片机，在弹出对话框的“Program File”选项中，导入在 Keil 中生成的十六进制 HEX 文件“测试外部脉冲频率.HEX”。

3）用 Keil 打开刚才创建好的“测试外部脉冲频率.UV2”文件，打开窗口“Option for Target‘工程名’”。在“Debug”选项中右栏上部的下拉菜单选中 Proteus VSM Simulator。接着再单击进入 Settings 窗口，设置 IP 为 127.0.0.1，端口号为 8000。

4）在 Keil 中单击🔍，使用单步执行来调试程序，同时在 Proteus 中查看直观的仿真结果。这样就可以像使用仿真器一样调试程序了，Proteus 与 Keil 联调界面如图 6-21 所示。

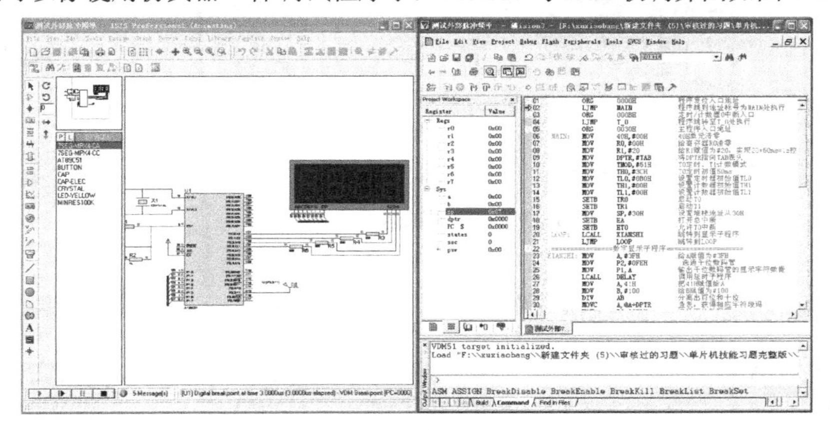

图 6-21　Proteus 与 Keil 联调界面

首先，在“Peripherals”下拉菜单中，单击“Timer”按钮选中“Timer0” 和“Timer1”选项后，将弹出定时/计数器窗口，当执行完程序初始化后，定时/计数器窗口也随之改变，程序调试运行状态如图 6-22 所示。

在定时/计数器中断 0 子程序入口设置一个断点，再全速运行程序，使程序进入定时/计数器中断 0 子程序中，程序调试运行状态如图 6-23 所示。

当 R1 减小到 0 时，1S 时间到，R1 重新赋值#20，取出 T1 计数值用于频率计算。取消断点全速运行程序，就能看到计算出的频率。程序调试运行状态如图 6-24 和图 6-25 所示。

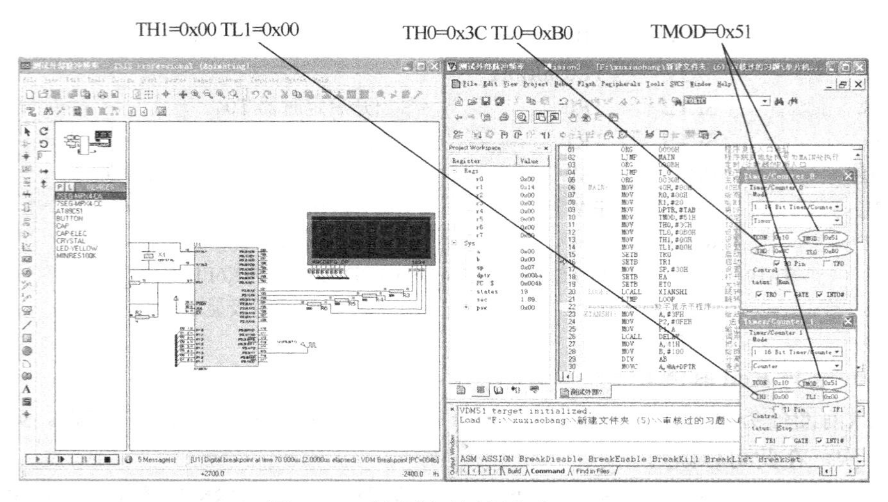

图 6-22　程序调试运行状态（一）

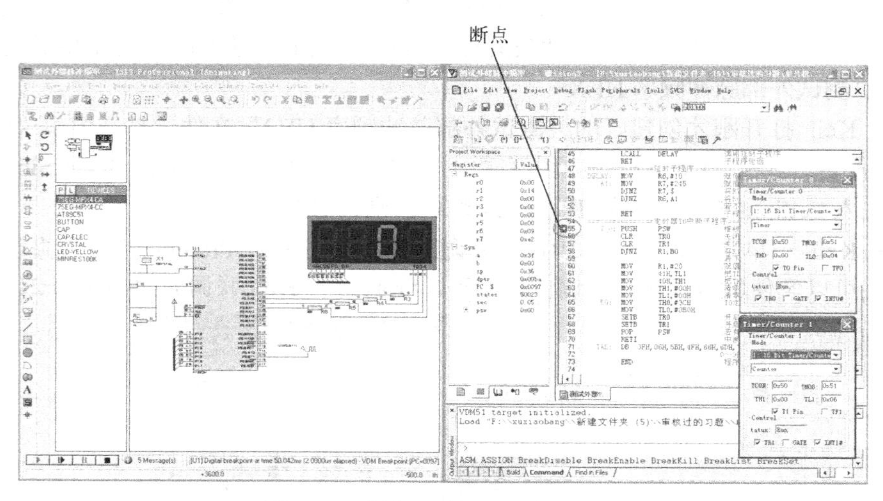

图 6-23　程序调试运行状态（二）

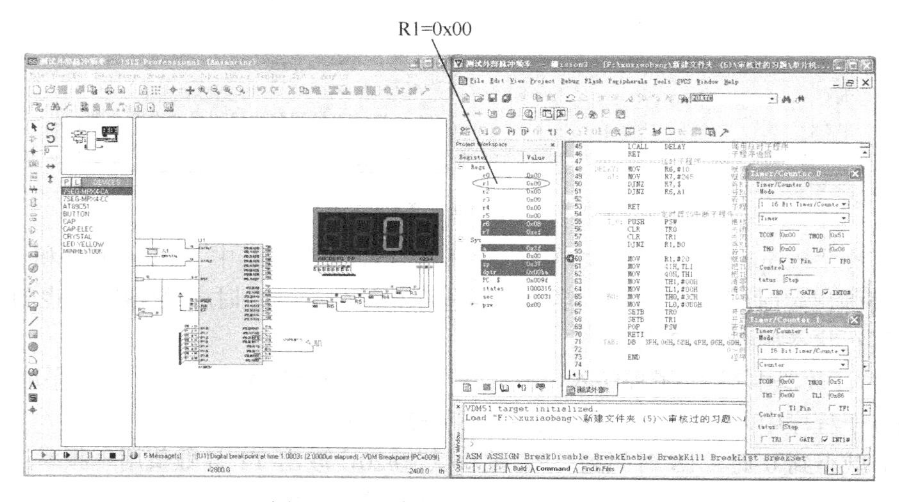

图 6-24　程序调试运行状态（三）

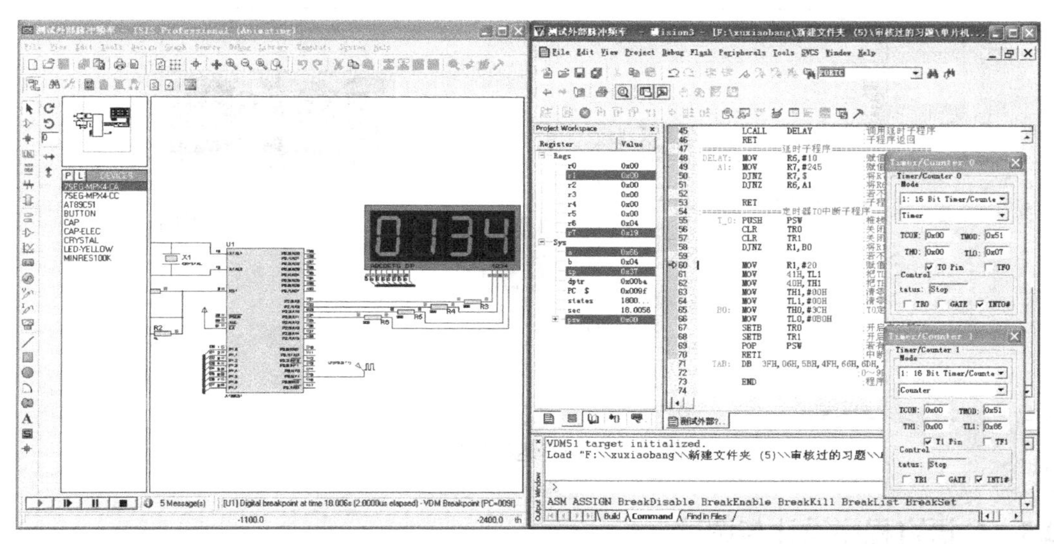

图 6-25　程序调试运行状态（四）

3．Proteus 仿真运行

用 Proteus 打开已绘制好的“测试外部脉冲频率.DSN”，并将最后调试完成的程序重新编译生成新“.HEX”文件导入 Proteus 中。

在 Proteus ISIS 编辑窗口中单击 ▶ 或在“Debug”菜单中选择“Execute”，运行时，不需任何其他控制，此时已经有脉冲信号进入，产生定时/计数器中断 1。经过 1s 后得出频率，经 P1 口输送到 4 位数码管上显示。仿真运行结果如图 6-26 和图 6-27 所示。

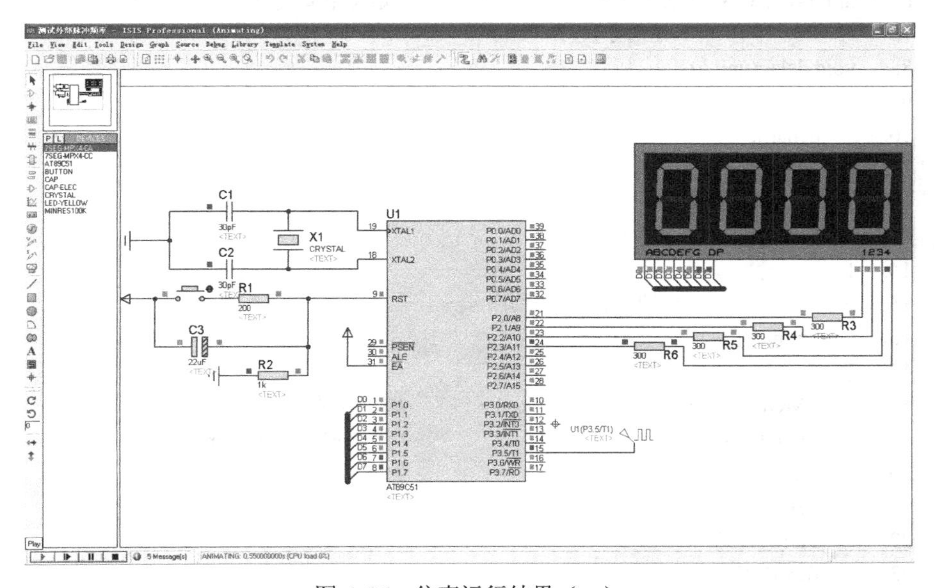

图 6-26　仿真运行结果（一）

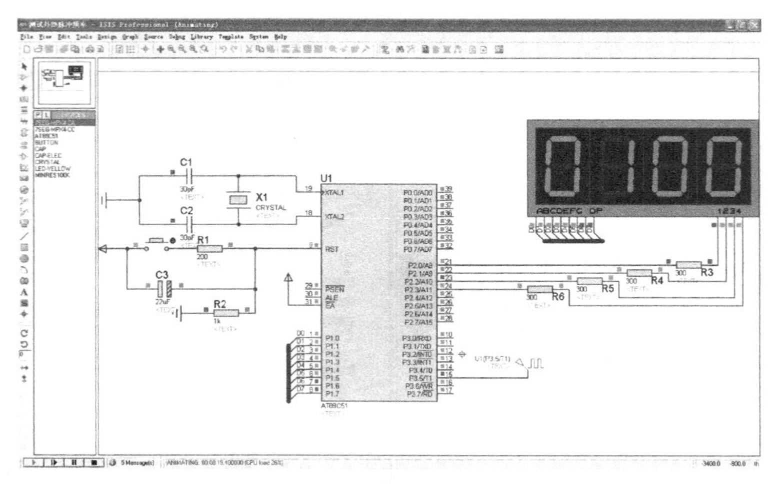

图 6-27　仿真运行结果（二）

6.2.5　C 语言程序设计与调试

1．程序设计分析

```
        程序代码                                          程序分析
1.  #include<regx51.h>                                  //加入头文件
2.  #define  uchar  unsigned  char                      //定义一下方便使用
3.  #define  unit   unsigned  int
4.  uchar unm[ ]={0x3f,0x06,0x5b,0x4f,0x66,              //数字 0～4
5.                0x6d,0x7d,0x07,0x7f,0x6f};            //数字 5～9
6.  unit t=0,x,x1,x2,x3,y;                              //定义全局变量
7.  //===========延时子程序==============
8.  void delay(unit a)
9.  {
10.     uchar j;
11.     while(a--)
12.     for(j=0;j<120;j++)
13.         ;
14. }
15. //==========定时器初始化子程序===========
16. void inint_0( )
17. {
18.     TMOD=0X51;                                      //T0 定时、T1 计数模式
19.     TH0=0X3C;                                       //设置定时时间 50ms
20.     TL0=0XB0;
21.     TH1=0X00;                                       //设置计数初始值为 0
22.     TL1=0X00;
23.     IE=0X82;                                        //打开中断
24. }
25. //====================显示子程序=================
26. void xianshi(unit c)
```

```
27.  {
28.      P2=0xfe;                              //选通千位的数码管
29.      P1=unm[c/1000];                       //输送千位数据
30.      delay(5);                             //延时 1ms
31.      P2=0xfd;                              //选通百位的数码管
32.      P1=unm[c/100%10];                     //输送百位数据
33.      delay(5);                             //延时 1ms
34.      P2=0xfb;                              //选通十位的数码管
35.      P1=unm[c%100/10];                     //输送十位数据
36.      delay(5);                             //延时 1ms
37.      P2=0xf7;                              //选通个位的数码管
38.      P1=unm[c%10];                         //输送个位数据
39.      delay(5);                             //延时 1ms
40.  }
41.  //======================计算==========================
42.  unit yunsuan( )
43.  {
44.      x3=x2*256;                            //高 8 位处理转换成十进制数
45.      x=x1+x3;                              //外部脉冲计算
46.      return x;
47.  }
48.  //=====主程序==========================
49.  void main( )
50.  {
51.      inint_0( );                           //调用定时器初始化子程序
52.      TR0=1;
53.      TR1=1;
54.      while(1)                              //无限循环
55.      {
56.        y=yunsuan( );
57.        xianshi(y);                         //调用显示子程序
58.       }
59.  }
60.  //=====定时器中断子程序==============
61.  void timer0_server( ) interrupt 1
62.  {
63.      TR0=0;
64.      TR1=0;                                //关闭计数器 T1
65.      TH0=0X3C;                             //重装定时器的值
66.      TL0=0XB0;
67.      t++;
68.      if(t= =20)                            //1s 时间到
69.        {
70.          t=0;                              //重新进行赋初值，取出 T1 计数值
71.          x2=TH1;
72.          x1=TL1;
```

```
73.            TH1=0X00;                         //计数器 T1 重新赋值 0
74.            TL1=0X00;
75.         }
76.       TR0=1;
77.       TR1=1;                                 //开启计数器 T1
78.    }
```

2．Proteus 与 Keil 联调

1）按照前面任务 2.1.5 中 Proteus 与 Keil 联调的步骤完成基本的软件设置。如果前面已经设置过一次，在此可以跳过。

2）用 Proteus 打开已绘制好的“测试外部脉冲频率.DSN”文件，在 Proteus 的“Debug”菜单中选中“Use Remote Debug Monitor（远程监控）”。同时，右键选中 STC89C51 单片机，在弹出对话框的“Program File”选项中，导入在 Keil 中生成的十六进制 HEX 文件“测试外部脉冲频率.HEX”。

3）用 Keil 打开刚才创建好的“测试外部脉冲频率.UV2”文件，打开窗口“Option for Target‘工程名’”。在 Debug 选项中右栏上部的下拉菜单选中 Proteus VSM Simulator。接着再单击进入 Settings 窗口，设置 IP 为 127.0.0.1，端口号为 8000。

4）在 Keil 中单击按钮，使用单步执行来调试程序，同时在 Proteus 中查看直观的仿真结果。这样就可以像使用仿真器一样调试程序了，Proteus 与 Keil 联调界面如图 6-28 所示。

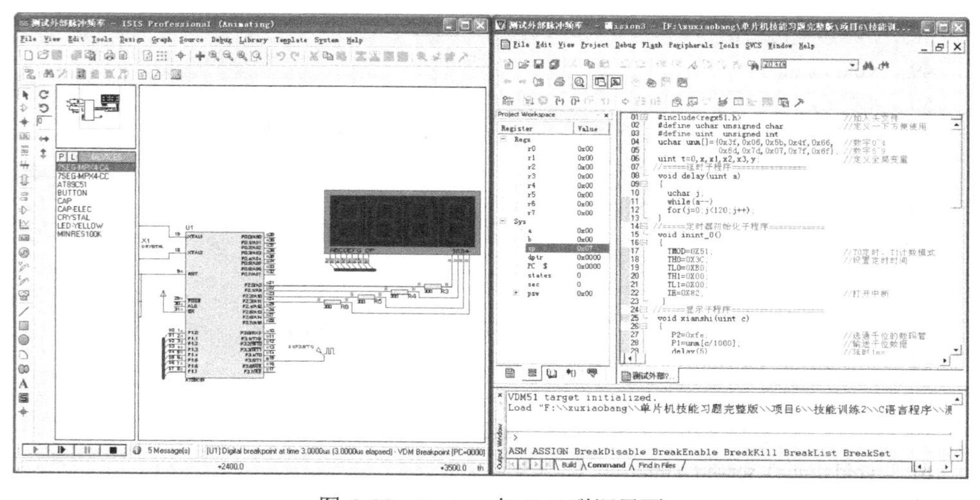

图 6-28　Proteus 与 Keil 联调界面

首先，在“Peripherals”下拉菜单中，单击“Timer”选中“Timer0”和“Timer1”选项后，将弹出定时/计数器窗口，当执行完程序初始化后，定时/计数器窗口也随之改变，程序调试运行状态如图 6-29 所示。

在定时/计数器中断 0 子程序入口设置一个断点，再全速运行程序，使程序进入定时/计数器中断 0 子程序中。程序调试运行状态如图 6-30 所示。

当 t 增加到 20 时，1s 时间到，t 重新赋值 0x0000，取出 T1 计数值用于频率计算。取消断点全速运行程序，就能看到计算出的频率。程序调试运行状态如图 6-31 和图 6-32 所示。

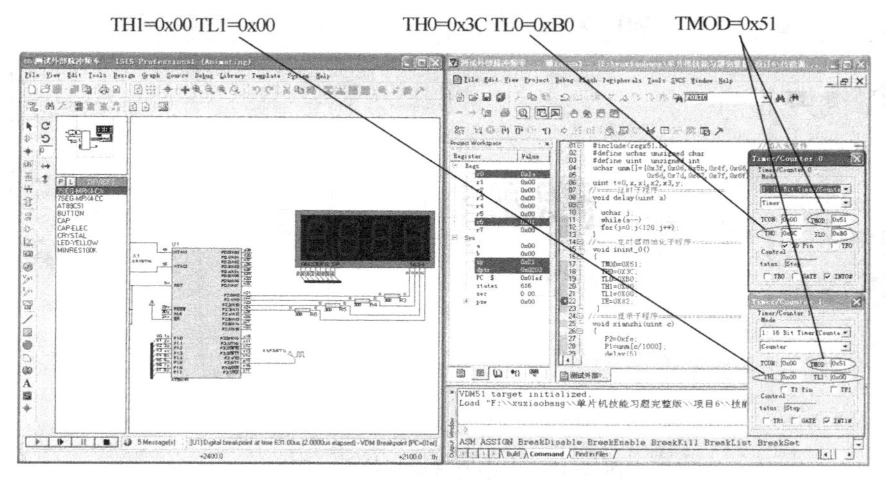

图 6-29　程序调试运行状态（一）

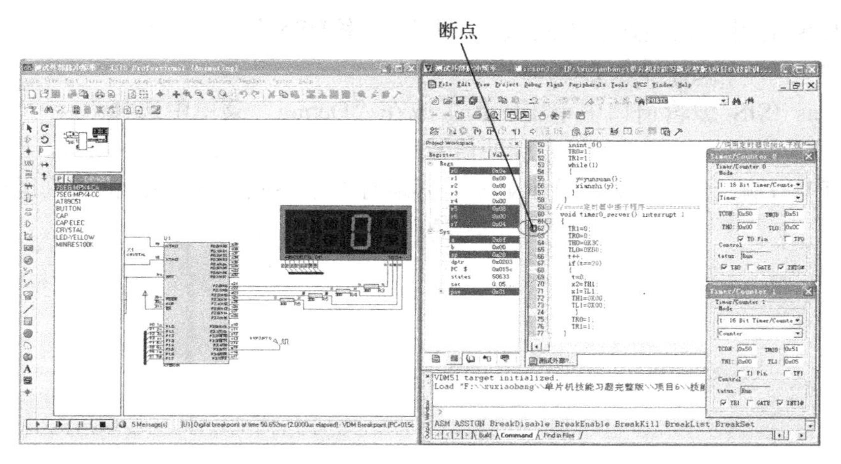

图 6-30　程序调试运行状态（二）

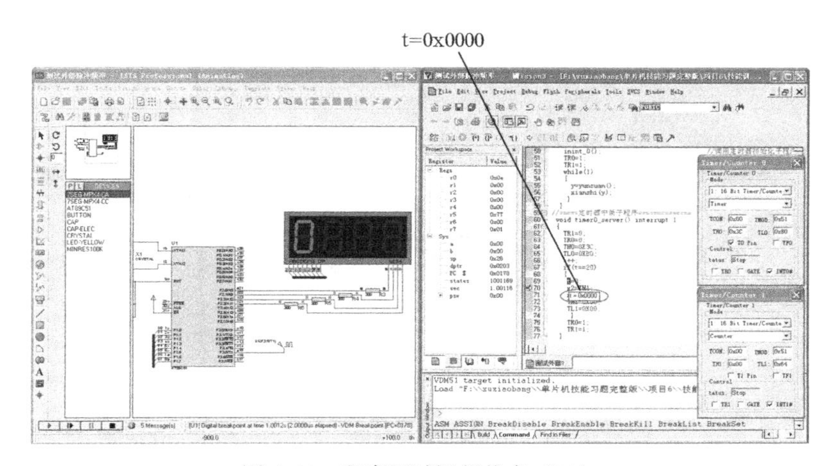

图 6-31　程序调试运行状态（三）

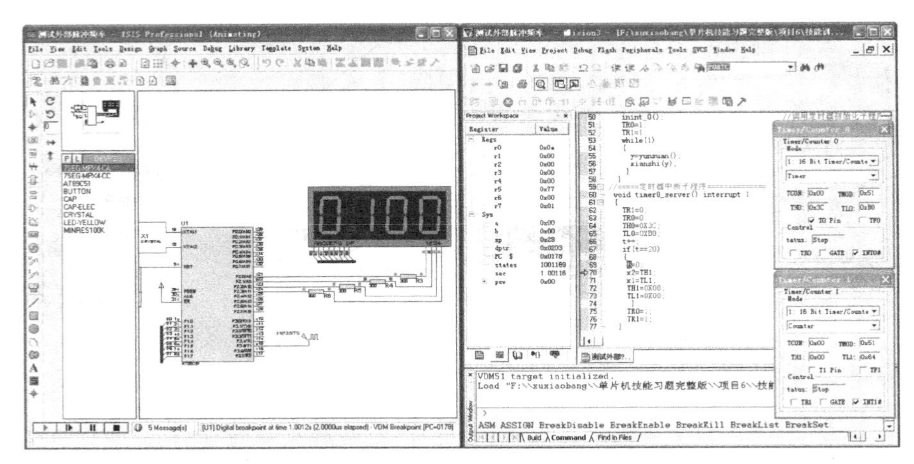

图 6-32　程序调试运行状态（四）

3．Proteus 仿真运行

用 Proteus 打开已绘制好的“测试外部脉冲频率.DSN”，并将最后调试完成的程序重新编译生成新“.HEX”文件导入 Proteus 中。

在 Proteus ISIS 编辑窗口中单击 ▶ 或在“Debug”菜单中选择“Execute”，运行时，不需任何其他控制，此时已经有脉冲信号进入，产生定时/计数器中断 1。经过 1s 后得出频率，经 P1 口输送到 4 位数码管上显示。其运行结果参照任务 6.2.4 的仿真运行结果。

项目 7　串行接口控制及应用

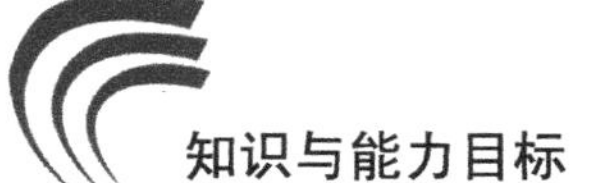

1）熟悉单片机串行通信接口结构与功能。
2）掌握串行接口的编程与控制方法。
3）掌握串转并接口电路及程序的分析与设计。
4）掌握串口与 PC 通信的接口电路及程序的分析与设计。
5）初步学会串行接口应用程序的分析与设计。
6）熟练使用 Proteus 进行单片机应用程序开发与调试。

训练任务 7.1　串口控制跑马灯

7.1.1　训练目的与控制要求

1．训练目的

1）熟悉单片机串行通信接口结构与功能。
2）掌握串行接口的编程与控制方法。
3）掌握单片机串转并接口电路的分析与设计。
4）学会单片机串转并应用程序的分析与设计。
5）熟练使用 Proteus 进行单片机应用程序开发与调试。

2．训练任务

图 7-1 所示为单片机通过两片 74LS164 芯片来扩展 I/O 口的串口控制跑马灯电路原理图，其具体的功能要求如下：当单片机一上电开始运行工作时，16 个 LED 灯快速左移点亮，形成一种简易的跑马灯；其具体的工作运行情况见本书配套教材（《单片机技术及应用（基于 Proteus 的汇编和 C 语言版）》ISBN 978-7-111-44676-7，以下所指配套教材均指这本书）附带光盘中的仿真运行视频文件。

3．训练要求

训练任务要求如下：
1）进行单片机应用电路分析，并完成 Proteus 仿真电路图的绘制。
2）根据任务要求进行单片机控制程序流程和程序设计思路分析，画出程序流程图。
3）依据程序流程图在 Keil 中进行源程序的编写与编译工作。
4）在 Proteus 中进行程序的调试与仿真工作，最终完成实现任务要求的程序。

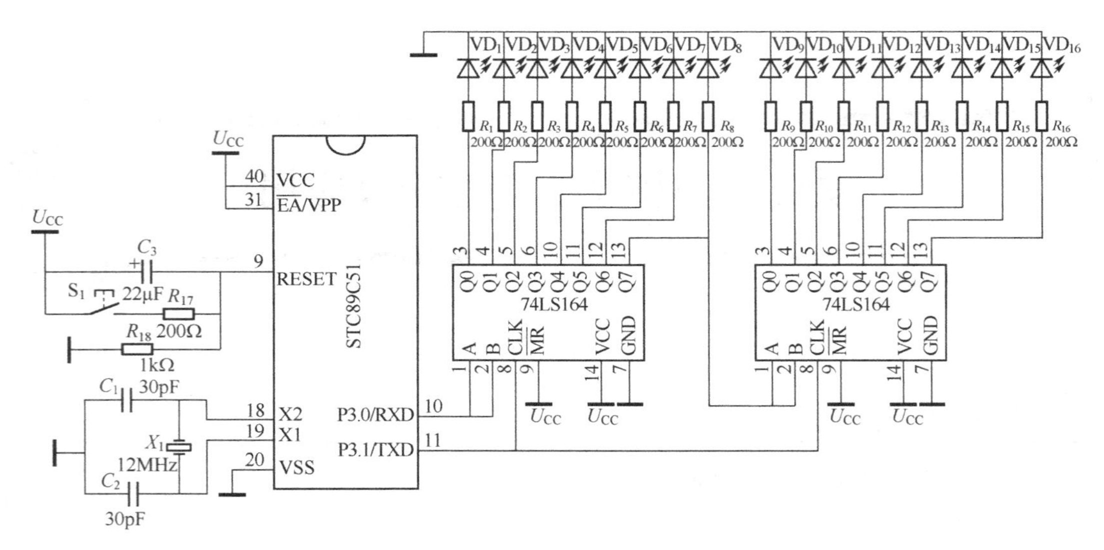

图 7-1　串口控制跑马灯电路原理图

5）完成单片机应用系统实物装置的焊接制作，并下载程序实现正常运行。

7.1.2　硬件系统与控制流程分析

1．任务硬件系统分析

该电路是在单片机最小系统的基础之上，通过单片机串行口外接 2 片 74LS164 扩展芯片实现 16 位并行 I/O 口的扩展，使之控制驱动 16 个 LED 灯运行工作。

2．任务控制流程分析

根据电路原理图和任务控制功能要求可得本任务的串口控制跑马灯流程图如图 7-2 所示。当系统完成相关的初始化之后，一直处于由串行发送 LED 点亮的信号，等待其 16 位发送完成后，清零标志位然后进行 LED 点亮延时处理的循环中。

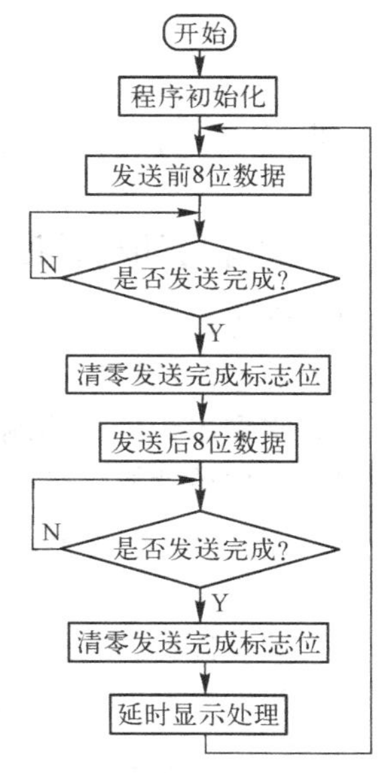

图 7-2　串口控制跑马灯流程图

7.1.3　Proteus 仿真电路图创建

1．列出元器件表

根据单片机应用电路原理图 7-1 所示，列出 Proteus 中实现该系统所需的元器件配置情况，如表 7-1 所示。

表 7-1　元器件配置表

名称	型号	数量	备注（Proteus 中元器件名称）
单片机	AT89C51	1	AT89C51
陶瓷电容	30pF	2	CAP
电解电容	22μF	1	CAP-ELEC
晶振	12MHz	1	CRYSTAL
电阻	1kΩ	1	RES

（续）

名称	型号	数量	备注（Proteus 中元器件名称）
电阻	200Ω	1	RES
电阻	300Ω	16	RES
发光二极管	黄色	16	LED-YELLOW
74LS164	74LS164	2	74LS164
按钮		1	BUTTON

2．绘制仿真电路图

用鼠标双击桌面上的图标进入“Proteus ISIS”编辑窗口，单击菜单命令“File”→“New Design”，新建一个 DEFAULT 模板，并保存为“串口控制跑马灯.DSN”。在器件选择按钮单击“P”按钮，将上表 7-1 中的元器件添加至对象选择器窗口中。然后，将各个元器件摆放好，最后依照图 7-1 所示的原理图将各个器件连接起来，串口控制跑马灯仿真图如图 7-3 所示。

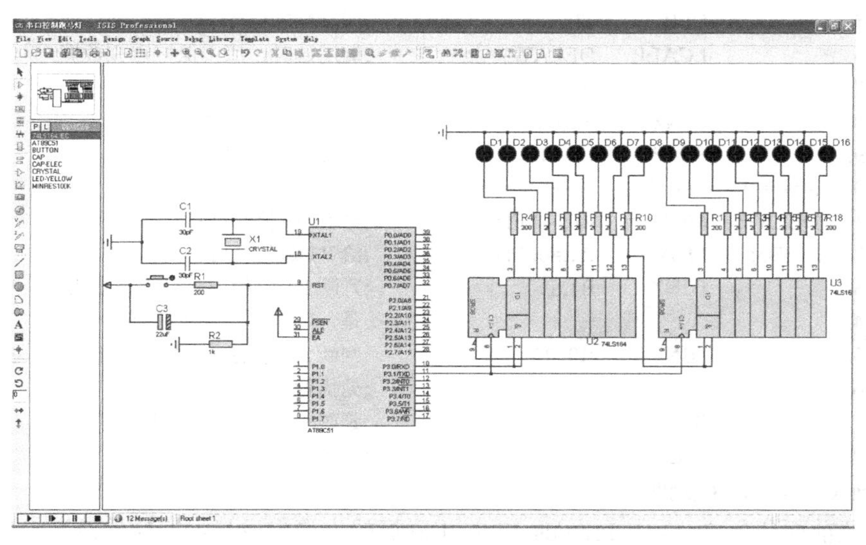

图 7-3　串口控制跑马灯仿真图

7.1.4　汇编语言程序设计与调试

1．程序设计分析

```
              程序代码                          程序分析
1.            ORG     0000H              ;程序复位入口地址
2.            LJMP    MAIN               ;程序跳到地址标号为 MAIN 处执行
3.            ORG     0030H              ;主程序入口地址
4.   MAIN:    MOV     SCON,#00H          ;设置串口通信方式 0
5.   LOOP:    MOV     A,#01H             ;设置初始点亮右侧 LED 灯的值
6.            MOV     R2,#8              ;设置循环次数为 8
7.  ;==========用于循环点亮右侧的八盏 LED==============
8.     D0:    MOV     SBUF,A             ;发送点亮右侧 LED 的数据
```

```
9.              JNB     TI,$            ;等待数据发送完成
10.             CLR     TI              ;清零标志位 TI
11.             MOV     SBUF,#00H       ;发送熄灭左侧 LED 的数据
12.             JNB     TI,$            ;等待数据发送完成
13.             CLR     TI              ;清零标志位 TI
14.             LCALL   DELAY           ;调用延时，用于保持点亮数据
15.             RL      A               ;A 循环左移一位
16.             DJNZ    R2,D0           ;用于判断是否循环 8 次
17.  ;=============用于循环点亮左侧的八盏 LED=============
18.             MOV     A,#01H          ;设置初始点亮左侧 LED 灯的值
19.             MOV     R2,#8           ;设置循环次数为 8
20.     D1:     MOV     SBUF,#00H       ;发送点亮右侧 LED 的数据
21.             JNB     TI,$            ;等待数据发送完成
22.             CLR     TI              ;清零标志位 TI
23.             MOV     SBUF,A          ;发送点亮左侧 LED 的数据
24.             JNB     TI,$            ;等待数据发送完成
25.             CLR     TI              ;清零标志位 TI
26.             LCALL   DELAY           ;调用延时，用于保持点亮数据
27.             RL      A               ;A 循环左移一位
28.             DJNZ    R2,D1           ;用于判断是否循环 8 次
29.             SJMP    LOOP            ;跳转至 LOOP
30.  ;==========延时子程序================
31.  DELAY:     MOV     R0,#0FFH        ;给 R0 赋值#0FFH
32.     D5:     MOV     R1,#0FFH        ;给 R1 赋值#0FFH
33.             DJNZ    R1,$            ;判断 R1 中的内容减 1 是否为 0，否，等待
34.                                     ;是，则执行下一条指令
35.             DJNZ    R0,D5           ;判断 R0 中的内容减 1 是否为 0，否，跳至 D5
36.                                     ;处执行
37.             RET                     ;延时子程序结束返回
38.             END                     ;程序结束
```

2．Proteus 与 Keil 联调

1）按照前面任务 2.1.4 中 Proteus 与 Keil 联调的步骤完成基本的软件设置。如果前面已经设置过一次，在此可以跳过。

2）用 Proteus 打开已绘制好的“串口控制跑马灯.DSN”文件，在 Proteus 的“Debug”菜单中选中“Use Remote Debug Monitor（远程监控）”。同时，右键选中 STC89C51 单片机，在弹出对话框的“Program File”选项中，导入在 Keil 中生成的十六进制 HEX 文件“串口控制跑马灯.HEX”。

3）用 Keil 打开刚才创建好的“串口控制跑马灯.UV2”文件，打开窗口“Option for Target‘工程名’”。在 Debug 选项中右栏上部的下拉菜单选中 Proteus VSM Simulator。接着再单击进入 Settings 窗口，设置 IP 为 127.0.0.1，端口号为 8000。

4）在 Keil 中单击，使用单步执行来调试程序，同时在 Proteus 中查看直观的仿真结果。这样就可以像使用仿真器一样调试程序了，Proteus 与 Keil 联调界面如图 7-4 所示。

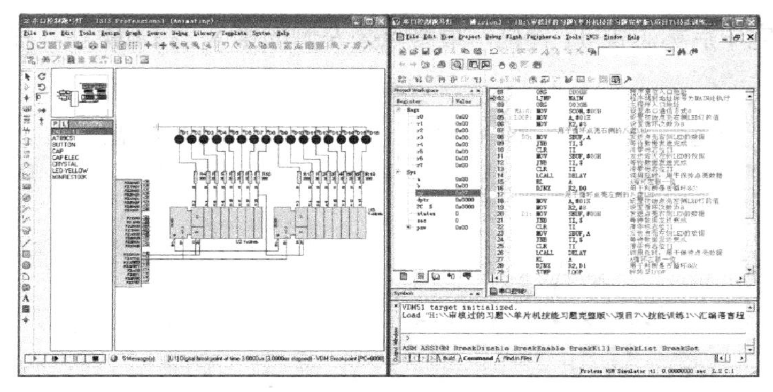

图 7-4　Proteus 与 Keil 联调界面

在联调时，单击菜单 Peripherals，选中 Serial 选项，弹出串行数据窗口，当程序执行完串口设置处理程序段后，串行数据窗口会显示出当前串行口各个寄存器状态，程序调试运行状态如图 7-5 所示。

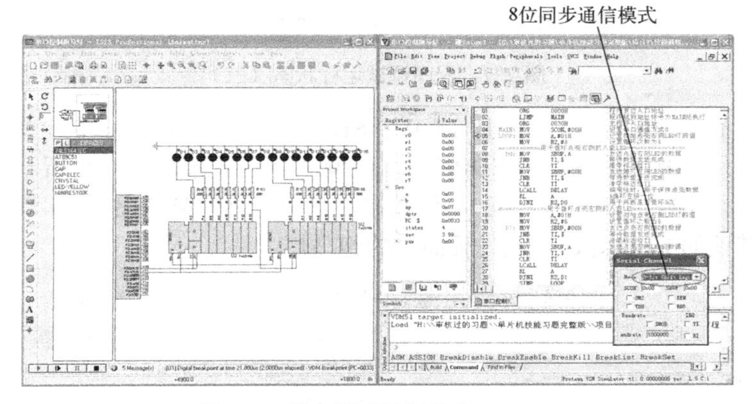

图 7-5　程序调试运行状态（一）

当执行完语句“MOV　SBUF,A”后，并不是一下子将 8 位数据同时发出，而是一位一位的将数据发出。例如，要点亮左侧的第 8 盏 LED 灯，则由于数据一位一位发送，则会先点亮其他 LED 灯，等到发送完毕后才最终点亮左侧的第 8 盏 LED 灯，程序调试运行状态如图 7-6 所示。

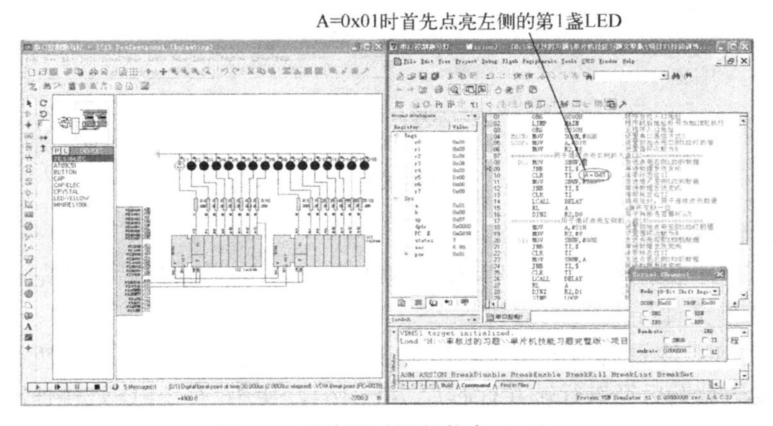

图 7-6　程序调试运行状态（二）

当数据发送完毕后标志位 TI 置位，最终点亮左侧的第 8 盏 LED 灯，程序调试运行状态如图 7-7 所示。

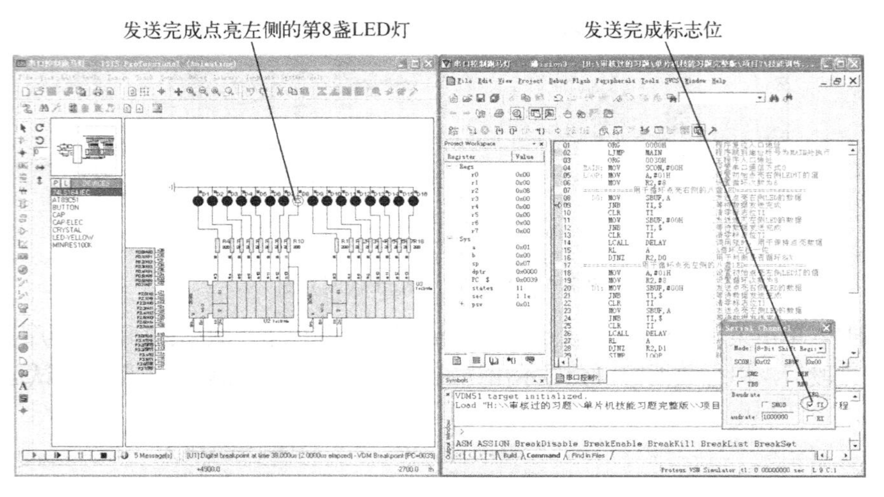

图 7-7　程序调试运行状态（三）

清零标志位后程序继续执行语句“MOV　SBUF,#00H”后，输出 8 位数据 0，最后真正保持点亮延时的是右侧的第 8 盏 LED 灯，程序调试运行状态如图 7-8 所示。延时显示处理后，继续进行循环运行，发送下一组 16 位数据，点亮右侧的第 7 盏 LED 灯。同样，后续运行时依次点亮其他的 LED 灯，形成一种简易的跑马灯。

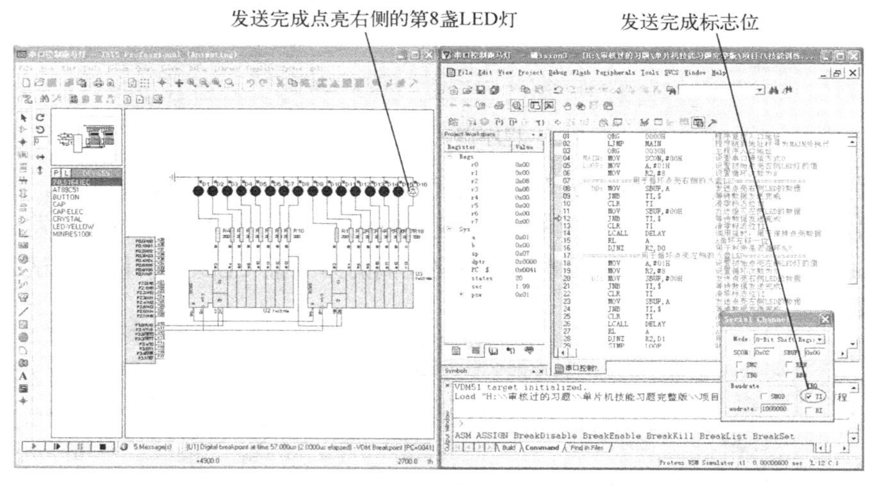

图 7-8　程序调试运行状态（四）

3．Proteus 仿真运行

用 Proteus 打开已绘制好的“串口控制跑马灯.DSN”，并将最后调试完成的程序重新编译生成新“.HEX”文件导入 Proteus 中。

在 Proteus ISIS 编辑窗口中单击 [▶] 或在“Debug”菜单中选择“Execute”，运行时，通过串口发送数据后经串行转并行芯片 74LS164，使 16 个 LED 灯快速左移点亮，形成一种简易的跑马灯，仿真运行界面如图 7-9 所示。

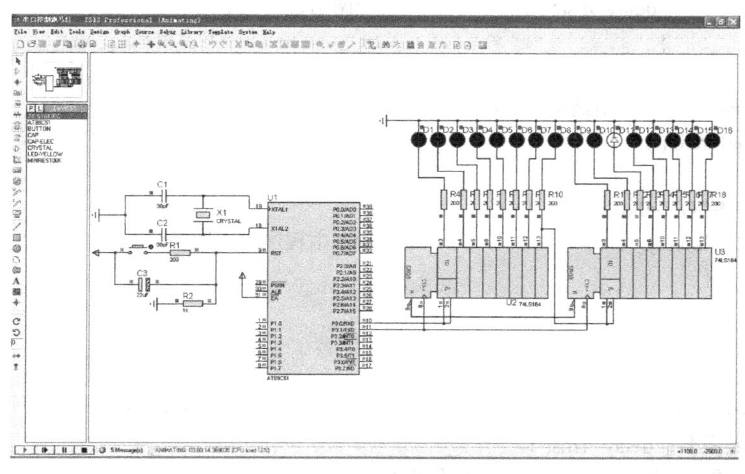

图 7-9　仿真运行界面

7.1.5　C 语言程序设计与调试

1．程序设计分析

```
程序代码                                        程序分析
1.  #include<regx51.h>                          //定义包含头文件
2.  #include<intrins.h>                         //定义包含头文件
3.  #define  unit  unsigned  int                //宏定义
4.  #define  uchar  unsigned  char              //宏定义
5.  void  delay_ms(unit);                       //函数声明
6.  //================跑马灯数据发送================
7.  void  fasong( )
8.  {      uchar i,m;
9.         m=0x01;
10.        for(i=0;i<8;i++)                     //循环点亮右侧八盏 LED
11.          {
12.             SBUF=m;
13.             m=_crol_(m,1);                  //将变量 m 循环左移 1 位
14.             if(TI==1)   TI=0;
15.             SBUF=0X00;
16.             if(TI==1)   TI=0;
17.             delay_ms(500);                  //调用延时函数
18.           }
19.        m=0x80;
20.        for(i=0;i<8;i++)                     //循环点亮左八盏 LED
21.          {
22.             SBUF=0X00;
23.             if(TI==1)   TI=0;
24.             m=_crol_(m,1);                  //将变量 m 循环左移 1 位
25.             SBUF=m;
```

```
26.             if(TI==1)   TI=0;
27.             delay_ms(500);              //调用延时函数
28.            }
29.  }
30.  //=========主函数==============================
31.  void main( )
32.  {
33.      SCON=0x00;
34.      while(1)                           //在主程序内无限循环扫描
35.       {
36.         fasong( );
37.       }
38.  }
39.  //=============================================/
40.  //函数名：delay_1ms( )
41.  //功能：利用 for 循环执行空操作来达到延时
42.  //调用函数：无
43.  //输入参数：x
44.  //输出参数：无
45.  //说明：延时的时间为 1ms 的子程序
46.  //=============================================/
47.  void delay_ms(unit x)
48.  {
49.      uchar j;
50.        while(x--)
51.         for(j=120;j>0;j--)
52.             ;
53.  }
```

2．Proteus 与 Keil 联调

1）按照前面任务 2.1.5 中 Proteus 与 Keil 联调的步骤完成基本的软件设置。如果前面已经设置过一次，在此可以跳过。

2）用 Proteus 打开已绘制好的"串口控制跑马灯.DSN"文件，在 Proteus 的"Debug"菜单中选中"Use Remote Debug Monitor（远程监控）"。同时，右键选中 STC89C51 单片机，在弹出对话框的"Program File"选项中，导入在 Keil 中生成的十六进制 HEX 文件"串口控制跑马灯.HEX"。

3）用 Keil 打开刚才创建好的"串口控制跑马灯.UV2"文件，打开窗口"Option for Target '工程名'"。在 Debug 选项中右栏上部的下拉菜单选中 Proteus VSM Simulator。接着再单击进入 Settings 窗口，设置 IP 为 127.0.0.1，端口号为 8000。

4）在 Keil 中单击，使用单步执行来调试程序，同时在 Proteus 中查看直观的仿真结果。这样就可以像使用仿真器一样调试程序了，Proteus 与 Keil 联调界面如图 7-10 所示。

在联调时，单击菜单 Peripherals，选中 Serial 选项，弹出串行数据窗口，当程序执行完程序处理程序段，串行数据窗口会显示出当前串行口各个寄存器状态，程序调试运行状态如图 7-11 所示。

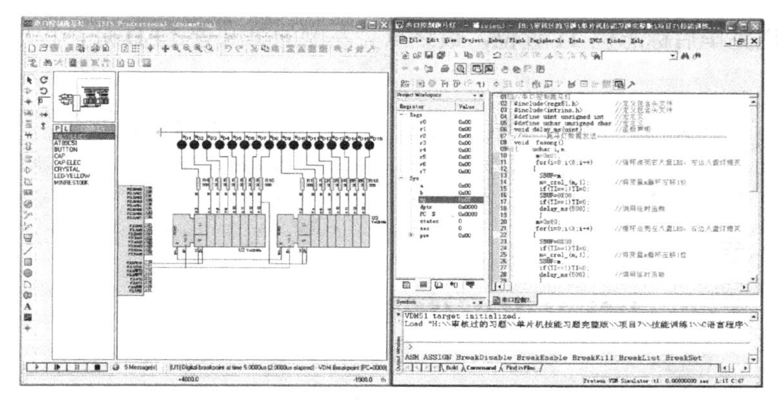

图 7-10　Proteus 与 Keil 联调界面

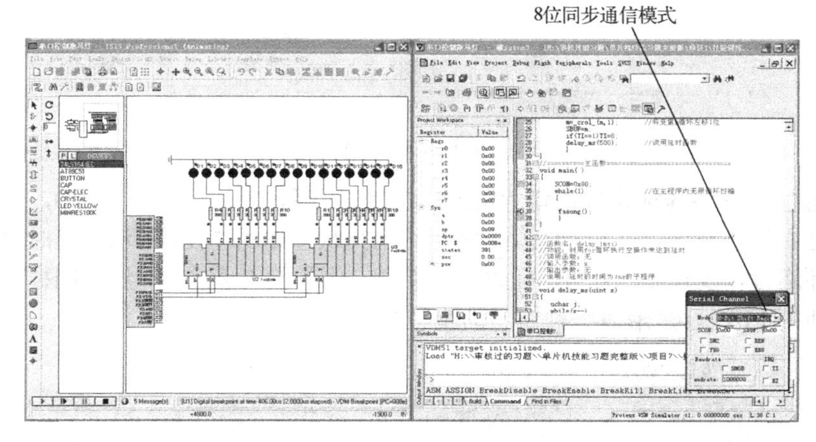

图 7-11　程序调试运行状态（一）

当执行完语句“SBUF=m;”后，并不是一下子将 8 位数据同时发出，而是一位一位的将数据发出。例如，要点亮左侧的第 8 盏 LED 灯，则由于数据一位一位发送，则会先点亮其他 LED 灯，等到发送完毕后才最终点亮左侧的第 8 盏 LED 灯，程序调试运行状态如图 7-12 所示。

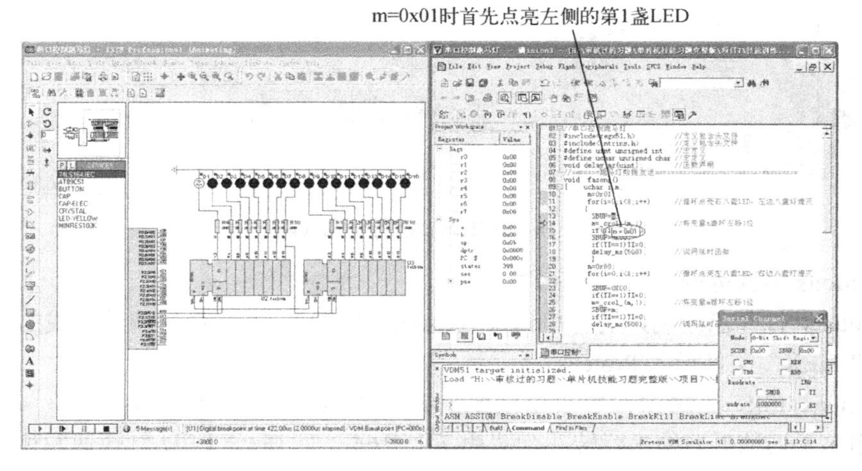

图 7-12　程序调试运行状态（二）

当数据发送完毕后标志位 TI 置位，最终点亮左侧的第 8 盏 LED 灯，程序调试运行状态如图 7-13 所示。

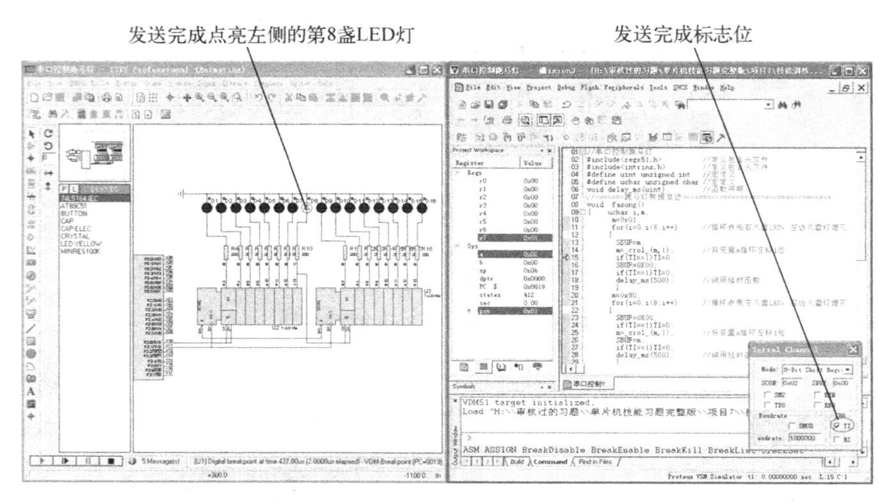

图 7-13　程序调试运行状态（三）

清零标志位后程序继续执行语句“SBUF=0X00;”后，输出 8 位数据 0，最后真正保持点亮延时的是右侧的第 8 盏 LED 灯，程序调试运行状态如图 7-14 所示。延时显示处理后，继续进行循环运行，发送下一组 16 位数据，点亮右侧的第 7 盏 LED 灯。同样，后续运行时依次点亮其他的 LED 灯，形成一种简易的跑马灯。

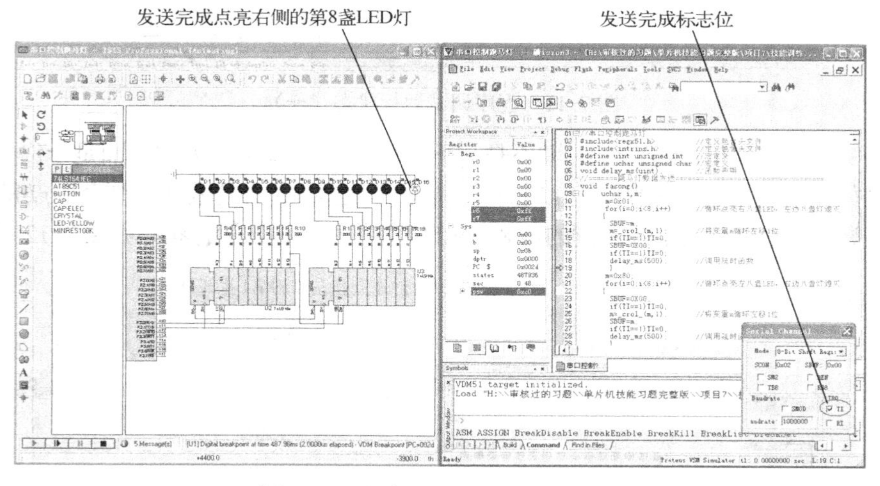

图 7-14　程序调试运行状态（四）

3．Proteus 仿真运行

用 Proteus 打开已绘制好的“串口控制跑马灯.DSN”，并将最后调试完成的程序重新编译生成新“.HEX”文件导入 Proteus 中。

在 Proteus ISIS 编辑窗口中单击 ▶ 或在“Debug”菜单中选择“Execute”，运行时，通过串口发送数据后经串行转并行芯片 74LS164，使 16 个 LED 灯快速左移点亮，形成一种简易的跑马灯，其运行结果参照任务 7.1.4 的仿真运行结果。

训练任务 7.2　双机通信控制

7.2.1　训练目的与控制要求

1．训练目的

1）熟悉单片机串行通信接口结构与功能。

2）掌握串行接口的编程与控制方法。

3）理解单片机双机通信原理及实现方法。

4）学会单片机双机通信应用程序的分析与设计。

5）熟练使用 Proteus 进行单片机应用程序开发与调试。

2．训练任务

图 7-15 所示为两单片机之间通过串口通信实现相互信息交流功能的电路原理图，其具体的功能要求如下：当单片机上电开始运行工作时，两单片机将各自 P1 口的开关状态传输给对方，并通过对方的 LED 显示出相应的开关状态（断开时灯灭、闭合时灯亮）；其具体的工作运行情况见本书配套教材附带光盘中的仿真运行视频文件。

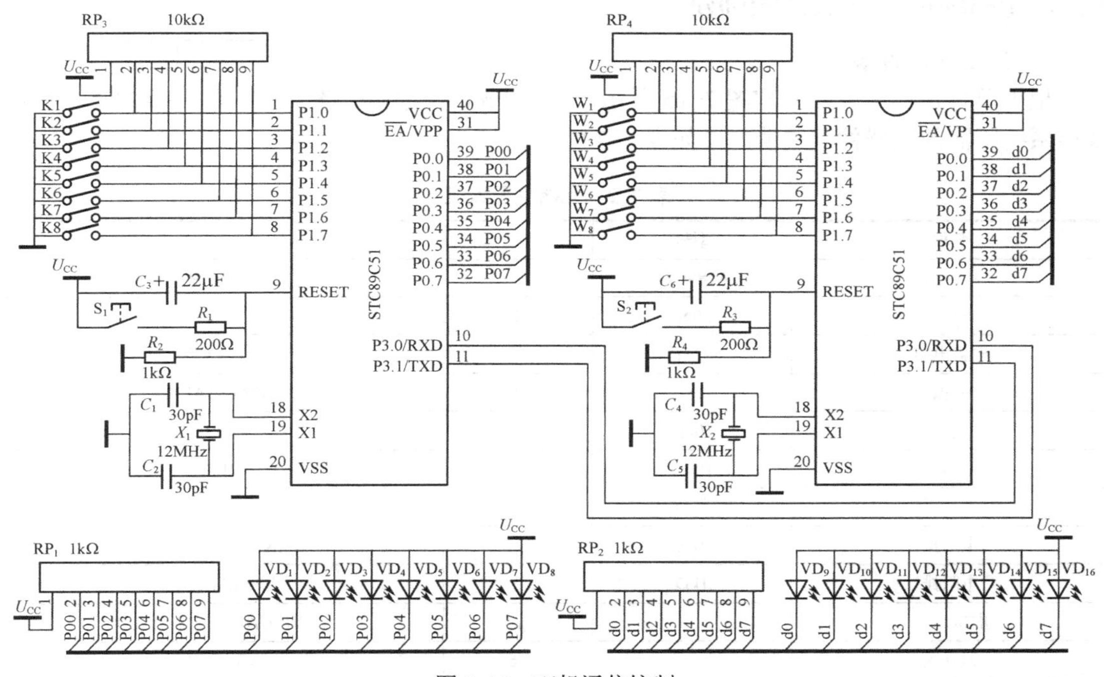

图 7-15　双机通信控制

3．训练要求

训练任务要求如下：

1）进行单片机应用电路分析，并完成 Proteus 仿真电路图的绘制。

2）根据任务要求进行单片机控制程序流程和程序设计思路分析，画出程序流程图。

3）依据程序流程图在 Keil 中进行源程序的编写与编译工作。

4）在 Proteus 中进行程序的调试与仿真工作，最终完成实现任务要求的程序。

5）完成单片机应用系统实物装置的焊接制作，并下载程序实现正常运行。

7.2.2 硬件系统与控制流程分析

1. 任务硬件系统分析

该电路由两个单片机及各自扩展的开关与 LED 接口电路组成，两个单片机之间通过串口实现两者的电气连接。两单片机分别将各自 P1 口的开关状态数据通过串口通信传输给对方，并通过对方 P0 口所接的 LED 显示出相应的开关状态。

2. 任务控制流程分析

根据电路原理图和任务控制功能要求可知，本任务功能上主要是通过两单片机串行通信实现两个单片机上开关分别控制对方 LED 的亮灭，图 7-16 所示为本任务程序设计的程序控制流程图。

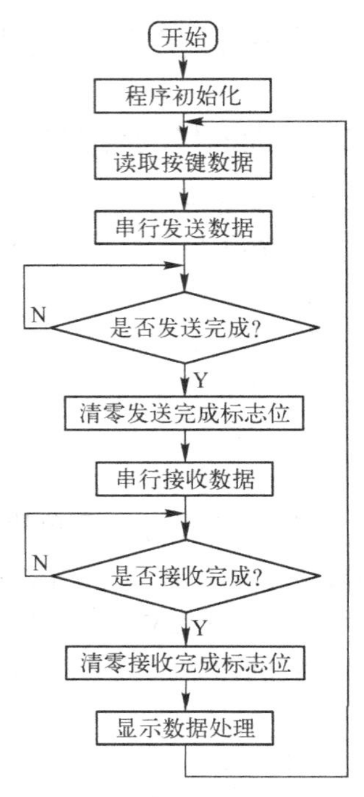

图 7-16 双机通信控制流程图

7.2.3 Proteus 仿真电路图创建

1. 列出元器件表

根据单片机应用电路原理图 7-15 所示，列出 Proteus 中实现该系统所需的元器件配置情况，如表 7-2 所示。

表 7-2 元器件配置表

名称	型号	数量	备注（Proteus 中元器件名称）
单片机	AT89C51	2	AT89C51
陶瓷电容	30pF	4	CAP
电解电容	22μF	2	CAP-ELEC
晶振	12MHz	2	CRYSTAL
电阻	10kΩ	2	RES
电阻	100Ω	2	RES
发光二极管	黄色	16	LED-YELLOW
电阻排	10kΩ	2	RESPACK-8
电阻排	1kΩ	2	RESPACK-8
虚拟终端		2	VIRTUAL TERMINAL
刀开关		16	SWITCH
按钮		2	BUTTON

2. 绘制仿真电路图

用鼠标双击桌面上的图标 ISIS 进入“Proteus ISIS”编辑窗口，单击菜单命令“File”→“New Design”，新建一个 DEFAULT 模板，并保存为“双机通信控制.DSN”。在器件选择按钮 P L DEVICES 单击“P”按钮，将表 7-2 中的元器件添加至对象选择器窗口中。然后，将各个元器件摆放好，最后依照图 7-15 所示的原理图将各个器件连接起来，双机通信控制仿真图如图 7-17 所示。其中虚拟终端元件在工具箱中单击“虚拟仪器”按钮，在弹出的“Instruments”窗口中，单击“VIRTUAL TERMINAL”按钮，再在原理图编辑窗口中单击，添加虚拟终端，并将虚拟终端与相应引脚相连。

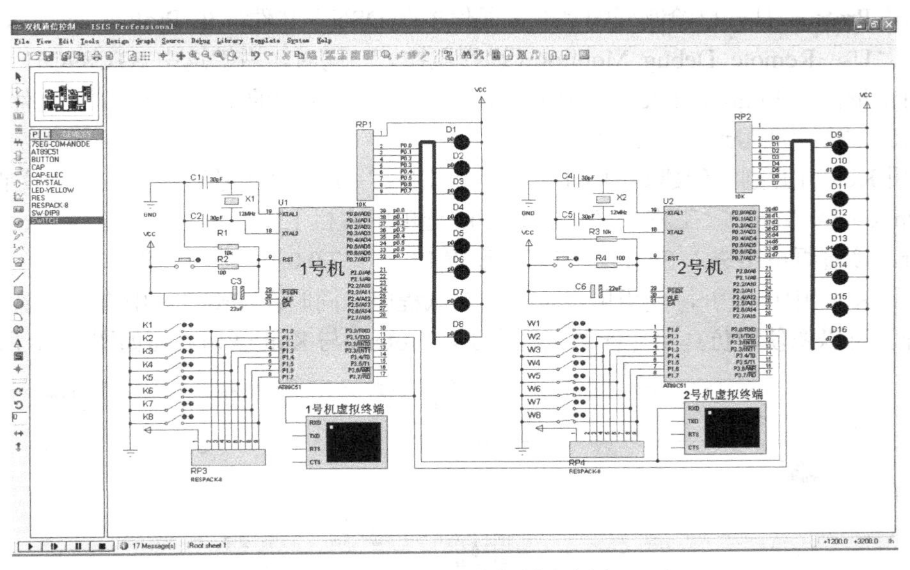

图 7-17　双机通信控制仿真图

7.2.4　汇编语言程序设计与调试

1．程序设计分析

	（1、2 号机）程序代码			程序分析
1.		ORG	0000H	;程序复位入口地址
2.		LJMP	MAIN	;程序跳到地址标号为 MAIN 处执行
3.		ORG	0030H	;主程序执行地址
4.	MAIN:	MOV	TMOD,#20H	;设定定时器 T1 为模式 2
5.		MOV	TL1,#0E8H	;送定时初值,波特率为 1200Hz
6.		MOV	TH1,#0E8H	
7.		MOV	PCON,#00H	;PCON 中的 SMOD=0
8.		MOV	SCON,#50H	;设定串行口为模式 1
9.		SETB	TR1	;启动定时器 T1
10.	D1:	MOV	P1,#0FFH	;拉高 P1 端口
11.		MOV	A,P1	;读取的数据存入 A
12.		MOV	SBUF,A	;数据送 SBUF 发送
13.	D2:	JNB	TI,D2	;判断数据是否发送完毕
14.		CLR	TI	;发送完一帧后清标志
15.	D3:	JNB	RI,D3	;判断是否接收到数据
16.		CLR	RI	;接收到数据后清接收标志
17.		MOV	A,SBUF	;数据送累加器 A
18.		MOV	P0,A	;从 P0 口输出
19.		SJMP	D1	;返回继续
20.		END		;程序结束

2. Proteus 与 Keil 联调

1）按照前面任务 2.1.4 中 Proteus 与 Keil 联调的步骤完成基本的软件设置。如果前面已经设置过一次，在此可以跳过。

2）用 Proteus 打开已绘制好的“双机通信控制.DSN”文件，在 Proteus 的“Debug”菜单中选中“Use Remote Debug Monitor（远程监控）”。同时，右键选中 STC89C51 单片机，在弹出对话框的“Program File”选项中，导入在 Keil 中生成的十六进制 HEX 文件“1 号通信机.HEX”或者“2 号通信机.HEX”。

3）用 Keil 打开刚才创建好的“1 号通信机.UV2” 或者“2 号通信机.UV2”文件，打开窗口“Option for Target‘工程名’”。在 Debug 选项中右栏上部的下拉菜单选中 Proteus VSM Simulator。接着再单击进入 Settings 窗口，设置 IP 为 127.0.0.1，端口号为 8000。

4）在 Keil 中单击，使用单步执行来调试程序，同时在 Proteus 中查看直观的仿真结果。这样就可以像使用仿真器一样调试程序了，Proteus 与 Keil 联调界面如图 7-18 所示。

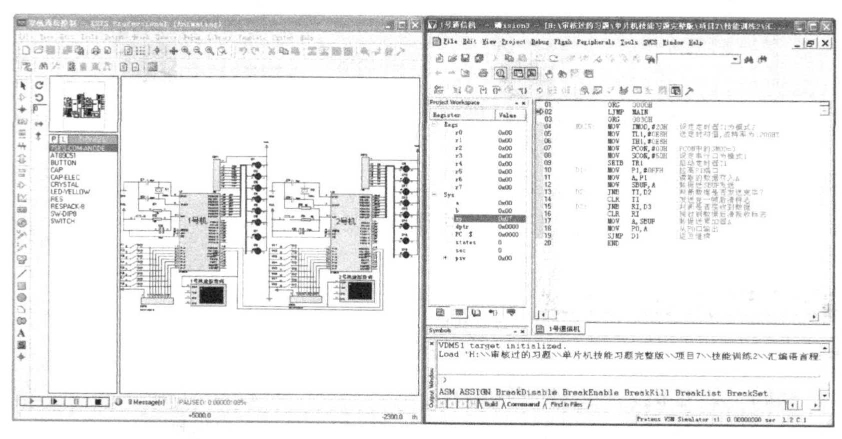

图 7-18 Proteus 与 Keil 联调界面

在联调 1 号机时，在语句“MOV SBUF,A”前设置一个断点，闭合 1 号机上 P1.3 的开关，全速运行程序。可以看到 A=0XF7，程序调试运行状态如图 7-19 所示。

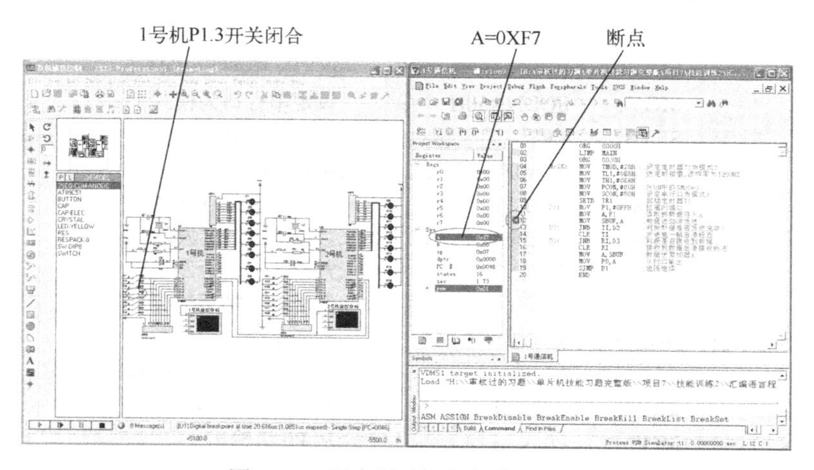

图 7-19 程序调试运行状态（一）

再次全速运行程序，可以看到 2 号机上相对应的 P0.3 口的 LED 被点亮，程序调试运行状态如图 7-20 所示。

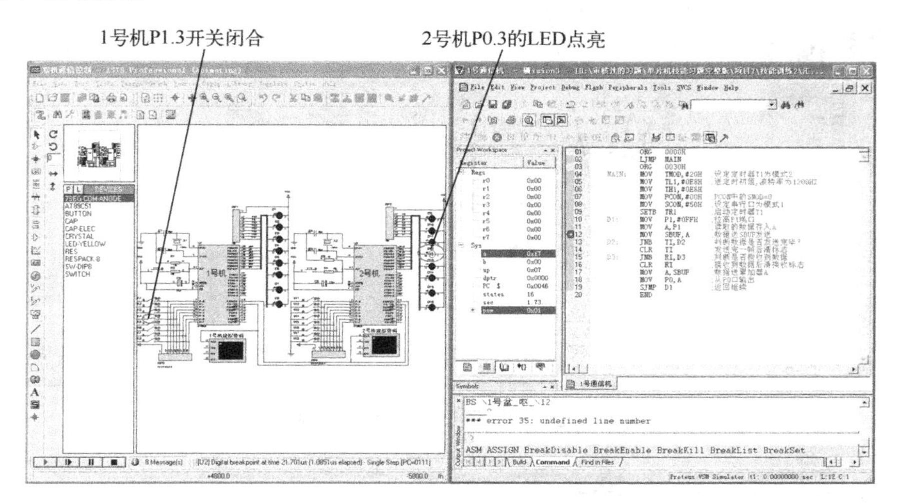

图 7-20　程序调试运行状态（二）

在联调 2 号机时，在语句“MOV　SBUF,A”前设置一个断点，闭合 2 号机上 P1.2 和 P1.5 的开关，全速运行程序。可以看到 A=0xDB，程序调试运行状态如图 7-21 所示。

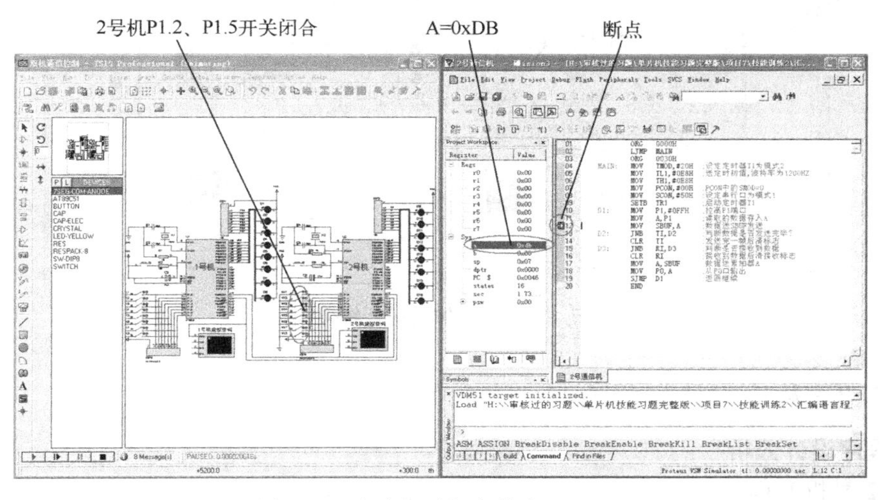

图 7-21　程序调试运行状态（三）

再次全速运行程序，可以看到一号机上 P0.2 和 P0.5 的 LED 被点亮，程序调试运行状态如图 7-22 所示。

3．Proteus 仿真运行

用 Proteus 打开已绘制好的“双机通信控制.DSN”，并将最后调试完成的程序重新编译生成新“.HEX”文件导入 Proteus 中。

在 Proteus ISIS 编辑窗口中单击▶或在“Debug”菜单中选择“Execute”，运行时，两单片机将各自 P1 口的开关状态传输给对方，并通过对方的 LED 显示出相应的开关状态（断开时灯灭、闭合时灯亮）；仿真运行结果如图 7-23 所示。

1号机P0.2和P0.5的LED点亮　　2号机P1.2、P1.5开关闭合

File Edit View Project Debug Flash Peripherals Tools SVCS Window Help

Project Workspace

Register	Value
Regs	
r0	0x00
r1	0x00
r2	0x00
r3	0x00
r4	0x00
r5	0x00
r6	0x00
r7	0x00
Sys	
b	0x00
sp	0x07
dptr	0x0000
PC $	0x0046
states	16
sec	1 73.
psw	0x00

```
01            ORG    0000H
02            LJMP   MAIN
03            ORG    0030H
04   MAIN:    MOV    TMOD,#20H
05            MOV    TL1,#0E8H
06            MOV    TH1,#0E8H
07            MOV    PCON,#00H
08            MOV    SCON,#50H
09            SETB   TR1
10   D1:      MOV    P1,#0FFH
11            MOV    A,P1
12            MOV    SBUF,A
13   D2:      JNB    TI,D2
14            CLR    TI
15   D3:      JNB    RI,D3
16            CLR    RI
17            MOV    A,SBUF
18            MOV    P0,A
19            SJMP   D1
20            END
```

2号通信机

```
*** error 10: Syntax error
ASM ASSIGN BreakDisable BreakEnable BreakKill BreakList BreakSet
```

Build Command Find in Files

Proteus VSM Simulator t1: 0.00000000 sec L:12 C:1

图 7-22　程序调试运行状态（四）

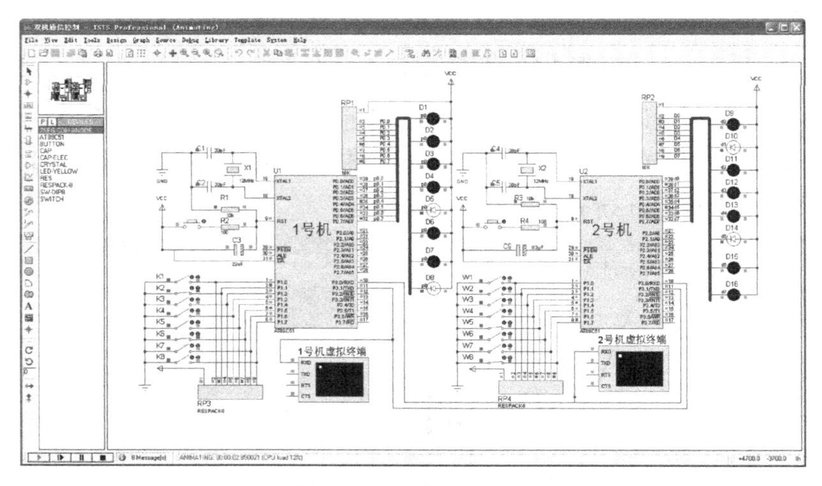

图 7-23　仿真运行结果

7.2.5　C 语言程序设计与调试

1．程序设计分析

（1、2 号机）程序代码　　　　　　　　程序分析

```
1.   #include <regx51.h>                //加入头文件
2.   #define  unit  unsigned  int       //定义一下方便使用
3.   #define  uchar  unsigned  char
4.   //=====接收数据子程序=======
5.   uchar jieshou( )
6.   {
7.        unit a;
8.        while(RI!=0)                  //查询是否接收完成
9.          {
10.           RI=0;                     //清零接收标志位 RI
```

```
11.            a=SBUF;                        //移出接收到的数据
12.            }
13.        return a;                          //将接收到的数据传给变量 a
14.    }
15.    //===发送单个字符子程序===
16.    void fasong(uchar c)
17.    {
18.        SBUF=c;                            //装入数据并发送
19.        while(TI==0);                      //等待发送结束
20.        TI=0;                              //清零发送标志位 TI
21.    }
22.    //====主程序===============
23.    void main( )
24.    {
25.        uchar x;
26.        SCON=0x50;                         //设置串口工作在方式 1 并允许接收数据
27.        TMOD=0x20;                         //设置定时器工作在方式 2
28.        PCON=0x00;                         //波特率加倍
29.        TH1=0xE8;                          //设置定时器 1 的值
30.        TL1=0xE8;
31.        TR1=1;                             //开启定时器 1
32.        while(1)                           //无限循环
33.          {
34.            P1=0XFF;                       //读取数据时要先拉高端口
35.            x=P1;                          //读取按键数据
36.            fasong( x );                   //数据发送给 2 号机
37.            while(RI==0){ ; }              //查询是否接收完成
38.            P0=jieshou( );                 //接受的数据反映到 LED 指示灯
39.            }
40.    }
```

2．Proteus 与 Keil 联调

1）按照前面任务 2.1.5 中 Proteus 与 Keil 联调的步骤完成基本的软件设置。如果前面已经设置过一次，在此可以跳过。

2）用 Proteus 打开已绘制好的"双机通信控制.DSN"文件，在 Proteus 的"Debug"菜单中选中"Use Remote Debug Monitor（远程监控）"。同时，右键选中 STC89C51 单片机，在弹出对话框的"Program File"选项中，导入在 Keil 中生成的十六进制 HEX 文件"1 号通信机.HEX"或者"2 号通信机.HEX"。

3）用 Keil 打开刚才创建好的"1 号通信机.UV2" 或者"2 号通信机.UV2"文件，打开窗口"Option for Target '工程名'"。在 Debug 选项中右栏上部的下拉菜单选中 Proteus VSM Simulator。接着再单击进入 Settings 窗口，设置 IP 为 127.0.0.1，端口号为 8000。

4）在 Keil 中单击按钮，使用单步执行来调试程序，同时在 Proteus 中查看直观的仿真结果。这样就可以像使用仿真器一样调试程序了，Proteus 与 Keil 联调界面如图 7-24 所示。

在联调 1 号机时，在语句"fasong(x);"前设置一个断点，闭合 1 号机上 P1.1 和 P1.5 的开关，全速运行程序。可以看到 X=0XDD，程序调试运行状态如图 7-25 所示。

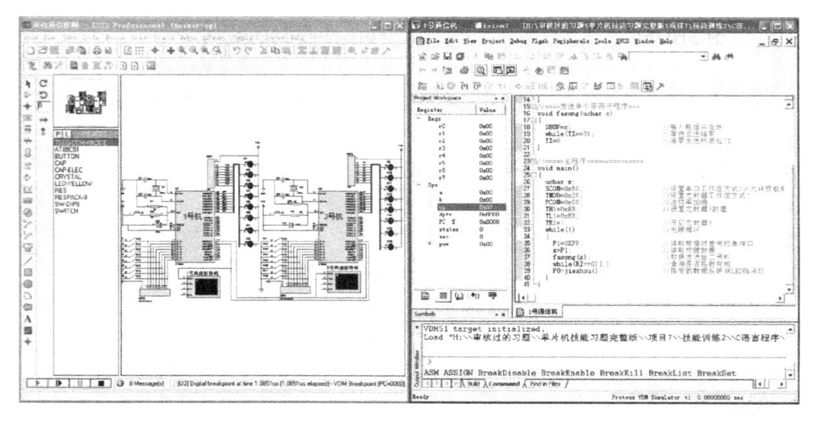

图 7-24　Proteus 与 Keil 联调界面

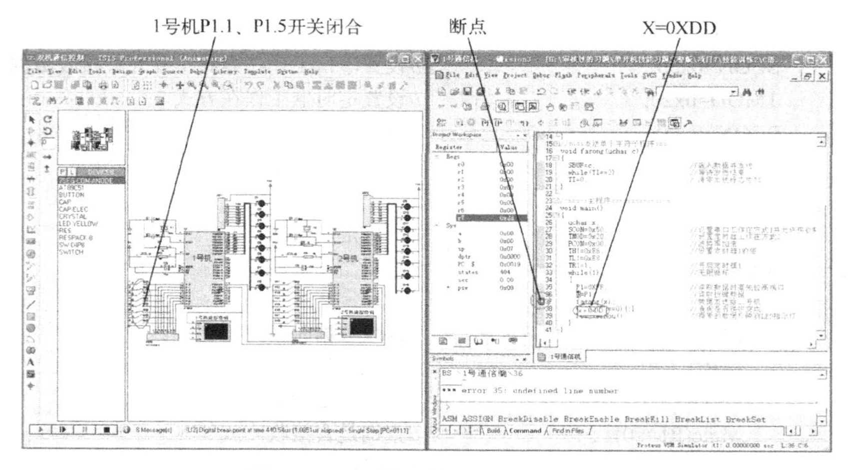

图 7-25　程序调试运行状态（一）

再次全速运行程序，可以看到 2 号机上 P0 口的 LED 被点亮，程序调试运行状态如图 7-26 所示。

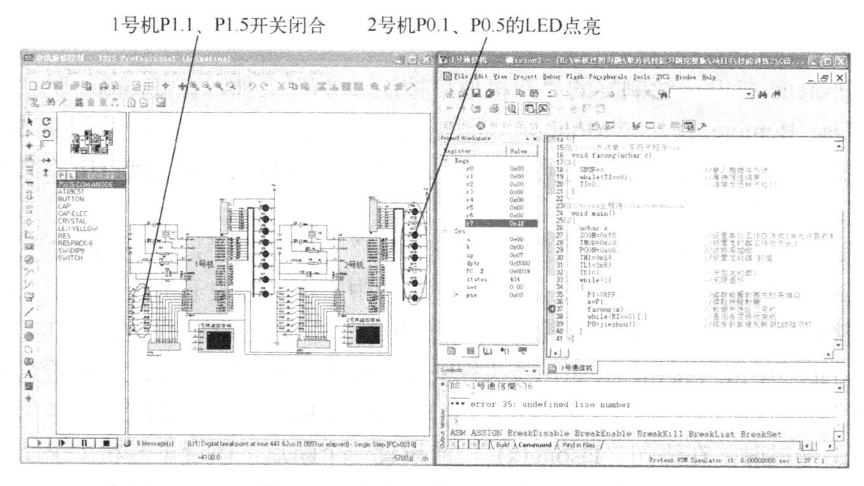

图 7-26　程序调试运行状态（二）

在联调 2 号机时，在语句“fasong(x);”前设置一个断点，闭合 2 号机上 P1.1、P1.2、P1.4 和 P1.6 的开关，全速运行程序。可以看到 X=0XA9，程序调试运行状态如图 7-27 所示。

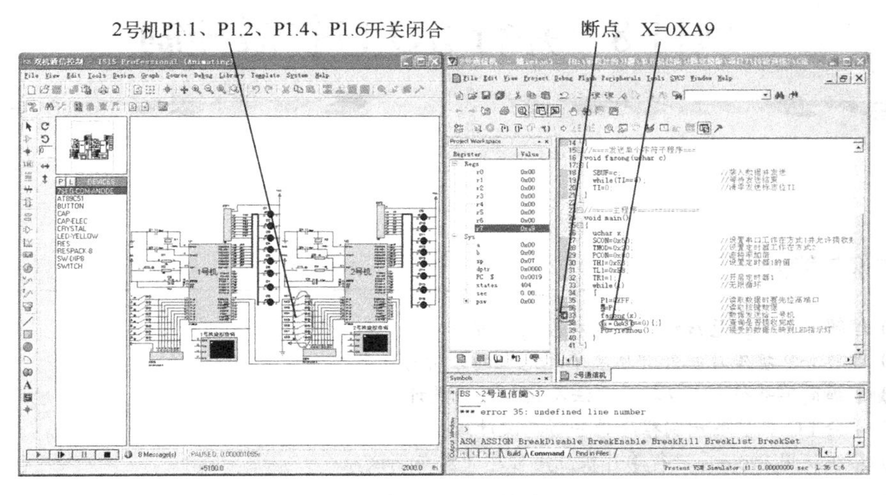

图 7-27　程序调试运行状态（三）

再次全速运行程序，可以看到 1 号机上 P0 口的 LED 被点亮，程序调试运行状态如图 7-28 所示。

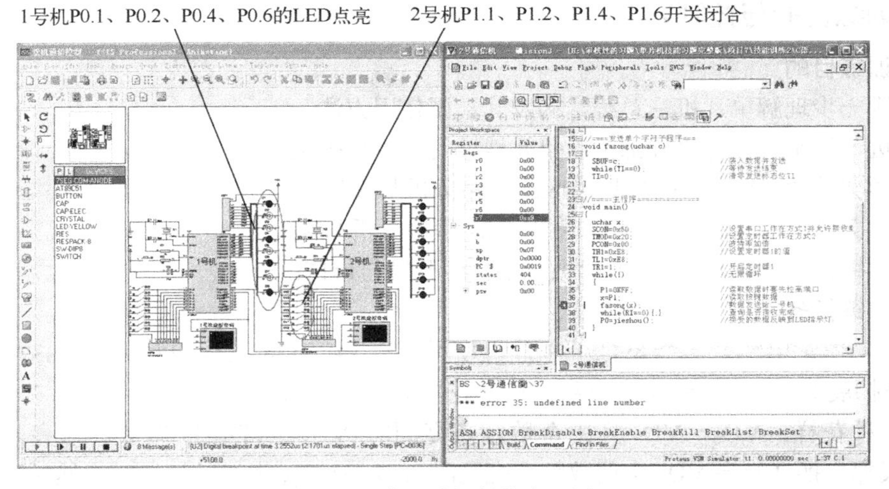

图 7-28　程序调试运行状态（四）

3．Proteus 仿真运行

用 Proteus 打开已绘制好的“双机通信控制.DSN”，并将最后调试完成的程序重新编译生成新“.HEX”文件导入 Proteus 中。

在 Proteus ISIS 编辑窗口中单击 ▶ 或在“Debug”菜单中选择“Execute”，运行时，两单片机将各自 P1 口的开关状态传输给对方，并通过对方的 LED 显示出相应的开关状态（断开时灯灭、闭合时灯亮）；其运行结果参照任务 7.2.4 的仿真运行结果。

项目 8　并行 I/O 口扩展控制

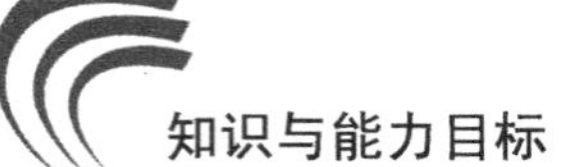

知识与能力目标

1）理解单片机三总线结构及其扩展使用方法。
2）理解并掌握单片机外部扩展单元地址的分析与确定。
3）掌握简单并行 I/O 口扩展方法及接口电路设计。
4）学会 I/O 口扩展控制程序的分析与设计。
5）熟练使用 Proteus 进行单片机应用程序开发与调试。

训练任务 8.1　简单 I/O 口扩展控制

8.1.1　训练目的与控制要求

1．训练目的

1）进一步理解单片机三总线结构及其扩展使用方法。
2）进一步掌握单片机外部扩展单元地址的分析与确定。
3）学会单片机简单 I/O 口扩展应用电路分析与设计。
4）学会进行单片机简单 I/O 口扩展应用程序分析与编写。
5）熟练使用 Proteus 进行单片机应用程序开发与调试。

2．训练任务

图 8-1 所示电路为一个 89C51 单片机使用一片 74LS138 芯片和两片 74LS374 芯片通过译码法来扩展 I/O 口，实现含有三种花样的花样流水灯的功能。

第一种花样：VD_0～VD_7 灯中奇数灯点亮同时 VD_8～VD_{15} 中偶数灯点亮，而后延时 400ms 灭掉。换 VD_0～VD_7 中偶数灯点亮同时 VD_8～VD_{15} 中奇数灯点亮，然后延时 400ms 灭掉。重复 5 次。转换到第二种花样。

第二种花样：VD_0～VD_{15} 以亮 400ms 灭 400ms 重复 3 次。转换到第三种花样。

第三种花样：VD_0～VD_{15} 以每 5ms 的速度依次点亮，当 16 个 LED 全亮后，全亮 3s。然后 VD_{15}～VD_0 以每 5ms 的速度依次熄灭，重复两次。转换到第一种花样。

其具体的工作运行情况见本书配套教材（《单片机技术及应用（基于 Proteus 的汇编和 C 语言版）》ISBN 978-7-111-44676-7 ，以下所指配套教材均指这本书）附带光盘中的仿真运行视频文件。

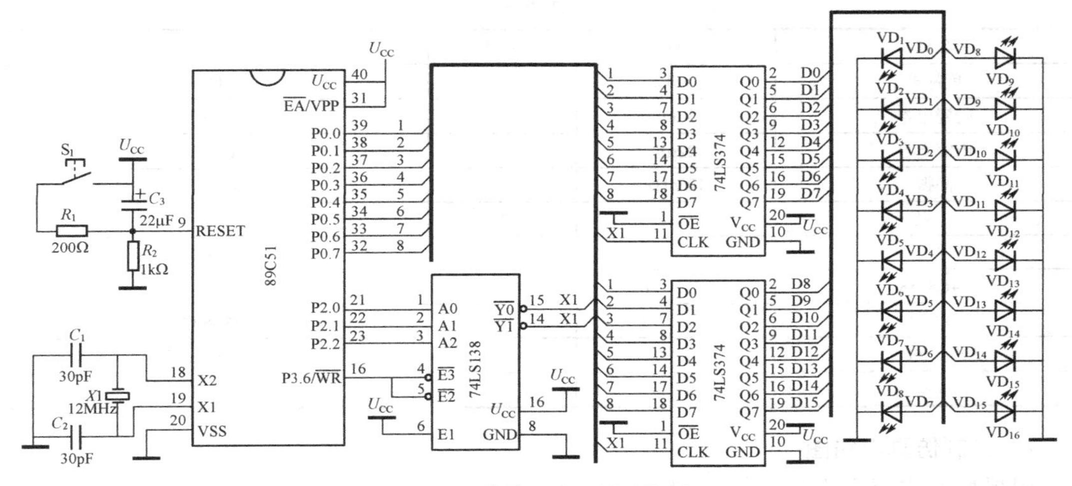

图 8-1 简单 I/O 口扩展控制

3．训练要求

训练任务要求如下：

1）进行单片机应用电路分析，并完成 Proteus 仿真电路图的绘制。

2）根据任务要求进行单片机控制程序流程和程序设计思路分析，画出程序流程图。

3）依据程序流程图在 Keil 中进行源程序的编写与编译工作。

4）在 Proteus 中进行程序的调试与仿真工作，最终完成实现任务要求的程序。

5）完成单片机应用系统实物装置的焊接制作，并下载程序实现正常运行。

8.1.2 硬件系统与控制流程分析

1．任务硬件系统分析

该电路实际上是通过单片机的三总线结构，外扩两个 8D 触发器（锁存器）74LS374 输出驱动 16 个 LED 的接口电路而构成，其中两个 74LS374 的工作片选信号由译码器 74LS138 产生提供。

2．任务控制流程分析

根据电路原理图和任务控制功能要求可知，本任务功能上主要是在单片机的控制作用下，当单片机上电开始运行时，一直循环执行操作：选通 74LS374 芯片输出数据，从而控制 LED 运行花样，简单 I/O 口扩展控制流程图如图 8-2 所示。

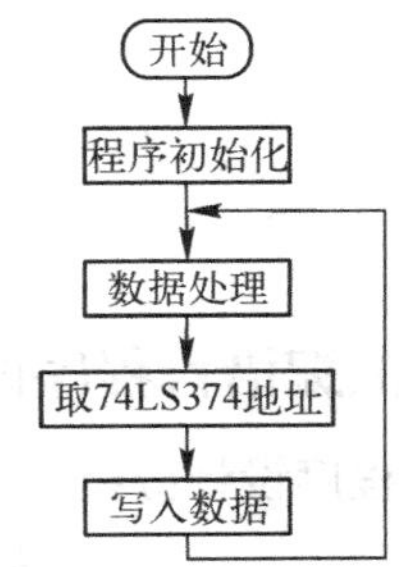

图 8-2 简单 I/O 口扩展控制流程图

8.1.3 Proteus 仿真电路图创建

1．列出元器件表

根据单片机应用电路原理图 8-1 所示，列出 Proteus 中实现该系统所需的元器件配置情况，如表 8-1 所示。

表 8-1 元器件配置表

名称	型号	数量	备注(Proteus 中元器件名称)
单片机	AT89C51	1	AT89C51
陶瓷电容	30pF	2	CAP
电解电容	22μF	1	CAP-ELEC
晶振	12MHz	1	CRYSTAL
电阻	1kΩ	1	RES
电阻	200Ω	1	RES
74LS138	74LS138	1	74LS138
74LS374	74LS374	2	74LS374
发光二极管	黄色	16	LED-YELLOW
按钮		1	BUTTON

2．绘制仿真电路图

用鼠标双击桌面上的图标 ISIS 进入“Proteus ISIS”编辑窗口，单击菜单命令“File”→“New Design”，新建一个 DEFAULT 模板，并保存为“简单 I/O 口扩展控制.DSN”。在器件选择按钮 P L DEVICES 单击“P”按钮，将上表 8-1 中的元器件添加至对象选择器窗口中。然后，将各个元器件摆放好，最后依照图 8-1 所示的原理图将各个器件连接起来，简单 I/O 口扩展控制仿真图如图 8-3 所示。

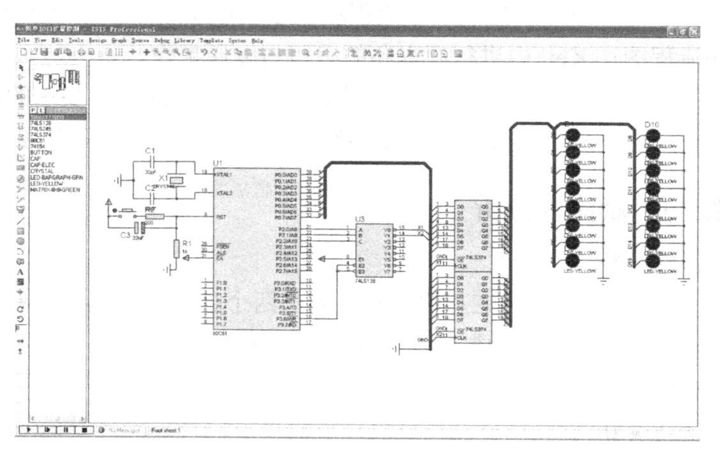

图 8-3 简单 I/O 口扩展控制仿真图

8.1.4 汇编语言程序设计与调试

1．程序设计分析

```
        程序代码                    程序分析
1.              ORG     0000H       ;程序入口地址
2.              LJMP    MAIN        ;程序跳转到 MAIN 处执行
3.              ORG     0030H       ;主程序执行地址
4.      MAIN:   LCALL   H1          ;调用 H1，执行第一种花样
5.              LCALL   H2          ;调用 H2，执行第二种花样
6.              LCALL   H3          ;调用 H3，执行第三种花样依次点亮
```

```
7.          LCALL   D3S            ;调用延时 3s 子程序
8.          LCALL   H4             ;调用 H4，执行第三种花样依次熄灭
9.          LCALL   H3             ;调用 H3，执行第三种花样依次点亮
10.         LCALL   D3S            ;调用延时 3s 子程序
11.         LCALL   H4             ;调用 H4，执行第三种花样依次熄灭
12.         SJMP    MAIN           ;跳转到 MAIN
13.  ;==========第一种花样运行子程序===================
14.   H1:   MOV     R0,#10         ;花样 1 重复次数控制
15.         MOV     A,#55H         ;给 A 赋值#55H（#01010101B）
16.   D0:   MOV     DPTR,#0F8FFH   ;读入地址 0F8FFH,即只将 P2.0 置 0 选通了第一片
17.         MOVX    @DPTR,A        ;将 A 的数据写给第一片
18.         CPL     A              ;A 取反后的值赋值给 A
19.         MOV     DPTR,#0F9FFH   ;读入地址 0F9FFH,即只将 P2.1 置 0 选通了第二片
20.         MOVX    @DPTR,A        ;将 A 的数据写给第二片
21.         LCALL   D400MS         ;调用延时 D400MS
22.         DJNZ    R0,D0          ;将 R0 中的值减 1 判断是否为 0
23.                                ;若不是，则跳转至 D0 处执行
24.         RET                    ;子程序返回
25.  ;==========第二种花样运行子程序=================
26.   H2:   MOV     A,#0FFH        ;花样 2 重复次数控制
27.         MOV     R0,#6          ;给 R0 赋值#6
28.   D1:   MOV     DPTR,#0F8FFH   ;读入地址 0F8FFH,即只将 P2.0 置 0 选通了第一片
29.         MOVX    @DPTR,A        ;将 A 的数据写给第一片
30.         CPL     A              ;A 取反后的值赋值给 A
31.         MOV     DPTR,#0F9FFH   ;读入地址 0F9FFH,即只将 P2.1 置 0 选通了第二片
32.         MOVX    @DPTR,A        ;将 A 的数据写给第二片
33.         LCALL   D400MS         ;调用延时 D400MS
34.         DJNZ    R0,D1          ;将 R0 中的值减 1 判断是否为 0
35.                                ;若不是，则跳转至 D1 处执行
36.         RET                    ;子程序返回
37.  ;==========第三种花样依次点亮运行子程序================
38.   H3:   MOV     A,#00H         ;花样 3 程序段 1
39.         MOV     DPTR,#0F9FFH   ;读入地址 0F9FFH,即只将 P2.1 置 0 选通了第二片
40.         MOVX    @DPTR,A        ;将 A 的数据写给第二片
41.         MOV     R0,#8          ;给 R0 赋值#8
42.         MOV     A,#01H         ;给 A 赋值#01H
43.   D2:   MOV     DPTR,#0F8FFH   ;读入地址 0F8FFH,即只将 P2.0 置 0 选通了第一片
44.         MOVX    @DPTR,A        ;将 A 的数据写给第一片
45.         LCALL   D5MS           ;调用延时 D5MS
46.         SETB    C              ;置位 C
47.         RLC     A              ;A 带进位循环左移一位
48.         DJNZ    R0,D2          ;将 R0 中的值减 1 判断是否为 0
49.                                ;若不是，则跳转至 D2 处执行
50.         MOV     A,#0FFH        ;给 A 赋值#0FFH
51.         MOV     DPTR,#0F8FFH   ;读入地址 0F8FFH,即只将 P2.0 置 0 选通了第一片
52.         MOVX    @DPTR,A        ;将 A 的数据写给第一片
53.         MOV     R0,#8          ;给 R0 赋值#8
```

```
54.             MOV     A,#01H          ;给 A 赋值#01H
55.     D3:     MOV     DPTR,#0F9FFH    ;读入地址 0F9FFH,即只将 P2.1 置 0 选通了第二片
56.             MOVX    @DPTR,A         ;将 A 的数据写给第二片
57.             LCALL   D5MS            ;跳转到 D5MS
58.             SETB    C               ;置位 C
59.             RLC     A               ;A 带进位循环左移一位
60.             DJNZ    R0,D3           ;将 R0 中的值减 1 判断是否为 0
61.                                     ;若不是，则跳转至 D3 处执行
62.             RET                     ;子程序返回
63. ;==========第三种花样依次熄灭运行子程序===============
64.     H4:     MOV     A,#0FFH         ;花样 3 程序段 2
65.             MOV     DPTR,#0F8FFH    ;读入地址 0F8FFH,即只将 P2.0 置 0 选通了第一片
66.             MOVX    @DPTR,A         ;将 A 的数据写给第一片
67.             MOV     R0,#8           ;给 R0 赋值#8
68.             MOV     A,#07FH         ;给 A 赋值#0FFH
69.     D5:     MOV     DPTR,#0F9FFH    ;读入地址 0F9FFH,即只将 P2.1 置 0 选通了第二片
70.             MOVX    @DPTR,A         ;将 A 的数据写给第二片
71.             LCALL   D5MS            ;调用延时 D5MS
72.             CLR     C               ;赋值 0 给 C
73.             RRC     A               ;A 带进位循环右移一位
74.             DJNZ    R0,D5           ;将 R0 中的值减 1 判断是否为 0
75.                                     ;若不是，则跳转至 D5 处执行
76.             MOV     A,#00H          ;给 R0 赋值#00H
77.             MOV     DPTR,#0F9FFH    ;读入地址 0F9FFH,即只将 P2.1 置 0 选通了第二片
78.             MOVX    @DPTR,A         ;将 A 的数据写给第二片
79.             MOV     R0,#8           ;给 R0 赋值#8
80.             MOV     A,#07FH         ;给 A 赋值#0FFH
81.     D6:     MOV     DPTR,#0F8FFH    ;读入地址 0F8FFH,即只将 P2.0 置 0 选通了第一片
82.             MOVX    @DPTR,A         ; 将 A 的数据写给第一片
83.             LCALL   D5MS            ;调用延时 D5MS
84.             CLR     C               ;赋值 0 给 C
85.             RRC     A               ;A 带进位循环右移一位
86.             DJNZ    R0,D6           ;将 R0 中的值减 1 判断是否为 0
87.                                     ;若不是，则跳转至 D6 处执行
88.             RET                     ;子程序返回
89. ;===========延时 5ms 子程序===============
90. D5MS:       MOV     R3,#255         ;给 R3 赋值#255
91. DL5_PA:     MOV     R2,#255         ;给 R2 赋值#255
92.             DJNZ    R2,$            ;将 R2 值减 1 判断，直到为 0
93.             DJNZ    R3,DL5_PA       ;将 R3 中的值减 1 判断是否为 0
94.                                     ;若不是，则跳转至 DL5_PA 处执行
95.             RET                     ;子程序返回
96. ;===========延时 400ms 子程序===============
97. D400MS:     MOV     R4,#20          ;给 R4 赋值#20
98. DL4_PA:     MOV     R3,#100         ;给 R3 赋值#100
99. DL4_PB:     MOV     R2,#100         ;给 R2 赋值#100
100.            DJNZ    R2,$            ;将 R2 值减 1 判断，直到为 0
```

```
101.            DJNZ      R3,DL4_PB           ;将 R3 中的值减 1 判断是否为 0
102.                                          ;若不是，则跳转至 DL4_PB 处执行
103.            DJNZ      R4,DL4_PA           ;将 R4 中的值减 1 判断是否为 0
104.                                          ;若不是，则跳转至 DL4_PA 处执行
105.            RET                           ;子程序返回
106.  ;============延时 3s 子程序================
107.  D3S:      MOV       R4,#40              ;给 R4 赋值#40
108.  DL6_PA:   MOV       R3,#100             ;给 R3 赋值#100
109.  DL6_PB:   MOV       R2,#200             ;给 R2 赋值#200
110.            DJNZ      R2,$                ;将 R2 值减 1 判断，直到为 0
111.            DJNZ      R3,DL6_PB           ;将 R3 中的值减 1 判断是否为 0
112.                                          ;若不是，则跳转至 DL6_PB 处执行
113.            DJNZ      R4,DL6_PA           ;将 R4 中的值减 1 判断是否为 0
114.                                          ;若不是，则跳转至 DL6_PA 处执行
115.            RET                           ;子程序返回
116.            END                           ;程序结束
```

2．Proteus 与 Keil 联调

1）按照前面任务 2.1.4 中 Proteus 与 Keil 联调的步骤完成基本的软件设置。如果前面已经设置过一次，在此可以跳过。

2）用 Proteus 打开已绘制好的“简单 I/O 口扩展控制.DSN”文件，在 Proteus 的“Debug”菜单中选中“Use Remote Debug Monitor（远程监控）”。同时，右键选中 STC89C51 单片机，在弹出对话框的“Program File”选项中，导入在 Keil 中生成的十六进制 HEX 文件“简单 I/O 口扩展控制.HEX”。

3）用 Keil 打开刚才创建好的“简单 I/O 口扩展控制.UV2”文件，打开窗口“Option for Target‘工程名’”。在 Debug 选项中右栏上部的下拉菜单选中 Proteus VSM Simulator。接着再单击进入 Settings 窗口，设置 IP 为 127.0.0.1，端口号为 8000。

4）在 Keil 中单击，使用单步执行来调试程序，同时在 Proteus 中查看直观的仿真结果。这样就可以像使用仿真器一样调试程序了，Proteus 与 Keil 联调界面如图 8-4 所示。

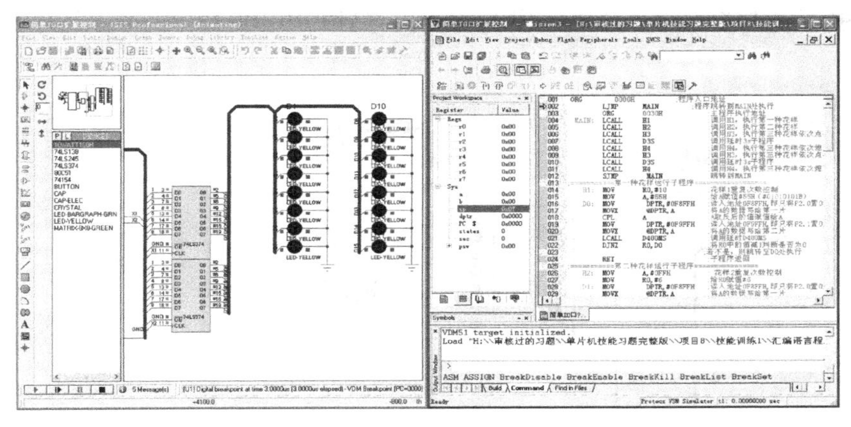

图 8-4　Proteus 与 Keil 联调界面

当程序执行完“MOV　A,#55H”后，发现 A=0x55（#01010101B），程序调试运行状态如图 8-5 所示。

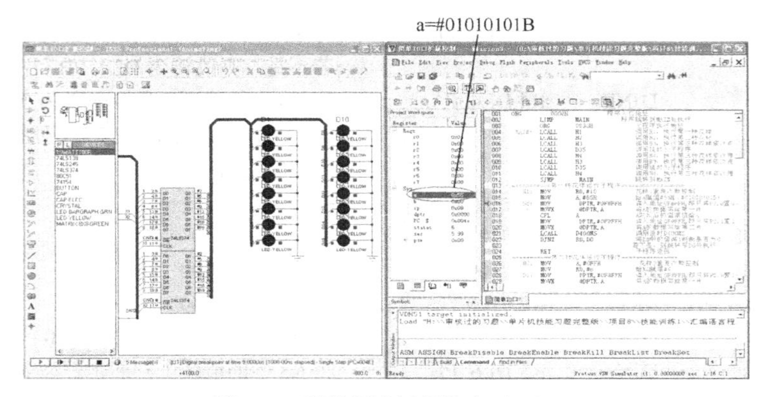

图 8-5　程序调试运行状态（一）

当程序执行完“MOV　DPTR,#0F8FFH；MOVX　@DPTR,A；”后，dptr=0xf8ff 为选通了第一片 74LS374 扩展芯片，而后将 A 的值从 74LS374 扩展芯片输出到 LED 灯，可以看到仿真图左侧奇数的 LED 点亮，程序调试运行状态如图 8-6 所示。

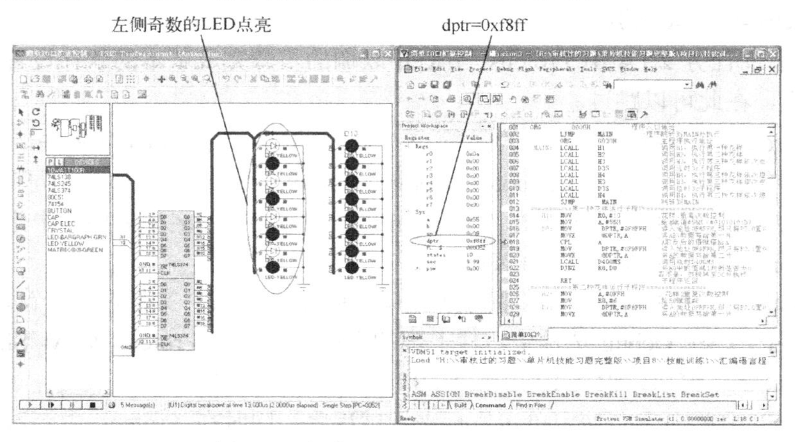

图 8-6　程序调试运行状态（二）

当程序执行完“CPL　A；”后，发现 A=0xaa（#10101010B），程序调试运行状态如图 8-7 所示。

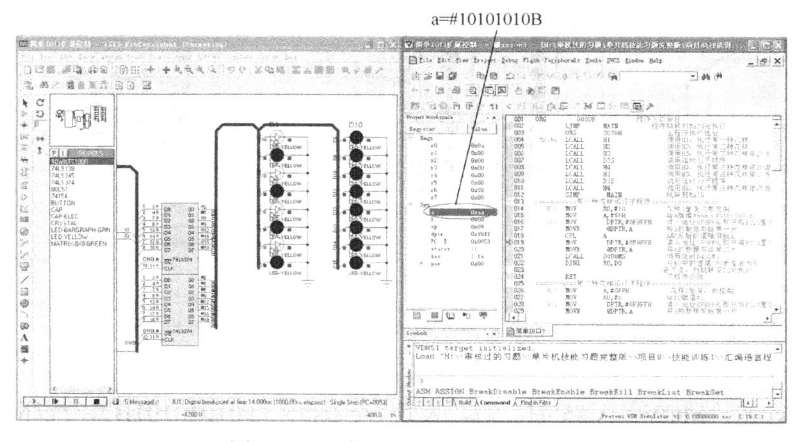

图 8-7　程序调试运行状态（三）

当程序执行完“MOV DPTR,#0F9FFH；MOVX @DPTR,A;”后，dptr=0xf9ff 为选通了第二片 74LS374 扩展芯片，而后将 A 的值从 74LS374 扩展芯片输出到 LED 灯，可以看到仿真图右侧偶数 LED 点亮，程序调试运行状态如图 8-8 所示。

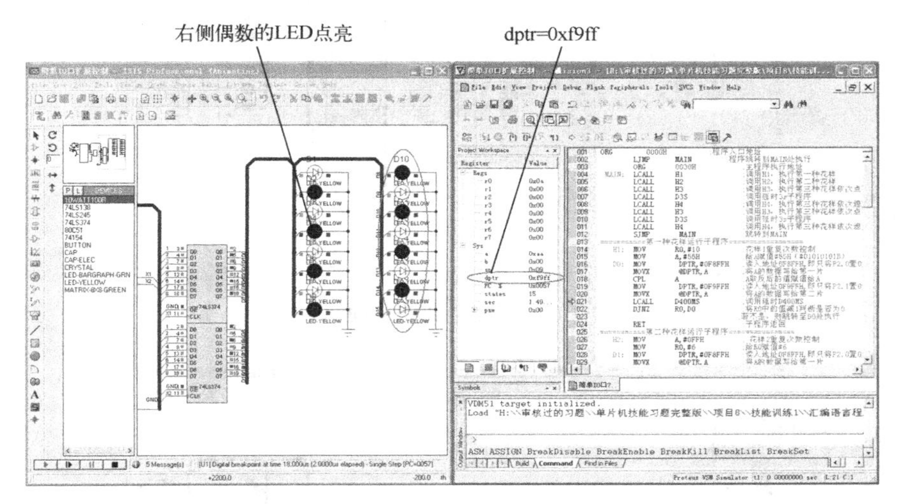

图 8-8 程序调试运行状态（四）

循环执行写操作，将 A 的值取反从两片 74LS374 扩展芯片中输出，从而实现第一种花样：VD_0～VD_7灯中奇数灯点亮同时 VD_8～VD_{15}中偶数灯点亮，而后延时 400ms 灭掉。

剩余两种花样的调试跟第一种花样相似，这里就不再一一解释。

3．Proteus 仿真运行

用 Proteus 打开已绘制好的“简单 I/O 口扩展控制.DSN”，并将最后调试完成的程序重新编译生成新“.HEX”文件导入 Proteus 中。

在 Proteus ISIS 编辑窗口中单击 ▶ 或在“Debug”菜单中选择“Execute”，运行时，16 个 LED 灯组成含有三种花样的花样流水灯的功能；仿真运行结果界面如图 8-9～图 8-11 所示。

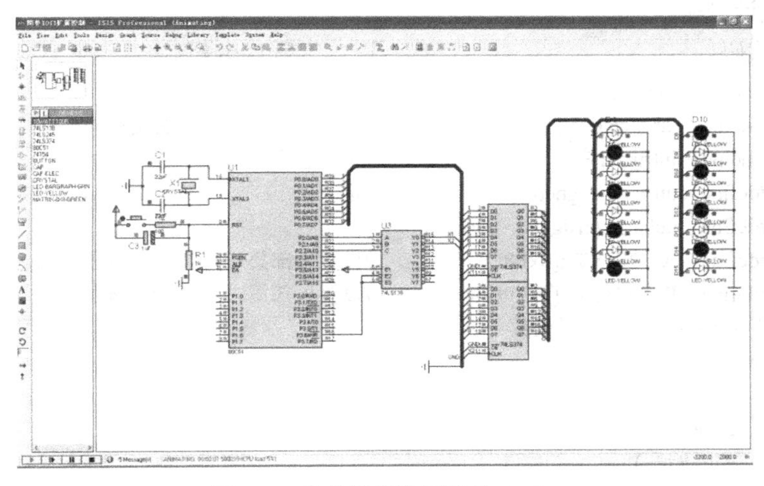

图 8-9 仿真运行结果界面（一）

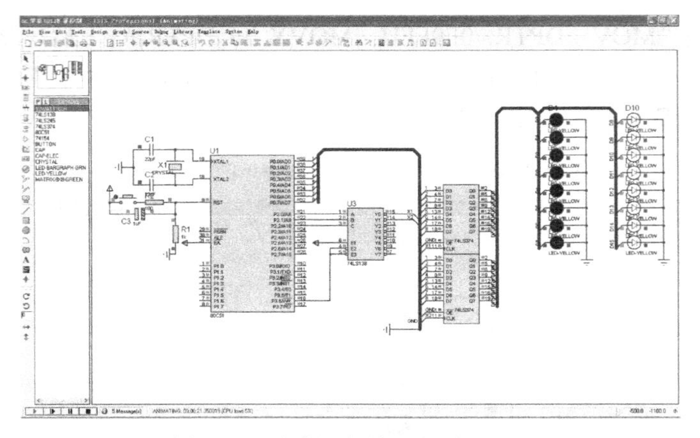

图 8-10　仿真运行结果界面（二）

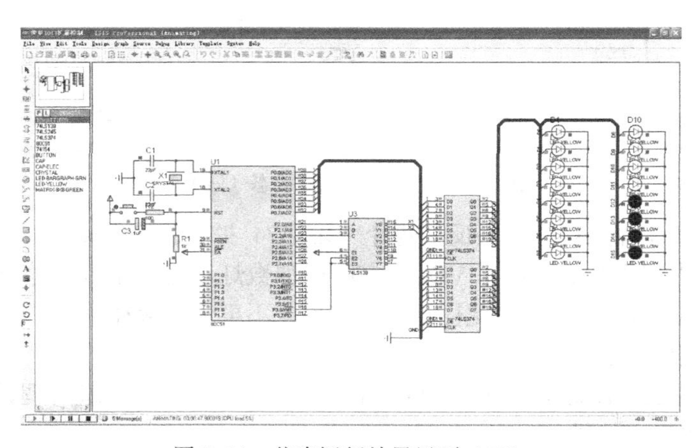

图 8-11　仿真运行结果界面（三）

8.1.5　C 语言程序设计与调试

1．程序设计分析

程序代码　　　　　　　　　　　　　　　　　　程序分析

```
1.  #include <reg52.h>                  //头文件
2.  #include <absacc.h>                 //加入绝对地址访问头文件
3.  #include<intrins.h>                 //定义包含头文件
4.  #define  unit  unsigned  int        //定义宏
5.  #define  uchar  unsigned  char
6.  #define  A  XBYTE[0xF8FF]           //设置外部第一片 74LS374 的地址
7.  #define  B  XBYTE[0xF9FF]           //设置外部第二片 74LS374 的地址
8.  //==========延时子函数==========
9.  void Delay(unit x)
10. {
11.     uchar i,j;
12.     while(x--)
13.      {
```

```
14.             for(i=0;i<120;i++)
15.                 for(j=0;j<120;j++)
16.                     ;
17.             }
18.     }
19.     //=========花样 1 子函数=========
20.     void hua1( )
21.     {
22.         uchar   k,m;
23.         m=0x55;                             //给 m 赋值 01010101B
24.         for(k=0;k<10;k++)
25.           {
26.             A=m;                            //将 m 数据输出写入第一片
27.             m=_crol_(m,1);                  //将变量 m 循环左移 1 位
28.             B=m;                            //将 m 数据输出写入第二片
29.             Delay(10);
30.           }
31.       }
32.     //=========花样 2 子函数=========
33.     void hua2( )
34.     {
35.         uchar   k,m;
36.         m=0xff;
37.         for(k=0;k<6;k++)
38.           {
39.             A=m;
40.             m=~m;                           //将 m 的值取反
41.             B=m;
42.             Delay(10);
43.           }
44.       }
45.     //=========花样 3 依次点亮 LED 灯子函数=========
46.     void hua3( )
47.     {
48.         uchar   k,m;
49.         B=0x00;
50.         m=0x01;
51.         for(k=0;k<8;k++)
52.           {
53.             A=m;
54.             m=_crol_(m,1)|0x01;             //将变量 m 循环右移 1 位并与 0x01 相与
55.             Delay(2);
56.             }
57.         m=0x01;
58.         for(k=0;k<8;k++)
59.           {
```

```
60.            B=m;
61.            m=_crol_(m,1)|0x01;          //将变量 m 循环右移 1 位并与 0x01 相与
62.            Delay(2);
63.           }
64.   }
65.   //=========花样 3 依次熄灭 LED 灯子函数=========
66.   void hua4( )
67.   {
68.       uchar   k,m;
69.       m=0x7f;
70.       for(k=0;k<8;k++)
71.         {
72.           B=m;
73.           m=m>>1;                        //将变量 m 右移 1 位
74.           Delay(2);
75.         }
76.       m=0x7f;
77.       for(k=0;k<8;k++)
78.         {
79.           A=m;
80.           m=m>>1;                        //将变量 m 右移 1 位
81.           Delay(2);
82.         }
83.   }
84.   //=========主函数=========
85.   void main( )
86.   {
87.       while(1)
88.         {
89.           hua1( );                       //执行第一种花样
90.           hua2( );                       //执行第二种花样
91.           hua3( );                       //执行第三种花样依次点亮
92.           Delay(30);                     //延时 3s
93.           hua4( );                       //执行第三种花样依次熄灭
94.           hua3( );                       //执行第三种花样依次点亮
95.           Delay(30);                     //延时 3s
96.           hua4( );                       //执行第三种花样依次熄灭
97.           }
98.   }
```

2．Proteus 与 Keil 联调

1）按照前面任务 2.1.5 中 Proteus 与 Keil 联调的步骤完成基本的软件设置。如果前面已经设置过一次，在此可以跳过。

2）用 Proteus 打开已绘制好的“简单 I/O 口扩展控制.DSN”文件，在 Proteus 的“Debug”菜单中选中“Use Remote Debug Monitor（远程监控）”。同时，右键选中 STC89C51 单片机，在弹出对话框的“Program File”选项中，导入在 Keil 中生成的十六进制

HEX 文件“简单 I/O 口扩展控制.HEX”。

3）用 Keil 打开刚才创建好的“简单 I/O 口扩展控制.UV2”文件，打开窗口“Option for Target‘工程名’”。在 Debug 选项中右栏上部的下拉菜单选中 Proteus VSM Simulator。接着再单击进入 Settings 窗口，设置 IP 为 127.0.0.1，端口号为 8000。

4）在 Keil 中单击🔍，使用单步执行来调试程序，同时在 Proteus 中查看直观的仿真结果。这样就可以像使用仿真器一样调试程序了，Proteus 与 Keil 联调界面如图 8-12 所示。

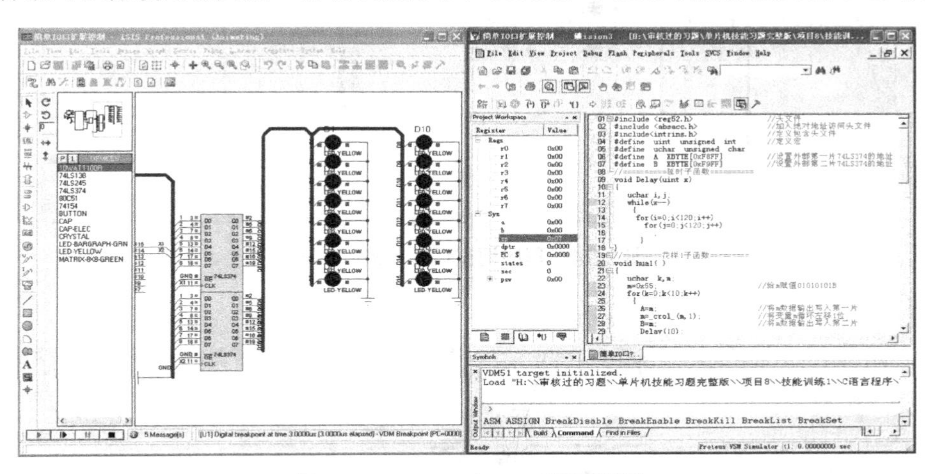

图 8-12 Proteus 与 Keil 联调界面

当程序执行完“m=0x55;”这条语句后，可以在 Keil 中单击▣打开 Watches 窗口，同时在右下角 Watches 窗口中实时看到变量 m 值的变化，程序调试运行状态如图 8-13 所示。

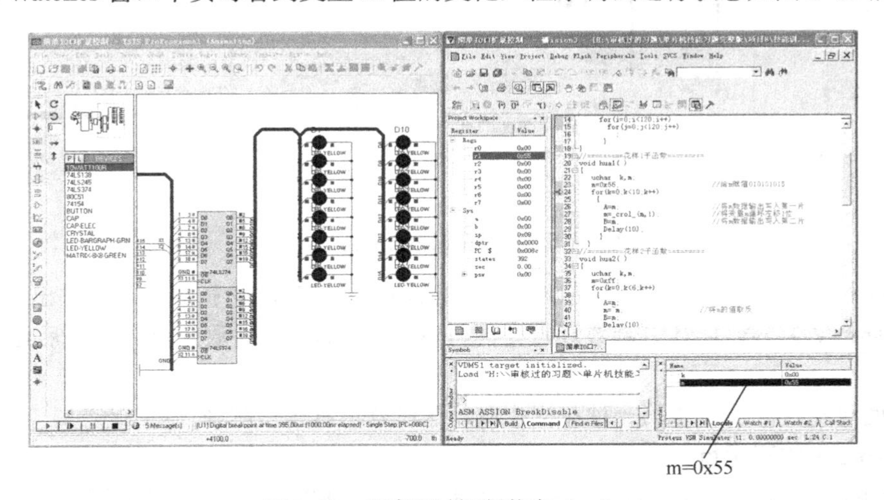

图 8-13 程序调试运行状态（一）

由于程序在开始时就已经定义 A 为选通了第一片 74LS374 扩展芯片、B 为选通了第二片 74LS374 扩展芯片，所以当程序执行完“A=m; m=_crol_(m,1); B=m;”后，将 m 的值从 A 扩展芯片输出到 LED 灯，可以看到仿真图左侧奇数的 LED 点亮，程序调试运行状态如图 8-14 所示。接着将 m 的值循环左移一位从 B 扩展芯片输出到 LED 灯，可以看到仿真图右侧偶数的 LED 点亮，程序调试运行状态如图 8-15 所示。

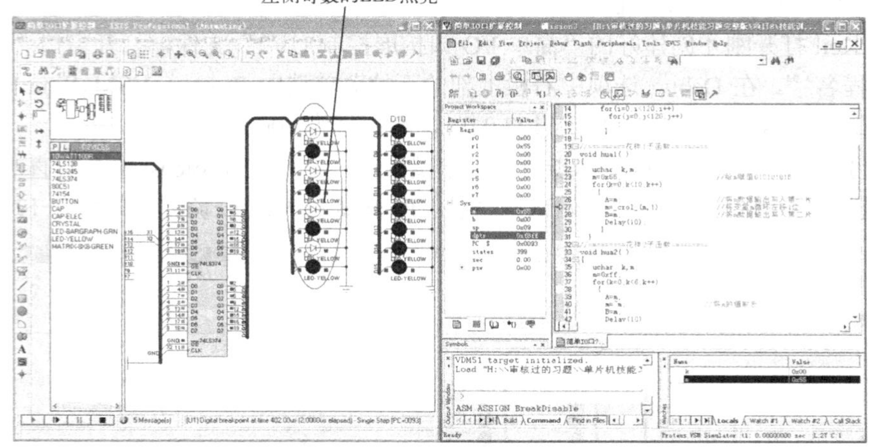

图 8-14　程序调试运行状态（二）

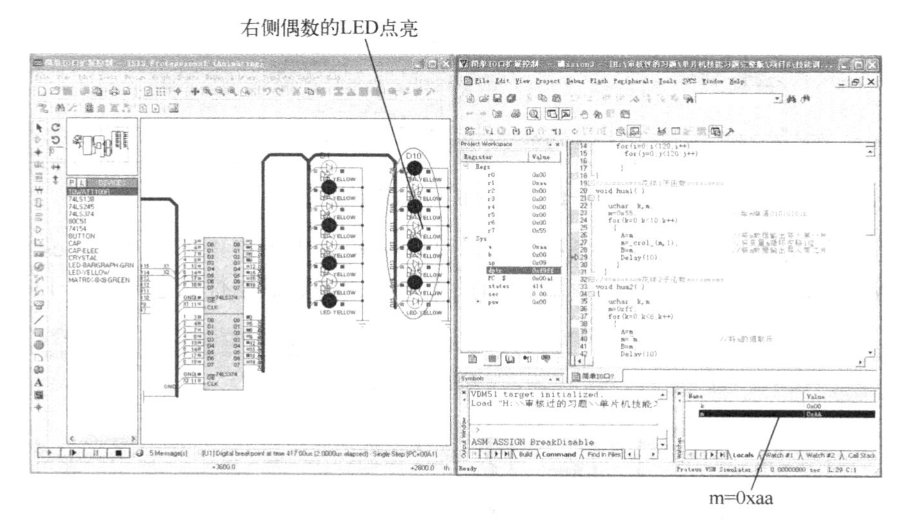

图 8-15　程序调试运行状态（三）

循环执行写操作，将 M 的值循环左移 1 位从两片 74LS374 扩展芯片中输出，从而实现第一种花样：VD_0～VD_7 灯中奇数灯点亮同时 VD_8～VD_{15} 中偶数灯点亮，而后延时 400ms 灭掉。

剩余两种花样的调试跟第一种花样相似，这里就不再一一解释。

3．Proteus 仿真运行

用 Proteus 打开已绘制好的“简单 I/O 口扩展控制.DSN”，并将最后调试完成的程序重新编译生成新“.HEX”文件导入 Proteus 中。

在 Proteus ISIS 编辑窗口中单击 ▶ 或在“Debug”菜单中选择“Execute”，运行时，16 个 LED 灯组成含有三种花样的花样流水灯的功能；其运行结果参照任务 8.1.4 的仿真运行结果。

项目 9　A-D 转换控制及应用

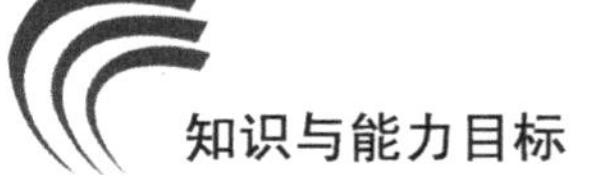

知识与能力目标

1）熟悉 A-D 转换及其转换器的基本知识。
2）理解并掌握 A-D 转换器的控制方法。
3）学会单片机与 ADC0809 的接口电路分析与设计。
4）初步学会 A-D 转换应用程序的分析与设计。
5）熟练使用 Proteus 进行单片机应用程序开发与调试。

训练任务 9.1　可调 PWM 输出控制

9.1.1　训练目的与控制要求

1．训练目的

1）熟悉 A-D 转换及其转换器的基本知识。
2）掌握 I/O 端口直接控制 ADC0809 的接口电路分析与设计。
3）学会进行 A-D 转换简单应用程序的分析与设计。
4）熟练使用 Proteus 进行单片机应用程序开发与调试。

2．训练任务

图 9-1 所示电路为一个 89C51 单片机通过 ADC0809 模数转换芯片，将 RV1 电位器的模拟输出电压转换成数字量，用于控制调节单片机 P3.0 口输出 PWM 脉宽，形成一个简易的外接压控可调 PWM 输出控制装置。电位器的模拟电压输出范围为 0～5V 时，单片机输出 PWM 的对应的占空比为 0～100%；其具体的工作运行情况见本书配套教材（《单片机技术及应用（基于 Proteus 的汇编和 C 语言版）》ISBN 978-7-111-44676-7 ，以下所指配套教材均指这本书）附带光盘中的仿真运行视频文件。

3．训练要求

训练任务要求如下：

1）进行单片机应用电路分析，并完成 Proteus 仿真电路图的绘制。
2）根据任务要求进行单片机控制程序流程和程序设计思路分析，画出程序流程图。
3）依据程序流程图在 Keil 中进行源程序的编写与编译工作。
4）在 Proteus 中进行程序的调试与仿真工作，最终完成实现任务要求的程序。
5）完成单片机应用系统实物装置的焊接制作，并下载程序实现正常运行。

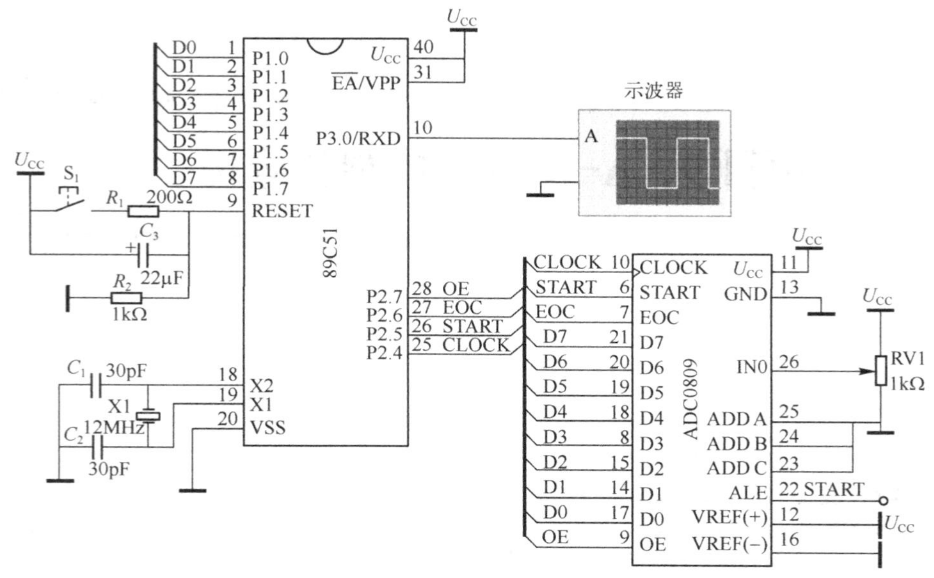

图 9-1　可调 PWM 输出控制

9.1.2　硬件系统与控制流程分析

1．任务硬件系统分析

电路原理图如图 9-1 所示， 该电路实际上是单片机采用 I/O 端口直接控制方式控制 ADC0809 模数转换芯片工作。A-D 转换完成后数据由经 P1 口输入单片机，P3.0 提供可控的 PWM 输出。

2．任务控制流程分析

根据电路原理图和任务控制功能要求可得本任务的程序可调 PWM 输出控制流程图，如图 9-2 所示。左图为主程序流程图，当程序初始化完成后就进入 A-D 转换、数据输入和 PWM 输出的循环中；右图为定时器 T0 中断流程图，通过 TO 的中断产生 A-D 转换所需的时钟 CLK 信号。

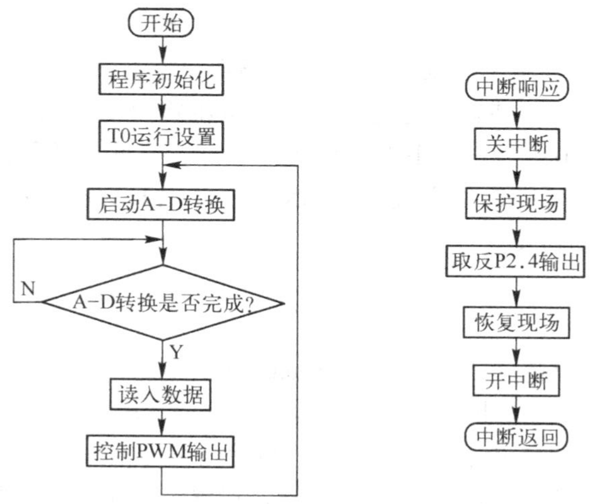

图 9-2　可调 PWM 输出控制流程图

9.1.3 Proteus 仿真电路图创建

1．列出元器件表

根据单片机应用电路原理图 9-1 所示，列出 Proteus 中实现该系统所需的元器件配置情况，如表 9-1 所示。

表 9-1 元器件配置表

名称	型号	数量	备注(Proteus 中元器件名称)
单片机	AT89C51	1	AT89C51
陶瓷电容	30pF	2	CAP
电解电容	22μF	1	CAP-ELEC
晶振	12MHz	1	CRYSTAL
电阻	1kΩ	1	RES
电阻	200Ω	1	RES
模数转换芯片	ADC0809	1	ADC0809
示波器		1	OSCILLOSCOPE
按钮		1	BUTTON
电位器	1kΩ	1	POT-HG

2．绘制仿真电路图

用鼠标双击桌面上的图标 进入“Proteus ISIS”编辑窗口，单击菜单命令“File”→“New Design”，新建一个 DEFAULT 模板，并保存为“可调 PWM 输出控制.DSN”。在器件选择按钮 P L DEVICES 单击“P”按钮，将上表 9-1 中的元器件添加至对象选择器窗口中。然后，将各个元器件摆放好，最后依照图 9-1 所示的原理图将各个器件连接起来，可调 PWM 输出控制仿真图如图 9-3 所示。

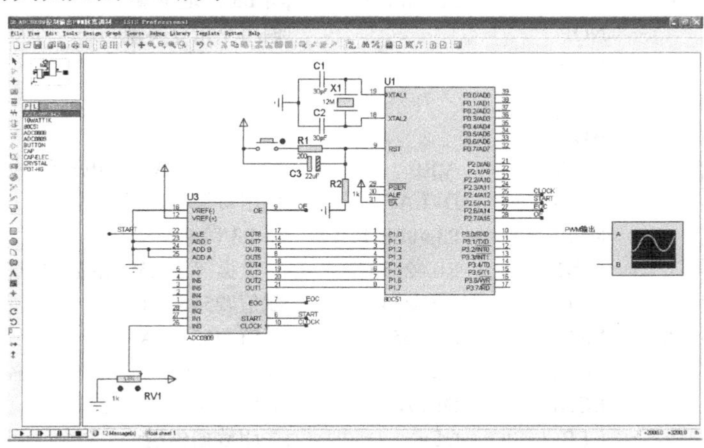

图 9-3 可调 PWM 输出控制仿真图

9.1.4 汇编语言程序设计与调试

1．程序设计分析

	程序代码			程序分析
1.	ST	EQU	P2^5	;用 ST 来代替 P2.5

```
2.       EOC     EQU     P2^6          ;用 EOC 来代替 P2.6
3.       OE      EQU     P2^7          ;用 OE 来代替 P2.7
4.       CLK     EQU     P2^4          ;用 CLK 来代替 P2.4
5.               ORG     0000H         ;程序开始地址
6.               LJMP    MAIN          ;跳转到 MAIN 处执行
7.               ORG     000BH         ;定时器 0 中断入口地址
8.               LJMP    T_0           ;跳转到 T_0 处执行
9.   ;==============主程序================
10.              ORG     0030H         ;主程序执行地址
11.      MAIN:   MOV     TMOD,#02H     ;设置定时器工作为方式 2
12.              MOV     TH0,#14H      ;定时器初值设置
13.              MOV     TL0,#00H      ;定时器初值设置
14.              MOV     IE,#82H       ;打开全局中断、定时器中断
15.              SETB    TR0           ;打开定时器
16.      LOOP:   CLR     ST            ;关断开始信号
17.              SETB    ST            ;打开开始信号
18.              CLR     ST            ;再次关断信号，启动芯片
19.              JNB     EOC,$         ;等待转换，转换结束 EOC=1
20.              SETB    OE            ;运行芯片发送数据
21.              NOP                   ;运行空指令，等待数据到达单片机端口
22.              NOP
23.              NOP
24.              MOV     R0,P1         ;将转换后的值传送给 R0
25.              CJNE    R0,#00H,C1    ;若数据等于 0 则加 1 保证延时程序正常
26.              MOV     R0,#01H       ;赋值#01H 给 R0
27.      C1:     MOV     P3,#0FFH      ;将 P3 口地位置 1
28.              NOP                   ;调用空指令实现与下一个脉冲改变的时间相等
29.              NOP
30.              NOP
31.              NOP
32.              MOV     A,R0          ;赋值 R0 给 A，高电平延时控制
33.              LCALL   DELAY         ;调用可调时间延时程序
34.              MOV     P3,#0FEH      ;将 P3 口地位清 0
35.              CJNE    R0,#255,C2    ;若数据等于 255 则减 1 保证延时程序正常
36.              MOV     R0,#254       ;赋值#254 给 R0
37.      C2:     MOV     A,#255        ;赋值#255 给 A
38.              SUBB    A,R0           ;A=A-R0-Cy,低电平延时控制
39.              LCALL   DELAY         ;调用可调时间延时程序
40.              CLR     OE            ;关闭数据传送
41.              LJMP    LOOP          ;无限循环
42.  ;=========定时器 0 中断子程序==========
43.      T_0:    CPL     CLK           ;取反时钟信号
44.              RETI                  ;中断子程序返回
45.  ;=========可调时间延时程序============
46.      DELAY:  MOV     R7,A          ;赋值 A 给 R7
47.      D1:     MOV     R6,#120       ;赋值#120 给 R6
```

```
48.        DJNZ      R6,$        ;将R6值减1判断，直到为0
49.        DJNZ      R7,D1       ;将R7中的值减1判断是否为0
50.        RET                   ;子程序返回
51.        END                   ;程序结束
```

2．Proteus与Keil联调

1）按照前面任务2.1.4中Proteus与Keil联调的步骤完成基本的软件设置。如果前面已经设置过一次，在此可以跳过。

2）用Proteus打开已绘制好的“可调PWM输出控制.DSN”文件，在Proteus的“Debug”菜单中选中“Use Remote Debug Monitor（远程监控）”。同时，右键选中STC89C51单片机，在弹出对话框的“Program File”选项中，导入在Keil中生成的十六进制HEX文件“可调PWM输出控制.HEX”。

3）用Keil打开刚才创建好的“可调PWM输出控制.UV2”文件，打开窗口“Option for Target‘工程名’”。在Debug选项中右栏上部的下拉菜单选中Proteus VSM Simulator。接着再单击进入Settings窗口，设置IP为127.0.0.1，端口号为8000。

4）在Keil中单击，使用单步执行来调试程序，同时在Proteus中查看直观的仿真结果。这样就可以像使用仿真器一样调试程序了，Proteus与Keil联调界面如图9-4所示。

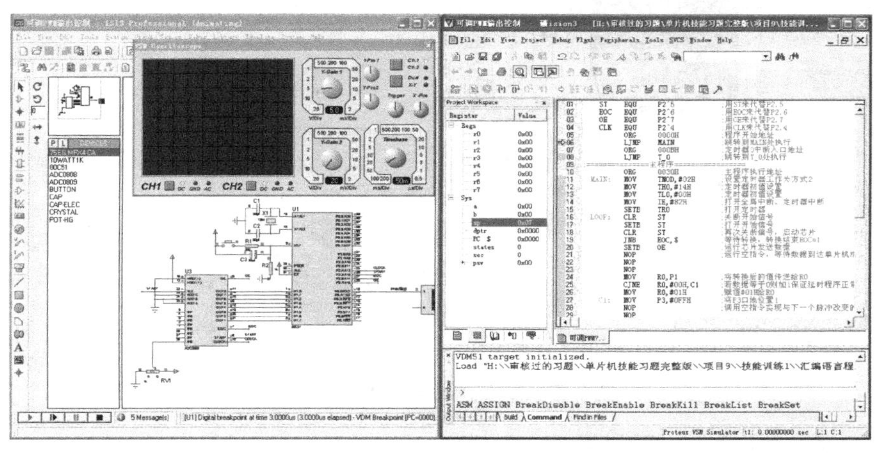

图9-4　Proteus与Keil联调界面

由于ADC0809芯片的A、B、C三个地址线都接地，所以能清楚地看到左侧Proteus中A、B、C三个地址线都被置低电平，选择转换通道为IN0，程序调试运行状态如图9-5所示。

同理，在发送启动信号时，也能看见ST信号高低变化情况。

由于在Proteus中单步运行程序无法使ADC0809按照正常的工作时序工作，所以使用单步运行无法转换出数据。在此我们使用设置断点全速运行的方式，不打断ADC0809转换过程中的时序使ADC0809转换完成后停下，程序调试运行状态如图9-6所示。

当调节电位器的模拟输出电压时，ADC0809转换后输出给P1口的数字量也将改变，由于P1口的值最终赋值给A也就是延时程序的时间控制值，所以P3.0口输出的PWM脉宽受电位器控制。调节电位器的模拟输出电压，再单步运行程序，当程序执行完“MOV P3,#0FEH;”后，能清楚地看到左侧Proteus中示波器显示P3.0口输出的PWM高电平脉宽信号，程序调试运行状态如图9-7和图9-8所示。

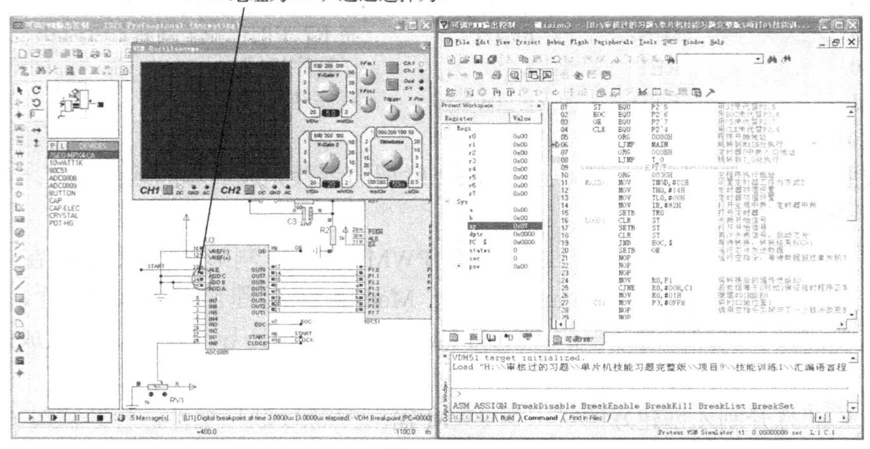

图 9-5　程序调试运行状态（一）

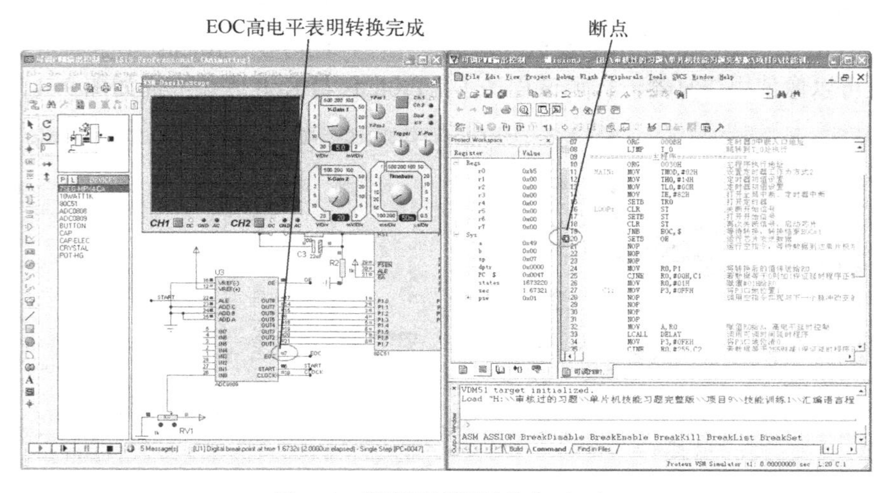

图 9-6　程序调试运行状态（二）

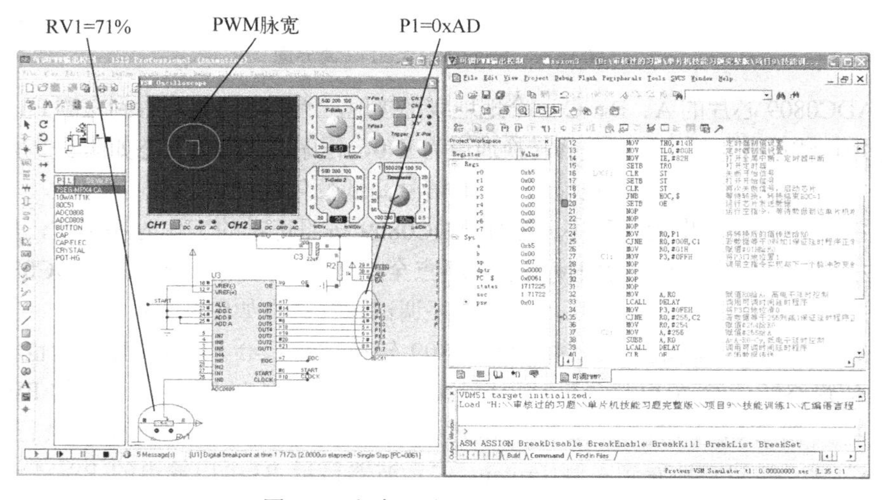

图 9-7　程序调试运行状态（三）

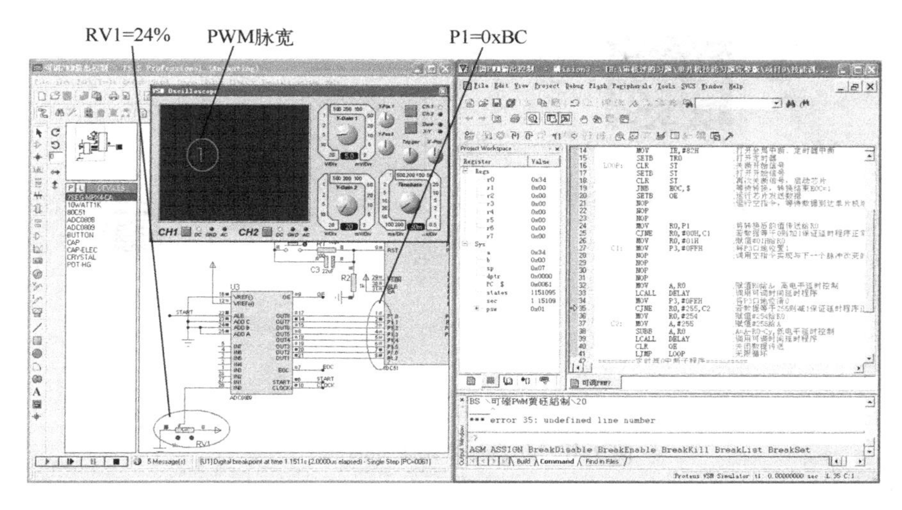

图 9-8　程序调试运行状态（四）

3．Proteus 仿真运行

用 Proteus 打开已绘制好的“可调 PWM 输出控制.DSN”，并将最后调试完成的程序重新编译生成新“.HEX”文件导入 Proteus 中。

在 Proteus ISIS 编辑窗口中单击 ▶ 或在“Debug”菜单中选择“Execute”，运行时，当调节 RV1 电位器的电压时，其对应的示波器显示 P3.0 口的输出 PWM 脉宽将改变，仿真运行结果界面如图 9-9 和图 9-10 所示。

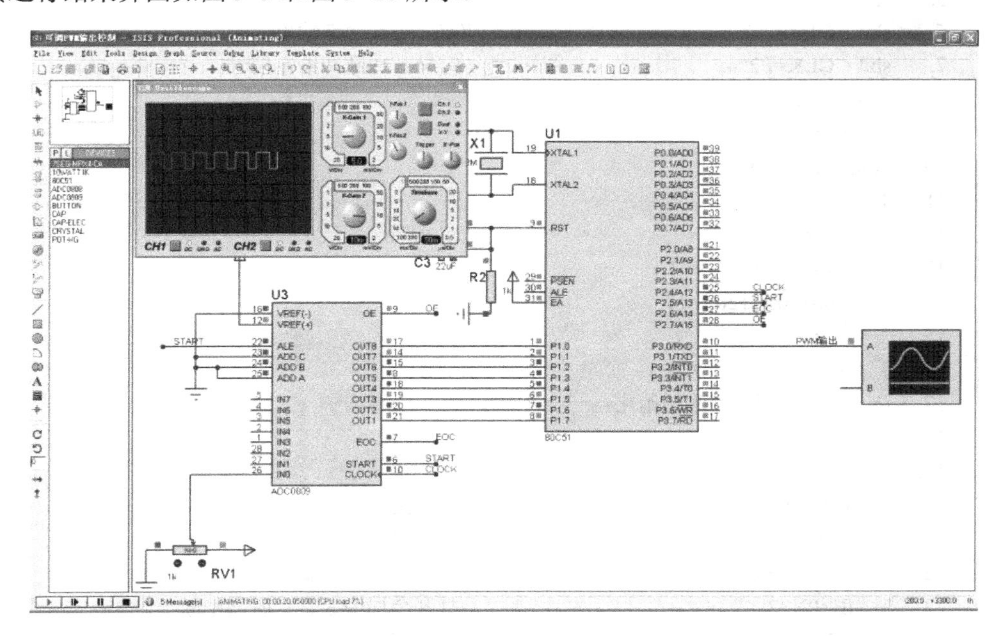

图 9-9　仿真运行结果界面（一）

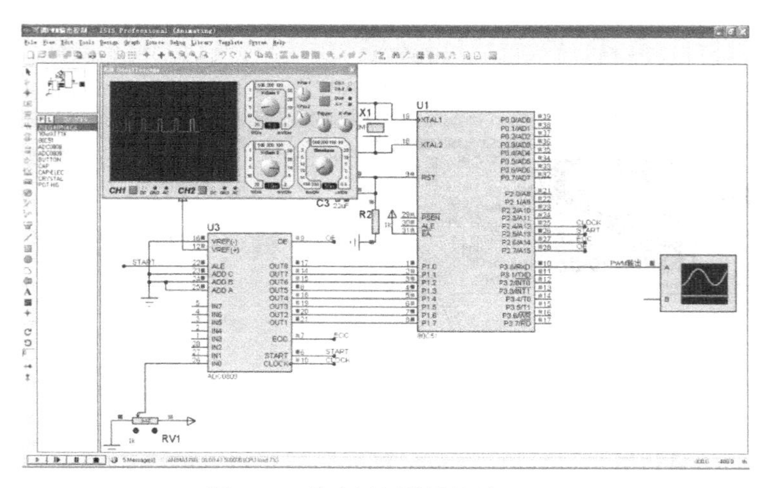

图 9-10　仿真运行结果界面（二）

9.1.5　C 语言程序设计与调试

1．程序设计分析

```
程序代码                                                  程序分析
1.  #include<regx51.h>                                   //头文件
2.  #define  uchar  unsigned  char                       //定义宏
3.  #define  unit  unsigned  int                         //定义宏
4.  sbit  ST=P2^5;                                       //定义芯片的开始控制信号
5.  sbit  EOC=P2^6;                                      //定义芯片完成信号
6.  sbit  OE=P2^7;                                       //定义芯片允许输出信号
7.  sbit  CLK=P2^4;                                      //定义芯片脉冲给定信号
8.  uchar  M=0;
9.  //=========可调时间延时=====================
10. void delay(unit a)
11. {
12.     uchar i;                                         //定义局部变量
13.     while(a--)
14.       for(i=0;i<120;i++)
15.           ;
16. }
17. //========中断,定时初始化==========
18. void chushi( )
19. {
20.     TMOD=0X02;                                       //设置定时器工作为方式 2
21.     TH0=0X14;                                        //定时器初值设置
22.     TL0=0X00;                                        //定时器初值设置
23.     IE=0X82;                                         //打开全局中断、定时器中断
24.     TR0=1;                                           //打开定时器
25. }
26. //========主函数================
```

```
27.  void main( )
28.  {
29.      chushi( );                        //调用程序初始化
30.      while(1)                          //无限循环
31.       {
32.         ST=0;                          //关断开始信号
33.         ST=1;                          //打开开始信号
34.         ST=0;                          //再次关断信号,启动芯片
35.         while(EOC==0);                 //等待转换,转换结束 EOC=1
36.         OE=1;                          //运行芯片发送数据
37.         M=P1;
38.         P3=1;                          //置 1,P3 口最高位
39.         delay(M);                      //调用可调延时函数
40.         P3=0;                          //清 0,P3 口最低位
41.         delay(255-M);                  //调用可调延时函数
42.         OE=0;                          //关闭数据发送
43.          }
44.  }
45.  //========定时中断服务程序==============
46.  void timer( )interrupt 1
47.  {
48.      CLK=~CLK;                         //CLK 取反,给芯片发脉冲
49.  }
```

2．Proteus 与 Keil 联调

1）按照前面任务 2.1.5 中 Proteus 与 Keil 联调的步骤完成基本的软件设置。如果前面已经设置过一次，在此可以跳过。

2）用 Proteus 打开已绘制好的“可调 PWM 输出控制.DSN”文件，在 Proteus 的“Debug”菜单中选中“Use Remote Debug Monitor（远程监控）”。同时，右键选中 STC89C51 单片机，在弹出对话框的“Program File”选项中，导入在 Keil 中生成的十六进制 HEX 文件“可调 PWM 输出控制.HEX”。

3）用 Keil 打开刚才创建好的“可调 PWM 输出控制.UV2”文件，打开窗口“Option for Target‘工程名’”。在 Debug 选项中右栏上部的下拉菜单选中 Proteus VSM Simulator。接着再单击进入 Settings 窗口，设置 IP 为 127.0.0.1，端口号为 8000。

4）在 Keil 中单击，使用单步执行来调试程序，同时在 Proteus 中查看直观的仿真结果。这样就可以像使用仿真器一样调试程序了，Proteus 与 Keil 联调界面如图 9-11 所示。

由于 ADC0809 芯片的 A、B、C 三个地址线都接地，所以能清楚地看到左侧 Proteus 中 A、B、C 三个地址线都被置低电平，选择转换通道为 IN0，程序调试运行状态如图 9-12 所示。

同理，在发送启动信号时，也能看见 ST 信号高低变化情况。

由于在 Proteus 中单步运行程序无法使 ADC0809 按照正常的工作时序工作，所以使用单步运行无法转换出数据。在此我们使用设置断点全速运行的方式，不打断 ADC0809 转换过程中的时序使 ADC0809 转换完成后停下，程序调试运行状态如图 9-13 所示。

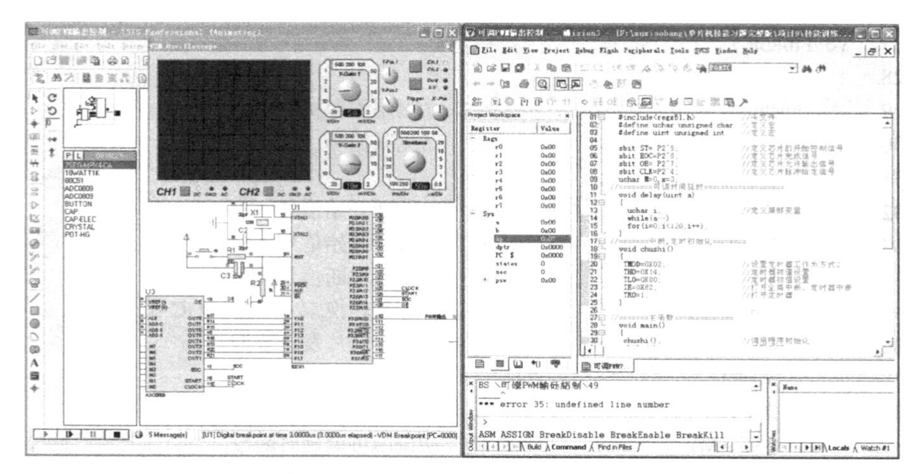

图 9-11　Proteus 与 Keil 联调界面

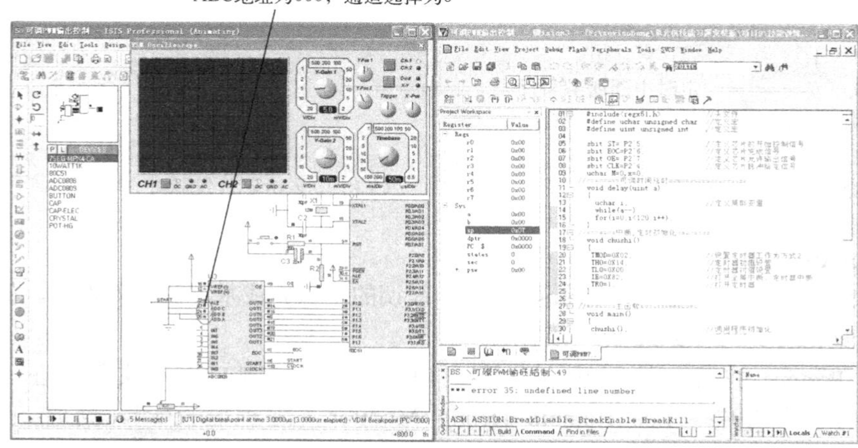

图 9-12　程序调试运行状态（一）

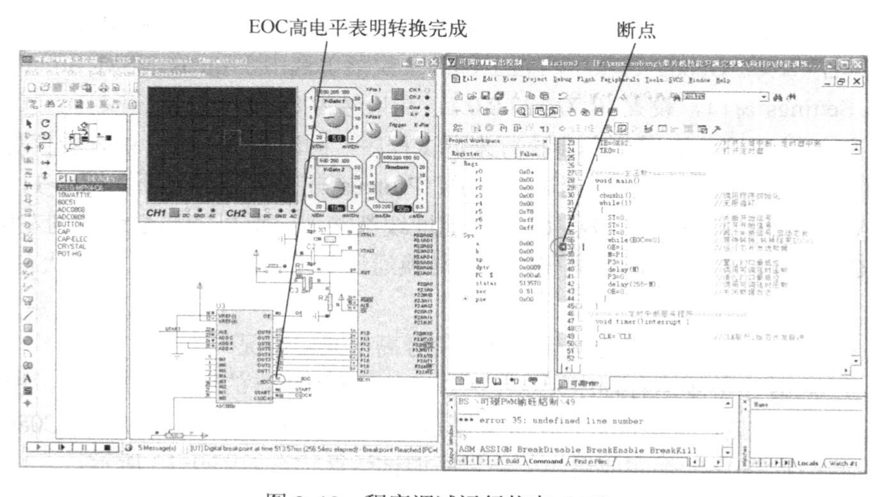

图 9-13　程序调试运行状态（二）

当调节电位器的模拟输出电压时，ADC0809 转换后输出给 P1 口的数字量也将改变，由于 P1 口的值最终赋值给 A 也就是延时程序的时间控制值，所以 P3.0 口输出的 PWM 脉宽受电位器控制。调节电位器的模拟输出电压，再单步运行程序，当程序执行完“P3=1；delay(M)；P3=0；”后，能清楚地看到左侧 Proteus 中示波器显示 P3.0 口输出的 PWM 高电平脉宽信号，程序调试运行状态如图 9-14 和图 9-15 所示。

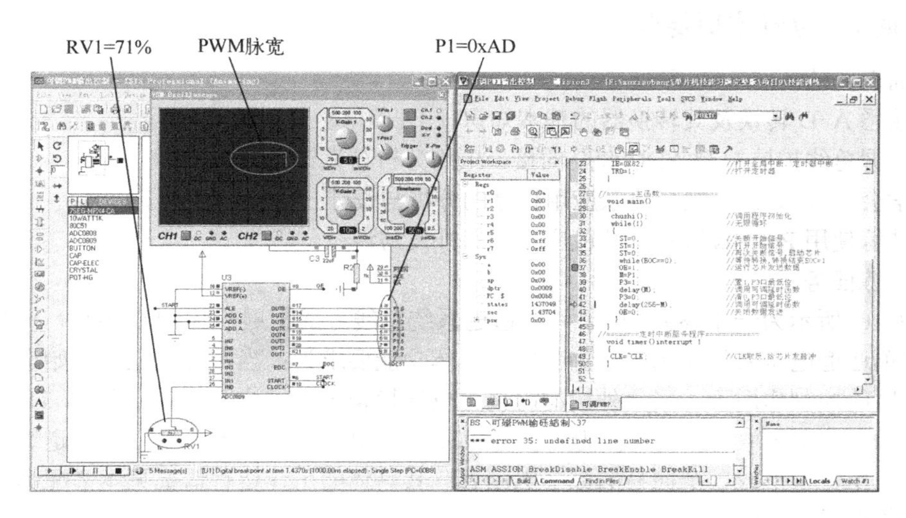

图 9-14　程序调试运行状态（三）

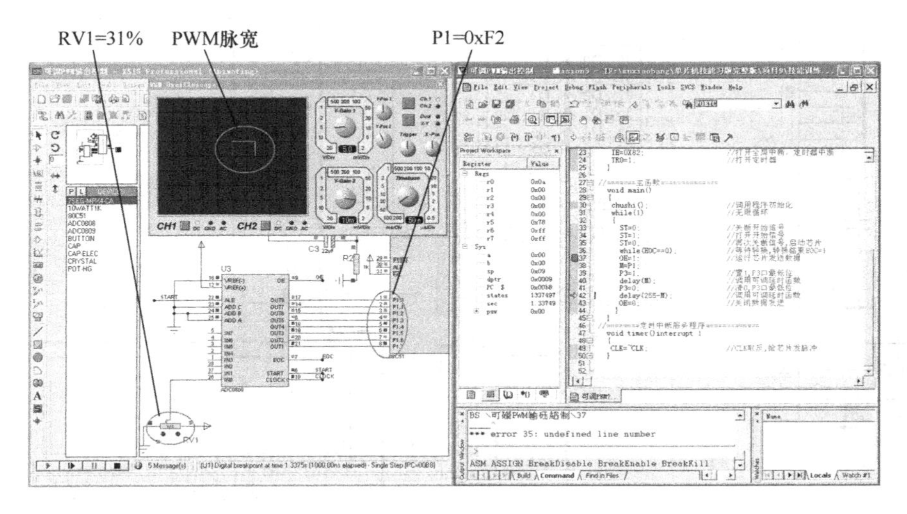

图 9-15　程序调试运行状态（四）

3．Proteus 仿真运行

用 Proteus 打开已绘制好的“可调 PWM 输出控制.DSN”，并将最后调试完成的程序重新编译生成新“.HEX”文件导入 Proteus 中。

在 Proteus ISIS 编辑窗口中单击 ▶ 或在“Debug”菜单中选择“Execute”。运行时，当调节 RV1 电位器的电压时，其对应的示波器显示 P3.0 口的输出 PWM 脉宽将改变，其运行结果参照任务 9.1.4 的仿真运行结果。

训练任务 9.2 单通道电压采集显示控制

9.2.1 训练目的与控制要求

1. 训练目的

1）熟悉 A-D 转换及其转换器的基本知识。

2）掌握总线扩展控制 ADC0809 的接口电路分析与设计。

3）学会进行 A-D 转换较复杂应用程序的分析与设计。

4）熟练使用 Proteus 进行单片机应用程序开发与调试。

2. 训练任务

图 9-16 所示为一个 89C51 单片机通过系统总线方式扩展一片 ADC0809 模数转换芯片，实现单通道电压采集显示的实物装置。具体功能要求为：当单片机上电开始运行时，该装置在程序的控制作用下，采集外接的可调电位器模拟电压，实现模拟电压 A-D 转换并显示于数码管上。采集值的显示形式为 1.0.00～1.5.00，其中最高位数码管显示通道编号，而低 3 位显示电压值，形成一个简易的数字电压表；其具体的工作运行情况见本书配套教材附带光盘中的仿真运行视频文件。

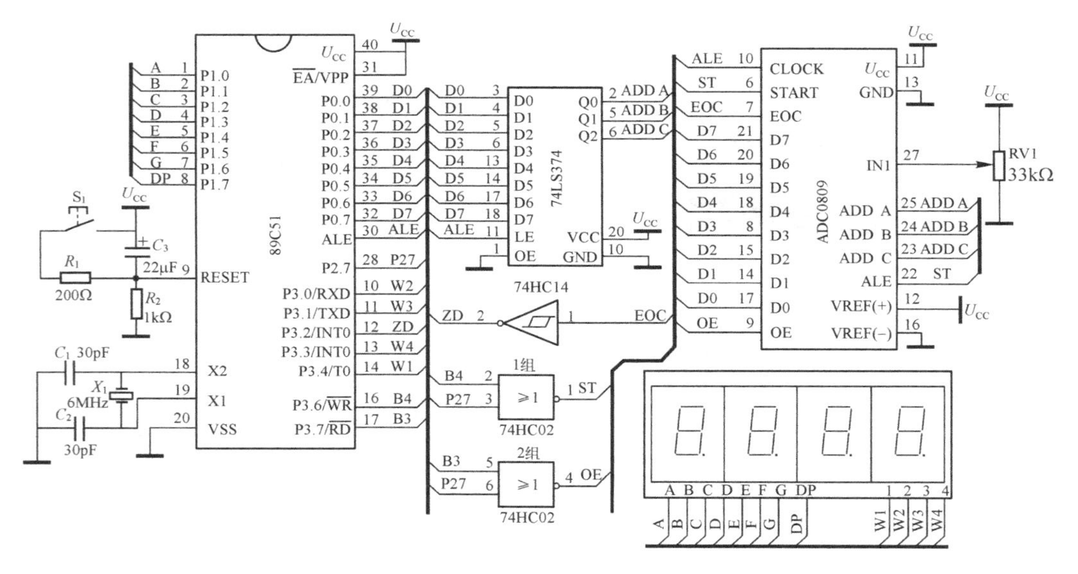

图 9-16 单通道电压采集显示控制

在 Proteus 仿真过程中若要使用 ALE 引脚，应开打单片机属性设置窗口进行，Proteus 仿真设置窗口如图 9-17 所示设置。

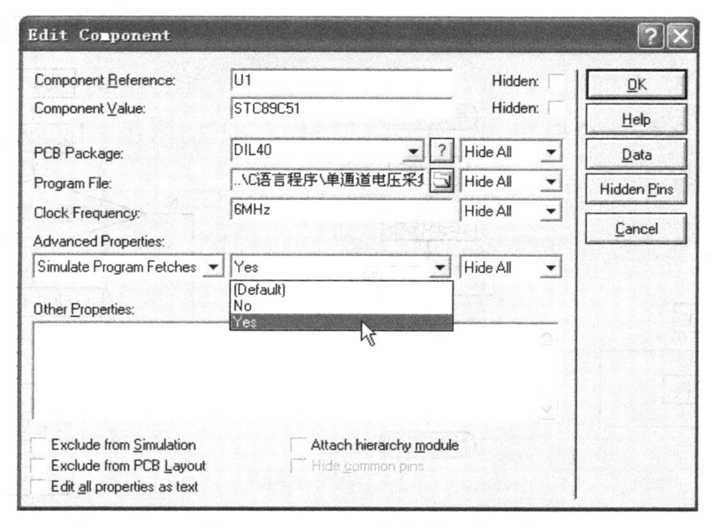

图 9-17　Proteus 仿真设置窗口

3. 训练要求

训练任务要求如下：

1）进行单片机应用电路分析，并完成 Proteus 仿真电路图的绘制。

2）根据任务要求进行单片机控制程序流程和程序设计思路分析，画出程序流程图。

3）依据程序流程图在 Keil 中进行源程序的编写与编译工作。

4）在 Proteus 中进行程序的调试与仿真工作，最终完成实现任务要求的程序。

5）完成单片机应用系统实物装置的焊接制作，并下载程序实现正常运行。

9.2.2　硬件系统与控制流程分析

1. 任务硬件系统分析

电路原理图如图 9-16 所示，地址锁存器 74HC373 用于 P0 口数据与地址的分离使用，其中 A-D 转换完成后的数据经 P0 数据线输入单片机，P0 口低 3 位由 74HC373 分离出 ADDA、ADDB 和 ADDC 来实现通道口的选择；外部中断 0 输入 P3.2 口实现 ADC0809 转换结束信号 EOC 经反向处理后中断输入；高位地址线 P2.7 和输出控制 P3.6 经 74HC02 处理后提供 A-D 转换启动控制信号，高位地址线 P2.7 和输入控制 P3.7 经 74HC02 处理后提供 A-D 转换数据输出控制信号，单片机 ALE 提供 ADC0809 的运行时钟 CLOCK 信号。单片机 P1 口输出 4 位数码的段码信号，而 P3.0、P3.1、P3.3 和 P3.4 分别提供 4 位数码管的位选信号。

2. 任务控制流程分析

根据电路原理图和任务控制功能要求可得本任务的程序单通道电压采集显示控制流程图，如图 9-18 所示。图 9-18a 为主程序流程图，当程序初始化完成后就进入数据显示输出的循环中；图 9-18b 为外部中断 INT_0 流程图，由转换完成信号 EOC 触发执行读入 A-D 转换数据的功能；图 9-18c 为定时器 T0 中断流程图，通过此中断程序定时触发启动 A-D 转换运行。

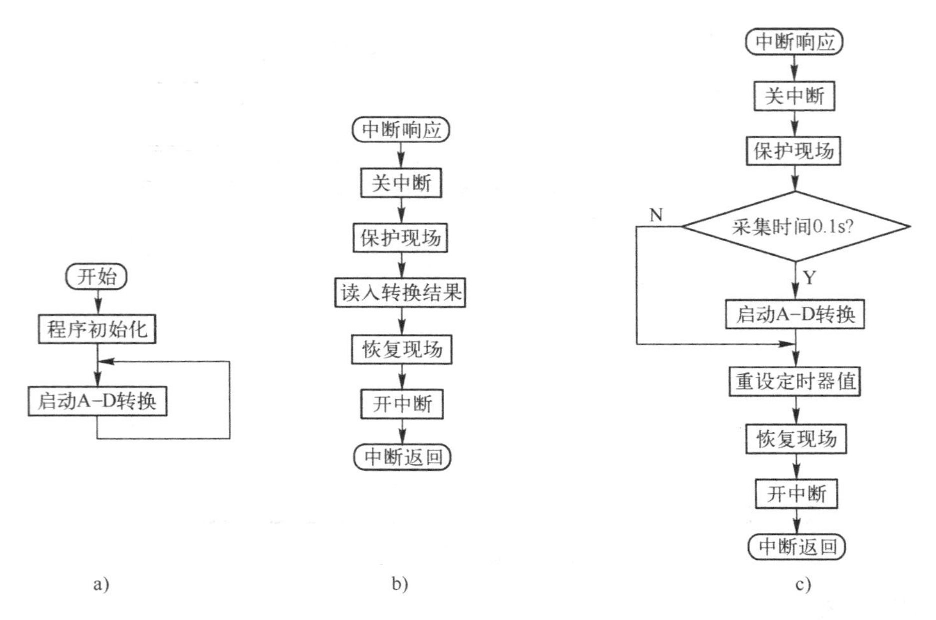

图 9-18 单通道电压采集显示控制流程图

a) 主程序流程图 b) 外部中断 INT_O 流程图 c) 定时器 T0 中断流程图

9.2.3 Proteus 仿真电路图创建

1. 列出元器件表

根据单片机应用电路原理图 9-16 所示，列出 Proteus 中实现该系统所需的元器件配置情况，如表 9-2 所示。

表 9-2 元器件配置表

名称	型号	数量	备注(Proteus 中元器件名称)
单片机	AT89C51	1	AT89C51
陶瓷电容	30pF	2	CAP
电解电容	22μF	1	CAP-ELEC
晶振	12MHz	1	CRYSTAL
电阻	1kΩ	1	RES
电阻	200Ω	1	RES
电阻排	1kΩ	1	RESPACK-8
按钮		1	BUTTON
数字电压表		1	DCVOLTMETER
电位器	33kΩ	1	POT-HG
模数转换芯片	ADC0809	1	ADC0809
共阴数码管	四位	1	7SEG-MPX4-CC
74HC14	74HC14	1	NOT
74HC02	74HC02	2	7402
74HC373	74HC373	1	74HC373

2．绘制仿真电路图

用鼠标双击桌面上的图标 ISIS 进入“Proteus ISIS”编辑窗口，单击菜单命令“File”→“New Design”，新建一个 DEFAULT 模板，并保存为“单通道电压采集显示控制.DSN”。在器件选择按钮 P L DEVICES 单击“P”按钮，将表 9-2 中的元器件添加至对象选择器窗口中。然后，将各个元器件摆放好，最后依照图 9-16 所示的原理图将各个器件连接起来，单通道电压采集显示控制仿真图如图 9-19 所示。

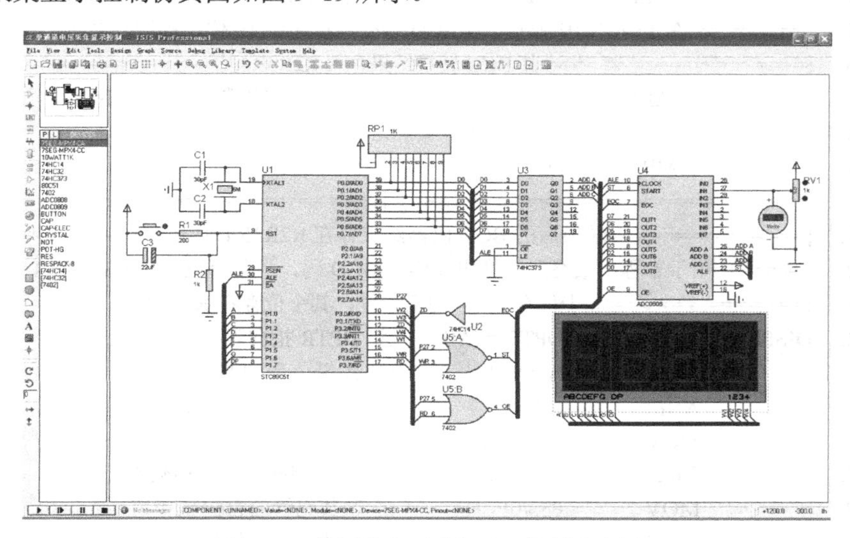

图 9-19　单通道电压采集显示控制仿真图

9.2.4　汇编语言程序设计与调试

1．程序设计分析

```
        程序代码                          程序分析
1.              ORG     0000H        ;程序开始地址
2.              LJMP    MAIN         ;跳转到 MAIN 处执行
3.              ORG     0003H        ;外部中断 0 入口地址
4.              LJMP    INT_0        ;跳转到 INT_0 处执行
5.              ORG     000BH        ;定时器 0 中断入口地址
6.              LJMP    T_0          ;跳转到 T_0 处执行
7.      ;===============主程序============================
8.              ORG     0030H        ;程序存放地址
9.      MAIN:   MOV     SP,#30H      ;设置堆栈指针
10.             LCALL   INIT         ;进行程序初始化
11.     D1:     MOV     R3,20H       ;取出转换结果
12.             MOV     R2,#00H      ;清零 R2，使得 R2R3 组成双字节数进行乘法处理
13.             MOV     R6,#01H      ;R6 赋值#01H
14.             MOV     R7,#0F4H     ;R7 赋值#0F4H，使 R6R7 组成数值为 500 的双字节数
15.                                  ;与 R2R3 组成的 0～255 转换结果进行乘法处理
16.     ;========乘法处理程序中双字节被乘数在 R2R3，双字节乘数在 R6R7===========
17.     ;===其中 R2 为被乘数的高字节，R6 为乘数的高字节。其结果存在 R4R5R6R7 中===
```

```
18.             LCALL       DBMUI           ;调用乘法处理子程序，完成：采集值*500
19.             MOV         R2,#00H         ;R2 清零
20.             MOV         R3,#255         ;R3 赋值 255，使得 R2R3 组成数值为 255 的双字节数
21.                                         ;与乘法结果 R4R5R6R7 进行除法处理
22.  ;==========除法处理程序中 4 字节被除数在 R4R5R6R7，双字节除数在 R2R3==========
23.  ;==========其中除法结果整数部分存在 R6R7 中，余数部分存在 R4R5 中==========
24.             LCALL       BDIV            ;调用除法处理子程序，完成：采集值*500/255
25.  ;==========在 16 位二进制转换为 BCD 码处理程序中 16 位二进制在 R6R7 中==========
26.  ;======================其 BCD 转换结果存入 R2R3R4 中======================
27.             LCALL       BCDT            ;调用 16 位二进制数转换成 BCD 码子程序
28.             LCALL       DISPLAY         ;进行显示
29.             LJMP        D1              ;跳转至 D1
30.  ;==========================显示子程序==========================
31.  ;===============转换后的 BCD 码器结果存在 R2R3R4 中===============
32.  ;=======由于本程序最终只转换出 3 位的 BCD 码，故其百位存在 R3 的低 4 位=======
33.  ;===============其十位存在 R4 的高 4 位，其个位存在 R4 的低 4 位===============
34.  DISPLAY:   MOV         DPTR,#TAB       ;将 DPTR 指向表头
35.             MOV         A,#0FH          ;给 A 赋值为 0FH
36.             ANL         A,R3            ;与 R3 进行相与运算，除去 R3 的高 4 位
37.             MOVC        A,@A+DPTR       ;查表
38.             ORL         A,#80H          ;与 80H 相或，加上小数点
39.             MOV         P3,#0FEH        ;选通数码管的百位
40.             MOV         P1,A            ;输出数码管百位数据
41.             LCALL       DELAY           ;调用延时子程序
42.             MOV         A,#0F0H         ;给 A 赋值为#0F0H
43.             ANL         A,R4            ;与 R4 进行相与运算，除去 R4 的低 4 位
44.             SWAP        A               ;将 A 的高低 4 位互换位置
45.             MOVC        A,@A+DPTR       ;查表
46.             MOV         P3,#0FDH        ;选通数码管的十位
47.             MOV         P1,A            ;输出数码管十位数据
48.             LCALL       DELAY           ;调用延时子程序
49.             MOV         A,#0FH          ;给 A 赋值为#0FH
50.             ANL         A,R4            ;与 R4 进行相与运算，除去 R4 的高 4 位
51.             MOVC        A,@A+DPTR       ;查表
52.             MOV         P3,#0F7H        ;选通数码管的个位
53.             MOV         P1,A            ;输出数码管个位数据
54.             LCALL       DELAY           ;调用延时子程序
55.             MOV         P3,#0EFH        ;选通数码管的千位
56.             MOV         P1,#86H         ;数码管显示 1
57.             LCALL       DELAY           ;调用延时子程序
58.             RET                         ;子程序返回
59.  ;=================程序初始化=================
60.     INIT:   MOV         TMOD,#01H       ;设置定时器工作于方式 1
61.             MOV         TH0,#3CH        ;设定定时时间为 50ms
62.             MOV         TL0,#0B0H
```

```
63.            MOV     TCON,#11H      ;启动定时器与设置中断触发为负脉冲触发
64.            MOV     23H,#7FH       ;存储通道 1 地址
65.            MOV     22H,#0F9H
66.            MOV     IE,#83H        ;开中断
67.            MOV     R0,#00H        ;清零定时计数值
68.            RET                    ;子程序返回
69. ;================延时子程序==========================
70.   DELAY: MOV     R7,#3          ;延时子程序
71.      D6: MOV     R6,#120
72.          DJNZ    R6,$
73.          DJNZ    R7,D6
74.          RET                    ;子程序返回
75. ;============T0 中断服务子程序=====================
76.     T_0: PUSH    DPH            ;保护地址
77.          PUSH    DPL
78.          PUSH    PSW
79.          PUSH    ACC
80.          INC     R0             ;定时计数值加 1
81.          CJNE    R0,#02H,D3     ;定时 0.1s 时间到
82.          MOV     R0,#00H        ;清零 R0
83.          MOV     DPH,23H        ;取出通道 1 地址
84.          MOV     DPL,22H
85.          MOVX    @DPTR,A        ;启动转换
86.      D3: MOV     TH0,#3CH       ;重新赋值定时初值
87.          MOV     TL0,#0B0H
88.          POP     ACC            ;恢复现场
89.          POP     PSW
90.          POP     DPL
91.          POP     DPH
92.          RETI                   ;中断返回
93. ;============外部中断 0 服务子程序===================
94.   INT_0: PUSH    DPH            ;保护地址
95.          PUSH    DPL
96.          PUSH    ACC
97.          PUSH    PSW
98.          MOV     DPH,23H        ;取出通道 1 地址
99.          MOV     DPL,22H
100.         MOVX    A,@DPTR        ;读入转换结果
101.         MOV     20H,A          ;将转换结果存入 20H
102.         POP     PSW            ;恢复现场
103.         POP     ACC
104.         POP     DPL
105.         POP     DPH
106.         RETI                   ;中断返回
107. ;===========0~9 字符数据==========================
108.    TAB: DB   3FH,06H,5BH,4FH,66H ;0～4 显示字符
```

```
109.            DB   6DH,7DH,07H,7FH,6FH ;5～9 显示字符
110.  ;============双字节被乘数在 R2R3，双字节乘数在 R6R7====================
111.  ;==================R2R3*R6R7=R4R5R6R7===========================
112.      DBMUI: MOV      A,R3
113.             MOV      B,R7
114.             MUL      AB            ;R3*R7
115.             XCH      A,R7          ;乘积低位→R7，R7→A 准备乘数
116.             MOV      R5,B          ;乘积高位暂存 R5
117.             MOV      B,R2
118.             MUL      AB            ;R7*R2
119.             ADD      A,R5          ;乘积低位加上一次的乘积高位暂存 R4
120.             MOV      R4,A
121.             CLR      A             ;清累加器
122.             ADDC     A,B           ;高位加从低位来的进位暂存 R5
123.             MOV      R5,A
124.             MOV      A,R6
125.             MOV      B,R3
126.             MUL      AB            ;R6*R3
127.             ADD      A,R4          ;第三次乘积低位加 R4 暂存 R5
128.             XCH      A,R6
129.             XCH      A,B
130.             ADDC     A,R5          ;第三次乘积高位加 R5 暂存 R5
131.             MOV      R5,A
132.             MOV      F0,C          ;保存进位位
133.             MOV      A,R2
134.             MUL      AB            ;R2*R6
135.             ADD      A,R5          ;第四次乘积低位加 R5 暂存 R5
136.             MOV      R5,A
137.             CLR      A
138.             MOV      ACC.0,C
139.             MOV      C,F0
140.             ADDC     A,B           ;第四次乘积高位加低位来的进位后存 R4
141.             MOV      R4,A
142.             RET                    ;子程序返回
143.  ;==========R4R5R6R7÷R2R3→R6R7,余数→R4R5======================
144.       BDIV: MOV      A,R5          ;判商是否产生溢出
145.             CLR      C
146.             SUBB     A,R3          ;A=A-R3-Cy
147.             MOV      A,R4
148.             SUBB     A,R2          ;A=A-R2-Cy
149.             JNC      DIV1          ;被除数高位字节大于除数，转溢出处理
150.             MOV      B,#16         ;无溢出执行除法，置循环次数
151.       DIV2: CLR      C             ;被除数向左移一位，低位送 0
152.             MOV      A,R7          ;R7 向左移一位
153.             RLC      A
154.             MOV      R7,A
```

```
155.            MOV     A,R6        ;R6 向左移一位
156.            RLC     A
157.            MOV     R6,A
158.            MOV     A,R5        ;R5 向左移一位
159.            RLC     A
160.            MOV     R5,A
161.            XCH     A,R4        ;R4 向左移一位
162.            RLC     A
163.            XCH     A,R4
164.            MOV     F0,C        ;保护移出的最高位
165.            CLR     C
166.            SUBB    A,R3        ;被除数与除数比较
167.            MOV     R1,A
168.            MOV     A,R4
169.            SUBB    A,R2        ;A=A-R2-Cy
170.            JB      F0,DV2      ;高位移出位为 1，够减转 DV2
171.            JC      DV3
172.      DV2:  MOV     R4,A        ;回送减法结果
173.            MOV     A,R1
174.            MOV     R5,A
175.            INC     R7          ;商上 1
176.      DV3:  DJNZ    B,DIV2      ;不够减，循环次数-1
177.            CLR     F0          ;正常执行无溢出，F0=0
178.            RET
179.    DIV1:   SETB    F0          ;置溢出标志
180.            RET                 ;子程序返回
181.  ;=====设 R6R7 的内容为 16 位二进制数，要求转换为 BCD 码其结果存入 R2R3R4=====
182.    BCDT:   MOV     R5,#16      ;设置计算值
183.            CLR     A
184.            MOV     R2,A        ;存放结果寄存器清零
185.            MOV     R3,A
186.            MOV     R4,A
187.    LOOP:   CLR     C
188.            MOV     A,R7        ;R6R7 取被转换二进制数乘 2
189.            RLC     A
190.            MOV     R7,A
191.            MOV     A,R6
192.            RLC     A
193.            MOV     R6,A
194.            MOV     A,R4        ;乘 2 加 b 后经十进制调整后转换成
195.            ADDC    A,R4        ;BCD 码存 R2R3R4
196.            DA      A
197.            MOV     R4,A
198.            MOV     A,R3
199.            ADDC    A,R3        ;A=A+R3+Cy
200.            DA      A
201.            MOV     R3,A
```

```
202.        MOV      A,R2
203.        ADDC     A,R2          ;A=A+R2+Cy
204.        DA       A
205.        MOV      R2,A
206.        DJNZ     R5,LOOP       ;先对 R5 中的数进行减 1，然后再进行判断是否等
207.                               ; 于 0，若是，则执行下一条程序，否则，跳转到
208.                               ; LOOP 中执行。
209.        RET                    ;子程序返回
210.        END                    ;程序结束
```

2．Proteus 与 Keil 联调

1）按照前面任务 2.1.4 中 Proteus 与 Keil 联调的步骤完成基本的软件设置。如果前面已经设置过一次，在此可以跳过。

2）用 Proteus 打开已绘制好的“单通道电压采集显示控制.DSN”文件，在 Proteus 的“Debug”菜单中选中“Use Remote Debug Monitor（远程监控）”。同时，右键选中 STC89C51 单片机，在弹出对话框的“Program File”选项中，导入在 Keil 中生成的十六进制 HEX 文件“单通道电压采集显示控制.HEX”。

3）用 Keil 打开刚才创建好的“单通道电压采集显示控制.UV2”文件，打开窗口“Option for Target‘工程名’”。在 Debug 选项中右栏上部的下拉菜单选中 Proteus VSM Simulator。接着再单击进入 Settings 窗口，设置 IP 为 127.0.0.1，端口号为 8000。

4）在 Keil 中单击 ，使用单步执行来调试程序，同时在 Proteus 中查看直观的仿真结果。这样就可以像使用仿真器一样调试程序了，Proteus 与 Keil 联调界面如图 9-20 所示。

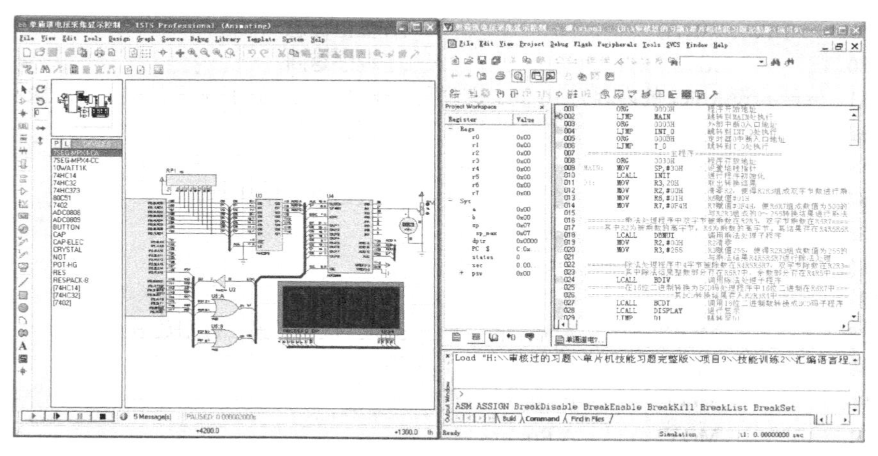

图 9-20　Proteus 与 Keil 联调界面

在“Peripherals”下拉菜单中，单击“Timer”选中“Timer0”选项后，将弹出定时/计数器窗口，当执行完程序初始化后，定时/计数器窗口也随之改变，程序调试运行状态如图 9-21 所示。

程序初始化时分别定义 23H、22H,为存储通道 1 地址，当执行完程序“MOV DPH,23H；MOV DPL,22H；MOVX @DPTR,A；”后，启动数据转换，由于最高位数码管显示通道编号，所以能看到 4 位数码管显示为 1.0.00，程序调试运行状态如图 9-22 所示。

TMOD=0x01、TH0=0x3C、TL0=0XB9、TCON=0x11

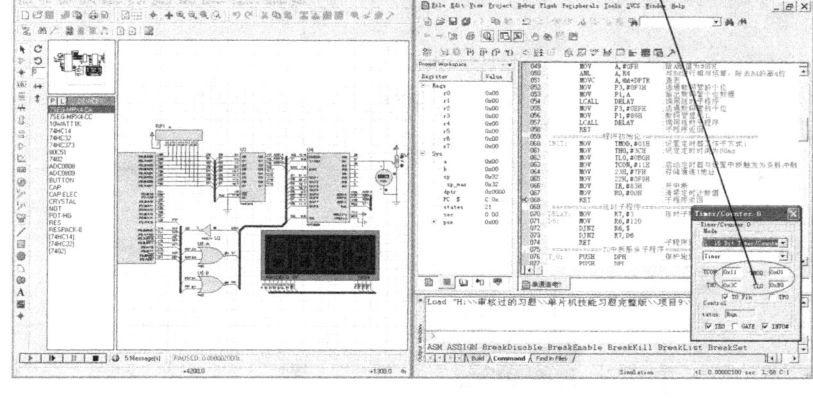

图 9-21　程序调试运行状态（一）

DPH=0X7F,DPL=0XF9

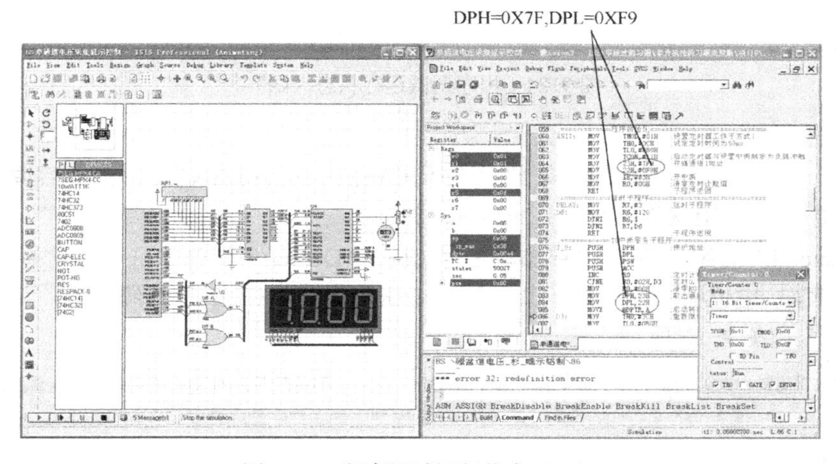

图 9-22　程序调试运行状态（二）

当执行完程序“MOV　DPH,23H；MOV　DPL,22H；MOVX　A,@DPTR；”后，读入转换结果，可以看到 4 位数码管显示变为 1.3.49，程序调试运行状态如图 9-23 所示。

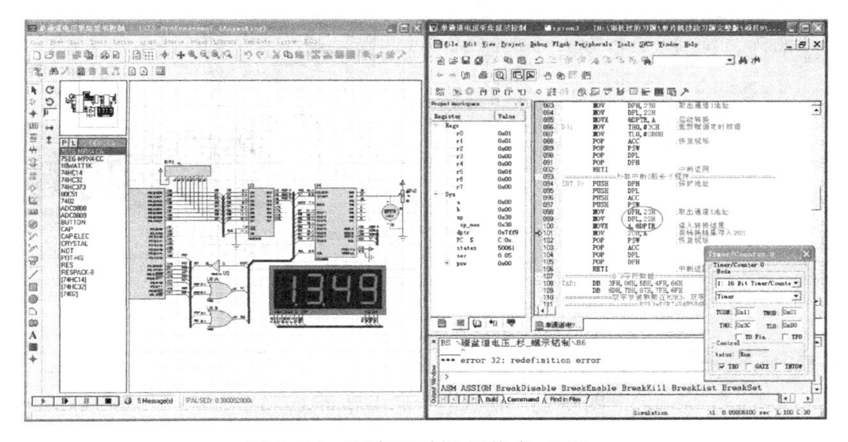

图 9-23　程序调试运行状态（三）

拉动电位器再进行调试可以发现数码管的数值发生变化，程序调试运行状态如图 9-24 所示。

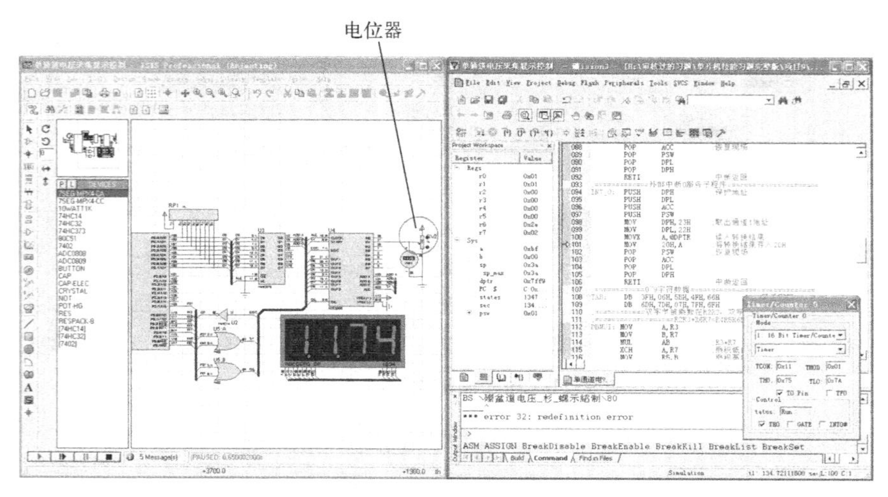

图 9-24　程序调试运行状态（四）

3．Proteus 仿真运行

用 Proteus 打开已绘制好的“单通道电压采集显示控制.DSN”，并将最后调试完成的程序重新编译生成新“.HEX”文件导入 Proteus 中。

在 Proteus ISIS 编辑窗口中单击 ▶ 或在“Debug”菜单中选择“Execute”，运行时，当调节 RV1 电位器的电压时，其对应的电压值会显示在 4 位数码管上，仿真运行结果界面如图 9-25 和图 9-26 所示。

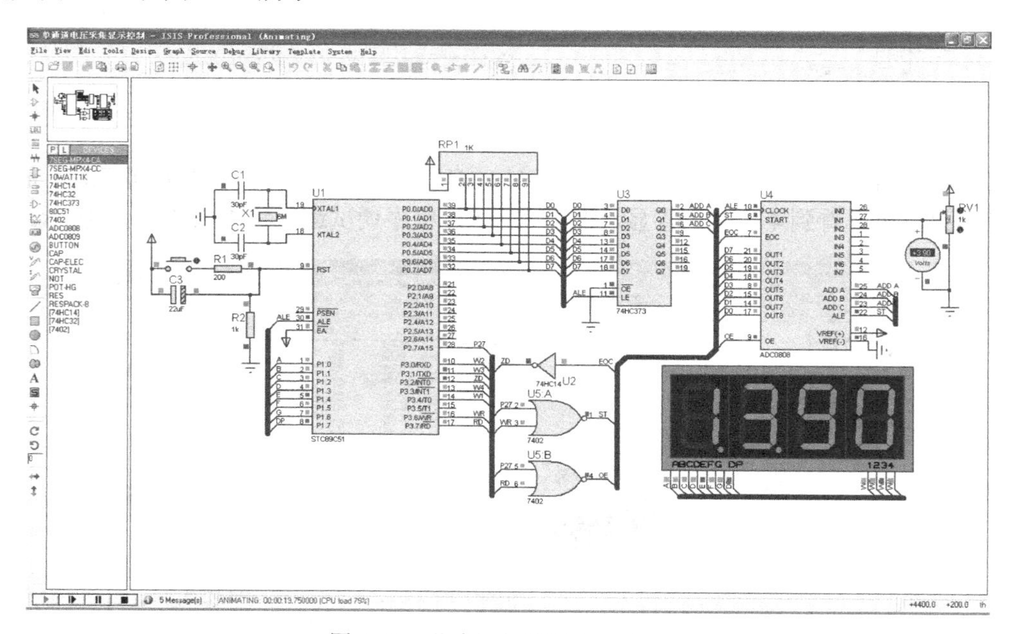

图 9-25　仿真运行结果界面（一）

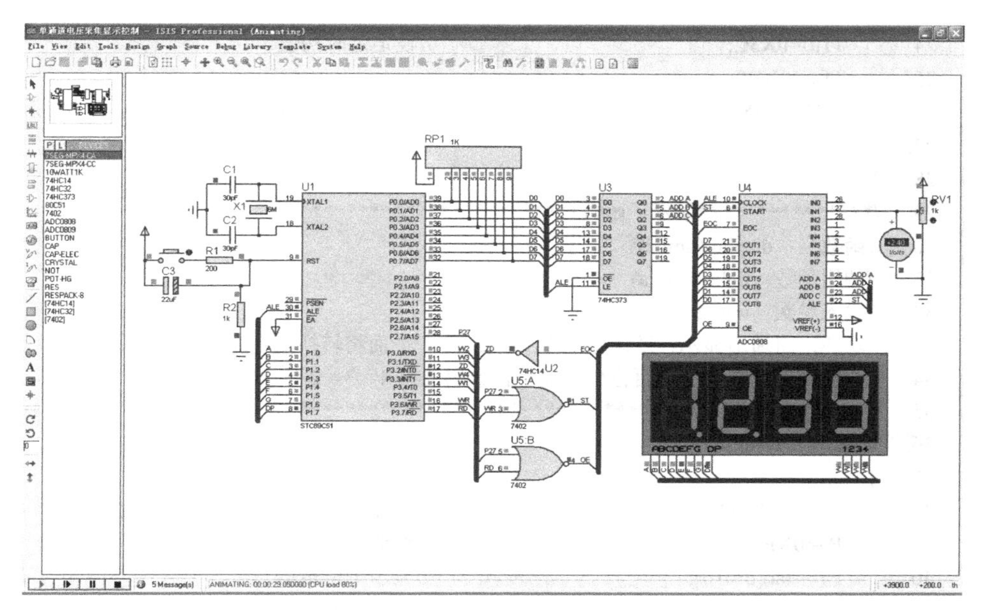

图 9-26　仿真运行结果界面（二）

9.2.5　C 语言程序设计与调试

1. 程序设计分析

程序代码　　　　　　　　　　　　　　程序分析

```
1.  #include<reg51.h>                        //加入头文件
2.  #include<absacc.h>                       //加入绝对访问地址头文件
3.  #define  uchar  unsigned  char            //定义宏方便使用
4.  #define  unit  unsigned  int              //定义宏方便使用
5.  uchar  code  tab[10]={0xc0,0xf9,0xa4,0xb0,0x99,
6.                        0x92,0x82,0xf8,0x80,0x90};//数字 0～9
7.  uchar  time_tick=0,AD=0;                  //定义全局变量
8.  /***************延时子函数************************/
9.  //函数名：delay(unit a)
10. //功能：延时 a*ms 程序
11. //输入参数：unit a
12. /**************************************************/
13. void delay(unit a)
14. {
15.     uchar i;
16.     while(a--)
17.     for(i=0;i<120;i++)
18.       ;
19. }
20. //==============程序初始化=========================
21. void init( )
22. {
23.     TMOD=0X01;                                 //设置定时器工作于方式 1
```

```
24.     TH0=0X3C;                               //设定定时初值
25.     TL0=0XB0;
26.     TCON=0X11;                              //开始定时并且设置中断触发方式为负脉冲
27.     IE=0X83;                                //开中断
28. }
29. /***************显示子函数************************/
30. //函数名：display(unit c)
31. //调用函数：delay(unit a)
32. //输入参数：unit c
33. //功能：将通道显示在数码管从左到右的第 1 位;而将转换需
34. //要转换的结果的个十百位分别显示在数码的第 4、3、2 位上
35. /**************************************************/
36. void display(unit c)
37. {
38.     c=c*(500.0/255);                        //标度变换，使采集值在 0～500
39.     P3=0XF7;                                //选通个位
40.     P1=~tab[c%10];                          //显示个位数据
41.     delay(5);                               //延时 5ms
42.     P3=0XFD;                                //选通十位
43.     P1=~tab[c/10%10];                       //显示十位数据
44.     delay(5);                               //延时 5ms
45.     P3=0xFE;                                //选通百位
46.     P1=~tab[c/100]+0x80;                    //显示百位数据
47.     delay(5);                               //延时 5ms
48.     P3=0xEF;                                //选通千位
49.     P1=~tab[1]+0x80;                        //显示 1
50.     delay(5);                               //延时 5ms
51. }
52. //====================主程序======================
53. void main ( )
54. {
55.     init( );                                //进行程序初始化
56.     while(1)
57.       {
58.         display(AD);                        //显示转换结果
59.       }
60. }
61. //=============外部中断 0 中断服务子程序====================
62. void int_0( )interrupt 0
63. {
64.     EA=0;                                   //关中断
65.     AD=XBYTE[0X7FF9];                       //读入转换结果
66.     EA=1;                                   //开中断
67. }
68. //=============定时器 T0 中断服务子程序===================
69. void t_0( )interrupt 1
70. {
```

```
71.     EA=0;                          //关中断
72.     time_tick++;                   //定时计数值加 1
73.     if(time_tick==2)               //定时时间 0.1s 到？
74.       {
75.         time_tick=0;               //定时计数值重新赋值为 0
76.         XBYTE[0X7FF9]=0;           //启动转换
77.         }
78.     TH0=0X3C;                      //重新赋值定时初值
79.     TL0=0XB0;
80.     EA=1;                          //开中断
81.  }
```

2．Proteus 与 Keil 联调

1）按照前面任务 2.1.5 中 Proteus 与 Keil 联调的步骤完成基本的软件设置。如果前面已经设置过一次，在此可以跳过。

2）用 Proteus 打开已绘制好的“单通道电压采集显示控制.DSN”文件，在 Proteus 的“Debug”菜单中选中“Use Remote Debug Monitor（远程监控）”。同时，右键选中 STC89C51 单片机，在弹出对话框的“Program File”选项中，导入在 Keil 中生成的十六进制 HEX 文件“单通道电压采集显示控制.HEX”。

3）用 Keil 打开刚才创建好的“单通道电压采集显示控制.UV2”文件，打开窗口“Option for Target‘工程名’”。在“Debug”选项中右栏上部的下拉菜单选中 Proteus VSM Simulator。接着再单击进入 Settings 窗口，设置 IP 为 127.0.0.1，端口号为 8000。

4）在 Keil 中单击，使用单步执行来调试程序，同时在 Proteus 中查看直观的仿真结果。这样就可以像使用仿真器一样调试程序了，Proteus 与 Keil 联调界面如图 9-27 所示。

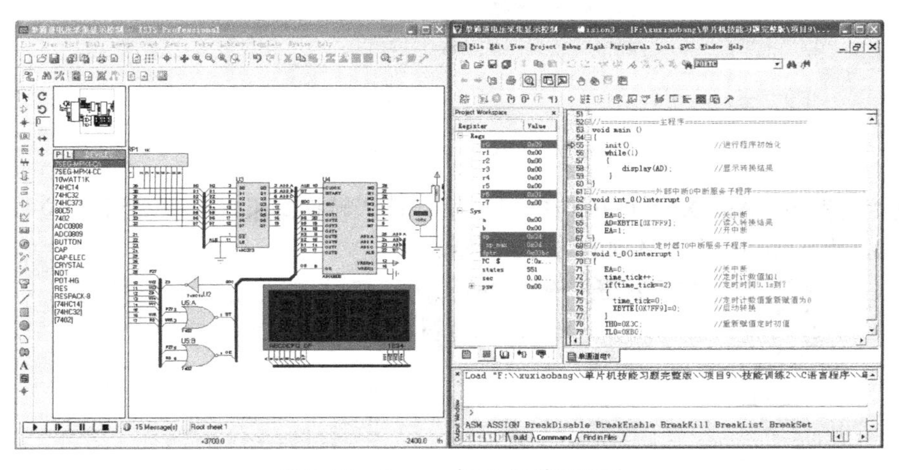

图 9-27　Proteus 与 Keil 联调界面

在“Peripherals”下拉菜单中，单击“Timer”选中“Timer0”选项后，将弹出定时/计数器窗口，当执行完程序初始化后，定时/计数器窗口也随之改变，程序调试运行状态如图 9-28 所示。

XBYTE[0X7FF9]把高八位地址给 P2 口，P2=0X7E(#01111111B),低八位地址给 P0 口，P0=0XF9(#11111001B), P0 口低 3 位来实现通道口的选择。

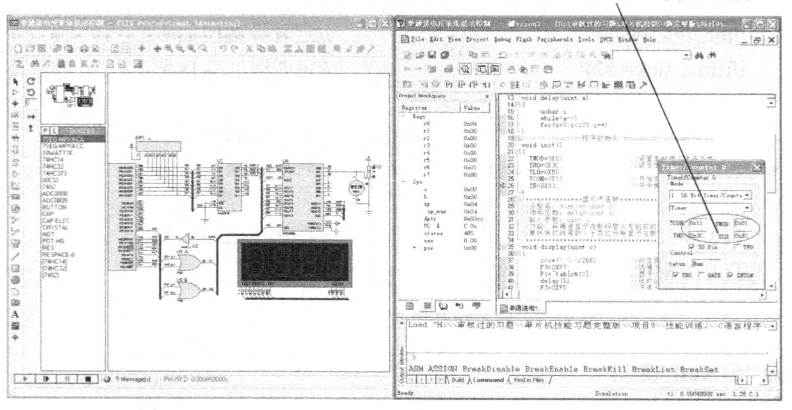

图 9-28　程序调试运行状态（一）

当执行完程序“XBYTE[0X7FF9]=0;”后，启动数据转换，由于最高位数码管显示通道编号，所以能看到 4 位数码管显示为 1.0.00，程序调试运行状态如图 9-29 所示。

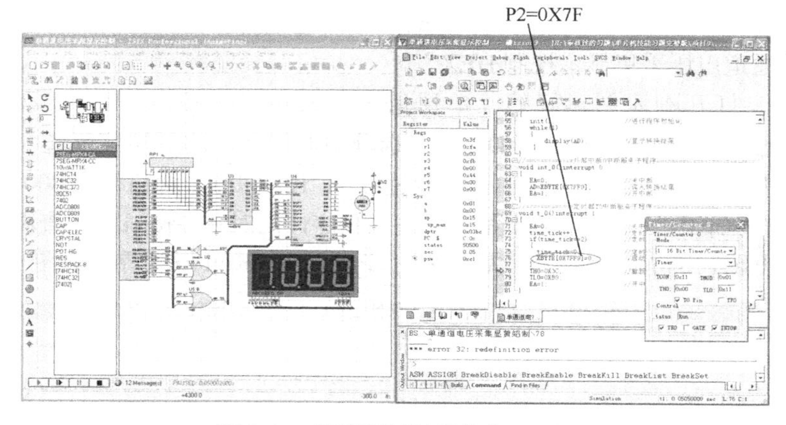

图 9-29　程序调试运行状态（二）

当执行完程序“AD=XBYTE[0X7FF9];”后，读入转换结果，可以看到 4 位数码管显示变为 1.1.70，程序调试运行状态如图 9-30 所示。

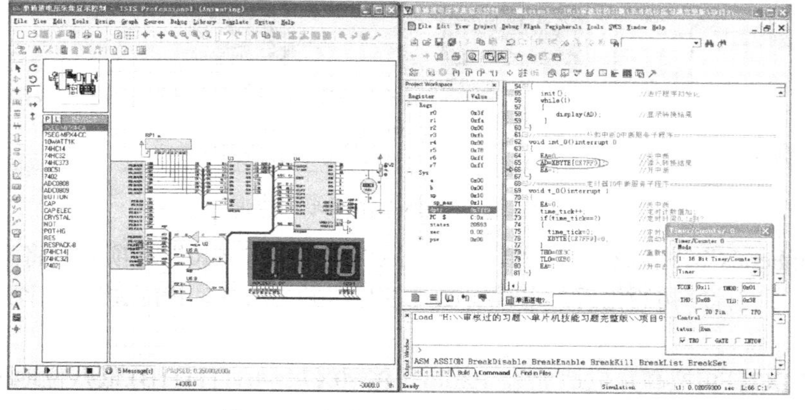

图 9-30　程序调试运行状态（三）

拉动电位器再进行调试可以发现数码管的数值发生变化，程序调试运行状态如图 9-31 所示。

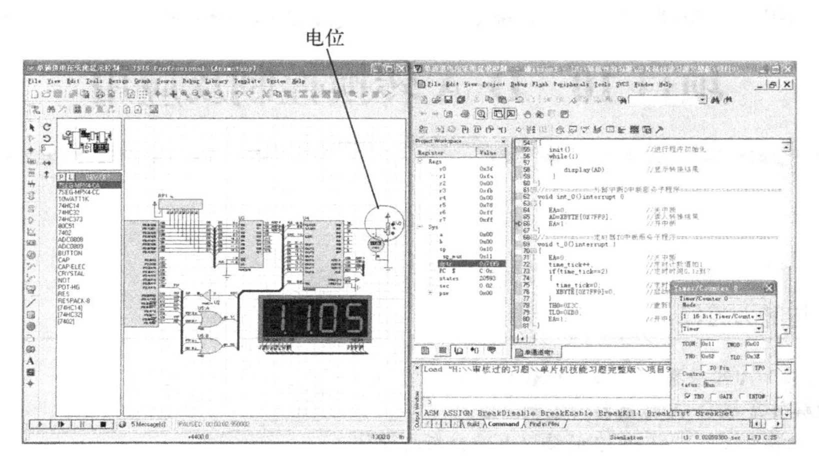

图 9-31　程序调试运行状态（四）

3．Proteus 仿真运行

用 Proteus 打开已绘制好的“单通道电压采集显示控制.DSN”，并将最后调试完成的程序重新编译生成新“.HEX”文件导入 Proteus 中。

在 Proteus ISIS 编辑窗口中单击 ▶ 或在“Debug”菜单中选择“Execute”，运行时，当调节 RV1 电位器的电压时，其对应的电压值会显示在 4 位数码管上，其运行结果参照任务 9.2.4 的仿真运行结果。

项目 10　D-A 转换控制及应用

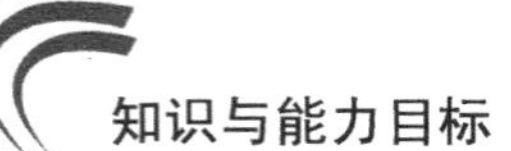

知识与能力目标

1）熟悉 D-A 转换及其转换器的基本知识。
2）理解并掌握 D-A 转换器的控制方法。
3）学会单片机与 DAC0832 的接口电路分析与设计。
4）初步学会 D-A 转换应用程序的分析与设计。
5）熟练使用 Proteus 进行单片机应用程序开发与调试。

训练任务 10.1　波形发生器控制

10.1.1　训练目的与控制要求

1．训练目的

1）熟悉 D-A 转换及其转换器的基本知识。
2）掌握单片机与 DAC0832 的接口电路分析与设计。
3）学会进行 D-A 转换应用程序的分析与设计。
4）熟练使用 Proteus 进行单片机应用程序开发与调试。

2．训练任务

图 10-1 所示为单片机外扩一片 DAC0832 芯片实现一个简易波形发生器的电路原理图。具体控制要求为：当单片机上电开始运行时，在程序的控制作用下，可由波形切换按键〈K1〉实现输出波形在三角波与锯齿波之间相互切换，并能通过周期调节按键〈K2〉实现波形周期的大小调节，其具体的工作运行情况见本书配套教材（《单片机技术及应用（基于 Proteus 的汇编和 C 语言版）》ISBN 978-7-111-44676-7 ，以下所指配套教材均指这本书）附带光盘中的仿真运行视频文件。

3．训练要求

训练任务要求如下：

1）进行单片机应用电路分析，并完成 Proteus 仿真电路图的绘制。
2）根据任务要求进行单片机控制程序流程和程序设计思路分析，画出程序流程图。
3）依据程序流程图在 Keil 中进行源程序的编写与编译工作。
4）在 Proteus 中进行程序的调试与仿真工作，最终完成实现任务要求的程序。
5）完成单片机应用系统实物装置的焊接制作，并下载程序实现正常运行。

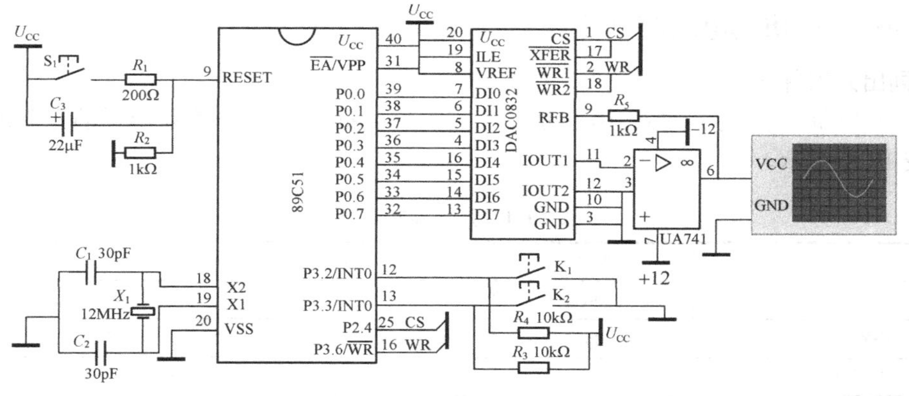

图 10-1　波形发生器控制

10.1.2　硬件系统与控制流程分析

1．任务硬件系统分析

电路原理图如图 10-1 所示，该电路实际上是单片机采用单缓冲的工作方式驱动 DAC0832 数模转换芯片，实现数模转换输出。由于 DAC0832 是模拟电流输出，为了取得电压输出，在电流输出端连接有运算放大器 UA741，将电流信号转换为电压信号。同时两个控制按键 K_1 和 K_2 分别连接于单片机的外部中断引脚 P3.2 与 P3.3 上，通过按键外部中断来实现波形变化的控制。

2．任务控制流程分析

根据电路原理图和任务控制功能要求可知本任务程序设计的程序波形发生器控制流程图如图 10-2 所示。图 10-2a 为主程序流程图，当程序完成初始化以后，一直处于波形控制标志位的判断和周期波形的输出循环中，其中波形的输出类型由标志位的值决定；图 10-2b 为外部中断 0 服务子程序流程图，实现按键 K_1 输入改变输出波形类型的处理功能；图 10-2c 为外部中断 1 服务子程序流程图，实现按键 K_2 输入改变输出波形周期的处理功能。

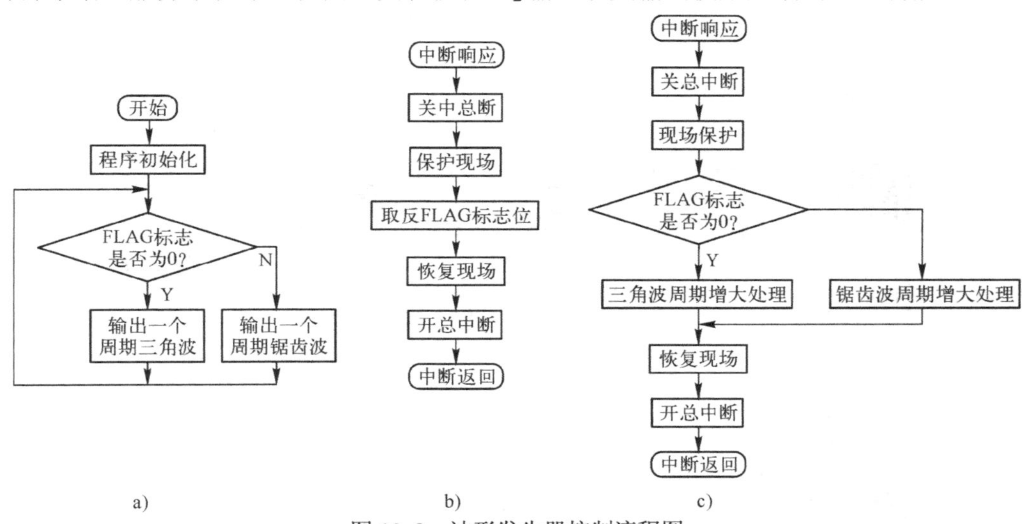

图 10-2　波形发生器控制流程图

a) 主程序流程图　b) 子程序流程图　c) 子程序流程图

10.1.3 Proteus 仿真电路图创建

1．列出元器件表

根据单片机应用电路原理图 10-1 所示，列出 Proteus 中实现该系统所需的元器件配置情况，如表 10-1 所示。

表 10-1　元器件配置表

名称	型号	数量	备注(Proteus 中元器件名称)
单片机	AT89C51	1	AT89C51
陶瓷电容	30pF	2	CAP
电解电容	22μF	1	CAP-ELEC
晶振	12MHz	1	CRYSTAL
电阻	1kΩ	2	RES
电阻	10kΩ	2	RES
电阻	200Ω	1	RES
数模转换芯片	DAC0832	1	DAC0832
运算放大器		1	OPAMP
按钮		3	BUTTON
示波器		1	OSCILLOSCOPE
数字电压表		1	DCVOLTMETER

2．绘制仿真电路图

用鼠标双击桌面上的图标 ISIS 进入“Proteus ISIS”编辑窗口，单击菜单命令“File”→“New Design”，新建一个 DEFAULT 模板，并保存为“波形发生器控制.DSN”。在器件选择按钮 P L DEVICES 单击“P”按钮，将表 10-1 中的元器件添加至对象选择器窗口中。然后，将各个元器件摆放好，最后依照图 10-1 所示的原理图将各个器件连接起来，波形发生器控制仿真图如图 10-3 所示。

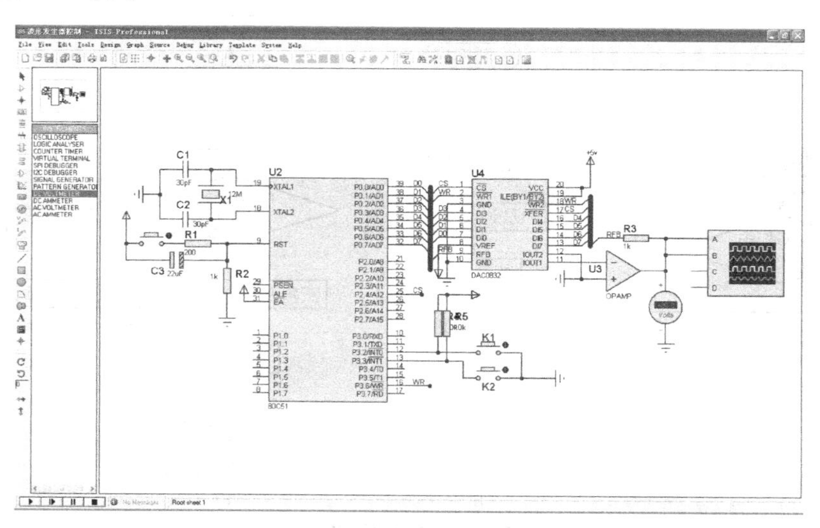

图 10-3　波形发生器控制仿真图

10.1.4 汇编语言程序设计与调试

1. 程序设计分析

程序代码　　　　　　　　　程序分析

```
1.      FLAG   EQU     60H            ;使用 FLAG 字符串替换 60H 地址
2.      Y1     EQU     61H            ;使用 Y1 字符串替换 61H 地址
3.      Y2     EQU     62H            ;使用 Y2 字符串替换 62H 地址
4.             ORG     0000H          ;程序开始地址
5.             LJMP    MAIN           ;跳转到 MAIN 处执行
6.             ORG     0003H          ;外部中断 0 中断入口地址
7.             LJMP    INT_0          ;跳转到 INT_0 处执行
8.             ORG     0013H          ;外部中断 1 中断入口地址
9.             LJMP    INT_1          ;跳转到 INT_1 处执行
10.   ================================主程序================================
11.            ORG     0030H          ;程序存放地址
12.     MAIN:  MOV     A,#06H         ;赋值 A 为#06H，此处 A 为延时时间传递参数
13.            LCALL   DELAY_AX500    ;系统刚上电时，延时 3s 等待 DAC 芯片初始化
14.            LCALL   INIT           ;进行系统初始化操作
15.     LOOP1: MOV     A,FLAG         ;取出 FLAG 输出波形标志位
16.            CJNE    A,#00,LOOP2    ;A=#00H，输出三角波;A=#0FFH，输出锯齿波
17.     SJB1:  MOV     A,R0           ;取出三角波波形计数值
18.            MOVX    @DPTR,A        ;输出三角波波形计数值
19.            MOV     A,Y2           ;赋值 A 为 Y2，此处 A 为延时时间传递参数
20.            LCALL   DELAY          ;延时
21.            INC     R0             ;三角波波形计数值加 1
22.            CJNE    R0,#255,SJB1   ;完整的上升波没有输出完，跳转至 SJB1 处
23.     SJB2:  MOV     A,R0           ;取出三角波波形计数值
24.            MOVX    @DPTR,A        ;输出三角波波形计数值
25.            MOV     A,Y2           ;赋值 A 为 Y2，此处 A 为延时时间传递参数
26.            LCALL   DELAY          ;延时
27.            DEC     R0             ;三角波波形计数值减 1
28.            CJNE    R0,#0,SJB2     ;完整的下降波没有输出完，跳转至 SJB2 处
29.            LJMP    LOOP1          ;1 个完整的三角波输出完，跳转至 LOOP1 处
30.     LOOP2: MOV     A,R1           ;取出锯齿波波形计数值 R1
31.            MOVX    @DPTR,A        ;输出锯齿波波形计数值
32.            INC     R1             ;锯齿波波形计数值加 1
33.            MOV     A,Y1           ;赋值 A 为 Y1，此处 A 为延时时间传递参数
34.            LCALL   DELAY          ;延时
35.            CJNE    R1,#00H,LOOP2  ;1 个完整的锯齿波没有输出完，跳转至 LOOP2 处
36.            LJMP    LOOP1          ;1 个完整的锯齿波输出完，跳转到 LOOP1
37.   ;===============================程序初始化===============================
38.     INIT:  MOV     Y1,#10         ;初始锯齿波周期控制变量 Y1 为 10
39.            MOV     Y2,#10         ;初始三角波周期控制变量 Y2 为 10
40.            MOV     FLAG,#00H      ;FLAG 用于波形选择，初始值赋值为 0
41.            MOV     R0,#00H        ;清零三角波波形计数值 R1
42.            MOV     R1,#00H        ;清零锯齿波波形计数值 R1
```

```
43.             CLR     IT0                 ;设置外部中断 0 为低电平触发
44.             CLR     IT1                 ;设置外部中断 1 为低电平触发
45.             MOV     IE,#85H             ;打开总中断、外部中断 0 和外部中断 1
46.             MOV     DPTR,#0EFFFH        ;数据指针指向 DAC0832 的外部地址
47.             RET                         ;子程序返回
48. ;==========================延时子程序==========================
49.  DELAY:     MOV     R3,A                ;取出延时时间传递参数 A
50.     D1:     DJNZ    R3,$
51.             RET
52. ;==========================A*500ms 延时子程序==========================
53. DELAY_AX500:
54.             MOV     R4,A                ;取出延时时间传递参数 A
55.     D2:     MOV     R7,#4               ;给寄存器 R7 中赋值#4
56.     D3:     MOV     R6,#200             ;给寄存器 R6 中赋值#200
57.     D4:     MOV     R5,#250             ;给寄存器 R5 中赋值#250
58.             DJNZ    R5,$                ;将 R5 值减 1 判断，直到为 0
59.             DJNZ    R6,D4               ;将 R6 中的值减 1 判断是否为 0，
60.                                         ;若不是，则跳转至 D4 处执行
61.             DJNZ    R7,D3               ;将 R7 中的值减 1 判断是否为 0，
62.                                         ;若不是，则跳转至 D3 处执行
63.             DJNZ    R4,D2               ;将 R4 中的值减 1 判断是否为 0，
64.                                         ;若不是，则跳转至 D2 处执行
65.             RET
66. ;==============外部中断 0 服务子程序（切换波形）==============
67.  INT_0:     CLR     EA                  ;打开总中断
68.             PUSH    PSW                 ;将 PSW 的值压入堆栈保护
69.             PUSH    ACC                 ;将 ACC 的值压入堆栈保护
70.             MOV     A,#01H              ;赋值 A 为#01H，此处 A 为延时时间传递参数
71.             LCALL   DELAY_AX500         ;延时 500ms
72.             MOV     A,FLAG              ;取出 FLAG 输出波形标志位
73.             CPL     A                   ;取反 A 中的值
74.             MOV     FLAG,A              ;将取反后的值重新赋给 FLAG 输出波形标志位
75.             POP     ACC                 ;从堆栈弹出保护数据到 ACC
76.             POP     PSW                 ;从堆栈弹出保护数据到 PSW
77.             SETB    EA                  ;关闭总中断
78.             RETI                        ;中断子程序返回
79. ;==============外部中断 1 子程序（调整波形周期）==============
80.  INT_1:     CLR     EA                  ;打开总中断
81.             PUSH    PSW                 ;将 PSW 的值压入堆栈保护
82.             PUSH    ACC                 ;将 ACC 的值压入堆栈保护
83.             MOV     A,FLAG              ;取出 FLAG 输出波形标志位
84.             CJNE    A,#00H,D5           ;A=#00H，当前输出三角波，顺序执行处理
85.                                         ;A=#0FFH，当前输出锯齿波，跳转至 D5 处
86.             MOV     A,Y2                ;取出三角波周期控制变量 Y2
87.             SJMP    D6                  ;跳转至 D6 处执行
88.     D5:     MOV     A,Y1                ;取出锯齿波周期控制变量 Y1
```

```
89.     D6:   ADD     A,#10          ;周期控制变量值加 10
90.           CJNE    A,#60,D7       ;A 不等于 60，没有超出周期范围，跳转至 D7
91.           MOV     A,#10          ;A=60，超出周期范围，重新赋值 A 为 10
92.     D7:   MOV     R2,FLAG        ;取出 FLAG 输出波形标志位
93.           CJNE    R2,#00H,D8     ;R2=#00H，当前输出三角波，顺序执行处理
94.                                  ;R2=#0FFH，当前输出锯齿波，跳转至 D8 处
95.           MOV     Y2,A           ;将周期控制变量重新赋值给 Y2
96.           SJMP    D9             ;跳转至 D9 处执行
97.     D8:   MOV     Y1,A           ;将周期控制变量重新赋值给 Y1
98.     D9:   MOV     A,#01H         ;赋值 A 为#01H，此处 A 为延时时间传递参数
99.           LCALL   DELAY_AX500    ;延时 500ms
100.          POP     ACC            ;从堆栈弹出保护数据到 ACC
101.          POP     PSW            ;从堆栈弹出保护数据到 PSW
102.          SETB    EA             ;关闭总中断
103.          RETI                   ;中断子程序返回
104.          END                    ;程序结束
```

2．Proteus 与 Keil 联调

1）按照前面任务 2.1.4 中 Proteus 与 Keil 联调的步骤完成基本的软件设置。如果前面已经设置过一次，在此可以跳过。

2）用 Proteus 打开已绘制好的“波形发生器控制.DSN”文件，在 Proteus 的“Debug”菜单中选中“Use Remote Debug Monitor（远程监控）”。同时，右键选中 STC89C51 单片机，在弹出对话框的“Program File”选项中，导入在 Keil 中生成的十六进制 HEX 文件“波形发生器控制.HEX”。

3）用 Keil 打开刚才创建好的“波形发生器控制.UV2”文件，打开窗口“Option for Target‘工程名’”。在 Debug 选项中右栏上部的下拉菜单选中 Proteus VSM Simulator。接着再单击进入 Settings 窗口，设置 IP 为 127.0.0.1，端口号为 8000。

4）在 Keil 中单击🔍，使用单步执行来调试程序，同时在 Proteus 中查看直观的仿真结果。这样就可以像使用仿真器一样调试程序了，Proteus 与 Keil 联调界面如图 10-4 所示。

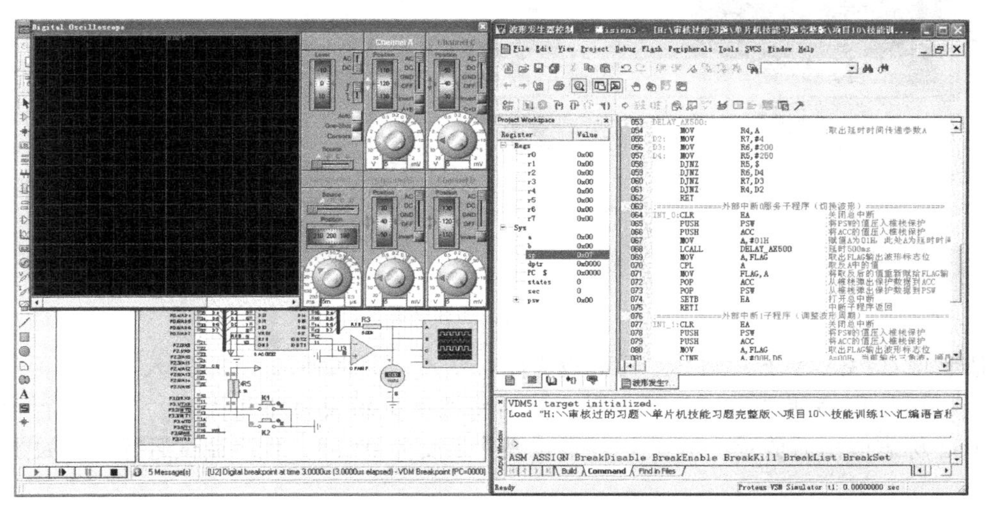

图 10-4　Proteus 与 Keil 联调界面

DAC0832 在上电运行前有一个上电初始化的过程，因此在编程时，一上电后先进行延时等待，所以在调试时先按〈F10〉快捷键跳过延时等待，程序调试运行状态如图 10-5 所示。

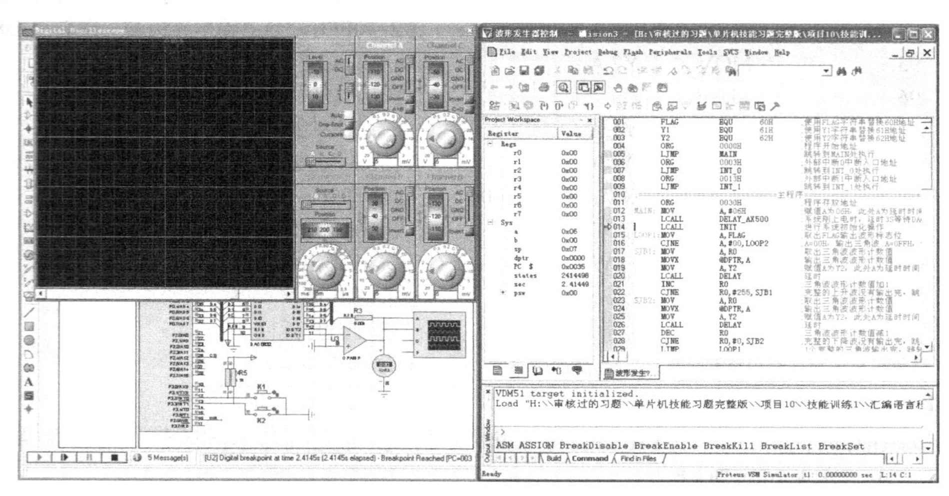

图 10-5　程序调试运行状态（一）

当进行完程序初始化后，将示波器调整到能看见当前输出波形位置，接着运行程序发现波形随程序的运行而逐渐延伸出来，程序调试运行状态如图 10-6 所示。

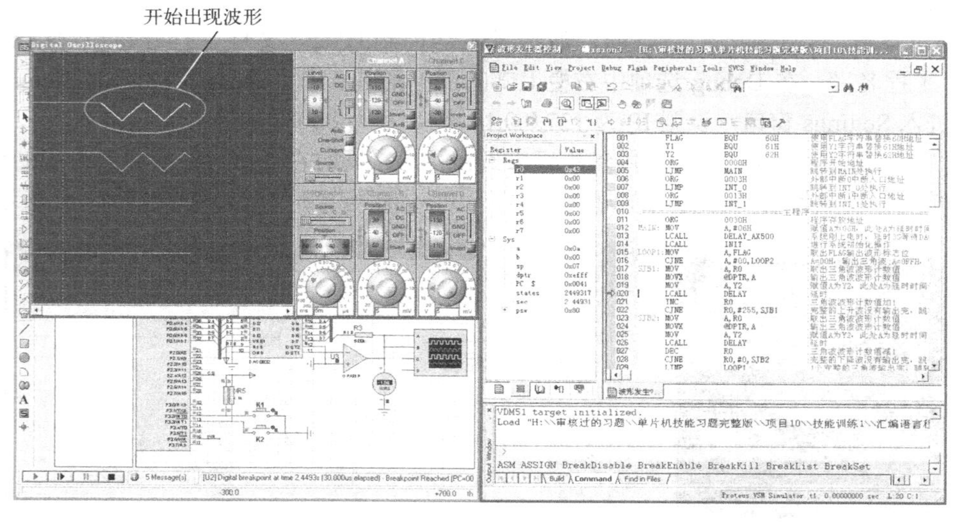

图 10-6　程序调试运行状态（二）

依照项目 3.2 中所述将 K_1 按键设为闭合状态，并在外部中断 0 入口处设置一个断点，全速运行程序使之进入中断停下，然后将按键重新设为断开状态。单步运行程序，发现 flag 标志取出后放置在 A 中，经取反操作后变为 0XFF，程序调试运行状态如图 10-7 所示。

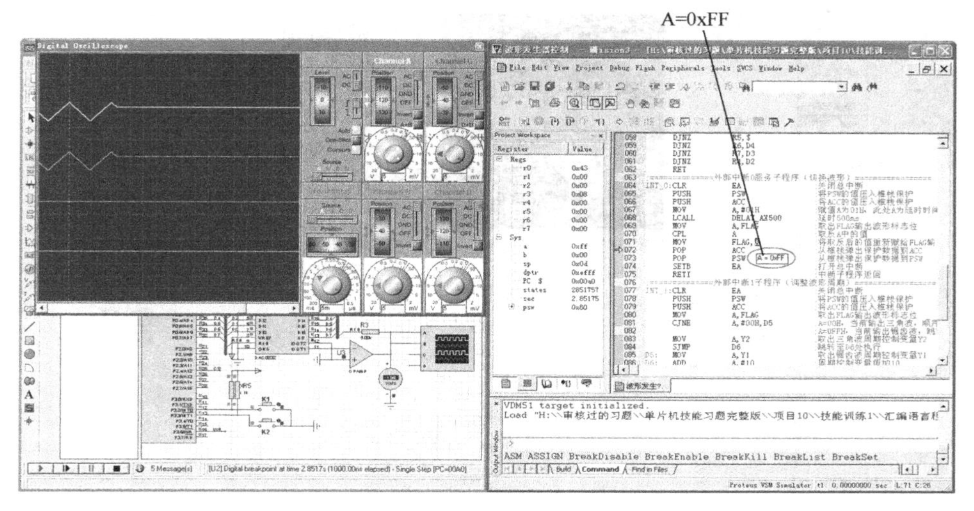

图 10-7　程序调试运行状态（三）

退出中断后，当 flag 标志变为 0xff 后，波形切换为锯齿波，程序调试运行状态如图 10-8 所示。当再次进入中断 0 后，波形又重新显示为三角波，即每进入一次中断 0 波形切换一次。

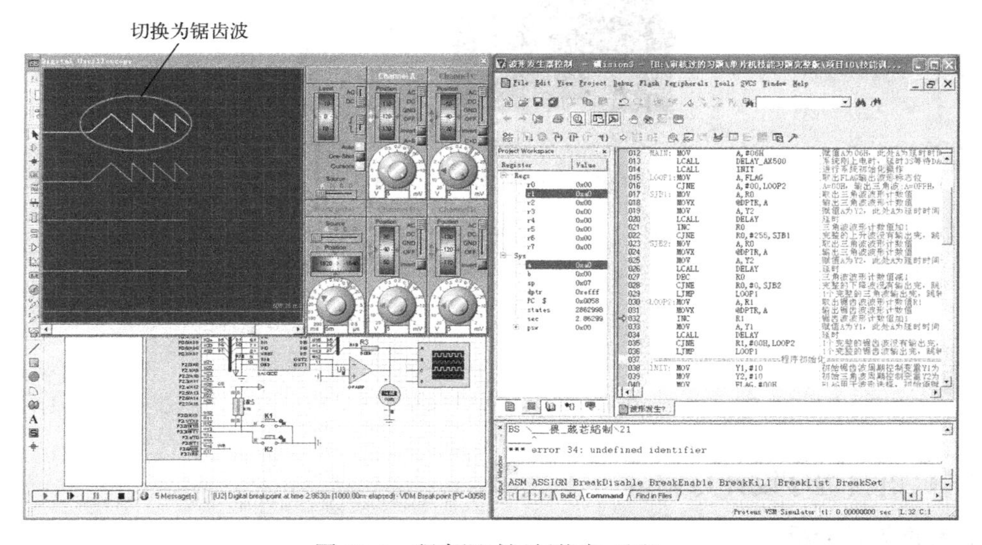

图 10-8　程序调试运行状态（四）

同样的脉宽调节也可以使用同样的方法调试，在此就不再重复说明了。

3．Proteus 仿真运行

用 Proteus 打开已绘制好的“波形发生器控制.DSN”，并将最后调试完成的程序重新编译生成新“.HEX”文件导入 Proteus 中。

在 Proteus ISIS 编辑窗口中单击▶或在“Debug”菜单中选择“Execute”，运行时，可通过 K_1 按钮切换波形与 K_2 按钮调节脉宽,来改变波形形状，仿真运行结果界面如图 10-9 和图 10-10 所示。

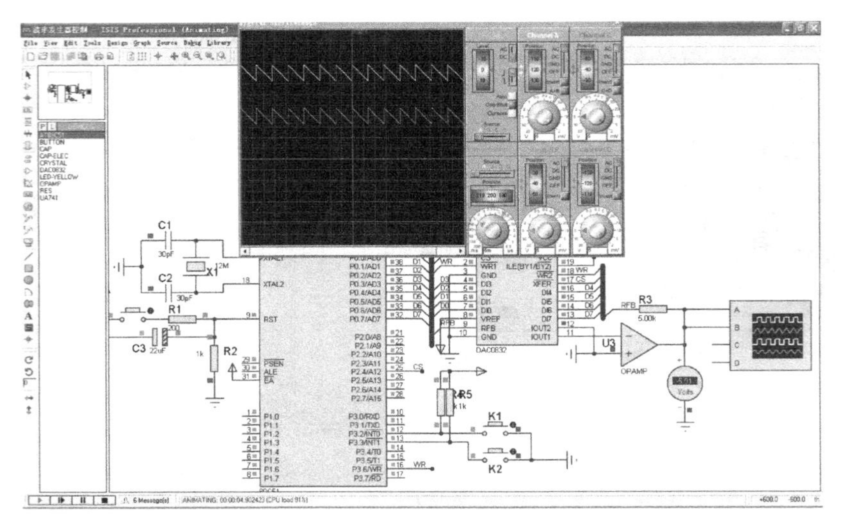

图 10-9　仿真运行结果界面（一）

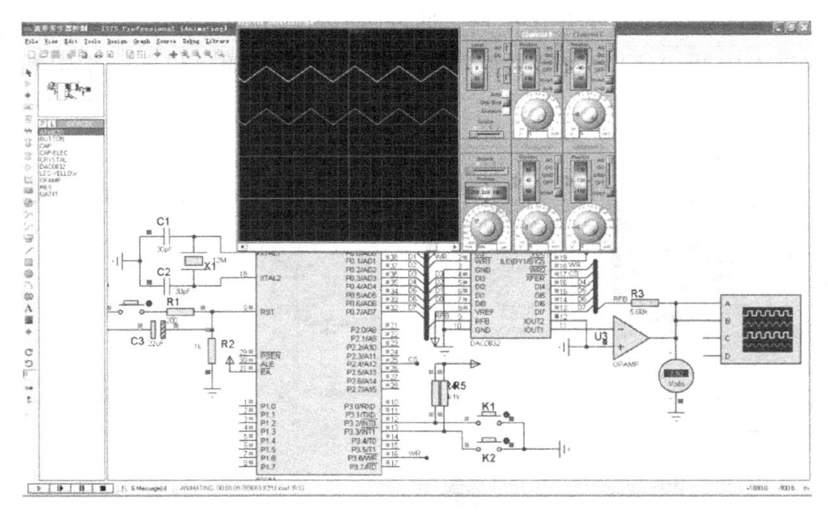

图 10-10　仿真运行结果界面（二）

10.1.5　C 语言程序设计与调试

1．程序设计分析

程序代码	程序分析
1.　#include<reg51.h>	
2.　#include<absacc.h>	//包含 reg51.h、absacc.h 头文件
3.　#define　DAC0832　XBYTE[0xEFFF]	//定义 DAC0832 的外部地址
4.　#define　unit　unsigned　int	//定义宏，方便程序编写
5.　#define　uchar　unsigned　char	
6.　uchar　y1=0,y2=0;	//定义锯齿、三角波周期控制变量 y1、y2
7.　bit　flag=0;	//定义输出波形标志位 flag
8.　//==/	
9.　//函数名：DelayUS( )	

```
10.  //说明：延时的时间为 A us 的子程序
11.  //==============================================/
12.  void DelayUS(uchar A)
13.  {
14.      while(A--);                              //循环 A 次
15.  }
16.  //==============================================/
17.  //函数名：DelayMS( )
18.  //说明：延时的时间为 B ms 的子程序
19.  //==============================================/
20.  void DelayMS(unit B)
21.  {
22.      uchar j;                                 //定义局部变量
23.      while(B--)                               //循环 B 次
24.        {
25.        for(j=0;j<120;j++);                    //变量 j 自增延时
26.          }
27.  }
28.  //========主程序=============================
29.  void main( )
30.  {
31.      unit k;
32.      DelayMS(3000);                           //延时 3s 等待 DAC 芯片初始化
33.      IT0=IT1=0;                               //设置外部中断 0、1 的处罚方式为低电平触发
34.      IE=0X85;                                 //打开总中断、外部中断 0 和外部中断 1
35.      while(1)                                 //无限循环
36.        {
37.          if(flag= =0)                         //flag=0，输出为三角波;flag=1，输出为锯齿波
38.            {
39.                for(k=0;k<255;k++)             //输出三角波的上升部分
40.                  {
41.                      DAC0832=k;               //输出三角波上升部分波形数据
42.                      DelayUS(y2);             //延时 y2us
43.                  }
44.              for(k=255;k>0;k--)               //输出三角波的下降部分
45.                {
46.                    DAC0832=k;                 //输出三角波下降部分波形数据
47.                    DelayUS(y2);               //延时 y2us
48.                  }
49.            }
50.        else
51.          {
52.              for(k=0;k<=255;k++)              //输出锯齿波，k 增加到最大值为 255
53.                {
54.                    DAC0832=k;                 //输出锯齿波波形数据
55.                    DelayUS(y1);               //延时 y1us
```

```
56.                     }
57.               }
58.          }
59.
60.  ===================================================/
61.  函数名：int0( )
62.  能：进入该中断一次，变换一次波形
63.  调用函数：DelayMS( )
64.  说明：外部中断 0 服务子程序
65.  ====================================================/
66.  id int0( ) interrupt 0
67.
68.   EA=0;
69.   flag=~flag;
70.   DelayMS(500);                         //延时 500ms
71.   EA=1;
72.
73.  ====================================================/
74.  函数名：int1( )
75.  /功能：调整波形周期
76.  //调用函数：DelayMS( )
77.  //说明：外部中断 1 服务子程序
78.  //===================================================/
79.  void int1( ) interrupt 2
80.  {
81.      EA=0;
82.      if(flag= =0)                           //flag=0，输出为三角波;flag=1，输出为锯齿波
83.        {
84.            y2++;                            //周期控制变量 y2 值加 1
85.            if(y2= =5)
86.            y2=0;                            //当 y2 值累加至 5 时，清零 y2 的值
87.          }
88.      else
89.        {
90.            y1++;                            //周期控制变量 y1 值加 1
91.            if(y1= =5)
92.            y1=0;                            //当 y1 值累加至 5 时，清零 y1 的值
93.          }
94.      DelayMS(500);                          //延时 500ms
95.      EA=1;
96.  }
```

2．Proteus 与 Keil 联调

1）按照前面任务 2.1.5 中 Proteus 与 Keil 联调的步骤完成基本的软件设置。如果前面已经设置过一次，在此可以跳过。

2）用 Proteus 打开已绘制好的“波形发生器控制.DSN”文件，在 Proteus 的“Debug”

菜单中选中“Use Remote Debug Monitor（远程监控）”。同时，右键选中 STC89C51 单片机，在弹出对话框的“Program File”选项中，导入在 Keil 中生成的十六进制 HEX 文件“波形发生器控制.HEX”。

3）用 Keil 打开刚才创建好的“波形发生器控制.UV2”文件，打开窗口“Option for Target‘工程名’”。在 Debug 选项中右栏上部的下拉菜单选中 Proteus VSM Simulator。接着再单击进入 Settings 窗口，设置 IP 为 127.0.0.1，端口号为 8000。

4）在 Keil 中单击，使用单步执行来调试程序，同时在 Proteus 中查看直观的仿真结果。这样就可以像使用仿真器一样调试程序了，Proteus 与 Keil 联调界面如图 10-11 所示。

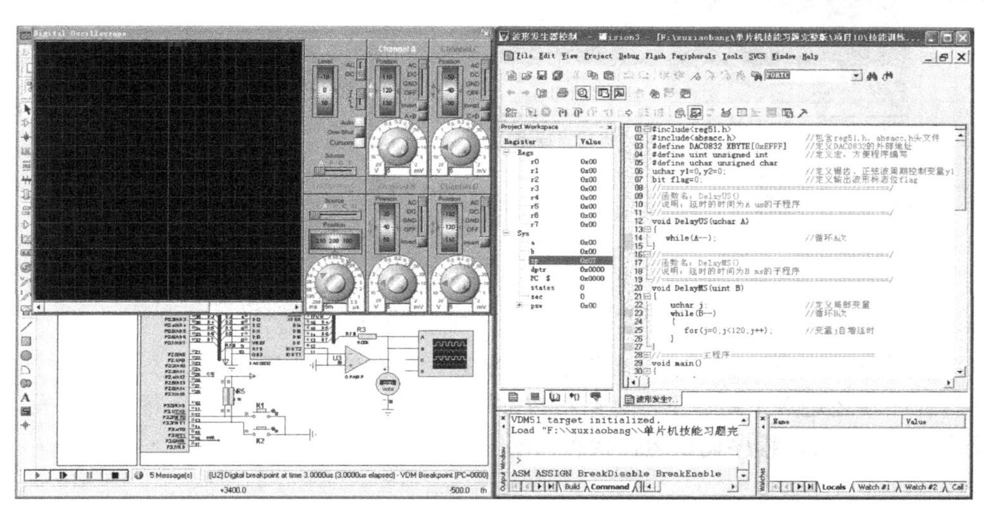

图 10-11　Proteus 与 Keil 联调界面

DAC0832 在上电运行前有一个上电初始化的过程，因此在编程时，一上电后先进行延时等待，所以在调试时先按〈F10〉快捷键跳过延时等待，程序调试运行状态如图 10-12 所示。

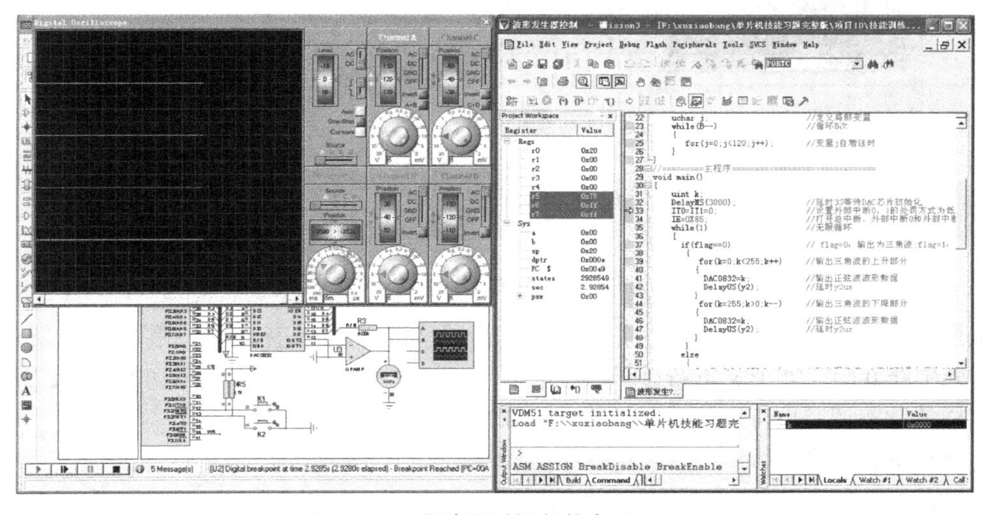

图 10-12　程序调试运行状态（一）

当进行完程序初始化后，将示波器调整到能看见当前输出波形位置，接着运行程序发现波形随程序的运行而逐渐延伸出来，程序调试运行状态如图 10-13 所示。

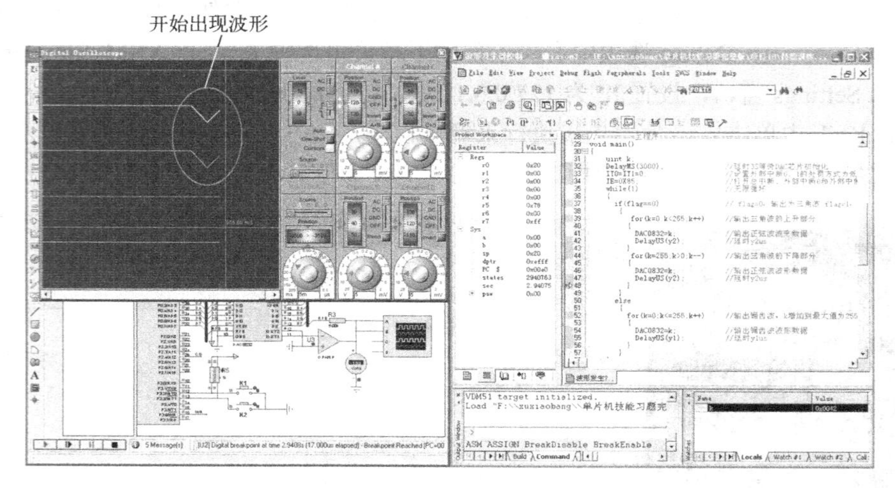

图 10-13　程序调试运行状态（二）

依照项目 3.2 中所述将 K_1 按键设为闭合状态，并在外部中断 0 入口处设置一个断点，全速运行程序使之进入中断停下，然后将按键重新设为断开状态。单步运行程序，发现 flag 经取反操作后变为 1，程序调试运行状态如图 10-14 所示。

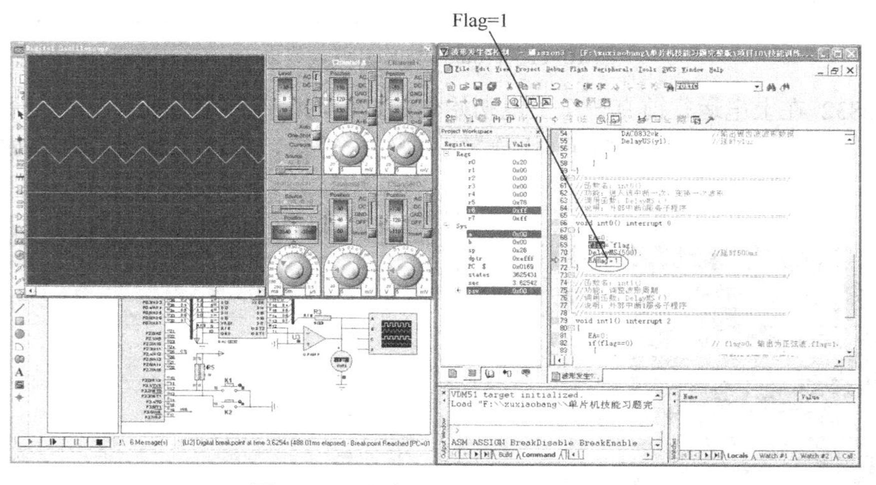

图 10-14　程序调试运行状态（三）

退出中断后，当 flag=1 后，波形切换为锯齿波，程序调试运行状态如图 10-15 所示。当再次进入中断 0 后，波形又重新显示为三角波，即每进入一次中断 0 波形切换一次。

同样的脉宽调节也可以使用同样的方法调试，在此就不再重复说明了。

3．Proteus 仿真运行

用 Proteus 打开已绘制好的“波形发生器控制.DSN”，并将最后调试完成的程序重新编译生成新“.HEX”文件导入 Proteus 中。

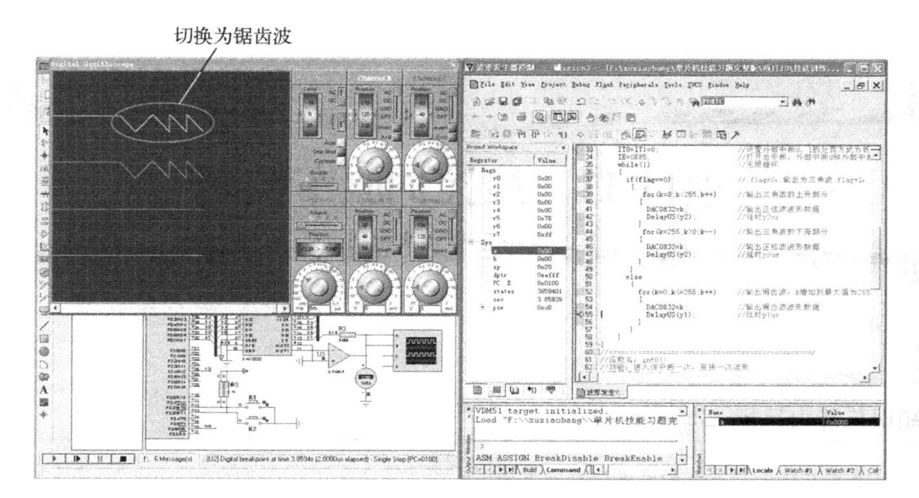

图 10-15　程序调试运行状态（四）

在 Proteus ISIS 编辑窗口中单击 ▶ 或在“Debug”菜单中选择“Execute”，运行时，可通过 K_1 按钮切换波形与 K_2 按钮调节脉宽，来改变波形形状，其运行结果参照任务 10.1.4 的仿真运行结果。

项目 11　线控伺服车控制

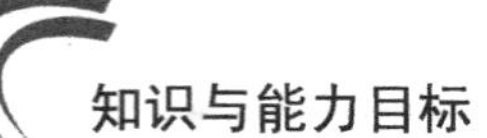

知识与能力目标

1）熟悉单片机应用系统的开发流程与方法。
2）学会进行单片机系统资源的合理分配及应用。
3）学会较复杂的单片机应用系统硬件的分析与设计。
4）学会较复杂的单片机应用系统程序的分析与设计。
5）熟练使用 Proteus 进行单片机应用程序开发与调试。

训练任务 11.1　单片机应用系统设计初步认知

11.1.1　单片机应用系统设计一般原则

在进行单片机应用系统设计时，从技术的角度来看，单片机设计分为软件、硬件两部分。设计人员在接到某项设计任务后，进行具体设计之前，一般需先进行下列工作。

1．可行性调研

可行性调研的目的，是分析完成这个项目的可能性，可参考国内外有关资料，然后结合实际情况，再决定能否立项的问题。

2．系统总体方案设计

工作的重点应放在该项目的技术难度上，此时可参考这一方面更详细、更具体的资料，根据系统的不同部分和要实现的功能，参考国内外同类产品的性能，提出合理而可行的技术指标，编写出设计任务书，从而完成系统总体方案设计。

3．设计方案细化，确定软硬件功能

项目细化，即需明确哪些部分用硬件来完成，哪些部分用软件来完成。由于硬件结构与软件方案会相互影响，因此，从简化电路结构、降低成本、减少故障率、提高系统的灵活性与通用性方面考虑，提倡软件能实现的功能尽可能由软件来完成。

单片机应用系统设计的一般原则包括：

1）定位准确，应用目标锁定在什么层次、什么类型，需要哪些功能。

2）经过实践检验，所采用的技术必须是经过实践检验的成熟技术，这一点很重要。

3）简单性原则。尽量做到小型、简单、可靠、廉价。

4）使用自己熟悉的单片机开发语言（汇编语言、C 语言）编程，减少开发时间。

5）尽可能使用中、高档的单片机仿真工具。

11.1.2 单片机应用系统的硬件设计

单片机应用系统的硬件电路设计包含两部分内容：一是系统扩展，即单片机内部的功能单元，如 ROM、RAM、I/O、定时器/计数器及中断系统等不能满足应用系统的要求时必须在片外进行扩展，选择适当的芯片，设计相应的电路；二是系统的配置，即按照系统功能要求配置外围设备，如键盘、显示器、打印机、A-D 及 D-A 转换器等，要设计合适的接口电路。

1．系统的扩展和配置需要考虑的因素

1）尽可能选择典型电路，并符合单片机应用常规用法，为硬件的标准化、模块化打下良好的基础，提高设计的成功率和结构的灵活性。

2）系统扩展与外围设备的配置水平应充分满足应用系统的功能要求，并留有适当余地，以便进行二次开发，在条件允许的情况下，尽可能选用功能强、集成度高的电路或芯片。因为采用这种器件可能代替某一部分电路，不仅元器件数量、接插件和相互连线减少，系统的可靠性增加，而且成本往往比用多个元器件实现的电路要低。

3）注意选择通用性强、市场货源充足的元器件。其优点是：一旦某种元器件无法获得，也能用其他元器件直接替换或对电路稍作改动后用其他器件代替。在必要的情况下，选用现成的模块板作为系统的一部分，尽管成本有些偏高，但会大大缩短研制周期，提高工作效率。

4）硬件结构应结合应用软件方案一并考虑。硬件结构与软件方案会产生相会影响，考虑的原则是软件能实现的功能尽可能由软件实现，以简化结构。但必须注意，由软件实现的硬件功能，一般响应时间比硬件实现的长，且占用 CPU 时间。

5）系统中的相关器件要尽可能做到性能匹配。如选用 CMOS 芯片单片机构，设计低功耗系统时，系统中所有芯片都应尽可能选择低功耗产品。

6）尽量朝“单片”方向设计硬件系统并减少芯片数量，系统器件越多，器件之间相互干扰也越强，功耗也增大，也不可避免地降低了系统的稳定性。随着单片机内集成的功能越来越强，真正的片上系统已经可以实现，如 ST 公司新近推出的μPSD32××系列产品在一块芯片上集成了 80C32 核、大容量 FLASH 存储器、SRAM、A-D、I/O、两个串口、看门狗及上电复位电路等。

7）单片机外围电路较多时，必须考虑其驱动能力。驱动能力不足时，系统工作不可靠，可通过增设线驱动器增强驱动能力或减少芯片功耗来降低总线负载。

8）设计时应尽可能做些调研，采用最新的技术。因为电子技术发展迅速，器件更新换代很快，市场上不断推出性能更优、功能更强的芯片，设计人员只有时刻注意这方面的发展动态，采用新技术、新工艺，才能使产品具有最先进的性能，不落后于时代发展的潮流。

9）工艺设计，包括机箱、面板、配线及接插件等。设计人员在设计时要充分考虑到安装、调试及维修的方便。

2．单片机应用系统的可靠性及抗干扰能力

可靠性和抗干扰能力是硬件设计必不可少的一部分。它包括芯片和器件选择、去耦滤波、印制电路板带线、通道隔离等。影响单片机系统可靠安全运行的主要因素包括系统内部和外部的各种电气干扰，并受系统结构设计、元器件选择和安装、制造工艺影响。这些都构成单片机系统的干扰因素，常会导致单片机系统运行失常。

1）形成干扰的基本要素有 3 个。

① 干扰源。指产生干扰的元器件、设备或信号，用数学语言描述如下：$\mathrm{d}u/\mathrm{d}t$，$\mathrm{d}i/\mathrm{d}t$ 大的地方就是干扰源。如雷电、继电器、晶闸管、电机、高频时钟等都可能成为干扰源。

② 传播路径。指干扰从干扰源传播到敏感器件的通路或媒介。典型的干扰传播路径是通过导线的传导和空间的辐射。

③ 敏感器件。指容易被干扰的对象，如 A-D、D-A 变换器、单片机、数字 IC 及弱信号放大器等。

2）常用硬件抗干扰技术。

① 抑制干扰源，尽可能地减小干扰源的 $\mathrm{d}u/\mathrm{d}t$，$\mathrm{d}i/\mathrm{d}t$。这是抗干扰设计中最优先考虑和最重要的原则，常常会起到事半功倍的效果。减小干扰源的 $\mathrm{d}u/\mathrm{d}t$ 主要是通过在干扰源两端并联电容来实现。

② 切断干扰传播路径，充分考虑电源对单片机的影响，许多单片机对电源噪声很敏感，要给单片机电源加滤波电路或稳压器，以减小电源噪声对单片机的干扰。如果单片机的 I/O 口与噪声源之间应加隔离（增加Π型滤波电路）注意晶振布线，晶振与单片机引脚尽量靠近，用地线把时钟区隔离起来，晶振外壳接地并固定。电路板应合理分区，如强、弱信号，数字、模拟信号，尽可能使干扰源（如电机、继电器）与敏感元器件（如单片机）远离。用地线把数字区与模拟区隔离，数字地与模拟地要分离，最后在一点接于电源地，A-D、D-A 芯片布线也以此为原则。单片机和大功率器件的地线要单独接地，以减小相互干扰，大功率器件尽可能放在电路板边缘。

③ 提高敏感器件的抗干扰性能，布线时尽量减少回路环的面积，以降低感应噪声。电源线和地线要尽量粗。除减小压降外，更重要的是降低耦合噪声。对于单片机闲置的 I/O 口，不要悬空，要接地或接电源。IC 的闲置端在不改变系统逻辑的情况下接地或接电源。对单片机使用电源监控及看门狗电路，如 IMP809、IMP706、IMP813、X5043 和 X5045 等，可大幅度提高整个电路的抗干扰性能。在速度能满足要求的前提下，尽量降低单片机的晶振和选用低速数字电路。IC 器件尽量直接焊在电路板上，少用 IC 座。

④ 其他常用抗干扰措施：交流端用电感电容滤波，去掉高频低频干扰脉冲；变压器双隔离措施是在变压器初级输入端串接电容，初、次级线圈间屏蔽层与初级间电容中心接点接地，次级外屏蔽层接印制板地，这是硬件抗干扰的关键手段；次级加低通滤波器以吸收变压器产生的浪涌电压；采用集成式直流稳压电源有过电流、过电压、过热等保护作用；I/O 口采用光电、磁电、继电器隔离，同时去掉公共地；通信线用双绞线以排除平行互感；防雷电用光纤隔离最为有效；A-D 转换用隔离放大器或采用现场转换可减、少误差；外壳接地可解决人身安全问题及防外界电磁场干扰；加复位电压检测电路。另外还要防止复位不充分时 CPU 就工作，尤其有 $\mathrm{E^2PROM}$ 的器件，复位不充分会改变 $\mathrm{E^2PROM}$ 的内容。印制电路板工艺也需抗干扰。

11.1.3 单片机应用系统的软件设计

1）根据软件功能要求，将系统软件分成若干个相对独立的部分。根据他们之间的联系和时间上的关系，设计出合理的软件总体结构，使其清晰、简洁，流程合理。

2）培养结构化程序设计风格，各功能程序实行模块化、子程序化，便于调试及连接，又便于移植、修改。

3）建立正确的数学模型，即根据功能要求，描述各个输入和输出变量之间的数学关系，它是关系到系统性能好坏的重要因素。

4）为提高软件设计的总体效率，以简明、直观的方法对任务进行描述，在编写应用软件之前应绘制出程序流程图。这不仅是程序设计的一个重要组成部分，而且是决定成败的关键部分。从某种意义上讲多花一些时间来设计程序流程图，就可以节约大量源程序编辑调试的时间。

5）要合理分配系统资源，包括 ROM、RAM、定时器/计数器及中断源等。其中最关键的是片内 RAM 的分配，分配时应充分发挥其特长，做到物尽其用。例如，在工作寄存器的 8 个单元中，R0 和 R1 具有指针功能，是编程的重要角色，应避免作为他用；20H～2FH 这 16B 具有位寻址功能，用来存放各种标志位、逻辑变量及状态变量等；设置堆栈区时应先估算出子程序和中断嵌套的级数及程序中栈操作指令的使用情况，其大小应留有余量。若系统中扩展了 RAM 存储器，应把使用频率最高的数据缓冲器安排在片内 RAM 中，以提高处理速度。当 RAM 资源规划好后，应列出一张 RAM 资源详细分配表以备查用方便。

6）注意在程序的有关位置处写上功能注释，提高程序的可读性。

7）加强软件抗干扰设计，它是提高计算机应用系统可靠性的有力措施。

训练任务 11.2　线控伺服车控制要求和方案分析

11.2.1　系统控制要求与功能展示

本项目将利用无线电遥控飞机、遥控船上用到的伺服电动机（简称伺服机，又称为舵机）当作驱动器，结合 MCS-51 单片机来设计一台简易的线控伺服车。此系统以简易的电路连接配合驱动程序，可以较准确地控制伺服车动作，其系统本身便是一套简易模型车体或是简易模型机器人的底层动作平台，图 11-1 所示为线控伺服小车实物装置，其具体的工作运行情况见教材附带光盘中的视频文件。

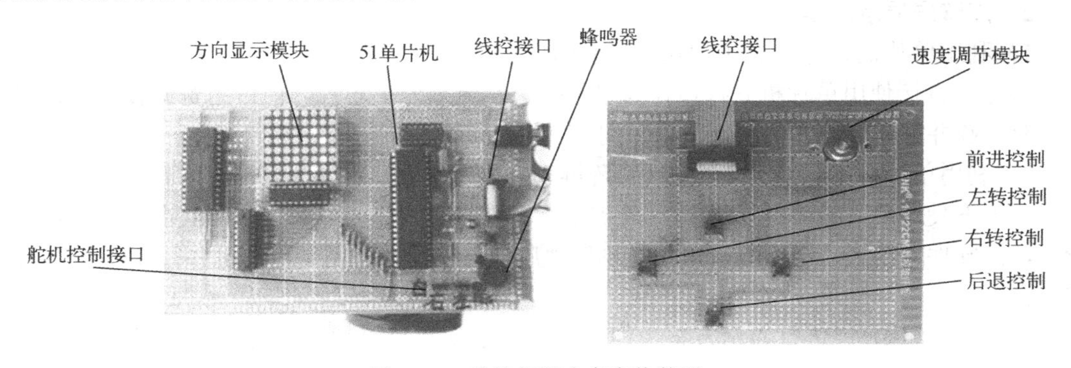

图 11-1　线控伺服小车实物装置

要求以 MCS-51 单片机为核心，本着设计简单、调试方便，安装灵活、安全可靠、节约成本的原则，完成该设计。线控伺服车主要功能以及技术要求包括：

1）直接以 MCS-51 单片机来控制伺服机动作转动。

2）以 MCS-51 控制 2 组伺服机做独立的 2 后轮驱动。

3）伺服机为连续旋转舵机，转动角度为 360°。

4）伺服车可以前、后、左、右行进。

5）伺服车由按键来控制车子行进方向。

6）伺服车用点阵显示其当前行进方向。

7）伺服车行进过程中伴随着蜂鸣器鸣叫提示。

8）伺服车行进过程中可由电位器调节其行进速度大小。

11.2.2 系统控制总体方案分析

1．单片机选型

目前单片机的种类、型号极多，有 8 位、16 位及 32 位机等，片内的集成度各不相同，有的处理器在片内集成了 WDT、PWM、串行 E^2PROM、A-D 及比较器等多种资源，并提供 UART、I^2C、SPI 协议的串行接口，最大工作频率也从早期的 0～12MHz 增至 33～40MHz。我们应根据系统的功能目标、复杂程度、可靠性要求、精度和速度要求，选择性能/价格比合理的单片机机型。在进行机型选择时应主要考虑以下四个方面。

1）所选处理器内部资源尽可能符合系统总体要求，如内部 RAM 和程序空间是否满足要求，尽可能避免这两类器件的系统扩展，简化系统设计。同时应综合考虑低功耗等性能要求，要留有余地，以备后期更新升级。

2）开发方便，具有良好的开发工具、开发环境和软、硬件技术支持。

3）市场货源（包括外部扩展器件）在较长时间内供应充足。

4）设计人员对处理器的开发技术熟悉，以利于缩短研制与开发周期。

本项目中选用 MCS-51 系列主流芯片 STC89C51，内部带有 4KB 的 Flash ROM，无须外扩程序存储器。由于线控伺服车没有大量运算和暂存数据，片内 128B 的 RAM 可以满足设计要求，无须外扩片外 RAM。

2．点阵屏显示方案

1）利用单片机并行 I/O 口，实现点阵屏动态显示。

该方案直接使用单片机并行口作为显示接口，无须外扩芯片，但占用资源较多，在单片机具有足够并行口资源的情况下可以采用。

2）利用单片机串行 I/O 口，实现点阵屏动态显示。

该方案使用单片机串行 I/O 口，外扩串行转并行芯片作为显示接口，其占用单片机资源较少，但硬件开销大，电路复杂，信息刷新速度较慢，比较适用于单片机并行 I/O 资源较少的场合。

采用并行 I/O 口进行显示方案，但由于一下子动态显示 8 组数据对比较占用 CPU 时间，所以在本项目中每进入一次点阵显示子程序只显示 1 组数据对。

3．伺服机动作控制方案

由于伺服机是通过脉冲控制其动作，因此利用 MCS-51 内部定时/计数器进行中断定时，配合程序进行伺服机控制脉冲的发出，实现伺服机的动作的控制。该方案节省硬件成本，且能够使读者对前面所学定时/计数器知识进行综合运用，因此本系统采用这一方案。

4．A-D 模数转换调速方案

1）利用并行 A-D 芯片 ADC0809 进行模-数转换。

该方案利用前面项目所学的 ADC0809 芯片进行模-数转换，将转换后的结果进行数据处理，然后根据该数据调整伺服机控制脉冲，实现伺服机速度的调节。由于 ADC0809 属于并行 A-D 转换，其转换速度较快，且能够使读者对前面所学知识进行综合运用，因此本系统采用这一方案。

2）利用串行 A-D 芯片 TLC1549 进行模-数转换。

该方案采用 TLC1549 进行模-数转换，该串行 A-D 是一个 10 位的串行 A-D 转换芯片，其硬件开销大，电路复杂，信息刷新速度较慢，比较适用于单片机并行 I/O 资源较少的场合。

5．系统方案确定

综合上述方案分析，本系统选用芯片 STC89C51 单片机作为主控制器，采用单片机内部定时/计数器进行伺服机运行脉冲的控制、点阵屏显示动作方向和 A-D 转换实现调速功能。

1）伺服机控制脉冲：内部定时/计数器进行一个脉冲周期的计时，当计时小于脉宽界定值时，输出高电平，当计时大于脉宽界定值时，又输出低电平。这样即可直接通过 I/O 口产生 PWM 伺服机控制脉冲。

2）点阵屏显示：根据按键按下情况显示车体运行状态，显示信息为↑、↓、←、→四种方向箭头。

3）A-D 转换调速：将电位器上的可调输出电压进行 A-D 转换，将转换结果处理后用于改变脉宽界定值，间接的改变伺服机控制脉冲的宽度来调节速度。

4）系统工作流程设计：上电后，当没有按键按下时，小车不动作、蜂鸣器不鸣叫并且点阵屏没有显示。当有按键按下时，车体进行相应的动作，同时点阵屏显示动作方向并伴随蜂鸣器鸣叫；同时在小车行进过程中，通过调节电位器输出电压，小车行进速度会发生相应变化。

 训练任务 11.3　线控伺服车硬件分析与设计

11.3.1　系统整体硬件电路设计

系统整体硬件电路如图 11-2 与图 11-3 所示，其中图 11-2 所示为线控伺服车车体部分，而图 11-3 所示为键盘接口部分。在车体部分电路中晶振电路、复位电路与电源是单片机工作所不可缺少的部分，而 P1.7 接蜂鸣器，低电平驱动蜂鸣器鸣叫，发出提示声音。最小系统电路以及蜂鸣器驱动电路具体知识详见配套的教材项目 1 与任务 5.1，其余各个电路分析下面讲解。

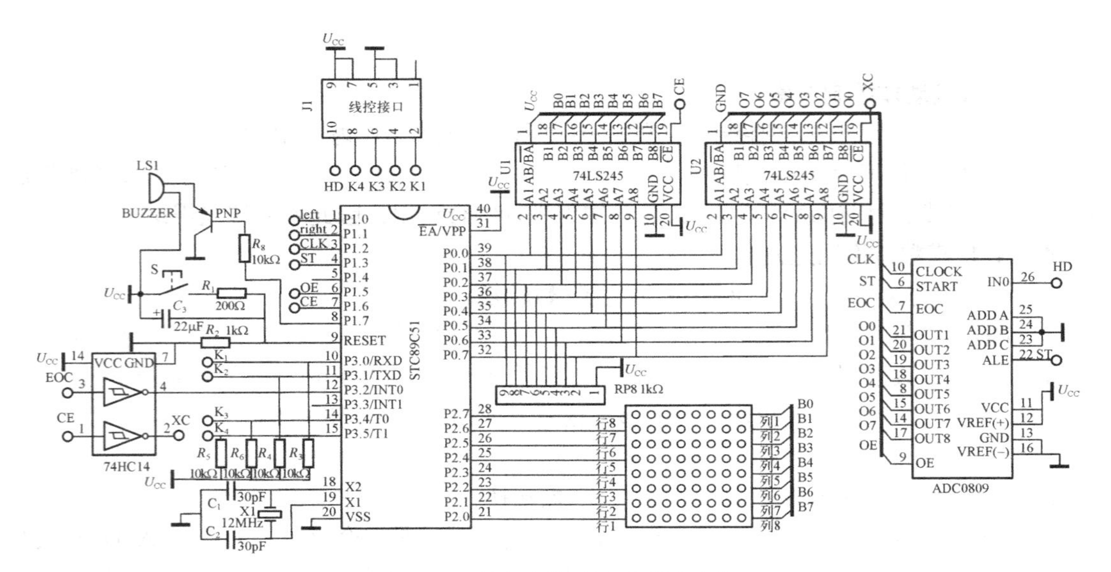

图 11-2　线控伺服车车体部分电路

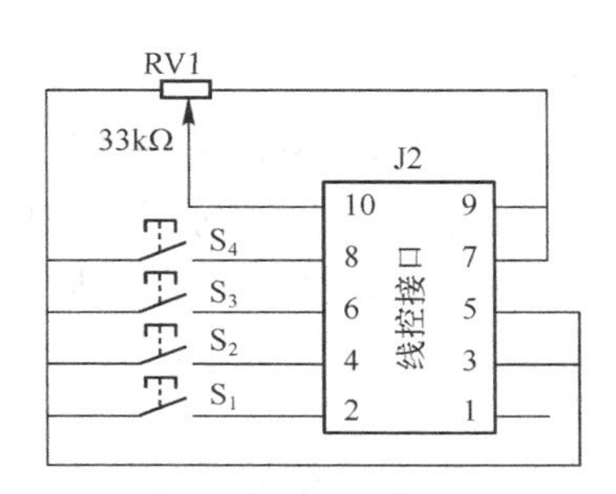

图 11-3　键盘接口部分电路

根据系统控制功能要求可知，本项目主要包含 3 种功能的综合应用。各个功能都具有各自的硬件电路，其中点阵屏显示电路主要由驱动芯片与 8*8 点阵屏组成，其行引脚直接与单片机相连，而列引脚通过 74LS245 后与单片机相连。在 A-D 转换电路中，由于点阵屏显示电路中行列接口已经用掉了单片机的两组 I/O 口；若不扩展 I/O 口则无法完整的实现该系统功能，因此在 A-D 转换电路中通过一片 74LS245 芯片进行 I/O 口扩展。在舵机控制电路中，直接通过单片机的两个 I/O 口发送 PWM 脉冲，从而控制两舵机的动作，并与 A-D 转换相配合实现运行过程中的调速问题。而在手控键盘接口电路中，其 4 个独立按键与电位器通过线控接口与伺服车体电路相连。

11.3.2　点阵屏显示电路分析

首先来分析系统硬件中点阵屏显示电路，点阵屏显示接口电路如图 11-4 所示。本项目中点阵屏显示接口电路与任务 4.2 中点阵屏显示电路大致相同，其中 P0 口通过 74LS245 连接 8*8 点阵屏的列，P2 口直接接 8*8 点阵屏的行。当 P1.6 为低电平时，通过 P0 口输出列选通信号，P2 口输出行数据，点阵屏就会显示相应的字符。

由于采用了 2 片 74LS245 来扩展 P0 口，为了使这两组扩展 I/O 口使用时不发生冲突，点阵接口电路中选用 P1.6 作为其控制芯片 74LS245 工作的片选信号。

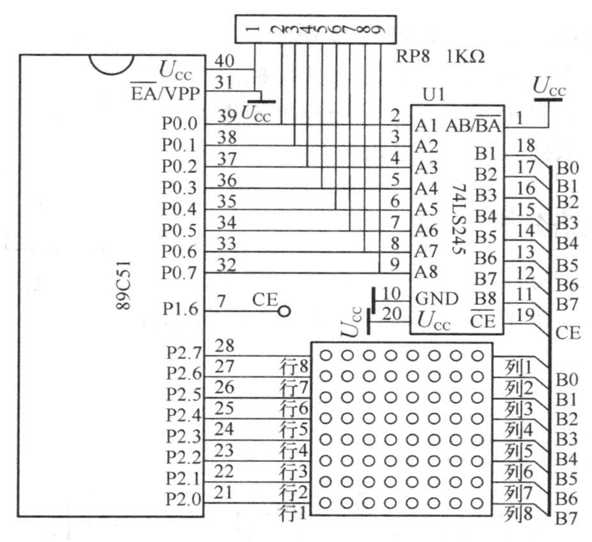

图 11-4　点阵屏显示接口电路

11.3.3　舵机控制电路分析

在分析舵机控制电路之前，我们首先来学习伺服舵机的基本知识，在学习完舵机的基本知识后再来分析舵机控制电路。

1．了解伺服舵机

伺服舵机可分为两种，一种为角度舵机，另一种为连续旋转舵机。角度舵机一般用在遥控飞机或是遥控船上，作为方向变化控制及加减速控制作用；而连续旋转舵机一般用在遥控小车上，作为动力驱动。

图 11-5 所示连续旋转舵机实物图，本例中所用舵机为连续旋转舵机。连续旋转舵机在自动控制系统中用作执行元器件，把所收到的电信号转换成电动机速度可控的正转、反转输出。

图 11-5　连续旋转舵机实物图

2．连续旋转舵机的接口

伺服电动机控制线如图 11-6 所示，标准的伺服电动机有三条连接线，分别为：电源线、地线及控制线。电源线与地线用于提供电动机及控制线路所需的能源，电压通常介于 4～6V 之间。当控制线接收到特定的脉冲时，连续旋转舵机就会特定的方向特定的速度运转。

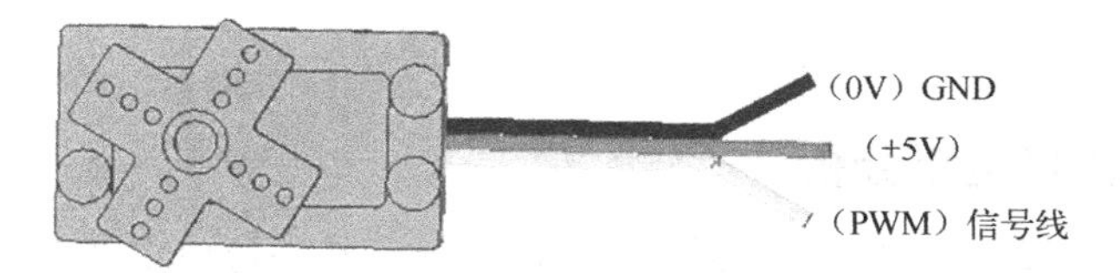

图 11-6　伺服电动机控制线

在学习完舵机的基本知识后，发现其实舵机的控制只需一条脉冲信号线。当发送不同脉宽的脉冲，将会得到不同的舵机控制效果。

在本项目中，需要控制两个连续旋转舵机进行后轮驱动，使小车实现前进、后退、向左转、向右转动作，其舵机控制电路如图 11-7 所示。

当 P1.0 与 P1.1 口发送特定的脉冲串，即可控制左、右两舵机进行相应的动作，从而控制小车进行行进动作，其控制脉冲的发送将在软件系统分析中进行讲解。

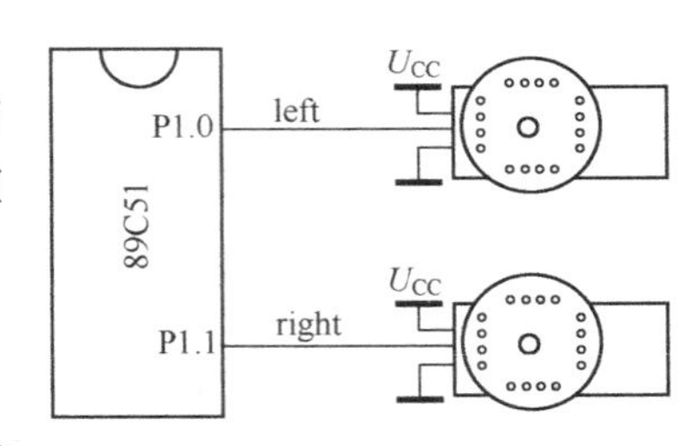

图 11-7　舵机控制电路

11.3.4　A-D 转换电路分析

接下来继续分析线控伺服车电路中的 A-D 转换电路，其 A-D 模数转换电路如图 11-8 所示，A-D 转换器选用 ADC0809。

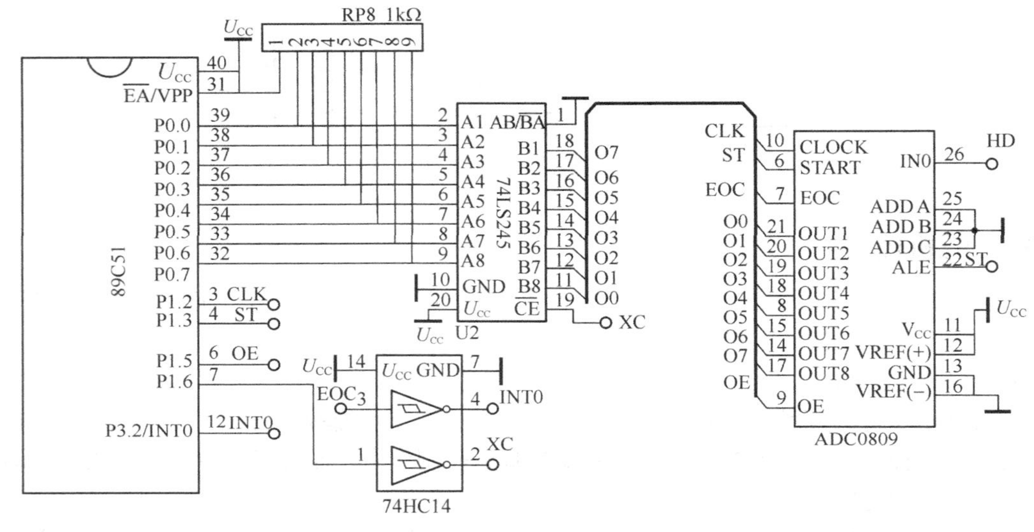

图 11-8　A-D 模数转换电路

由于单片机的 I/O 口有限，系统中采用了 2 片 74LS245 来扩展 P0 口，如前所述其中一片用于与点阵屏电路接口，另一片用于与 A-D 转换电路接口。P1.6 的高低信号分别用于控制这两片 74LS245 片选工作与否，保证始终只有一片 74LS245 处于工作状态不会发生数据冲突。当 P1.6 输出高电平时，与 ADC0809 模块相接的 74LS245 芯片选通。

在本项目中由于地址选择引脚全部接地，所以转换通道为通道 0。时钟脉冲与启动信号分别由 P1.2、P1.3 控制，转换结束信号经反相器与单片机的外部中断引脚 P3.2 相连，当转换结束后触发中断读入转换数据。本项目中 A-D 模数转换电路与任务 9.2 中 A-D 转换电路大致相同。

11.3.5　手控键盘接口电路分析

本项目系统属于有线远距离控制，采用电缆线通过两线控接口实现手控键盘与小车车体的连接。通过控制器中的按键与电位器控制小车运行，图 11-9 所示为手控键盘接口示意图。

图 11-9 中 J1 与 J2 分别为电缆线两端接口，将电缆线与 J1、J2 连接，使手控键盘与车体之间建立联系。P3.0、P3.1、P3.4、P3.5 作为 4 个独立按键的输入信号，当对应的按键按下后，其对应引脚输入低电平，进行车体行进方向的控制；而电位器输出电压传入 A-D 转

换通道 0 中进行转换，用于车体行进速度的调节。

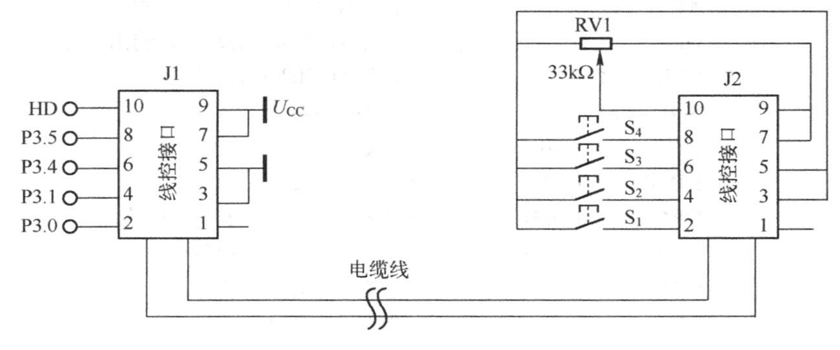

图 11-9　手控键盘接口示意图

 训练任务 11.4　线控伺服车软件分析与设计

11.4.1　总体程序分析与设计

1. 总体程序分析

根据任务要求分析，首先把任务划分为相对独立的功能模块，线控伺服车程序模块框图如图 11-10 所示，可分为以下几个功能模块，下面分别讲解各模块流程图及程序设计。

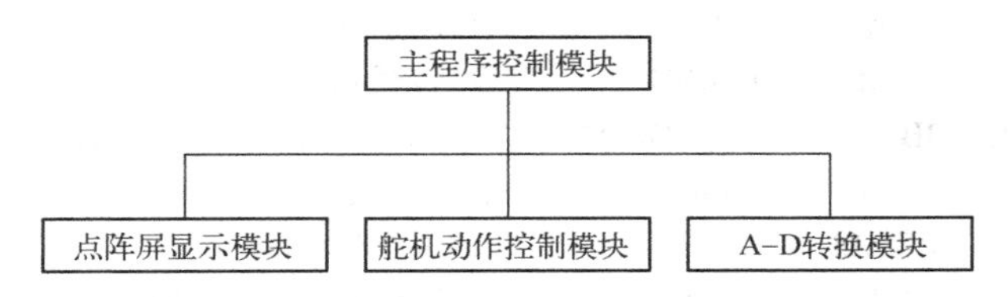

图 11-10　线控伺服车程序模块框图

2. 主程序设计

主程序首先进行程序初始化操作，其中包括 I/O 口、定时/计数器、中断系统的初始化，然后启动 A–D 转换，最后一直处于扫描按键是否按下的循环中，图 11-11 所示为系统主程序控制流程图。若有按键按下则进入相应的按键处理程序中进行处理：控制舵机进行相应的动作、蜂鸣器鸣叫和点阵屏显示。

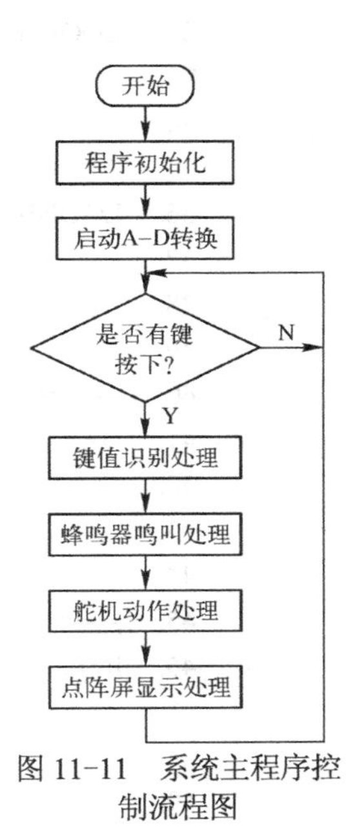

图 11-11　系统主程序控制流程图

3. 系统主程序程序设计

根据图 11-10 主程序流程图编写出主程序代码，其主程序的汇编语言和 C 语言源程序分别如下：

汇编语言程序代码：

```
1.        K1    EQU    P3.0    ;定义前进按钮 K1
2.        K2    EQU    P3.1    ;定义后退按钮 K2
3.        K3    EQU    P3.4    ;定义左转按钮 K3
4.        K4    EQU    P3.5    ;定义右转按钮 K4
```

```
5.            P16     EQU     P1.6      ;定义74LS245芯片片选信号
6.            ST      EQU     P1.3      ;定义 ADC0809 芯片的开始控制信号
7.            OE      EQU     P1.4      ;定义 ADC0809 芯片允许输出信号
8.            CLK     EQU     P1.2      ;定义 ADC0809 芯片时钟信号
9.            S_P     EQU     P1.7      ;定义蜂鸣器控制信号
10.           ORG     0000H             ;定义程序初始化入口地址
11.           LJMP    MAIN              ;跳转至 MAIN 处执行
12.           ORG     0003H             ;定义外部中断 0 中断入口地址
13.           LJMP    INT_0             ;跳转至 INT_0 处执行
14.           ORG     000BH             ;定义定时器 0 中断入口地址
15.           LJMP    T_0               ;跳转至 T_0 处执行
16.           ORG     001BH             ;定义定时器 1 中断入口地址
17.           LJMP    T_1               ;跳转至 T_1 处执行
18.           ORG     0030H             ;定义程序存放地址入口
19. MAIN:     LCALL   INT               ;进行程序初始化
20.           LCALL   START_F           ;开始 A-D 转换
21. LOOP:     MOV     P3,#0FFH          ;读引脚前先写入 1
22.           SETB    S_P               ;关闭蜂鸣器
23.           MOV     P2,#0FFH          ;若 4 个按键都没有按下，则清空点阵屏
24. LOOP1:    JB      K1,LOOP2          ;K1=0，顺序执行程序，K1=1，跳转到 LOOP2 处
25.           MOV     R1,#04H           ;赋值寄存器 R1 值 04H，表示前进按键按下
26.           LCALL   DZ                ;调用小车动作子程序
27.           LJMP    LOOP1             ;跳转至 LOOP1 处执行程序
28. LOOP2:    JB      K2, LOOP3         ;K2=0，顺序执行程序，K2=1，跳转到 LOOP3 处
29.           MOV     R1,#03H           ;赋值寄存器 R1 值 03H，表示后退按键按下
30.           LCALL   DZ                ;调用小车动作子程序
31.           LJMP    LOOP2             ;跳转至 LOOP2 处执行程序
32. LOOP3:    JB      K3, LOOP4         ;K3=0，顺序执行程序，K3=1，跳转到 LOOP4 处
33.           MOV     R1,#02H           ;赋值寄存器 R1 值 02H，表示左转按键按下
34.           LCALL   DZ                ;调用小车动作子程序
35.           LJMP    LOOP3             ;跳转至 LOOP3 处执行程序
36. LOOP4:    JB      K4, LOOP          ;K4=0，顺序执行程序，K4=1，跳转到 LOOP 处
37.           MOV     R1,#01H           ;赋值寄存器 R1 值 01H，表示右转按键按下
38.           LCALL   DZ                ;调用小车动作子程序
39.           LJMP    LOOP4             ;跳转至 LOOP4 处执行程序
40. ;========================动作处理========================================
41. DZ:       CLR     S_P               ;当判断到有按键按下，则蜂鸣器鸣叫
42.           LCALL   MOTOR             ;调用舵机控制子程序
43.           LCALL   DISPLAY           ;调用点阵屏显示
44.           RET
45. ;========================程序初始化子程序==================================
46. INT:      MOV     R1,#00H           ;清零按键值寄存器 R1
47.           MOV     R2,#01H           ;赋值点阵屏行列扫描信号初值
48.           MOV     R3,#00H
49.           MOV     R4,#00H           ;清零定时计数变量 R4
```

```
50.        MOV     TMOD,#22H    ;赋值 TMOD 值 22H，设置定时器 0、1 工作于方式 2
51.        MOV     TH0,#00H
52.        MOV     TL0,#00H     ;设置定时时间
53.        MOV     TH1,#155
54.        MOV     TL1,#155     ;设置定时时间
55.        MOV     IE,#8BH      ;打开总中断、外部中断 0 和定时器 0 中断
56.        CLR     IT0          ;设置外部中断 0 为低电平触发方式
57.        MOV     IP,#02H      ;设置定时器 0 高优先级
58.        SETB    TR0          ;启动定时器 0
59.        SETB    TR1          ;启动定时器 1
60.        RET                  ;子程序返回
```

汇编语言程序说明：

1）序号 1～9：定义各个信号引脚，便于后续程序的编写及阅读。

2）序号 10～18：使程序复位后，直接跳到 MAIN 主程序处执行程序，当发生中断时，又跳转到相应的中断服务子程序处执行。

3）序号 21～39：判断按键是否有按下，若有按下则进行舵机动作、点阵屏显示以及蜂鸣器鸣叫等相应的动作。

4）序号 41～44：小车动作子程序，进行舵机动作、点阵屏显示以及蜂鸣器鸣叫等相应的动作。

5）序号 46～60：进行程序初始化处理，包括寄存器赋初始值、中断设置和开中断。

C 语言程序代码：

```
1.  #include <reg51.h>
2.  #define uchar unsigned char
3.  #define unit unsigned int                //定义一下，方便使用
4.  #define CLR_BIT(x,y) (x&=~(1<<y))        //清零定义
5.  #define SETB_BIT(x,y) (x|=(1<<y))        //置位定义
6.  uchar num1[]={0xFF,0xFB,0xFD,0x00,0xFD,0xFB,0xFF,0xFF}; /* ↑ */
7.  uchar num2[]={0xFF,0XDF,0xBF,0x00,0xBF,0xDF,0xFF,0XFF}; /* ↓ */
8.  uchar num3[]={0xDF,0x8F,0x57,0xDF,0xDF,0xDF,0xDF,0xFF}; /* ← */
9.  uchar num4[]={0xFF,0xDF,0xDF,0xDF,0xDF,0x57,0x8F,0xDF}; /* → */
10. uchar w=0x01,n=0,du,m1=0;                //定义无符号字符型全局变量
11. sbit P16=P1^6;                           //定义 74LS245 芯片片选信号
12. sbit K1=P3^0;                            //定义前进按钮 K1
13. sbit K2=P3^1;                            //定义后退按钮 K2
14. sbit K3=P3^4;                            //定义左转按钮 K3
15. sbit K4=P3^5;                            //定义右转按钮 K4
16. sbit ST= P1^3;                           //定义 ADC0809 芯片的开始控制信号
17. sbit OE= P1^4;                           //定义 ADC0809 芯片允许输出信号
18. sbit CLK=P1^2;                           //定义 ADC0809 芯片时钟信号
19. sbit speak=P1^7;                         //定义蜂鸣器控制信号
20. /***************控制主程序******************/
21. void main( )
22. {
```

```
23.       Init( );                                //调用中断初始化程序
24.       START_F( );                             //发送 ADC 转换开始信号
25.       while(1)
26.      {
27.           P3=0XFF;
28.           speak=1;
29.           while(K1==0){motor('q'); speak=0; display(); }//前进按钮 K1 按下，小车前进
30.           while(K2==0){motor('h'); speak=0; display(); }//后退按钮 K2 按下，小车后退
31.           while(K3==0){motor('z'); speak=0; display(); }//左转按钮 K3 按下，小车左转
32.           while(K4==0){motor('y'); speak=0; display(); }//右转按钮 K4 按下，小车右转
33.       }
34.   }
35.   /***************中断初始化程序*****************/
36.   //函数名：Init( )
37.   //说明：进行各中断寄存器的初始化设置
38.   /**************************************************/
39.   void Init( )
40.   {
41.         TMOD = 0x22;          //设置定时器 0、1 工作于方式 2
42.         TH0 = 0x00;
43.         TL0 = 0x00;           //设置定时时间为
44.         TH1 = 0x9C;
45.         TL1 = 0x9C;           //设置定时时间为
46.         IE = 0X8B;            //打开总中断、外部中断 0 和定时器 0、1 中断
47.         IT0 = 0;              //设置外部中断 0 为低电平触发方式
48.         IP = 0x02;            //设置定时器 0 高优先级
49.         TR0 = 1;              //启动定时器 0
50.         TR1 = 1;
51.   }
```

C 语言程序说明：

1）序号 1：在程序开头加入头文件“regx51.h”。

2）序号 2～3：define 宏定义处理，用 uchar 和 unit 代替 unsigned char 和 unsigned int，便于后续程序书写方便简洁。

3）序号 4～5：define 宏定义处理，用 CLR_BIT(x,y)和 SETB_BIT(x,y)代替(x&=~(1<<y))和(x|=(1<<y))，便于后续程序书写方便简洁。其中(x&=~(1<<y))用于将寄存器中的第几位清零，(x|=(1<<y))用于将寄存器中的第几位置位。

4）序号 6～9：定义数组 num1～4，分别放置前、后、左、右四种箭头数据。

5）序号 10：定义无符号字符型全局变量，其中 w 为列选通变量，n 为数组偏移量，du 为 A-D 转换结果，m1 为舵机控制变量。

6）序号 11～19：定义各个信号引脚，便于后续程序的编写及阅读。

7）序号 29～32：判断按键是否有按下，若有按下则进行舵机动作、点阵屏显示以及蜂鸣器鸣叫等相应的动作。

8）序号 39～51：进行程序初始化处理，包括寄存器赋初始值、中断设置和开中断。

11.4.2 点阵屏显示子程序设计

点阵屏显示子程序是实现对车体行进方向的显示，对车体前进、后退、左转右转状态显示其对应的↑、↓、←、→四种符号。由于一次性动态扫描显示 8 组数据对占用 CPU 时间比较长，为了确保能较及时的处理其他事件，采用每进入一次点阵屏显示子程序只动态扫描 1 组数据对的方式进行点阵屏显示。

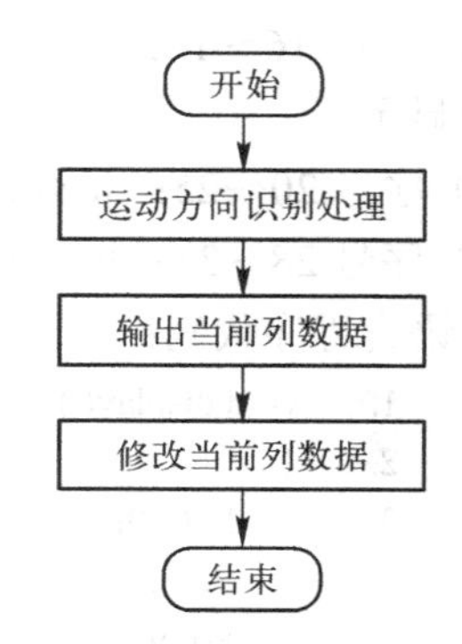

图 11-12 点阵屏显示子程序流程图

根据上述的思路，点阵屏显示子程序流程图如图 11-12 所示。每调用一次该子程序仅输出运行方向显示信息的一列数据，其汇编语言程序与 C 语言程序分别如下。

汇编语言程序代码：

```
1.  DISPLAY：JB     K1,B1          ;K1=1 跳转至 B1 处执行程序，K1=0 顺序执行程序
2.           MOV    DPTR,#TAB1     ;将 DPTR 指向 TAB1 数据表的表头
3.           LJMP   B5             ;跳转至 B5 处执行程序
4.  B1：     JB     K2,B2          ;K2=1 跳转至 B2 处执行程序，K2=0 顺序执行程序
5.           MOV    DPTR,#TAB2     ;将 DPTR 指向 TAB2 数据表的表头
6.           LJMP   B5             ;跳转至 B5 处执行程序
7.  B2：     JB     K3,B3          ;K3=1 跳转至 B3 处执行程序，K3=0 顺序执行程序
8.           MOV    DPTR,#TAB3     ;将 DPTR 指向 TAB3 数据表的表头
9.           LJMP   B5             ;跳转至 B5 处执行程序
10. B3：     JB     K4,B4          ;K4=1 跳转至 B4 处执行程序，K4=0 顺序执行程序
11.          MOV    DPTR,#TAB4     ;将 DPTR 指向 TAB4 数据表的表头
12.          LJMP   B5             ;跳转至 B5 处执行程序
13. B4：     MOV    P2,#0FFH       ;若 4 个按键都没有按下，则清空点阵屏
14.          LJMP   B7             ;跳转至 B7 处执行程序
15. B5：     MOV    A,R3           ;将行查表偏移量 R3 的值送入 A 中
16.          MOVC   A,@A+DPTR      ;查表，将行数据存入 A 中
17.          CLR    P16            ;选通点阵屏所连接的 74LS245，进行点阵屏显示
18.          MOV    P0,R2          ;将列信号通过 P0 口输出
19.          MOV    P2,A           ;输出行数据
20. B7：     INC    R3             ;行查表偏移量 R3 值加 1，选择下一行显示数据
21.          CJNE   R3,#8,B6       ;判断 R3 是否等于 8，若不是则跳转至 B6
22.          MOV    R3,#00H        ;若是则清零 R3 的值
23. B6：     MOV    A,R2           ;将 R2 的值送入 A 中
24.          RL     A              ;循环左移 A 的值
25.          MOV    R2,A           ;循环列选通信号，并将其存放在 R2 中
26.          LCALL  DELAY_100      ;调用延时 100us 子程序
27.          RET                   ;子程序返回
28. TAB1：   DB  0xFF,0xFB,0xFD,0x00,0xFD,0xFB,0xFF,0xFF ; /* ↑ */
29. TAB2：   DB  0xFF,0XDF,0xBF,0x00,0xBF,0xDF,0xFF,0XFF ; /* ↓ */
30. TAB3：   DB  0xDF,0x8F,0x57,0xDF,0xDF,0xDF,0xDF,0xFF ; /* ← */
31. TAB4：   DB  0xFF,0xDF,0xDF,0xDF,0xDF,0x57,0x8F,0xDF ; /* →*/
```

汇编语言程序说明：

1）序号 1～14：当判断出哪个按键按下后，将 DPTR 指向对应的表头。

2）序号 16～19：查表，P1.6 引脚置低电平，选通 U1 芯片 74LS245，输出对应的行数据进行显示。

3）序号 20～25：将列信号循环左移，将指向下一行数据，用于下一次显示操作。

4）序号 28～31：前、后、左、右四个方向箭头字符数据。

C 语言程序代码：

```
1.  void display( )
2.  {
3.      P16=0;                          //选通第一片 74LS245 芯片工作，进行给点阵屏送数据
4.      P2=0xFF;
5.      P0=w;                           //列选通控制信号
6.      if(K1==0){P2=num1[n]; }         //点阵屏上显示前进字符
7.      else if(K2==0){   P2=num2[n]; } //点阵屏上显示后退字符
8.      else if(K3==0){   P2=num3[n]; } //点阵屏上显示左转字符
9.      else if(K4==0){   P2=num4[n]; } //点阵屏上显示右转字符
10.     else {P2=0XFF; }                //点阵屏清屏
11.      n++;                           //数据指针变量 n 加一
12.      if(n==8)n=0;                   //数据指针等于 8，就清除数据指针
13.      w=w<<1;                        //列选通位左移一位
14.      if(w==0)w=0x01;                //移完 8 次后又返回初始列
15.       delay_nus(100);               //延时 100μs
16. }
```

C 语言程序说明：

1）序号 3：选通 U1 芯片 74LS245，进行点阵屏显示。

2）序号 4：由于选通列与发送行数据之间还需进行按键判断，所以在选通列之前把前一行的行数据清空，避免出现显示错误。

3）序号 6～10：当判断出哪一个按键按下时，则输出对应的字符数据。

4）序号 11～14：改变指针变量及列数据为下次输出做准备。

11.4.3 伺服车动作控制程序设计

1．舵机 PWM 信号要求

伺服舵机的动作控制是以脉冲调制/解调的方法来实现的，伺服舵机脉宽调制方式控制如图 11-13 所示，固定周期约 20ms，可由单片机的引脚输出。当送出以下的正脉冲宽度时，可以得到不同的控制效果。

正脉冲宽度为 0.5ms 时，伺服舵机会全速反转。

正脉冲宽度为 1.5ms 时，伺服舵机停止。

正脉冲宽度为 2.5ms 时，伺服舵机会全速正转。

当脉宽在 0.5～1.5ms 之间时，是实现舵机以不同速度反转，即舵机在 0.5～1.5ms 变化时，脉宽越小，速度越快。同样当脉宽在 2.5～1.5ms 之间时，是实现舵机以不同速度正转，即舵机在 2.5～1.5ms 变化时，脉宽越大，速度越快。

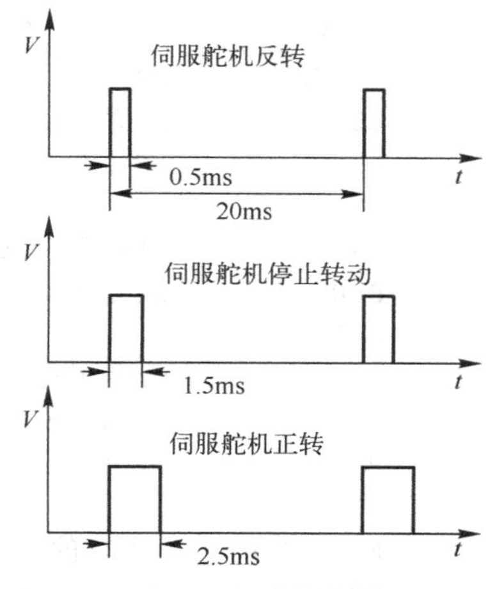

图 11-13　伺服舵机脉宽调制方式控制

小经验

每个厂家的伺服舵机的动作调制方式应该是类似的，即使在脉宽上可能有些差异，不过可以在驱动程序中经过设置脉宽参数来做实验测试及修正。

2．伺服舵机的调零

有的伺服舵机在出厂时没有调零，因此在使用舵机之前应先对舵机进行调零处理。

首先编写出不断发送伺服舵机停止脉冲信号的程序，然后将其程序载入单片机中并运行程序。若此时舵机转动并且听到电动机响声，再用螺钉旋具经伺服舵机小孔插入电位器中，轻轻旋转螺钉旋具转动电位器，直到舵机不再转动。

当伺服舵机处于停止脉冲时无自转现象时调零过程结束，其汇编语言与 C 语言调零程序如下。

汇编语言程序代码：

```
          ORG      0000H       ;定义程序初始化入口地址
          LJMP     MAIN        ;跳转至 MAIN 处执行
          ORG      000BH       ;定义定时器 0 中断入口地址
          LJMP     T_0         ;跳转至 T_0 处执行
          ORG      0030H       ;定义程序存放地址入口
MAIN:     LCALL    INT         ;进行程序初始化处理
LOOP:     LCALL    TIAOLING    ;进行舵机调零
          LJMP     LOOP
INT:      MOV      R0,#00H     ;清零计时变量 R0
          MOV      TMOD,#02H   ;设置定时器 T0 工作于方式 2
          MOV      TH0,#9CH    ;设置定时初值
          MOV      TL0,#9CH
          SETB     EA          ;开打总中断
          SETB     ET0         ;打开定时器 T0 中断
          SETB     TR0         ;开始定时
          RET
```

```
TIAOLING:  MOV     A,R0           ;取出计时变量
           CJNE    A,#15,C1       ;执行 A-15 操作，但不改变 A 的值
C1:        JNC     C2             ;A 大于 15 跳转至 C2，A 小于 15 顺序执行
           SETB    P1.0           ;置位 P1.0
           SETB    P1.1
           LJMP    C3             ;跳转至 C3 处执行程序
C2:        CLR     P1.0           ;清零 P1.0
           CLR     P1.1
C3:        RET                    ;子程序返回
T_0:       PUSH    ACC            ;将 A 的值压入堆栈保护
           PUSH    PSW            ;将 PSW 的值压入堆栈保护
           INC     R0
           CJNE    R0,#200,D6     ;当 R4 的值累加到 200 时，进行清零处理
           MOV     R0,#00H
D6:        POP     PSW            ;弹出堆栈数据存放在 PSW 中
           POP     ACC            ;弹出堆栈数据存放在 A 中
           RETI                   ;子程序返回
```

C 语言程序代码。

```
#include <reg51.h>                        //加入头文件
#define uchar unsigned char
#define unit   unsigned int               //宏定义方便使用
#define CLR_BIT(x,y) (x&=~(1<<y))         //清零定义
#define SETB_BIT(x,y) (x|=(1<<y))         //置位定义
uchar m1=0;
void InitTimer0(void)
{
    TMOD=0x02;                            //设置定时器 0 工作于方式 2
    TH0=0x9C;                             //设置定时初始值
    TL0=0x9C;
    EA=1;                                 //开放中断并开始计时
    ET0=1;
    TR0=1;
}
void main(void)
{
    InitTimer0();                         //进行程序初始化处理
    while(1)
    {
          if(m1<15){ SETB_BIT(P1,0); SETB_BIT(P1,1); }
             else { CLR_BIT(P1,0); CLR_BIT(P1,1); }
    }                                     //舵机停止脉冲输出
}
void Timer0Interrupt(void) interrupt 1
{
    m1++;                                 //计时变量加 1
    if(m1==200)
```

```
        m1=0;                          //计时变量超出范围，重新计时
    }
```

当改动上述程序中的脉宽界定值（如上述程序中的 15）时，即可将程序改变为控制单个舵机进行不同速度的正反转动作。

3．伺服车动作控制

前面已经介绍过单个伺服舵机正反转控制的原理，若将两个伺服机合并在一起控制做成两后轮驱动的伺服车，其车体行进方向与左、右舵机转动方向如表 11-1 所示。

表 11-1　伺服车控制原理

车子动作	左伺服机	右伺服机
前进	正转	反转
后退	反转	正转
左转	反转	反转
右转	正转	正转

如表 11-1 所示，若要能实现伺服小车的前进、后退，左转、右转功能，需要控制两舵机的正转、反转。

左、右舵机的脉宽控制变量 m1 通过定时器 T1 每经 100μs 增加一次，最大加到 200 又重新清零，实现脉冲周期为 20ms 的定时，接着只需在 20ms 内控制其何时发出高电平，何时发出低电平即可。

正转：以(15+(du/25))为界当脉宽控制变量 m1 小于这个值时，输出高电平，大于时输出低电平，这样输出一个脉冲来驱动舵机转动。其中 du 为 A-D 转换后的结果，该结果范围为 0～255，进行数据处理（即 du/25）后结果为 0～10，加上 15 后刚好处于 15～25 正转范围内。

反转：以(15-(du/25))为界当脉宽控制变量 m1 小于这个值时，输出高电平，大于时输出低电平，这样输出一个脉冲来驱动舵机转动。其中 du 为 A-D 转换后的结果，该结果范围为 0～255，进行数据处理（即 du/25）后结果为 0～10，15 减去该值后刚好处于 5～15 反转范围内。

根据上述的思路，其舵机动作控制子程序流程图如图 11-14 所示。其舵机动作控制子程序的汇编语言程序与 C 语言程序分别如下：

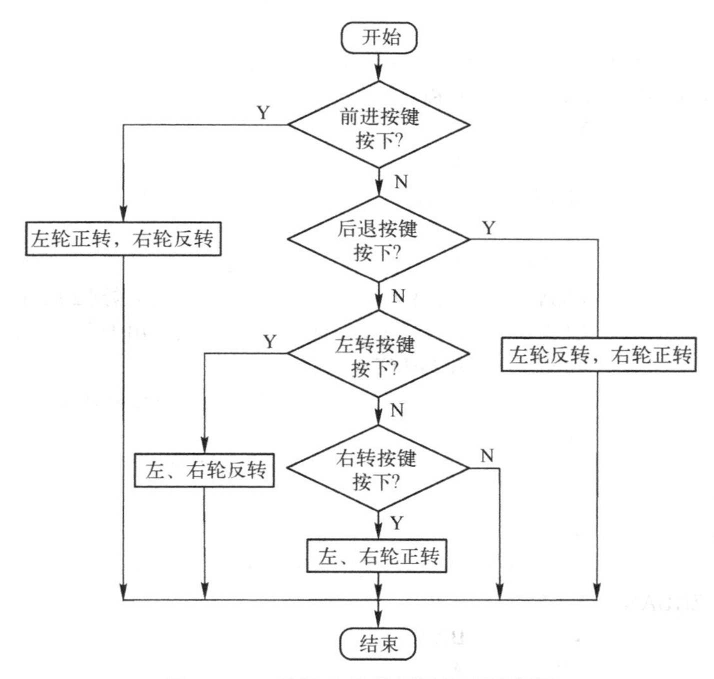

图 11-14　舵机动作控制子程序流程图

汇编语言程序代码。

```
1.  ；═══════════左轮正转子程序══════════════
2.  ZZ_ZHUAN：  MOV     A,R6
3.              MOV     B,#25
4.              DIV     AB          ;将转换结果除以 25，存放在 A 当中
5.              ADD     A,#15       ;将处理完后的结果加上 15
6.              MOV     20H,R4      ;将舵机控制变量传送到 20H 单元中
7.              CLR     C           ;清零进位位 Cy，用于下面比较大小
8.              CJNE    A,20H,C1
9.  C1：        JC      C2          ;比较 A 当中的值与 20H 中值的大小关系
10.             SETB    P1.0        ;置位 P1.0
11.             LJMP    C3          ;跳转至 C3 处执行程序
12. C2：        CLR     P1.0        ;清零 P1.0
13. C3：        RET                 ;子程序返回
14. ；══════════════════右轮正转子程序═════════════════════════
15. YZ_ZHUAN：  MOV     A,R6
16.             MOV     B,#25
17.             DIV     AB          ;将转换结果除以 25，存放在 A 当中
18.             ADD     A,#15       ;将处理完后的结果加上 15
19.             MOV     20H,R4      ;将舵机控制变量传送到 20H 单元中
20.             CLR     C           ;清零进位位 Cy，用于下面比较大小
21.             CJNE    A,20H,C4
22. C4：        JC      C5          ;比较 A 当中的值与 20H 中值的大小关系
23.             SETB    P1.1        ;置位 P1.1
24.             LJMP    C6          ;跳转至 C6 处执行程序
25. C5：        CLR     P1.1        ;清零 P1.1
26. C6：        RET                 ;子程序返回
27. ；══════════════════左轮反转子程序═════════════════════════
28. ZF_ZHUAN：  MOV     A,R6
29.             MOV     B,#25
30.             DIV     AB
31.             MOV     R7,A        ;将转换结果除以 25，存放在 R7 当中
32.             MOV     A,#15
33.             SUBB    A,R7        ;用 15 减去处理后的值，并将结果存放在 A 中
34.             MOV     20H,R4      ;将舵机控制变量传送到 20H 单元中
35.             CLR     C           ;清零进位位 Cy，用于下面比较大小
36.             CJNE    A,20H,C7
37. C7：        JC      C8          ;比较 A 当中的值与 20H 中值的大小关系
38.             SETB    P1.0        ;置位 P1.0
39.             LJMP    C9          ;跳转至 C6 处执行程序
40. C8：        CLR     P1.0        ;清零 P1.0
41. C9：        RET                 ;子程序返回
42. ；══════════════════右轮反转子程序═════════════════════════
43. YF_ZHUAN：  MOV     A,R6
44.             MOV     B,#25
45.             DIV     AB
```

```
46.                  MOV     R7,A         ;将转换结果除以 25，存放在 R7 当中
47.                  MOV     A,#15
48.                  SUBB    A,R7         ;用 15 减去处理后的值，并将结果存放在 A 中
49.                  MOV     20H,R4       ;将舵机控制变量传送到 20H 单元中
50.                  CLR     C            ;清零进位位 Cy，用于下面比较大小
51.                  CJNE    A,20H,C10
52.  C10:            JC      C11          ;比较 A 当中的值与 20H 中值的大小关系
53.                  SETB    P1.1         ;置位 P1.0
54.                  LJMP    C12          ;跳转至 C6 处执行程序
55.  C11:            CLR     P1.1         ;清零 P1.0
56.  C12:            RET                  ;子程序返回
57.  ; ========================舵机动作控制子程序========================

58.  MOTOR:          CJNE    R1,#01H,D1   ;是否右转按钮按下，不是则跳转至 D1 处执行
59.                  LCALL   ZZ_ZHUAN     ;若是则左轮正转、右轮正转进行车体右转
60.                  LCALL   YZ_ZHUAN
61.                  LJMP    D4
62.  D1:             CJNE    R1,#02H,D2   ;是否左转按钮按下，不是则跳转至 D2 处执行
63.                  LCALL   ZF_ZHUAN     ;若是则左轮反转、右轮反转进行车体左转
64.                  LCALL   YF_ZHUAN
65.                  LJMP    D4
66.  D2:             CJNE    R1,#03H,D3   ;是否前进按钮按下，不是则跳转至 D3 处执行
67.                  LCALL   ZF_ZHUAN     ;若是则左轮反转、右轮正转进行车体后退
68.                  LCALL   YZ_ZHUAN
69.                  LJMP    D4
70.  D3:             CJNE    R1,#04H,D4   ;是否后退按钮按下，不是则跳转至 D4 处执行
71.                  LCALL   ZZ_ZHUAN     ;若是则左轮正转、右轮反转进行车体前进
72.                  LCALL   YF_ZHUAN
73.  D4:             RET                  ;子程序返回
74.  ;========================定时器 0 中断子程序========================
75.  T_1:            PUSH    ACC          ;将 A 的值压入堆栈保护
76.                  PUSH    PSW          ;将 PSW 的值压入堆栈保护
77.                  INC     R4
78.                  CJNE    R4,#200,D6   ;当 R4 的值累加到 200 时，进行清零处理
79.                  MOV     R4,#00H
80.  D6:             POP     PSW          ;弹出堆栈数据存放在 PSW 中
81.                  POP     ACC          ;弹出堆栈数据存放在 A 中
82.                  RETI                 ;子程序返回
83.                  END
```

汇编语言程序说明。

1）序号 2～4：将 A-D 转换之后的值进行数据处理，用于调速。

2）序号 5：将 A-D 转换后并经处理的值加上 15，并将结果存入 A 中。

3）序号 6～8：判断舵机动作控制变量与(15+(du/25))的大小关系。

4）序号 9～13：若舵机动作控制变量小于(15+(du/25))，则输出高电平，即在一个周期内输出(15+(du/25))μs 时间的高电平。若舵机动作控制变量大于(15+(du/25))，则输出低电

平，在一个周期内输出 200μs−(15+(du/25)) μs 时间的低电平。以此来驱动左轮舵机正转。

5）序号 15～26：右轮正转子程序，与左轮舵机正转类似。

6）序号 28～41：左轮反转子程序，与左轮舵机正转类似。

7）序号 43～56：右轮反转子程序，与左轮舵机正转类似。

8）序号 58～70：根据表 11-1 所示的控制方法，依照按键值来控制左右轮舵机进行前进、后退、左转、右转。

9）序号 72～80：定时器 1 中断处理子程序，当定时时间到 100μs 时舵机控制变量 R4 加 1，但其值保持在 0～200 内，用于发送舵机控制脉冲。

C 语言程序代码。

```
1.   /***************小车方向选择程序*****************/
2.   //函数名：motor(uchar dir)
3.   //功能：舵机动作方向选择
4.   //调用函数：display()
5.   //输入参数：uchar dir
6.   /************************************************/
7.   void motor(uchar dir)
8.   {
9.        switch(dir)
10.       {
11.       case 'y':  {  if(m1<(15+(du/25)))  { SETB_BIT(P1,0); SETB_BIT(P1,1); }
12.                     else { CLR_BIT(P1,0); CLR_BIT(P1,1); }//左、右舵机正转
13.                  }  break;                                   //车体右转脉宽输出
14.       case 'z':  {  if(m1<(15-(du/25)))  { SETB_BIT(P1,0); SETB_BIT(P1,1); }
15.                     else { CLR_BIT(P1,0); CLR_BIT(P1,1); }//左、右舵机反转
16.                  }  break;                          //车体左转脉宽输出
17.       case 'h':  {  if(m1<(15-(du/25)))  { SETB_BIT(P1,0); }
18.                     else { CLR_BIT(P1,0); }         //左轮舵机反转脉宽输出
19.                     if(m1<(15+(du/25)))  { SETB_BIT(P1,1); }
20.                     else { CLR_BIT(P1,1); }         //右轮舵机正转脉宽输出
21.                  }  break;                          //车体后退脉宽输出
22.       case 'q':  {  if(m1<(15+(du/25)))   { SETB_BIT(P1,0); }
23.                     else { CLR_BIT(P1,0); }         //左轮舵机正转脉宽输出
24.                     if(m1<(15-(du/25)))   { SETB_BIT(P1,1); }
25.                     else { CLR_BIT(P1,1); }         //右轮舵机反转脉宽输出
26.                  }  break;                          //车体前进脉宽输出
27.       }
28.  }
29.  /***************定时器 1 中断处理程序****************/
30.  //函数名：Timer1Interrupt()
31.  //功能：定时器 1 中断响应程序
32.  //说明：给 CLK 取反实现 ADC0809 时钟信号的发送
33.  /************************************************/
34.  void Timer1Interrupt() interrupt 3
35.  {
36.     m1++;
```

```
37.        if(m1==200)   m1=0;
38.     }
```

C 语言程序说明。

1）序号 7：小车方向选择子函数，传入参数为方向选择。

2）序号 9：该子函数采用 SWITCH 语句，用于分支选择，随着传入参数的不同控制舵机进行不同的操作。

3）序号 11～13：在 200μs 的周期内控制输出脉宽为(15+(du/25))μs 的脉冲来控制左、右轮舵机同时正转，使小车进行右转动作。

4）序号 14～16：在 200μs 的周期内控制输出脉宽为(15-(du/25))μs 的脉冲来控制左、右轮舵机同时反转，使小车进行左转动作。

5）序号 17～21：在 200μs 的周期内控制输出脉宽为(15+(du/25))μs 和(15-(du/25))μs 的脉冲来控制左轮舵机反转右轮舵机正转，使小车进行后退动作。

6）序号 22～26：在 200μs 的周期内控制输出脉宽为(15+(du/25))μs 和(15-(du/25))μs 的脉冲来控制左轮舵机正转右轮舵机反转，使小车进行前进动作。

7）序号 34～38：定时器 1 中断处理子程序，当定时时间到 100μs 时舵机控制变量 m1 加 1，但其值保持在 0～200 内，用于发送舵机控制脉冲。

11.4.4 A-D 转换程序设计

A-D 转换主要是对电位器输出电压进行 A-D 转换，将转换结果用于控制舵机运转速度，实现通过调节电位器达到调速的目的。

A-D 转换程序主要有两个关键：

1）转换芯片时钟脉冲的提供。通过定时/计数器 0 来实现对 ADC0809 转换芯片的时钟脉冲的输出控制。

2）采用何种方法将转换结果读入。通过外部中断 0 实现当转换结束后立即触发中断，在中断中将转换结果读入存放在变量 du 中，再供舵机动作子程序中使用，改变脉宽输出，以达到控制车速的目的。

根据上述的思路，其 A-D 转换控制子程序流程图如图 11-15 所示，其 A-D 转换控制子程序的汇编语言程序与 C 语言程序分别如下。

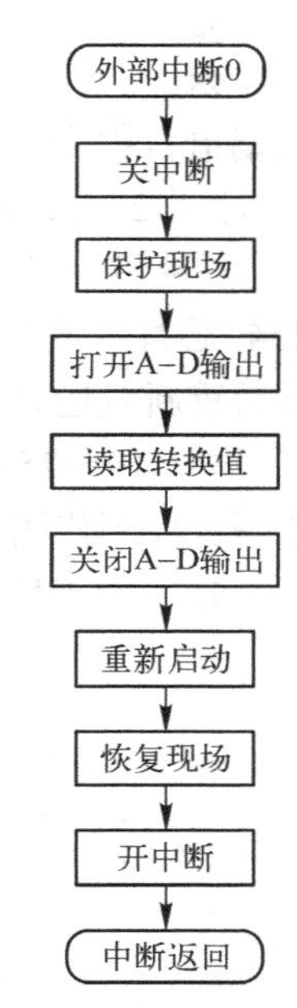

图 11-15 A-D 转换控制子程序流程图

汇编语言程序代码。

```
1.   ; ===========================发送开始转换信号子程序===========================
2.   START_F:   CLR     ST              ;先发 ALE 上升沿信号用于锁存地址信息
3.              SETB    ST              ;再发 START 下降沿信号用于开启转换
4.              CLR     ST
5.              RET                     ;子程序返回
6.   ; ===========================外部中断 0 中断子程序===========================
7.   INT_0:     PUSH    ACC             ;将 A 的值压入堆栈保护
```

```
8.              PUSH    PSW         ;将 PSW 的值压入堆栈保护
9.              SETB    P16         ;P1.6=1 选通 ADC0809 所接 74LS245，用于数据的读入
10.             SETB    OE          ;发送允许输出转换数据信号
11.             MOV     P0,#0FFH    ;读引脚前先写入 1
12.             MOV     R6,P0       ;将转换数据存放在 R6 中
13.             CLR     OE          ;关闭允许输出转换数据信号
14.             LCALL   START_F     ;调用发送开始转换信号
15.             POP     PSW         ;弹出堆栈数据存放在 PSW 中
16.             POP     ACC         ;弹出堆栈数据存放在 A 中
17.             RETI                ;子程序返回
18.  ; ========================定时器 0 中断子程序==============================
19.  T_0:       PUSH    ACC         ;将 A 的值压入堆栈保护
20.             PUSH    PSW         ;将 PSW 的值压入堆栈保护
21.             CPL     CLK         ;取反 ADC0809 工作时序脉冲
22.             POP     PSW         ;弹出堆栈数据存放在 PSW 中
23.             POP     ACC         ;弹出堆栈数据存放在 A 中
24.             RETI                ;子程序返回
25.             END
```

汇编语言程序说明。

1）序号 2～5：ADC0809 芯片开始转换信号发送子程序。

2）序号 7～17：外部中断 0 处理子程序，当有外部中断 0 触发时，先选通第二片 74LS254 芯片，再发送允许输出转换结果信号将转换完成的数据读入并储存在寄存器 R6 中，最后重新发送开始转换信号开始新一轮转换。

3）序号 19～25：定时器 0 中断处理子程序，用于发送 ADC0809 工作时序脉冲。

C 语言程序代码。

```
1.  /***************ADC0809 的开始信号脉冲发送程序********/
2.  //函数名：START_F()
3.  //功能：发送 ADC0809 的开始信号脉冲
4.  /***************************************************/
5.  void START_F()
6.  {
7.          ST=0;                   //先发 ALE 上升沿信号用于锁存地址信息
8.          ST=1;                   //再发 START 下降沿信号用于开启转换
9.          ST=0;
10. }
11. /**************外部中断 0 处理程序******************/
12. //函数名：int0Interrupt()
13. //功能：外部中断 0 响应程序
14. //调用函数：START_F()
15. //说明：进行读取 ADC 转换后的结果值，并发送开始信号
16. /***************************************************/
17. void int0Interrupt() interrupt 0
18. {
19.         P0=0xff;        //读引脚前先写入 1
20.         P16=1;          //选通第二片 74LS245 工作
```

```
21.         OE=1;          //置位 OE，可进行读取
22.         du=P0;         //读取转换后的结果给变量 du
23.         OE=0;          //清零 OE，读取结束
24.         START_F();     //发送开始信号
25.     }
26.     /***************定时器 0 中断处理程序****************/
27.     //函数名：Timer0Interrupt()
28.     //功能：定时器 0 中断响应程序
29.     //说明：给 CLK 取反实现 ADC0809 时钟信号的发送
30.     /**************************************************/
31.     void Timer0Interrupt() interrupt 1
32.     {
33.         CLK=~CLK;  //发送 ADC0809 时钟信号
34.     }
```

C 语言程序说明。

1）序号 5～10：ADC0809 芯片开始转换信号发送子函数。

2）序号 17～25：外部中断 0 处理子程序，当有外部中断 0 触发时，先选通第二片 74LS254 芯片，再发送允许输出转换结果信号将转换完成的数据读入并储存在变量 du 中。

3）序号 31～34：定时器 0 中断处理子程序，用于发送 ADC0809 工作时序脉冲。

11.4.5　系统总体程序代码

在经过上述的控制流程及其程序分析之后，通过合理的分配单片机资源来将各个模块程序整合成一个完整的程序，其完整的汇编语言程序与 C 语言程序代码如下。

◆ 汇编语言程序代码。

```
1.              K1      EQU     P3.0        ;定义前进按钮 K1
2.              K2      EQU     P3.1        ;定义后退按钮 K2
3.              K3      EQU     P3.4        ;定义左转按钮 K3
4.              K4      EQU     P3.5        ;定义右转按钮 K4
5.              P16     EQU     P1.6        ;定义 74LS245 芯片片选信号
6.              ST      EQU     P1.3        ;定义 ADC0809 芯片的开始控制信号
7.              OE      EQU     P1.4        ;定义 ADC0809 芯片允许输出信号
8.              CLK     EQU     P1.2        ;定义 ADC0809 芯片时钟信号
9.              S_P     EQU     P1.7        ;定义蜂鸣器控制信号
10.             ORG     0000H               ;定义程序初始化入口地址
11.             LJMP    MAIN                ;跳转至 MAIN 处执行
12.             ORG     0003H               ;定义外部中断 0 中断入口地址
13.             LJMP    INT_0               ;跳转至 INT_0 处执行
14.             ORG     000BH               ;定义定时器 0 中断入口地址
15.             LJMP    T_0                 ;跳转至 T_0 处执行
16.             ORG     001BH               ;定义定时器 1 中断入口地址
17.             LJMP    T_1                 ;跳转至 T_1 处执行
18.             ORG     0030H               ;定义程序存放地址入口
19.     MAIN:   LCALL   INT                 ;进行程序初始化
20.             LCALL   START_F             ;开始 A/D 转换
```

```
21.  LOOP：   MOV    P3,#0FFH     ;读引脚前先写入 1
22.           SETB   S_P          ;关闭蜂鸣器
23.           MOV    P2,#0FFH     ;若 4 个按键都没有按下，则清空点阵屏
24.  LOOP1：  JB     K1,LOOP2     ;K1=0，顺序执行程序，K1=1，跳转到 LOOP2 处
25.           MOV    R1,#04H      ;赋值寄存器 R1 值 04H，表示前进按键按下
26.           LCALL  DZ           ;调用小车动作子程序
27.           LJMP   LOOP1        ;跳转至 LOOP1 处执行程序
28.  LOOP2：  JB     K2, LOOP3    ;K2=0，顺序执行程序，K2=1，跳转到 LOOP3 处
29.           MOV    R1,#03H      ;赋值寄存器 R1 值 03H，表示后退按键按下
30.           LCALL  DZ           ;调用小车动作子程序
31.           LJMP   LOOP2        ;跳转至 LOOP2 处执行程序
32.  LOOP3：  JB     K3, LOOP4    ;K3=0，顺序执行程序，K3=1，跳转到 LOOP4 处
33.           MOV    R1,#02H      ;赋值寄存器 R1 值 02H，表示左转按键按下
34.           LCALL  DZ           ;调用小车动作子程序
35.           LJMP   LOOP3        ;跳转至 LOOP3 处执行程序
36.  LOOP4：  JB     K4, LOOP     ;K4=0，顺序执行程序，K4=1，跳转到 LOOP 处
37.           MOV    R1,#01H      ;赋值寄存器 R1 值 01H，表示右转按键按下
38.           LCALL  DZ           ;调用小车动作子程序
39.           LJMP   LOOP4        ;跳转至 LOOP4 处执行程序
40.  ；=========================动作处理========================================
41.  DZ：     CLR    S_P          ;当判断到有按键按下，则蜂鸣器鸣叫
42.           LCALL  MOTOR        ;调用舵机控制子程序
43.           LCALL  DISPLAY      ;调用点阵屏显示
44.           RET
45.  ；=========================主程序初始化子程序================================
46.  INT：    MOV    R1,#00H      ;清零按键值寄存器 R1
47.           MOV    R2,#01H      ;赋值点阵屏行列扫描信号初值
48.           MOV    R3,#00H
49.           MOV    R4,#00H      ;清零定时计数变量 R4
50.           MOV    TMOD,#22H    ;赋值 TMOD 值 22H，设置定时器 0、1 工作于方式 2
51.           MOV    TH0,#00H
52.           MOV    TL0,#00H     ;设置定时时间
53.           MOV    TH1,#155
54.           MOV    TL1,#155     ;设置定时时间
55.           MOV    IE,#8aH      ;打开总中断、外部中断 0 和定时器 0 中断
56.           CLR    IT0          ;设置外部中断 0 为低电平触发方式
57.           MOV    IP,#02H      ;设置定时器 0 高优先级
58.           SETB   TR0          ;启动定时器 0
59.           SETB   TR1          ;启动定时器 1
60.           RET                 ;子程序返回
61.  ；=========================发送开始转换信号子程序============================
62.  START_F：CLR    ST           ;先发 ALE 上升沿信号用于锁存地址信息
63.           SETB   ST           ;再发 START 下降沿信号用于开启转换
64.           CLR    ST
65.           RET                 ;子程序返回
66.  ；=========================左轮正转子程序===================================
```

```
67.  ZZ_ZHUAN：   MOV    A,R6
68.               MOV    B,#25
69.               DIV    AB            ;将转换结果除以 25，存放在 A 当中
70.               ADD    A,#15         ;将处理完后的结果加上 15
71.               MOV    20H,R4        ;将舵机控制变量传送到 20H 单元中
72.               CLR    C             ;清零进位位 Cy，用于下面比较大小
73.               CJNE   A,20H,C1
74.  C1：         JC     C2            ;比较 A 当中的值与 20H 中值的大小关系
75.               SETB   P1.0          ;置位 P1.0
76.               LJMP   C3            ;跳转至 C3 处执行程序
77.  C2：         CLR    P1.0          ;清零 P1.0
78.  C3：         RET                  ;子程序返回
79.  ；===========================右轮正转子程序================================
80.  YZ_ZHUAN：   MOV    A,R6
81.               MOV    B,#25
82.               DIV    AB            ;将转换结果除以 25，存放在 A 当中
83.               ADD    A,#15         ;将处理完后的结果加上 15
84.               MOV    20H,R4        ;将舵机控制变量传送到 20H 单元中
85.               CLR    C             ;清零进位位 Cy，用于下面比较大小
86.               CJNE   A,20H,C4
87.  C4：         JC     C5            ;比较 A 当中的值与 20H 中值的大小关系
88.               SETB   P1.1          ;置位 P1.1
89.               LJMP   C6            ;跳转至 C6 处执行程序
90.  C5：         CLR    P1.1          ;清零 P1.1
91.  C6：         RET                  ;子程序返回
92.  ；===========================左轮反转子程序================================
93.  ZF_ZHUAN：   MOV    A,R6
94.               MOV    B,#25
95.               DIV    AB
96.               MOV    R7,A          ;将转换结果除以 25，存放在 R7 当中
97.               MOV    A,#15
98.               SUBB   A,R7          ;用 15 减去处理后的值，并将结果存放在 A 中
99.               MOV    20H,R4        ;将舵机控制变量传送到 20H 单元中
100.              CLR    C             ;清零进位位 Cy，用于下面比较大小
101.              CJNE   A,20H,C7
102. C7：         JC     C8            ;比较 A 当中的值与 20H 中值的大小关系
103.              SETB   P1.0          ;置位 P1.0
104.              LJMP   C9            ;跳转至 C6 处执行程序
105. C8：         CLR    P1.0          ;清零 P1.0
106. C9：         RET                  ;子程序返回
107. ；===========================右轮反转子程序================================
108. YF_ZHUAN：   MOV    A,R6
109.              MOV    B,#25
110.              DIV    AB
111.              MOV    R7,A             ;将转换结果除以 25，存放在 R7 当中
112.              MOV    A,#15
```

```
113.                SUBB    A,R7          ;用 15 减去处理后的值，并将结果存放在 A 中
114.                MOV     20H,R4        ;将舵机控制变量传送到 20H 单元中
115.                CLR     C             ;清零进位位 Cy，用于下面比较大小
116.                CJNE    A,20H,C10
117.  C10：         JC      C11           ;比较 A 当中的值与 20H 中值的大小关系
118.                SETB    P1.1          ;置位 P1.0
119.                LJMP    C12           ;跳转至 C6 处执行程序
120.  C11：         CLR     P1.1          ;清零 P1.0
121.  C12：         RET                   ;子程序返回
122.  ；==========================舵机动作控制子程序==========================
123.  MOTOR：       CJNE    R1,#01H,D1    ;是否右转按钮按下，不是则跳转至 D1 处执行
124.                LCALL   ZZ_ZHUAN      ;若是则左轮正转、右轮正转进行车体右转
125.                LCALL   YZ_ZHUAN
126.  D1：          CJNE    R1,#02H,D2    ;是否左转按钮按下，不是则跳转至 D2 处执行
127.                LCALL   ZF_ZHUAN      ;若是则左轮反转、右轮反转进行车体左转
128.                LCALL   YF_ZHUAN
129.  D2：          CJNE    R1,#03H,D3    ;是否前进按钮按下，不是则跳转至 D3 处执行
130.                LCALL   ZF_ZHUAN      ;若是则左轮反转、右轮正转进行车体后退
131.                LCALL   YZ_ZHUAN
132.  D3：          CJNE    R1,#04H,D4    ;是否后退按钮按下，不是则跳转至 D4 处执行
133.                LCALL   ZZ_ZHUAN      ;若是则左轮正转、右轮反转进行车体前进
134.                LCALL   YF_ZHUAN
135.  D4：          RET                   ;子程序返回
136.  ；======================点阵屏显示子程序============================
137.  DISPLAY：     JB      K1,B1         ;K1=1 跳转至 B1 处执行程序，K1=0 顺序执行程序
138.                MOV     DPTR,#TAB1    ;将 DPTR 指向 TAB1 数据表的表头
139.                LJMP    B5            ;跳转至 B5 处执行程序
140.  B1：          JB      K2,B2         ;K2=1 跳转至 B2 处执行程序，K2=0 顺序执行程序
141.                MOV     DPTR,#TAB2    ;将 DPTR 指向 TAB2 数据表的表头
142.                LJMP    B5            ;跳转至 B5 处执行程序
143.  B2：          JB      K3,B3         ;K3=1 跳转至 B3 处执行程序，K3=0 顺序执行程序
144.                MOV     DPTR,#TAB3    ;将 DPTR 指向 TAB3 数据表的表头
145.                LJMP    B5            ;跳转至 B5 处执行程序
146.  B3：          JB      K4,B4         ;K4=1 跳转至 B4 处执行程序，K4=0 顺序执行程序
147.                MOV     DPTR,#TAB4    ;将 DPTR 指向 TAB4 数据表的表头
148.                LJMP    B5            ;跳转至 B5 处执行程序
149.  B4：          MOV     P2,#0FFH      ;若 4 个按键都没有按下，则清空点阵屏
150.                LJMP    B7            ;跳转至 B7 处执行程序
151.  B5：          MOV     A,R3          ;将行查表偏移量 R3 的值送入 A 中
152.                MOVC    A,@A+DPTR     ;查表，将行数据存入 A 中
153.                CLR     P16           ;选通点阵屏所连接的 74LS245，进行点阵屏显示
154.                MOV     P0,R2         ;将列信号通过 P0 口输出
155.                MOV     P2,A          ;输出行数据
156.  B7：          INC     R3            ;行查表偏移量 R3 值加 1，选择下一行显示数据
157.                CJNE    R3,#8,B6      ;判断 R3 是否等于 8，若不是则跳转至 B6
158.                MOV     R3,#00H       ;若是则清零 R3 的值
```

```
159. B6:          MOV    A,R2          ;将 R2 的值送入 A 中
160.              RL     A             ;循环左移 A 的值
161.              MOV    R2,A          ;循环列选通信号，并将其存放在 R2 中
162.              LCALL  DELAY_100     ;调用延时 100μs 子程序
163.              RET                  ;子程序返回
164. ；==========================延时 100μs 子程序==========================
165. DELAY_100:   MOV    R0,#48
166.              DJNZ   R0,$
167.              RET
168. ；==========================外部中断 0 中断子程序==========================
169. INT_0:       PUSH   ACC           ;将 A 的值压入堆栈保护
170.              PUSH   PSW           ;将 PSW 的值压入堆栈保护
171.              SETB   P16           ;P1.6=1 选通 ADC0809 所接 74LS245，用于数据读入
172.              SETB   OE            ;发送允许输出转换数据信号
173.              MOV    P0,#0FFH      ;读引脚前先写入 1
174.              MOV    R6,P0         ;将转换数据存放在 R6 中
175.              CLR    OE            ;关闭允许输出转换数据信号
176.              LCALL  START_F       ;调用发送开始转换信号
177.              POP    PSW           ;弹出堆栈数据存放在 PSW 中
178.              POP    ACC           ;弹出堆栈数据存放在 A 中
179.              RETI                 ;子程序返回
180. ；==========================定时器 0 中断子程序==========================
181. T_0:         PUSH   ACC           ;将 A 的值压入堆栈保护
182.              PUSH   PSW           ;将 PSW 的值压入堆栈保护
183.              CPL    CLK           ;取反 ADC0809 工作时序脉冲
184.              POP    PSW           ;弹出堆栈数据存放在 PSW 中
185.              POP    ACC           ;弹出堆栈数据存放在 A 中
186.              RETI                 ;子程序返回
187. ；==========================定时器 1 中断子程序==========================
188. T_1:         PUSH   ACC           ;将 A 的值压入堆栈保护
189.              PUSH   PSW           ;将 PSW 的值压入堆栈保护
190.              INC    R4
191.              CJNE   R4,#200,D6    ;当 R4 的值累加到 200 时，进行清零处理
192.              MOV    R4,#00H
193. D6:          POP    PSW           ;弹出堆栈数据存放在 PSW 中
194.              POP    ACC           ;弹出堆栈数据存放在 A 中
195.              RETI                 ;子程序返回
196. TAB1:        DB  0xFF,0xFB,0xFD,0x00,0xFD,0xFB,0xFF,0xFF ； /* ↑ */
197. TAB2:        DB  0xFF,0XDF,0xBF,0x00,0xBF,0xDF,0xFF,0XFF ； /* ↓ */
198. TAB3:        DB  0xDF,0x8F,0x57,0xDF,0xDF,0xDF,0xDF,0xFF ； /* ← */
199. TAB4:        DB  0xFF,0xDF,0xDF,0xDF,0xDF,0x57,0x8F,0xDF ； /* → */
200.              END                  ;程序结束
```

汇编语言程序说明。

1）序号 1～9：定义各个信号引脚，便于后续程序的编写及阅读。

2）序号 10～18：使程序复位后，直接跳到 MAIN 主程序处执行程序，当发生中断时，又跳转到相应的中断服务子程序处执行。

3）序号 21～39：判断按键是否有按下，若有按下则进行舵机动作、点阵屏显示以及蜂鸣器鸣叫等相应的动作。

4）序号 41～44：小车动作子程序，进行舵机动作、点阵屏显示以及蜂鸣器鸣叫等相应的动作。

5）序号 46～60：进行程序初始化处理，包括寄存器赋初始值、中断设置和开中断。

6）序号 62～65：用于发送 ADC0809 开始转换信号。

7）序号 67～78：左轮正转子程序，将舵机控制变量与(15+(du/25))进行比较。当前者小于后者时发送高电平，而当前者大于后者时发送低电平形成一个脉冲控制左轮舵机正转。

8）序号 80～91：右轮正转子程序，将舵机控制变量与(15+(du/25))进行比较。当前者小于后者时发送高电平，而当前者大于后者时发送低电平形成一个脉冲控制右轮舵机正转。

9）序号 93～106：左轮反转子程序，将舵机控制变量与(15−(du/25))进行比较。当前者小于后者时发送高电平，而当前者大于后者时发送低电平形成一个脉冲控制左轮舵机反转。

10）序号 108～121：右轮反转子程序，将舵机控制变量与(15−(du/25))进行比较。当前者小于后者时发送高电平，而当前者大于后者时发送低电平形成一个脉冲控制左轮舵机正转。

11）序号 123～135：判断按键值并调用左轮、右轮舵机动作子程序进行控制。

12）序号 137～163：点阵屏显示子程序，每进入一次该子程序显示一列数据。

13）序号 165～167：延时 100μs 子程序。

14）序号 169～179：通过外部中断 0 读取 ADC0809 的转换结果。

15）序号 181～186：通过定时器 0 中断给 ADC0809 发送工作时序脉冲。

16）序号 188～195：通过定时器 1 中断进行舵机控制脉冲变量的增加，每 100μs 增加 1 次并使之控制在 0～200 之间。

17）序号 196～199：点阵屏显示前、后、左、右四个箭头的显示数据表。

◆ C 语言程序代码。

在经过上述的控制流程及其程序分析之后，通过合理的分配单片机资源来将各个模块 C 语言程序整合成一个完整的程序，其完整的 C 语言程序代码如下：

```
1.  #include <reg51.h>
2.  #define uchar unsigned char
3.  #define unit unsigned int                //定义一下，方便使用
4.  #define CLR_BIT(x,y) (x&=~(1<<y))        //清零定义
5.  #define SETB_BIT(x,y) (x|=(1<<y))        //置位定义
6.  //===============字符数据表========================
7.  uchar num1[]={0xFF,0xFB,0xFD,0x00,0xFD,0xFB,0xFF,0xFF}；  /*  ↑ */
8.  uchar num2[]={0xFF,0XDF,0xBF,0x00,0xBF,0xDF,0xFF,0XFF}；  /*  ↓ */
9.  uchar num3[]={0xDF,0x8F,0x57,0xDF,0xDF,0xDF,0xDF,0xFF}；  /*  ← */
10. uchar num4[]={0xFF,0xDF,0xDF,0xDF,0xDF,0x57,0x8F,0xDF}；  /*  → */
11. uchar w=0x01,n=0,du=0,m1=0;               //定义无符号字符型全局变量
12. sbit P16=P1^6；                          //定义 74LS245 芯片片选信号
13. sbit K1=P3^0；                           //定义前进按钮 K1
14. sbit K2=P3^1；                           //定义后退按钮 K2
15. sbit K3=P3^4；                           //定义左转按钮 K3
```

```
16.  sbit K4=P3^5;                          //定义右转按钮 K4
17.  sbit ST= P1^3;                         //定义 ADC0809 芯片的开始控制信号
18.  sbit OE= P1^4;                         //定义 ADC0809 芯片允许输出信号
19.  sbit CLK=P1^2;                         //定义 ADC0809 芯片时钟信号
20.  sbit speak=P1^7;                       //定义蜂鸣器控制信号
21.  /***************nus 延时子函数*****************/
22.  //函数名:delay_nus(unit i)
23.  //功能:延时 nus 程序
24.  //输入参数:unit i
25.  /**************************************************/
26.  void delay_nus(unit i)
27.  {
28.    i=i/10;
29.    while(--i);
30.  }
31.  /***************中断初始化程序*****************/
32.  //函数名:Init()
33.  //说明:进行各中断寄存器的初始化设置
34.  /**************************************************/
35.  void Init()
36.  {
37.      TMOD = 0x22;              //设置定时器 0、1 工作于方式 2
38.      TH0 = 0x00;
39.      TL0 = 0x00;               //设置定时时间为
40.       TH1 = 0x9C;
41.      TL1 = 0x9C;               //设置定时时间为
42.      IE = 0X8B;                //打开总中断、外部中断 0 和定时器 0、1 中断
43.       IT0 = 0;                 //设置外部中断 0 为低电平触发方式
44.      IP = 0x02;                //设置定时器 0 高优先级
45.      TR0 = 1;                  //启动定时器 0
46.       TR1 = 1;                 //启动定时器 1
47.  }
48.  //***************ADC0809 的开始信号脉冲发送程序********/
49.  //函数名:START_F()
50.  //功能:发送 ADC0809 的开始信号脉冲
51.  /**************************************************/
52.  void START_F()
53.  {
54.          ST=0;                 //先发 ALE 上升沿信号用于锁存地址信息
55.          ST=1;                 //再发 START 下降沿信号用于开启转换
56.          ST=0;
57.  }
58.  /***************点阵屏显示处理程序*****************/
59.  //函数名:display()
60.  //功能:点阵屏显示程序
```

```
61.  /*************************************************/
62.  void display()
63.  {
64.      P16=0;                                  //选通 74LS245 芯片，进行给点阵屏送数据
65.      P2=0xFF;                                //清除行数据
66.      P0=w;                                   //列选通控制信号
67.      if(K1==0){   P2=num1[n];   }                  //点阵屏上显示↑字符
68.      else if(K2==0){    P2=num2[n];   }      //点阵屏上显示↓字符
69.      else if(K3==0){    P2=num3[n];   }      //点阵屏上显示←字符
70.      else if(K4==0){    P2=num4[n];   }      //点阵屏上显示→字符
71.      else {   P2=0XFF; }                     //点阵屏清屏
72.       n++;                                   //数据指针变量 n 加一
73.       if(n==8)n=0;                           //数据指针等于 8，就清除数据指针
74.       w=w<<1;                                //列选通位左移一位
75.       if(w==0)w=0x01;                        //移完 8 次后又返回初始列
76.        delay_nus(100);                       //延时 100μs
77.  }
78.  /***************小车方向选择程序*****************/
79.  //函数名:motor(uchar dir)
80.  //功能:舵机动作方向选择
81.  //调用函数:display()
82.  //输入参数:uchar dir
83.  /*************************************************/
84.  void motor(uchar dir)
85.  {
86.          switch(dir)
87.          {
88.            case 'y':{   if(m1<(15+(du/25))){ SETB_BIT(P1,0); SETB_BIT(P1,1); }
89.                          else { CLR_BIT(P1,0); CLR_BIT(P1,1); }//左、右轮舵机反转脉宽输出
90.                      } break;                              //车体右转脉宽输出
91.            case 'z':{   if(m1<(15-(du/25))){ SETB_BIT(P1,0); SETB_BIT(P1,1); }
92.                          else { CLR_BIT(P1,0); CLR_BIT(P1,1); }//左、右轮舵机正转脉宽输出
93.                      } break;                       //车体左转脉宽输出
94.            case 'h':{   if(m1<(15-(du/25))){ SETB_BIT(P1,0); }
95.                          else { CLR_BIT(P1,0); }        //左轮舵机反转脉宽输出
96.                          if(m1<(15+(du/25))){ SETB_BIT(P1,1); }
97.                          else { CLR_BIT(P1,1); }        //右轮舵机反转脉宽输出
98.                      } break;                       //车体前进脉宽输出
99.          case 'q':{   if(m1<(15+(du/25))){SETB_BIT(P1,0); }
100.                       else {CLR_BIT(P1,0); }          //左轮舵机正转脉宽输出
101.                       if(m1<(15-(du/25))){SETB_BIT(P1,1); }
102.                       else {CLR_BIT(P1,1); }          //右轮舵机反转脉宽输出
103.                    } break;                         //车体后退脉宽输出
104.         }
105. }
```

```
106. /***************控制主程序******************/
107. void main( )
108. {
109.     CLR_BIT(P1,1);
110.     CLR_BIT(P1,0);
111.     Init();                                          //调用中断初始化程序
112.     START_F();                                       //发送 ADC 转换开始信号
113.     while(1)
114.       {
115.         P3=0XFF;
116.        speak=1;
117.         P2=0XFF;
118.         while(K1==0){motor('q'); speak=0; display(); }//前进按钮 K1 按下，小车前进
119.         while(K2==0){motor('h'); speak=0; display(); }//后退按钮 K2 按下，小车后退
120.         while(K3==0){motor('z'); speak=0; display(); }//左转按钮 K3 按下，小车左转
121.         while(K4==0){motor('y'); speak=0; display(); }//右转按钮 K4 按下，小车右转
122.       }
123. }
124. /**************外部中断 0 处理程序******************/
125. //函数名:int0Interrupt()
126. //功能:外部中断 0 响应程序
127. //调用函数:START_F()
128. //说明:进行读取 ADC 转换后的结果值，并发送开始信号
129. /**************************************************/
130. void int0Interrupt() interrupt 0
131. {
132.         P0=0xff;
133.         P16=1;              //选通第二片 74LS245 工作
134.          OE=1;              //置位 OE，可进行读取
135.          du=P0;             //读取转换后的结果给变量 du
136.          OE=0;              //清零 OE，读取结束
137.          START_F();         //发送开始信号
138. }
139. /***************定时器 0 中断处理程序****************/
140. //函数名:Timer0Interrupt()
141. //功能:定时器 0 中断响应程序
142. //说明:给 CLK 取反实现 ADC0809 时钟信号的发送
143. /**************************************************/
144. void Timer0Interrupt() interrupt 1
145. {
146.       CLK=~CLK;          //发送 ADC0809 时钟信号
147. }
148. /***************定时器 1 中断处理程序****************/
149. //函数名:Timer1Interrupt()
150. //功能:发送 ADC0809 工作脉冲
```

```
151. /**************************************************/
152. void Timer1Interrupt() interrupt 3
153. {
154.     m1++;
155.     if(m1==200)
156.     m1=0;
157. }
```

C 语言程序说明。

1）序号 1：在程序开头加入头文件“regx51.h”。

2）序号 2～3：define 宏定义处理，用 uchar 和 unit 代替 unsigned char 和 unsigned int，便于后续程序书写方便简洁。

3）序号 4～5：define 宏定义处理，用 CLR_BIT(x,y)和 SETB_BIT(x,y)代替(x&=~(1<<y))和(x|=(1<<y))，便于后续程序书写方便简洁。其中(x&=~(1<<y))用于将寄存器中的第几位清零，(x|=(1<<y))用于将寄存器中的第几位置位。

4）序号 7～10：定义数组 num1～4，分别放置前、后、左、右四种箭头数据。

5）序号 11：定义无符号字符型全局变量，w 用于点阵屏列选通，n 用于点阵屏循环次数计数，du 用于存放 ADC 转换结果，m1 用于左右舵机控制脉冲计时。

6）序号 12～20：定义各个信号引脚，便于程序的编写及阅读。

7）序号 26～30：粗略延时 nus 的延时子函数。

8）序号 35～47：程序初始化子函数，用于初始化设置各个中断寄存器及相关寄存器。

9）序号 52～57：ADC0809 芯片开始转换信号发送子函数。

10）序号 64：选通第一片 74LS245 芯片工作，进行给点阵屏送数据。

11）序号 65：由于选通列与发送行数据之间还需进行按键判断，所以在选通列之前把前一行的行数据清空，避免出现显示错误。

12）序号 66～71：先选通点阵屏列选信号，再判断方向按键是否按下，若有按下则发送该方向按键的显示数据，若没有按下则清空点阵屏。

13）序号 72～77：移位选择下一列点阵屏显示数据，在本项目中每进入一次点阵屏显示子函数只显示一列数据，但由于程序快速执行并不影响该点阵屏的显示。

14）序号 88～90：小车右转脉冲控制程序段，由于舵机控制变量每 100μs 增加一次，所以在 m1 范围值在 200 以内时，以(15+(du/25))为界发出控制舵机正转的控制信号，其中 du 为 ADC0809 转换出来的值属于可调变量用于调速。由于左右舵机的安装方向正好相反，所以两个一样的舵机在左轮时时正转，而在右轮时却是反转。

15）序号 91～93：小车左转脉冲控制程序段。

16）序号 94～98：小车前进脉冲控制程序段。

17）序号 99～103：小车后退脉冲控制程序段。

18）序号 118～121：有按键按下时，进入该按键的舵机控制程序运行，并且蜂鸣器鸣叫。

19）序号 133：选通第二片 74LS254 芯片，将转换完成的数据读入并储存在变量 du 中。

20）序号 144～147：发送 ADC0809 工作时序脉冲。

21）序号 152～157：通过定时器 1 中断进行舵机控制脉冲变量的增加，每 100μs 增加 1

次并使之控制在 0～200 之间。

小经验：编程技巧

在软件编程过程中应注意对程序代码的优化，一般要从以下几方面考虑：

1）合理分配模块间函数调用的参数，可以利用指针作为传递参数，使各模块有很好的独立性和封装性，同时又能实现各模块间数据的灵活高效传输。

2）利用丰富的标准函数，可以大大地提高编程效率。

3）合理设置变量类型及设置运算模式可以减少代码量，尽可能选用无符号的字符类型减少占用存储空间。

4）灵活选择变量的存储类型是提高程序运行效率的重要途径，要合理分配存储器资源，对经常使用和频繁计算的数据，应采用内部存储器。

5）灵活分配变量的全局和局部类型，高效利用存储器。

 训练任务 11.5 系统调试与脱机运行

系统调试包括硬件调试和软件调试两部分，但是软、硬件调试是不可能绝对分开的。硬件调试一般也需要利用调试软件来进行，同时软件调试主要通过联调来进行，采用 Proteus 与 Keil 的联调可实现软件调试过程，但最终也应在硬件电路上测试。

11.5.1 系统的硬件调试

硬件调试的主要任务是排除硬件故障，其中包括设计错误和工艺性故障。

1）脱机检查：使用万用表，按照电路原理图，检查电路板中所有器件的引脚，尤其是电源的连接是否正确，排除短路故障；检查各个线路是否有短路故障、顺序是否正确；检查各开关按键是否能正常开关，是否连接正确；检查各限流电阻是否短路等。为了保护芯片，应先对各 IC 插座（尤其是电源端）电位进行检查，确定其无误后再插入芯片调试。

小经验

设计测试软件：使 P1.7 输出低电平、P1.6 输出高电平，同时 P0 口输出 55H。运行程序后，用万用表检查 A-D 转换芯片的 D0～D7 相应端口是否有高低电平，检查并行端口是否正常工作。同时蜂鸣器是否鸣叫，检查蜂鸣器电路是否正常。其余 I/O 测试方法类似，在此不再重述。

设计一个点阵屏测试程序，使 P1.6 输出低电平，P0 口输出 0FFH、P2 口输出 00H。运行程序后，查看点阵屏是否全部点亮，如果运行测试结果与预期不符，很容易根据故障现象判断故障原因，并采取针对性措施排除故障。

2）联机调试：通过在线下载的方式将在 Proteus 中仿真运行正确的一些简单的测试软件下载到单片机芯片中进行现场调试，检验键盘、显示接口等电路是否满足设计要求，查看接

口电路工作是否正常。

11.5.2 系统的软件调试与仿真

1．软件调试方法

软件调试的任务是利用开发工具 Keil3 与 Proteus 进行联合调试，发现和纠正程序错误。程序的调试应一个模块、一个模块地进行，首先单独调试各子模块功能，测试程序是否能够实现预期的功能，接口电路的控制是否正常等；最后逐步将各子程序链接起来调试，需要注意的是各程序模块间能否正确传递参数。

首先在进行软件调试前，应将源程序分析透彻，这有助于在调试过程中通过现象分析判断产生故障的原因及故障可能存在的大致范围，快速有效地排查和缩小故障范围。

下面是我们借助 Proteus 软件先搭建线控伺服车的仿真电路图，再来仿真调试各个模块程序。

2．创建 Proteus 仿真电路图

（1）列出元器件表

根据系统整体硬件电路图 11-2 和图 11-3 所示，列出 Proteus 中实现该系统所需的元器件配置情况，如表 11-2 所示。

表 11-2 元器件配置表

名称	型号	数量	备注（Proteus 中器件名称）
单片机	AT89C51	1	AT89C51
陶瓷电容	30pF	2	CAP
电解电容	22μF	1	CAP-ELEC
晶振	12μHz	1	CRYSTAL
蜂鸣器		1	BUZZER
按钮		5	BUTTON
电阻	200Ω	1	RES
电阻	1kΩ	1	RES
排阻	1kΩ	1	RX8
电阻	10kΩ	5	RES
晶体管	9012	1	9012
反向器	74HC14	2	74HC14
扩展芯片	74LS245	2	74LS245
示波器		1	OSCILLOSCOPE
点阵屏	8*8	1	MATRX-8X8-GREEN
模数转换器	ADC0809	1	ADC0809
可调电位器	33kΩ	1	POT-HG

（2）绘制仿真电路图

用鼠标双击桌面上的图标进入 Proteus ISIS 编辑窗口，单击菜单命令“File”→“New Design”，新建一个 DEFAULT 模板，并保存为“线控伺服车.DSN”。在器件选择按钮 P L DEVICES 单击“P”按钮，将上表 11-2 中的元器件添加至对象选择器窗口中。然后将各个元器件摆放好，最后依照图 11-2 和图 11-3 所示的原理图将各个器件连接起来，线控伺服车仿真图如图 11-16 所示。

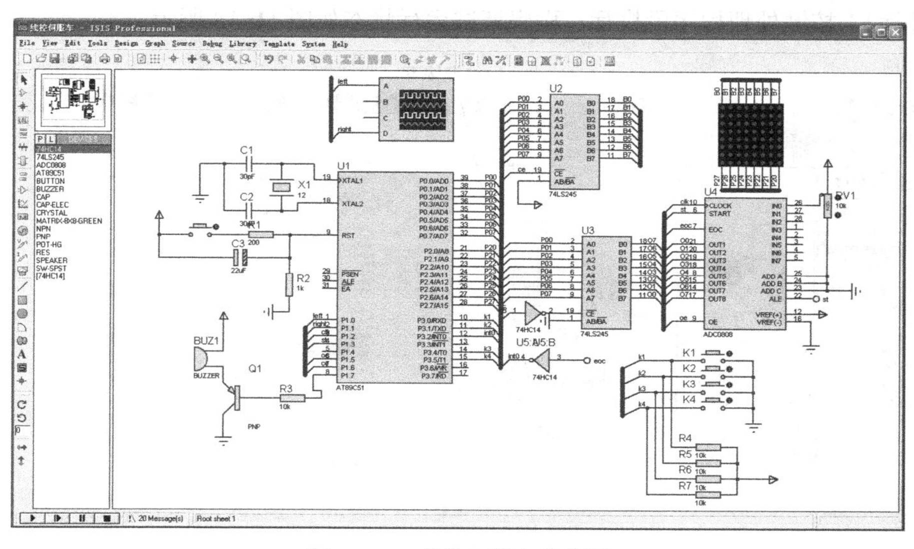

图 11-16　线控伺服车仿真图

至此 Proteus 仿真图绘制完毕，下面将 Keil 与 Proteus 联合起来进行调试，使之可以像仿真器一样调试程序。

3．点阵屏显示子程序调试与仿真

为了更加方便的调试程序，在调试点阵屏显示系统模块前应先把和其他模块有关的程序段用“//”注释掉。重新编译生成新的“.HEX”文件，接着打开 Keil 与 Proteus 进行联调。

当设置好联调设置后，在 Keil 中单击 ，使用单步执行来调试程序，同时在 Proteus 中查看直观的仿真结果，Proteus 与 Keil 联调界面如图 11-17 所示。

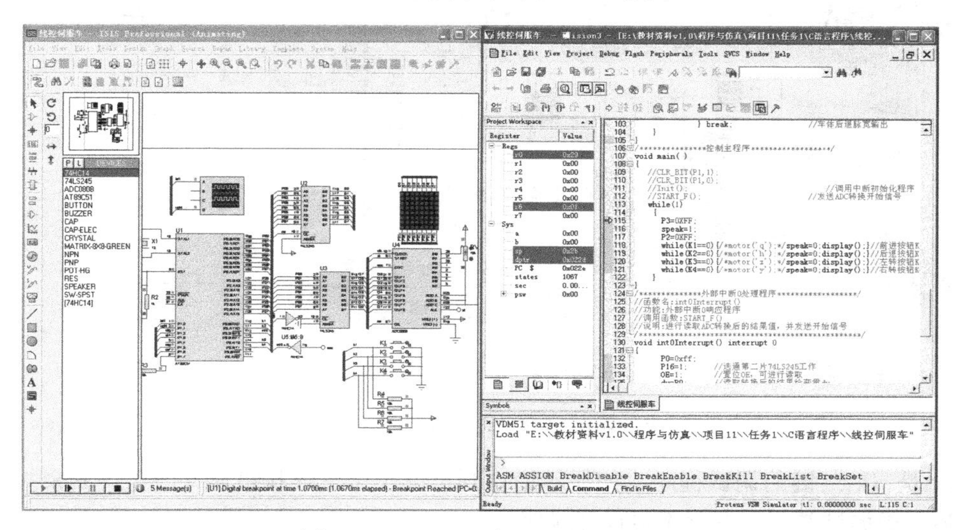

图 11-17　Proteus 与 Keil 联调界面

当没有按键按下时情况，此时蜂鸣器停止鸣叫且点阵屏不显示任何字符，同时主程序不断扫描按键是否按下。

使用任务 3.2 所教方法将 k1 按键置为常闭状态，接着单步运行程序，当 P3.0 电平由高变低时进行 k1 按键处理程序段执行，程序调试运行状态如图 11-18 所示。

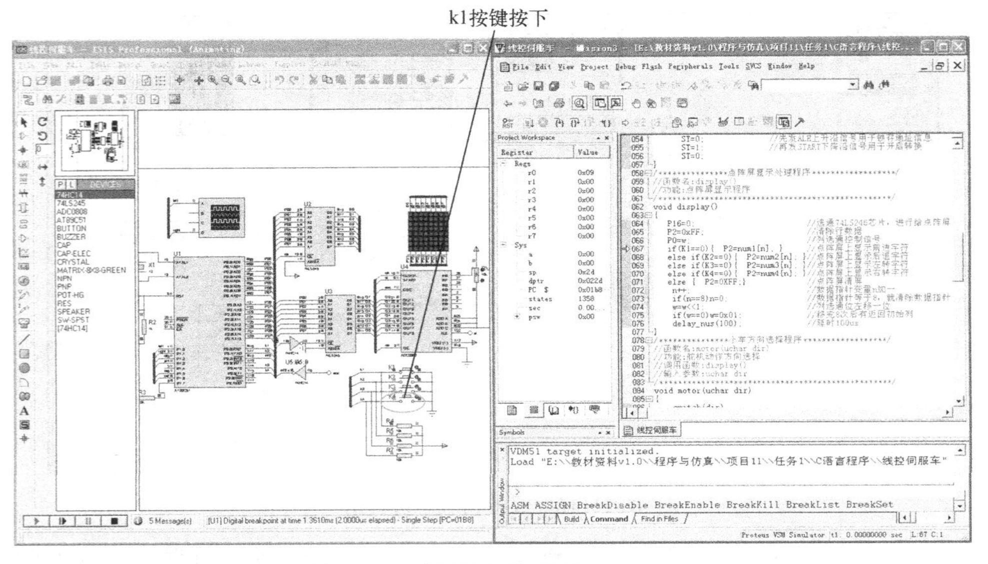

图 11-18　程序调试运行状态（一）

继续单步运行程序，随着程序的运行，我们发现每执行一次显示子程序点阵屏只显示 1 列数据，并且蜂鸣器一直鸣叫，程序调试运行状态如图 11-19 所示。

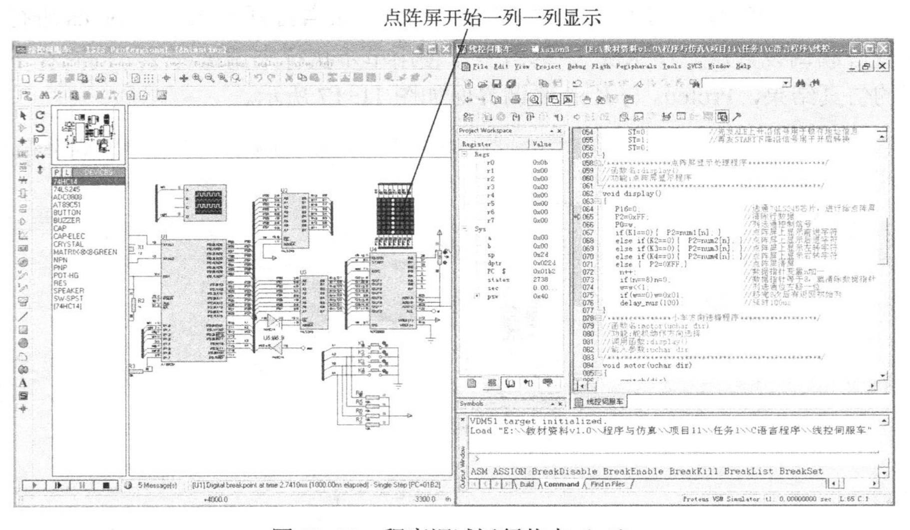

图 11-19　程序调试运行状态（二）

以上是〈k_1〉键的调试程序，如显示错误则可单步调试寻找错误并改正，其余按键的调试与〈k_1〉键调试类似，在此不再详细说明。

4．舵机动作控制程序调试与仿真

同样，为了更加方便的调试程序，在调试舵机动作控制系统模块前应先把和其他模块有关的程序段注释掉，同时应关闭其他中断只保留定时/计数器中断 1。重新编译生成新的“.HEX”文件，接着打开 Keil 与 Proteus 进行联调。

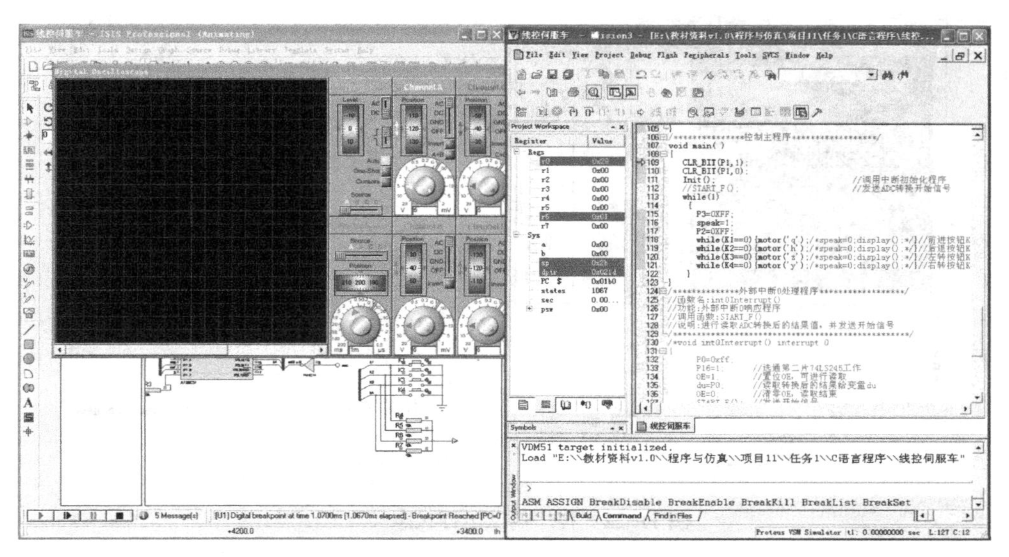

图 11-20　Proteus 与 Keil 联调界面

当设置好联调设置后，在 Keil 中单击，使用单步执行来调试程序，同时在 Proteus 中查看直观的仿真结果，Proteus 与 Keil 联调界面如图 11-20 所示。

当没有按键按下时，示波器上无波形显示。而当按照任务 3.2 所教方法将按键置为常闭状态后，先全速运行一段时间，使示波器上出现波形，此时可以单击示波器面板上“Cursors”进行对波形的测量，程序调试运行状态如图 11-21 所示。

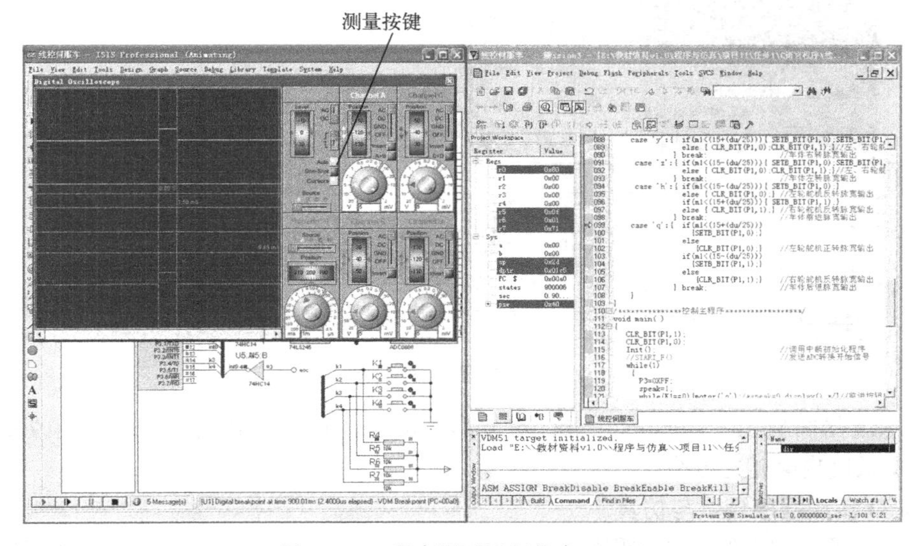

图 11-21　程序调试运行状态（一）

当程序执行到舵机控制程序段时，根据舵机控制变量来发送脉冲，图 11-22 所示为舵机控制变量小于界定值时输出高电平图，此时使用设置断点的方式调试程序能加快效率。

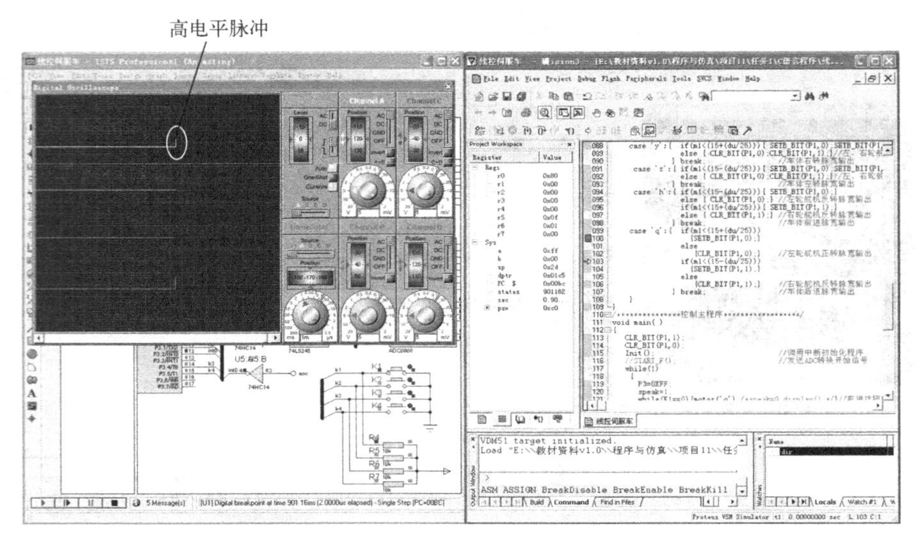

图 11-22　程序调试运行状态（二）

而当舵机控制变量累加到大于界定值时输出低电平，以此来发送舵机控制脉冲，程序调试运行状态如图 11-23 所示。

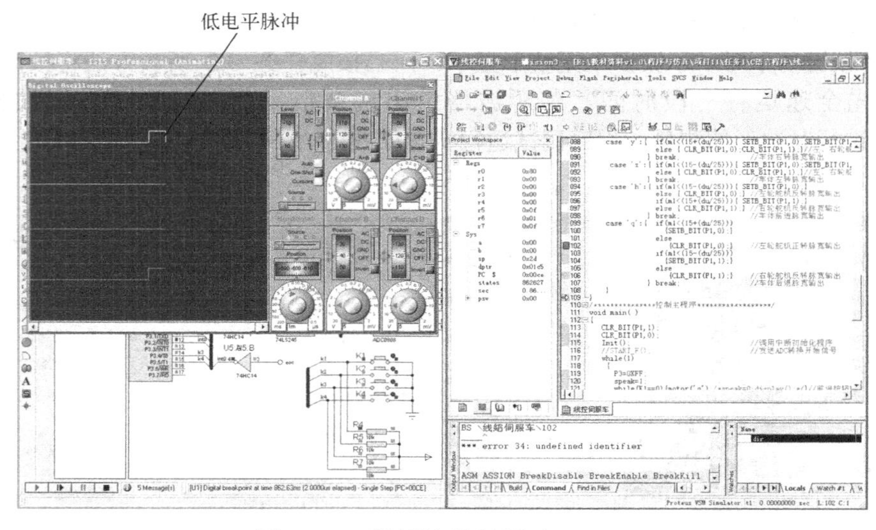

图 11-23　程序调试运行状态（三）

单击示波器面板上“Cursors”进行对波形的测量，量得脉宽为 1.5ms，当改变界定值时，其脉宽长度也会随之改变。

5. A-D 转换程序调试与仿真

同样，为了更加方便的调试程序，在调试舵机动作控制系统模块前应先把和其他模块有关的程序段注释掉，同时应关闭定时/计数器 1 中断只保留外部中断 0 与定时/计数器 0 中断。重新编译生成新的“.HEX”文件，接着打开 Keil 与 Proteus 进行联调。

当设置好联调设置后，在 Keil 中单击，使用单步执行来调试程序，同时在 Proteus 中查看直观的仿真结果，Proteus 与 Keil 联调界面如图 11-24 所示。

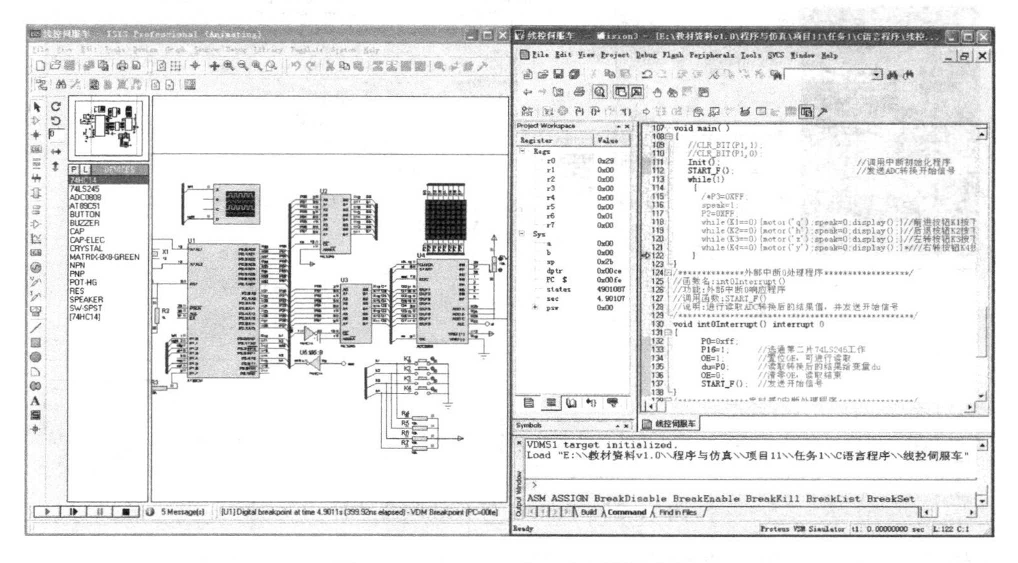

图 11-24　Proteus 与 Keil 联调界面

全速运行程序，当改变电位器的输出电压时，能清楚地看见左侧 Proteus 界面中 ADC0809 芯片输出的转换结果随之改变，程序调试运行状态如图 11-25 所示。

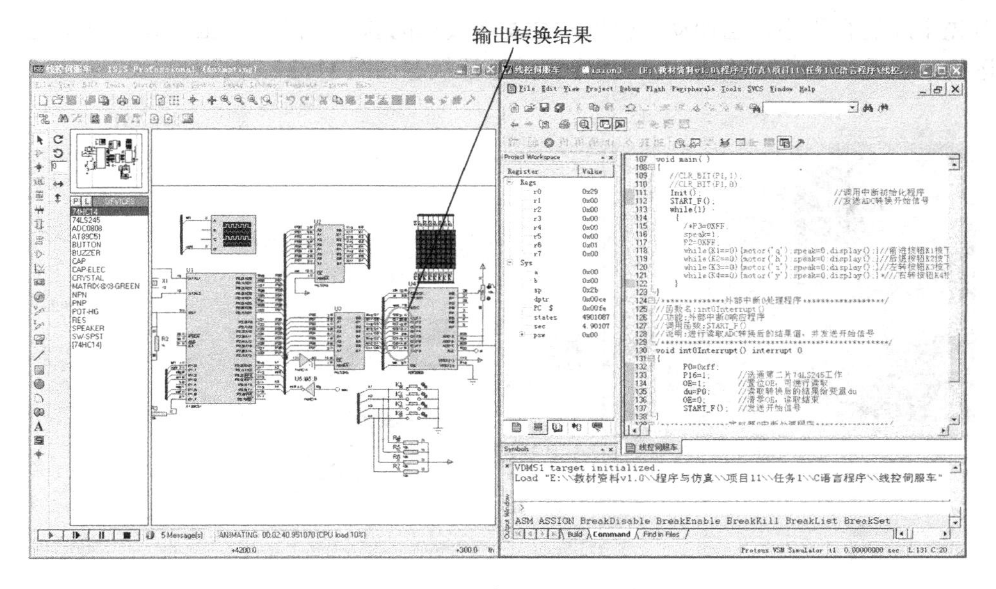

图 11-25　程序调试运行状态

6．总体程序调试与仿真

当模块程序调试完成后，将各个模块程序结合起来进行整体调试，重点在于各个模块之间的参数传递与相互配合情况。

打开 Keil 与 Proteus 后，进行联调设置后，在 Keil 中单击，使用单步执行来调试程序，同时在 Proteus 中查看直观的仿真结果，Proteus 与 Keil 联调界面如图 11-26 所示。

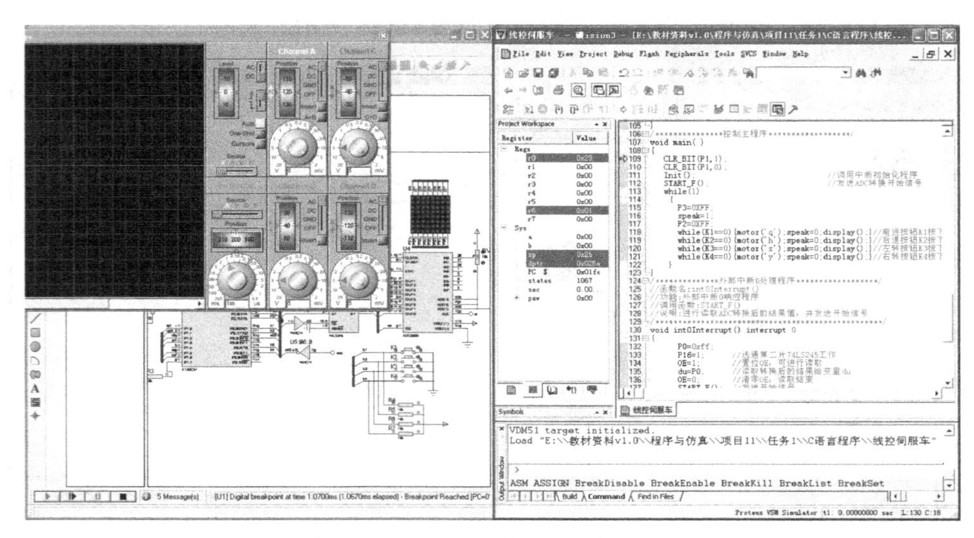

图 11-26　Proteus 与 Keil 联调界面

在本项目中模块之间需要配合进行参数传递的只有舵机动作控制模块与 A-D 转换两个模块，其余模块独立性较强、模块与模块之间没有较多的关联。其调试方法与前面模块调试类似，因此本节中只重点讲解舵机动作控制模块与 A-D 转换之间的配合进行参数传递调试。

首先全速运行程序，当调动电位器时会发现波形的脉宽会随着电压的改变而变化，停止全速运行，查看 A-D 转换结果 du，程序调试运行状态如图 11-27 所示。

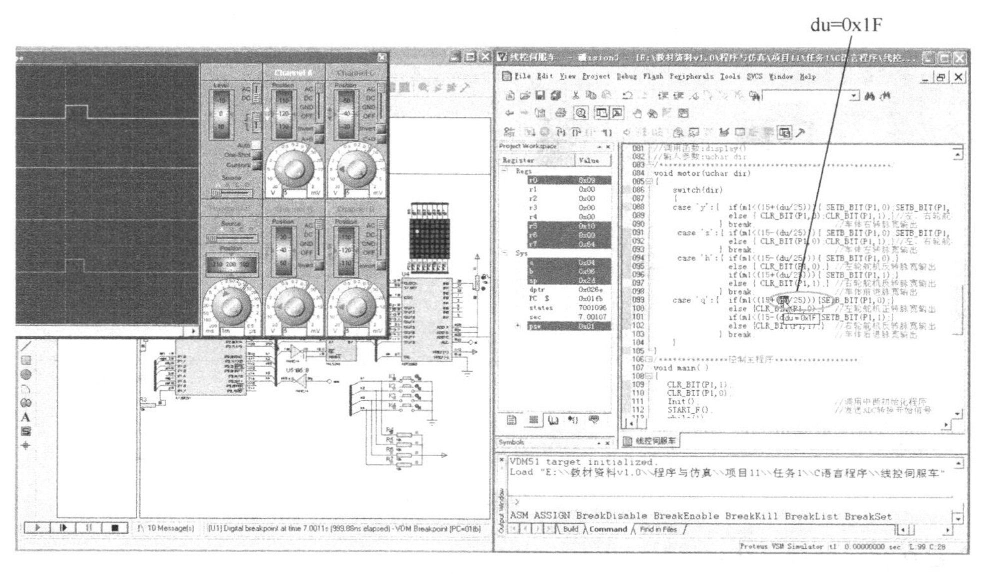

图 11-27　程序调试运行状态（一）

接着全速运行程序，继续调节电位器再停止全速运行，查看 A-D 转换结果，发现 A-D 转换结果发生改变，程序调试运行状态如图 11-28 所示。

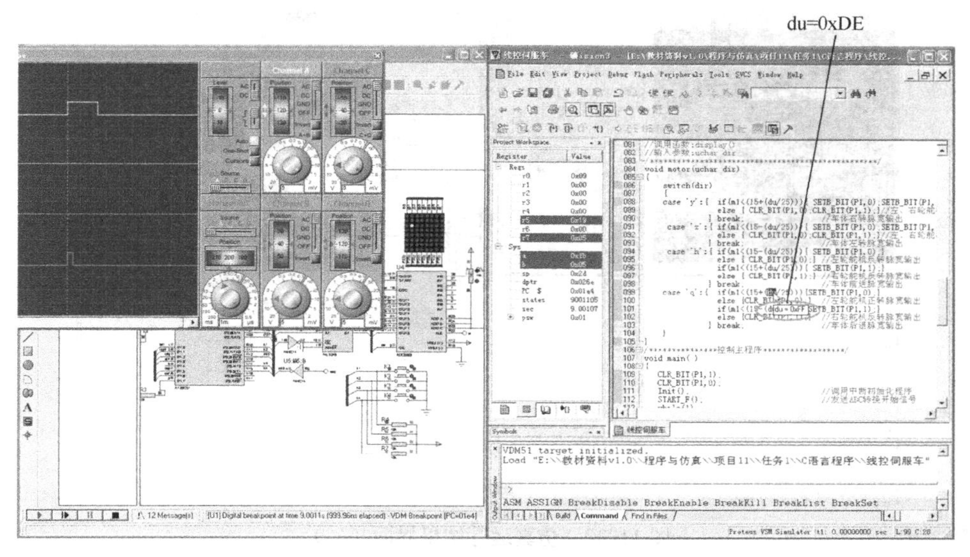

图 11-28　程序调试运行状态（二）

以上就是 A-D 转换模块与舵机控制模块的参数传递，由于在 Proteus 中单步运行程序无法使 ADC0809 按照正常的工作时序工作，即使用单步运行无法转换出数据，故在此使用全速运行。

当程序调试完成后，用 Proteus 打开已绘制好的“伺服车控制.DSN”，并将最后调试完成的程序重新编译生成新“.HEX”文件导入 Proteus 中。

在 Proteus ISIS 编辑窗口中单击 ▶ 或在“Debug”菜单中选择“Execute”，运行时，当按下 k1 按钮后，点阵屏显示车体前进信号，P1.0、P1.1 发送小车左右舵机驱动脉冲使小车前进，同时蜂鸣器鸣叫，仿真运行结果界面如图 11-29 所示。在小车运动过程中，调节 RV1 电位器能控制舵机驱动脉冲的脉宽以达到调节速度的功能，仿真运行结果界面如图 11-30 所示。

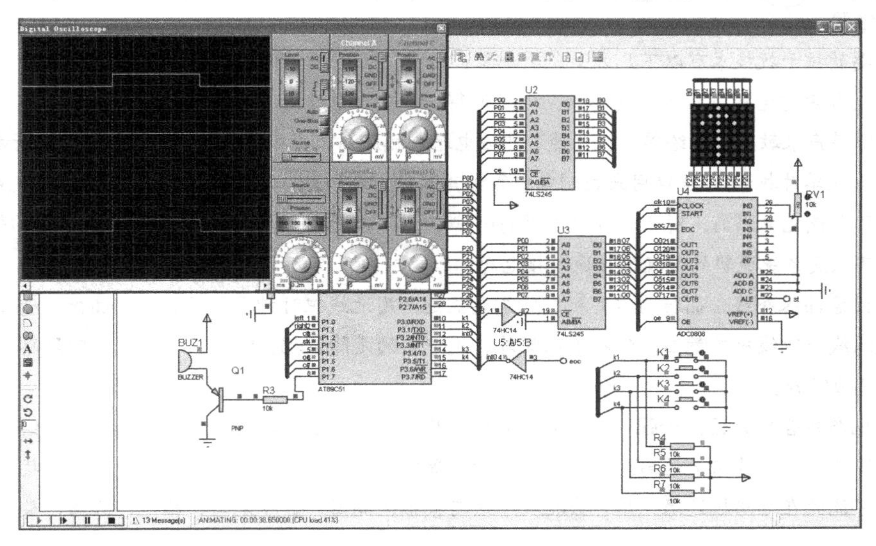

图 11-29　仿真运行结果界面（一）

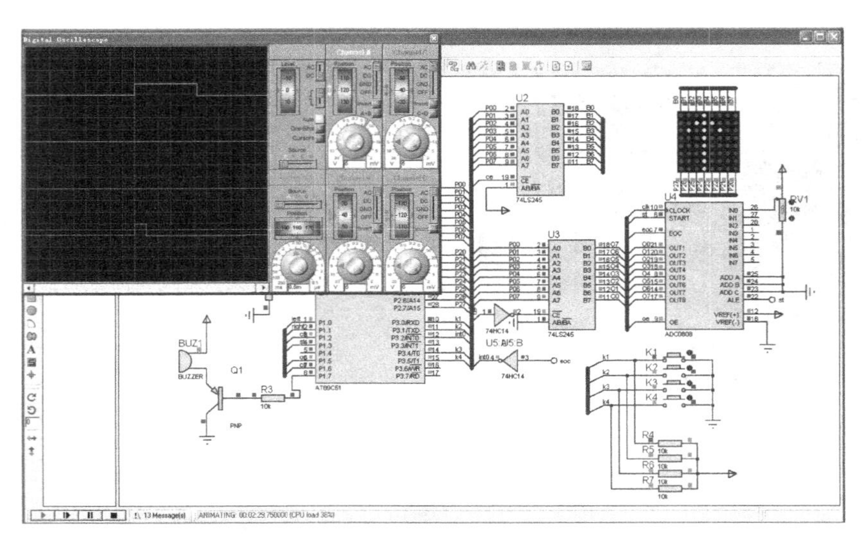

图 11-30 仿真运行结果界面（二）

11.5.3 系统的脱机运行

软、硬件调试成功后，可以将程序下载至单片机中，接上电源脱机运行。软、硬件调试成功，脱机运行不一定成功，有可能会出现以下故障。

1）系统不工作。主要原因是晶振不起振（晶振损坏、晶振电路不正常导致晶振信号太弱等）；或$\overline{EA}$引脚没有接高电平（接地或悬空）。

2）系统工作时好时坏。这主要是由于干扰引起的，由于环境中常用强大的干扰，当单片机应用系统没有采取抗干扰措施或措施不力时，将会导致系统失灵。经过反复修改硬件和软件设计，增加相应的抗干扰措施后，系统才能适应环境，按预期目标正常工作。实际上，为抗干扰所做的工作往往比前期实验室研制样机的工作还要多，由此可见抗干扰技术的重要性。

小经验

主要的抗干扰技术有以下几方面。

1）充分考虑电源对单片机的影响。电源做得好，整个电路的抗干扰就解决了一大半。许多单片机对电源噪声很敏感，要给单片机电源加滤波电路或稳压器，以减少电源噪声对单片机的干扰。

2）如果单片机的I/O端口用来控制电机等噪声器件，在I/O端口与噪声源之间应加隔离（增加□形滤波电路）或光电隔离。对于单片机闲置的I/O端口，不要悬空，直接接地或接电源。其他芯片的闲置端在不改变系统逻辑的情况下接地或接电源。

3）注意晶振布线。晶振与单片机引脚尽量靠近，用地线把时钟区隔离起来，晶振外壳接地并固定。电源线与地线应尽量粗。除减小压降外。更重要的是降低耦合噪声。尽量减少回环路的面积，以降低感应噪声。

4）电路板合理分区，如强、弱信号，数字、模拟信号。尽可能把干扰源（如电机、继电器）与敏感元器件（如单片机）远离。单片机和大功率器件的地线要单独接地，以减小相互干扰。大功率器件尽可能放在电路板边缘。用地线把数字区与模拟区隔离。数字地与模拟地要分离，最后在接于电源地。

项目训练　可调彩灯控制

1．训练目的

1）熟悉单片机应用系统的开发流程与方法。

2）学会进行单片机系统资源的合理分配及应用。

3）学会较复杂的单片机应用系统硬件的分析与设计。

4）学会较复杂的单片机应用系统程序的分析与设计。

5）熟练使用 Proteus 进行单片机应用程序开发与调试。

2．训练任务

图 11-31 所示为单片机控制可调彩灯应用系统的电路原理图，该系统由宏晶科技公司推出的 STC89C51 单片机为核心构成，可采用现场按键和 PC 在线两种方式进行调控。同时，由于该系统具有与 PC 串行通信的电路接口，也可以当作程序下载器使用，当进行程序下载时，具体下载操作过程可参看本书的配套教材（《单片机技术及应用（基于 Proteus 的汇编和 C 语言版）》ISBN 978-7-111-44676-7 ，以下所指配套教材均指这本书）附录 D。

该单片机应用系统运行工作时具体控制要求如下，其具体的工作运行情况见教材附带光盘中的仿真运行视频文件。

1）控制系统中的 8 个双色灯至少可形成 4 种不同的运行方式，构成至少 4 种不同的彩灯控制工作模式。

2）彩灯控制系统的各工作模式可通过现场 SHIFT 按键来进行顺序循环调控切换，切换操作伴随有蜂鸣器提示声产生。按键每按下一次，当前工作模式相应切换一次（例如模式 0 切换到模式 1），随着按键次数的增加,模式范围内能实现滚动循环切换。

3）彩灯控制系统的各工作模式也可通过串行通信的方式由上位 PC（借助串口调试助手，具体操作可参考本书的配套教材任务 7.2 部分）来进行直接调控切换，切换操作同样伴随有蜂鸣器提示声产生。每成功发送一次数据（数据分别为工作模式序号之一，例如 0 或 4），当前工作模式相应切换为发送的工作模式。

4）系统处于当前工作模式时，数码管上显示出当前模式序号（例如 0 或 4），同时 8 个双色灯按照当前模式下设定的运行方式一直工作，直到有〈SHIFT〉按键模式切换信号为止。系统上电运行初始模式为 0。

5）系统各种模式下的彩灯具体运行方式由自己设计决定，以便达到较好的运行效果。

技术要求：按键信号输入通过外部中断实现，双色灯的运行需要通过定时/计数器来实现，数码管显示需要软件模拟串口时序。

3．训练要求

训练任务要求如下：

1）进行单片机应用电路分析，并完成 Proteus 仿真电路图的绘制。

2）根据任务要求进行单片机控制程序流程和程序设计思路分析，画出程序流程图。

3）依据程序流程图在 Keil 中进行源程序的编写与编译工作。

4）在 Proteus 中进行程序的调试与仿真工作，最终完成实现任务要求的程序。

5）完成单片机应用系统实物装置的焊接制作，并下载程序实现正常运行。

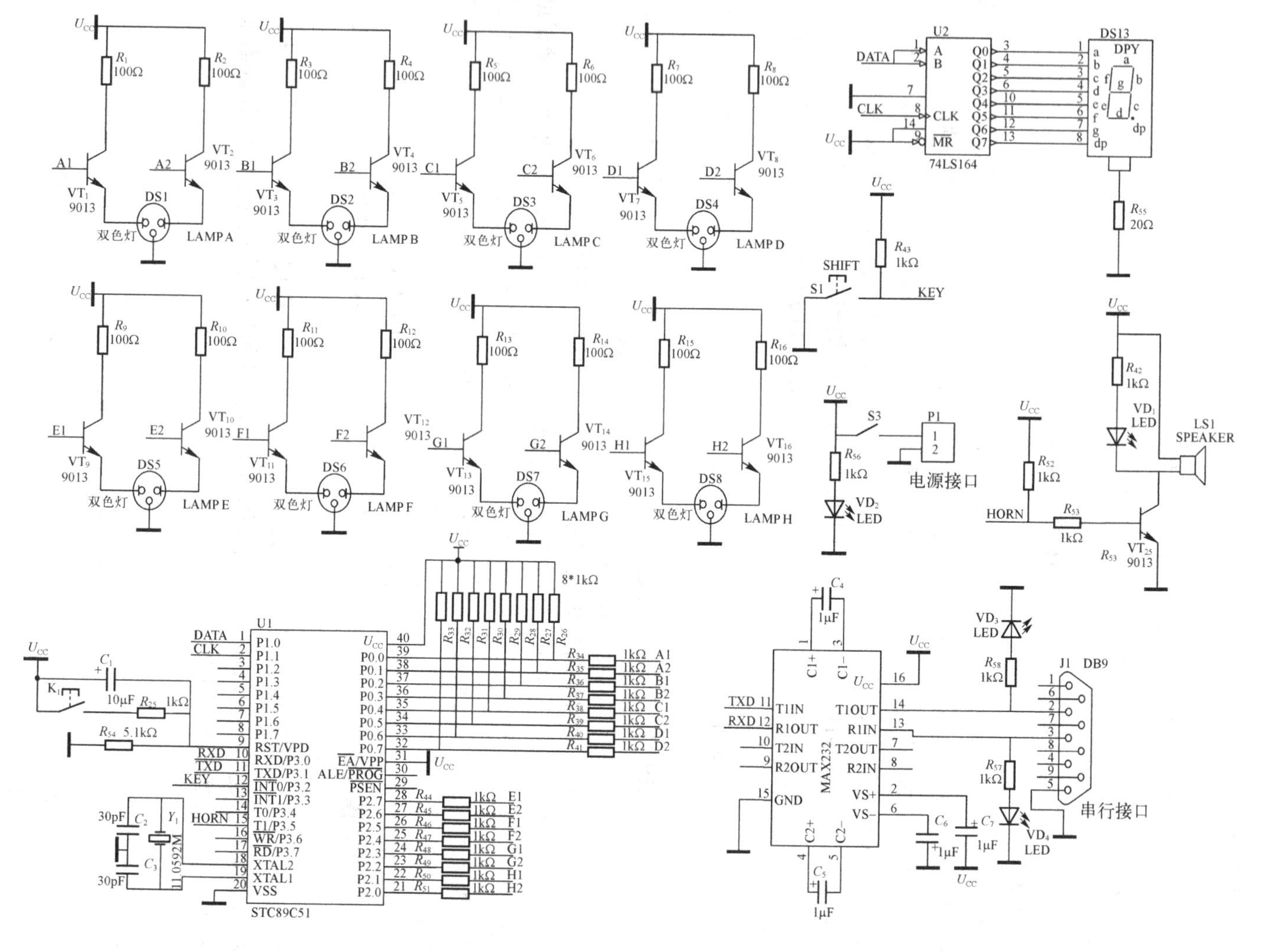

图11-31　可调彩灯控制

参考文献

[1] 何用辉. 单片机技术及应用（基于 Proteus 的汇编和 C 语言版）[M]. 北京：机械工业出版社，2014.

[2] 秦志强. C51 单片机应用与 C 语言程序设计[M]. 北京：电子工业出版社，2009.

[3] 赵润林，等. 汇编语言程序设计——教程与实训[M]. 北京：北京大学出版社，2006.

[4] 毕万新. 单片机原理与接口技术[M]. 大连：大连理工大学出版社，2005.

[5] 张永枫，等. 单片机应用实训教程[M]. 北京：清华大学出版社，2008.

[6] 蔡柏樟. 视窗 51 模拟实物——组合语言篇[M]. 台北：知行文化事业股份有限公司，2000.

[7] 戴娟，等. 单片机技术与项目实施[M]. 南京：南京大学出版社，2010.

[8] 高锋. 单片机习题与试题解析[M]. 北京：北京航空航天大学出版社，2006.

[9] 吴金戌，等. 8051 单片机实践与应用[M]. 北京：清华大学出版社，2002.

[10] 高锋. 单片微型计算机原理与接口技术[M]. 北京：科学出版社，2003.

[11] 刘文涛. 单片机语言 C51 典型应用技术[M]. 北京：人民邮电出版社，2005.

[12] 张义和，等. 例说 51 单片机（C 语言版）[M]. 北京：人民邮电出版社，2008.

[13] 林小茶. C 语言程序设计[M]. 北京：中国铁道出版社，2004.

[14] 王静霞，等. 单片机应用技术（C 语言版）[M]. 北京：电子工业出版社，2009.

[15] 万隆，等. 单片机原理与实例应用[M]. 北京：清华大学出版社，2011.

[16] 郁文工作室. 嵌入式 C 语言程序设计——使用 MCS-51[M]. 北京：人民邮电出版社，2006.

[17] 谢维成，等. 单片机原理与应用及 C51 程序设计[M]. 北京：清华大学出版社，2009.

[18] 徐海峰，等. C51 单片机项目式教程[M]. 北京：清华大学出版社，2011.

[19] 张志良. 单片机原理与控制技术[M]. 北京：机械工业出版社，2005.

[20] 张平川，等. 单片机原理与技术项目化教程[M]. 哈尔滨：哈尔滨工程大学出版社，2011.

[21] 金杰. 单片机技术应用项目教程[M]. 北京：电子工业出版社，2010.

[22] 侯玉宝，等. 基于 Proteus 的 51 系列单片机设计与仿真[M]. 北京：电子工业出版社，2008.

[23] 陈明荧. 8051 单片机课程设计实训教材[M]. 北京：清华大学出版社，2004.

[24] 徐江海. 单片机实用教程[M]. 北京：机械工业出版社，2006.

[25] 周兴华. 手把手教你学单片机[M]. 北京：北京航空航天大学出版社，2007.

[26] 孙惠芹. 单片机项目设计教程[M]. 北京：电子工业出版社，2009.

[27] 张景璐，等. 51 单片机项目教程[M]. 北京：人民邮电出版社，2010.

[28] 王喜云. 单片机应用基础项目教程[M]. 北京：机械工业出版社，2009.

[29] 徐大诚，等. 微型计算机控制技术及应用[M]. 北京：高等教育出版社，2003.

[30] 蔡柏樟. 视窗 51 模拟实物——C 语言篇[M]. 台北：知行文化事业股份有限公司，2000.

[31] 蔡美琴，等. MCS-51 系列单片机系统及其应用[M]. 北京：高等教育出版社，1992.

[32] 高建国，等. 单片机实战项目教程[M]. 武汉：华中科技大学出版社，2010.

[33] 狄建雄. 自动化类专业毕业设计指南[M].南京：南京大学出版社，2007.

精品教材推荐

自动化生产线安装与调试 第2版

书号：ISBN 978-7-111-49743-1

定价：53.00元　　作者：何用辉

推荐简言：“十二五”职业教育国家规划教材

校企合作开发，强调专业综合技术应用，注重职业能力培养。项目引领、任务驱动组织内容，融“教、学、做”于一体。内容覆盖面广，讲解循序渐进，具有极强实用性和先进性。配备光盘，含有教学课件、视频录像、动画仿真等资源，便于教与学

智能小区安全防范系统 第2版

书号：ISBN 978-7-111-49744-8

定价：43.00元　　作者：林火养

推荐简言：“十二五”职业教育国家规划教材

七大系统 技术先进 紧跟行业发展。来源实际工程 众多企业参与。理实结合 图像丰富 通俗易懂。参照国家标准 术语规范

短距离无线通信设备检测

书号：ISBN 978-7-111-48462-2

定价：25.00元　　作者：于宝明

推荐简言：“十二五”职业教育国家规划教材

紧贴社会需求，根据岗位能力要求确定教材内容。立足高职院校的教学模式和学生学情，确定适合高职生的知识深度和广度。工学结合，以典型短距离无线通信设备检测的工作过程为逻辑起点，基于工作过程层层推进。

数字电视技术实训教程 第3版

书号：ISBN 978-7-111-48454-7

定价：39.00元　　作者：刘修文

推荐简言：“十二五”职业教育国家规划教材

结构清晰，实训内容来源于实践。内容新颖，适合技师级人员阅读。突出实用，以实例分析常见故障。一线作者，以亲身经历取舍内容

物联网技术与应用

书号：ISBN 978-7-111-47705-1

定价：34.00元　　作者：梁永生

推荐简言：“十二五”职业教育国家规划教材

三个学习情境，全面掌握物联网三层体系架构。六个实训项目，全程贯穿完整的智能家居项目。一套应用案例，全方位对接行企人才技能需求

电气控制与PLC应用技术 第2版

书号：ISBN 978-7-111-47527-9

定价：36.00元　　作者：吴丽

推荐简言：

实用性强，采用大量工程实例，体现工学结合。适用专业多，用量比较大。省级精品课程配套教材，精美的电子课件，图片清晰、画面美观、动画形象